高等学校应用型特色规划教材

单片机原理与接口技术应用教程

王贤勇　赵传申　主　编

郝　立　主　审

清华大学出版社
北　京

内 容 简 介

本书是根据高等教育"单片机原理与接口技术"课程教学基本要求而编写的。

本书选择 MCS-51 系列单片机作为主讲机型，系统全面地介绍 MCS-51 单片机内部的功能结构、软硬件资源的原理与应用，以及使用外部电路进行功能扩展的方法。全书共 12 章，主要内容包括 MCS-51 单片机的内部结构、指令系统、汇编语言和 C 语言程序设计、并行接口和并行设备的扩展、中断系统结构与应用、定时器/计数器原理与应用、串行接口与串行通信、模拟量接口以及单片机应用系统设计技术。

本书提供了大量实例，硬件电路、程序代码完整，绝大部分可以作为设计"定式"，稍加修改即可重复使用。各章的实训案例，演示了应用系统的开发步骤，可作为相关专业学生进行毕业设计和工程技术人员的参考资料。

本书提供了"单片机多功能控制板"，适合学生做多层次的简单电机实验。既可以实现单片机课程的综合课程设计，又可以实现电机相关课程设计。使学生既能掌握单片机的使用，又能提高综合应用能力。

本书可用作高等院校计算机、控制、电子、电工、通信等专业的教材或教学参考书，也可供从事相关专业的技术人员参考。

本书封面贴有清华大学出版社防伪标签，无标签者不得销售。
版权所有，侵权必究。举报：010-62782989，beiqinquan@tup.tsinghua.edu.cn。

图书在版编目(CIP)数据

单片机原理与接口技术应用教程/王贤勇，赵传申主编；郝立主审. —北京：清华大学出版社，2010.3（2023.9 重印）
(高等学校应用型特色规划教材)
ISBN 978-7-302-21961-3

Ⅰ．单… Ⅱ．①王… ②赵… ③郝… Ⅲ．①单片微型计算机—基本理论—高等学校—教材 ②单片微型计算机—接口—高等学校—教材 Ⅳ．TP368.1

中国版本图书馆 CIP 数据核字(2010)第 018602 号

责任编辑：章忆文　杨作梅
装帧设计：杨玉兰
责任校对：周剑云
责任印制：丛怀宇

出版发行：清华大学出版社
　　　　　网　　址：http://www.tup.com.cn, http://www.wqbook.com
　　　　　地　　址：北京清华大学学研大厦 A 座　　邮　编：100084
　　　　　社 总 机：010-83470000　　　　　　　　　邮　购：010-62786544
　　　　　投稿与读者服务：010-62776969, c-service@tup.tsinghua.edu.cn
　　　　　质量反馈：010-62772015, zhiliang@tup.tsinghua.edu.cn
　　　　　课件下载：http://www.tup.com.cn, 010-62791865
印 装 者：涿州市般润文化传播有限公司
经　　销：全国新华书店
开　　本：185mm×260mm　　印　张：26　　字　数：628 千字
版　　次：2010 年 3 月第 1 版　　　　　　　印　次：2023 年 9 月第 9 次印刷
定　　价：59.00 元

产品编号：033380-03

丛 书 序

21世纪人类已迈入"知识经济"时代,科学技术正发生着深刻的变革,社会对德才兼备的高素质应用型人才的需求更加迫切。如何培养出符合时代要求的优秀人才,是全社会尤其是高等院校面临的一项急迫而现实的任务。

为了培养高素质应用型人才,必须建立高水平的教学计划和课程体系。在教育部有关精神的指导下,我们组织全国高校计算机专业的专家教授组成《高等学校应用型特色规划教材》系列学术编审委员会,全面研讨计算机和信息技术专业应用型人才的培养方案,并结合我国当前的实际情况,编审了这套《高等学校应用型特色规划教材》丛书。

编写目的

配合教育部提出的要有相当一部分高校致力于培养应用型人才的要求,以及市场对应用型人才需求量的不断增加,本套丛书以"理论与能力并重,应用与应试兼顾"为原则,注重理论的严谨性、完整性,案例丰富,实用性强。我们努力建设一套全新的、有实用价值的应用型人才培养系列教材,并希望能够通过这套教材的出版和使用,促进应用型人才培养的发展,为我国建立新的人才培养模式作出贡献。

丛书书目

本丛书陆续推出,滚动更新。将陆续推出以下图书:

- Visual Basic 程序设计与应用开发
- Visual FoxPro 程序设计与应用开发
- 中文 Visual FoxPro 应用系统开发教程(第二版)
- 中文 Visual FoxPro 应用系统开发上机实验指导(第二版)
- Linux 基础教程
- Delphi 程序设计与应用开发
- 局域网组建、管理与维护
- Access 2003 数据库教程
- 计算机组装与维护
- 多媒体技术及应用
- 软件技术基础——数据结构与算法·程序设计·软件工程·数据库
- 计算机网络技术
- Java 程序设计与应用开发
- Visual C++程序设计与应用开发
- Visual C# .NET 程序设计与应用开发
- C 语言程序设计与应用开发
- 计算机应用基础(等级考试版)

- 计算机网络技术与应用
- 微机原理与接口技术
- 微机与操作系统贯通教程
- 单片机原理与接口技术应用教程
- Windows XP+Office 2003 实用教程
- C++程序设计与应用开发
- ASP.NET 程序设计与应用开发
- Windows Vista+Office 2007+Internet 应用教程
- 计算机应用基础(Windows Vista 版)
- Visual FoxPro 程序设计(等级考试版)
- 计算机应用基础(等级考试版·Windows XP 平台)
- Java 程序设计与应用开发(第 2 版)
- Internet 实用简明教程
- 大学生计算机科学基础(上、下册)

丛书特色

- ➢ 理论严谨，知识完整。本丛书内容翔实、系统性强，对基本理论进行了全面、准确的剖析，便于读者形成完备的知识体系。
- ➢ 入门快速，易教易学。突出"上手快、易教学"的特点，用任务来驱动，以教与学的实际需要取材谋篇。
- ➢ 学以致用，注重能力。将实际开发经验融入基本理论之中，力求使读者在掌握基本理论的同时，获得实际开发的基本思想方法，并得到一定程度的项目开发实训，以培养学生独立开发较为复杂的系统的能力。
- ➢ 示例丰富，实用性强。以实际案例和部分考试真题为示例，兼顾应用与应试。
- ➢ 深入浅出，螺旋上升。内容和示例的安排难点分散、前后连贯，并采用循序渐进的编写风格，层次清晰、步骤详细，便于学生理解和实现。
- ➢ 提供教案，保障教学。本丛书绝大部分教材提供电子教案，便于教师教学使用，并提供源代码下载，便于学生上机调试。

读者定位

本系列教材主要面向普通高等院校和高等职业技术院校，适合本科和高职高专教学需要；同时也非常适合编程开发人员培训、自学使用。

关于作者

丛书编委特聘请执教多年，且有较高学术造诣和实践经验的名师参与各册的编写。他们长期从事有关的教学和开发研究工作，积累了丰富的经验，对相应课程有较深的体会与独到的见解，本丛书凝聚了他们多年的教学经验和心血。

互动交流

本丛书贯穿了清华大学出版社一贯严谨、科学的图书风格，但由于我国计算机应用技术教育正在蓬勃发展，要编写出满足新形势下教学需求的教材，还需要我们不断地努力实践。因此，我们非常欢迎全国更多的高校老师积极加入到《高等学校应用型特色规划教材》学术编审委员会中来，推荐并参与编写有特色、有创新的应用型教材。同时，我们真诚希望使用本丛书的教师、学生和读者朋友提出宝贵意见或建议，使之更臻成熟。联系信箱：Book21Press@126.com。

《高等学校应用型特色规划教材》编审委员会
E-mail: Book21Press@126.com；hgm@263.net

《高等学校应用型特色规划教材》计算机系列
学术编审委员会

主　　编　吴文虎(清华大学)
　　　　　　许卓群(北京大学)
　　　　　　王　珊(中国人民大学)
　　　　　　杨静宇(南京理工大学)
　　　　　　曹进德(东南大学)

副 主 编　许　勇　杨　明　王士同

编　　委　(排名不分先后)

方厚加	毛红梅	王士同	王国全	王建国
王继民	王维民	史国川	史春联	左凤朝
刘志高	刘家琪	刘琳岚	华继钊	许　勇
严云洋	何光明	吴　婷	吴小俊	宋正虹
张　宏	李　胜	李　海	李千目	李勇智
李　寒	杨　明	陈亦望	陈海燕	於东军
俞　飞	姚昌顺	赵　明	赵传申	童爱红
葛武滇	谢圣献	戴仕明		

前 言

单片微型计算机是指在一块大规模或超大规模集成电路芯片上制成的微型计算机，简称单片机。单芯片形式所具有的体积小、功耗低、性价比高、应用灵活等优点，使其可以作为一个部件嵌入到各种装置和产品中，广泛应用于家用电器、办公设备、工业控制、仪器仪表、汽车电子等领域，单片机因此又被称为微控制器或嵌入式微控制器。

Intel 公司的 MCS-51 系列 8 位单片机，以其完善的结构、丰富的功能、开放的体系，盛行 30 年而不衰。众多半导体厂商(如 Atmel、Microchip、Motorola、Philips 等)获得 Intel 公司的授权后，融合各自先进技术，针对市场需求，在兼容产品的设计中有所取舍，使这一单片机家族一直保持着旺盛的生命力。本书选择 MCS-51 系列单片机作为主讲机型，系统全面地介绍 MCS-51 单片机内部的功能结构、软硬件资源的原理与应用，以及使用外部电路进行功能扩展的方法。书中提供的应用实例，大多具有工程背景；各章的实训案例演示了应用系统的开发步骤，可作为相关专业学生进行毕业设计和工程技术人员的参考资料。

作为"高等学校应用型特色规划教材"丛书之一，本书力求在内容选择、编排顺序和教学方法上有所创新和突破，让学生能够快速理解单片机内部各功能模块的应用特点，掌握控制电路设计和程序开发的基本工具和方法，树立从元件到系统、从指令到软件、从思路到产品的整体设计思想，进而提高综合运用计算机软硬件知识解决实际问题的能力。

本书内容

本书共 12 章，各章的主要内容简述如下。

第 1 章和第 2 章分别介绍单片机的基本知识和 MCS-51 单片机的内部结构、组织形式。这两章为单片机应用的硬件基础。

第 3 章介绍 MCS-51 的指令系统，第 4 章和第 5 章介绍汇编语言和 C 语言程序设计知识，以及单片机软件系统开发工具和手段。这三章为单片机应用的软件基础。

第 6 章介绍并行接口和并行设备的扩展，包括并行接口的扩展、键盘和显示接口、并行存储器的扩展等；第 7 章介绍中断系统结构、应用以及中断源的扩展方法；第 8 章介绍定时器/计数器的原理与应用，包括单片机内部的定时器/计数器，以及监视定时器、日历时钟芯片的用法；第 9 章介绍串行接口与串行通信，内容包括内部串行口的结构与应用、串行总线接口 SPI 和 I^2C 的结构与用法；第 10 章介绍模拟量接口技术。这五章的重点内容是单片机内部硬件资源和外部接口的特性，以及在实际应用中连接、控制各种接口部件的方法。

第 11 章介绍单片机应用系统设计技术，主要内容包括应用系统设计过程以及硬件、软件设计中的具体问题，从系统设计的角度综合运用前十章的内容。

第 12 章介绍一个实际的单片机应用系统的设计过程，作为单片机知识应用的总结。

本书特点

(1) 结构清晰，知识完整。全书按"从 CPU 到外设，再到系统"，外设接口部分按"从片内资源到片外扩展、相关应用，再到案例实训"的顺序组织，由浅入深、循序渐进，方便学生自学，也便于教师根据教学对象、学时进行删减。

(2) 取材均衡，内容全面。本书从介绍芯片功能讲解如何发挥电路作用入手，将单片机应用中的软硬件设计过程合为一体，适于不同专业基础的学生学习；在详解单片机经典技术的同时，对近年成功应用于单片机领域的新技术、新器件，如 Flash 存储器、日历时钟芯片、串行总线扩展等也给出了具体应用。

(3) 实例丰富，面向应用。书中提供了大量实例，描述了问题求解过程的框架和细节，硬件电路、程序代码完整，解析得当，突出了各知识点的应用特性。绝大部分可以作为设计"定式"，稍加修改即可重复使用。

(4) 举一反三，对比优化。多数实例中分析了不同的求解思路，并采用汇编语言和 C 语言对照编程的方式进行介绍。对于大部分硬件电路和软件代码，进行了结构、效率、精度、可靠性等方面的对比，而且讨论了所采用手段的可扩展性。

(5) 学以致用，注重能力。各章后面的实训案例均来自实际项目，案例说明、电路设计、软件设计对应于项目开发过程中的分析、设计、实现阶段的任务，便于学生树立工程思想、提高综合素质。

(6) 本书提供了"单片机多功能控制板"，适合学生做多层次的简单电机实验。既可以实现单片机课程的综合课程设计，又可以实现电机相关课程设计。使学生既能掌握单片机的使用，又能提高综合应用能力。

本书由王贤勇、赵传申主编，由东南大学自动化学院郝立老师主审。全书框架由何光明、王珊珊拟定，参与本书编写、资料整理、校对、电路和程序调试的还有杨华庆、薛凌燕、魏茂雪、王明合、李海、吴婷、陈玉旺、陈海燕、陈智、赵梨花等，在此一并表示谢意。

本书可用作高等院校计算机、控制、电子、电工、通信等专业单片机原理与应用课程的教学用书，也可供从事相关专业的技术人员参考。

由于编者水平有限，疏漏与不足之处在所难免，恳请读者批评指正。

注：如需"单片机多功能控制板"，请联系我们。电话：18951878787，邮箱：iteditor@126.com。

编 者

目 录

第1章 绪论 1
1.1 单片机简介 1
1.1.1 计算机的基本组成 1
1.1.2 单片机的基本结构 2
1.2 单片机的发展 4
1.2.1 单片机的发展历史 4
1.2.2 单片机技术的发展特点 6
1.3 单片机体系结构 7
1.3.1 CPU 设计 7
1.3.2 存储器设计 8
1.3.3 总线结构 8
1.3.4 单片机与微处理器 9
1.3.5 单片机与嵌入式系统 9
1.4 单片机内部数据的表示 10
1.4.1 数据的表示 10
1.4.2 数据的运算 13
1.4.3 指令的表示 15
1.5 单片机的应用与选型 15
1.5.1 单片机的应用 15
1.5.2 单片机的选型 16
1.5.3 单片机的学习 17
小结 17
习题 18

第2章 MCS-51 单片机的结构 19
2.1 MCS-51 单片机的内部结构 19
2.2 MCS-51 单片机的引脚功能 21
2.3 MCS-51 单片机的 CPU 24
2.3.1 控制器 25
2.3.2 运算器 26
2.3.3 布尔处理器 28
2.3.4 时钟电路 29
2.3.5 时序 31

2.4 MCS-51 单片机的存储器组织 33
2.4.1 程序存储器 33
2.4.2 内部数据存储器 34
2.4.3 特殊功能寄存器 38
2.4.4 外部数据存储器 38
2.5 MCS-51 单片机的工作方式 40
2.5.1 复位方式 40
2.5.2 程序执行方式 42
2.5.3 低功耗方式 42
2.5.4 编程和校验方式 45
2.6 案例实训——单片机最小系统 47
小结 49
习题 50

第3章 MCS-51 单片机的指令系统 51
3.1 MCS-51 单片机指令系统概述 51
3.1.1 指令格式 51
3.1.2 指令分类 52
3.1.3 指令系统中使用的符号 53
3.2 MCS-51 单片机的寻址方式 54
3.2.1 立即数寻址 54
3.2.2 直接寻址 55
3.2.3 寄存器寻址 56
3.2.4 寄存器间接寻址 57
3.2.5 变址寻址 58
3.2.6 位寻址 59
3.2.7 相对寻址 59
3.2.8 寻址方式总结 60
3.3 数据传送类指令 61
3.3.1 内部数据传送指令 61
3.3.2 外部数据传送指令 65
3.3.3 查表指令 66
3.3.4 堆栈操作指令 67

3.3.5 数据交换指令 69
3.4 算术逻辑运算类指令 70
　3.4.1 算术运算指令 70
　3.4.2 逻辑运算指令 75
　3.4.3 移位指令 77
　3.4.4 累加器清零指令 78
　3.4.5 累加器内容取反指令 78
3.5 位操作指令 79
　3.5.1 位传送指令 79
　3.5.2 位修改指令 79
　3.5.3 位运算指令 80
　3.5.4 位控制转移指令 81
3.6 流程控制类指令 83
　3.6.1 无条件转移指令 83
　3.6.2 条件转移指令 86
　3.6.3 减1不为零转移指令 89
　3.6.4 子程序调用与返回指令 90
　3.6.5 空操作指令 93
3.7 案例实训——简单程序设计 93
小结 97
习题 97

第4章 MCS-51 汇编语言程序设计 101

4.1 汇编语言概述 101
　4.1.1 程序设计语言 101
　4.1.2 汇编语言程序的开发过程 103
4.2 汇编语言格式 103
　4.2.1 汇编语言程序示例 103
　4.2.2 程序语句格式 104
　4.2.3 表达式 105
　4.2.4 伪指令语句 107
　4.2.5 通用的转移和调用语句 111
　4.2.6 条件汇编 111
　4.2.7 程序结构 112
4.3 汇编程序的工作过程 113
　4.3.1 手工汇编过程 113
　4.3.2 机器汇编过程 114

4.3.3 Intel HEX 文件 115
4.4 汇编语言程序设计 116
　4.4.1 顺序结构 116
　4.4.2 分支结构 118
　4.4.3 循环结构 120
　4.4.4 子程序设计 122
4.5 案例实训——HEX 格式文件处理 ... 124
小结 128
习题 128

第5章 MCS-51 C 语言程序设计 130

5.1 C 语言与 MCS-51 单片机 130
　5.1.1 C 语言程序开发过程 130
　5.1.2 C 语言的特点 132
　5.1.3 单片机 C 语言的移植 132
5.2 单片机 C 语言的扩充 133
　5.2.1 数据类型 133
　5.2.2 存储器类型 134
　5.2.3 存储模式 135
　5.2.4 硬件资源访问 136
　5.2.5 指针 139
5.3 C 语言程序结构 141
　5.3.1 函数 141
　5.3.2 流程控制 144
　5.3.3 输入与输出 147
　5.3.4 程序的入口 147
5.4 C 语言与汇编语言的混合编程 148
5.5 案例实训——单片机系统命令
　　　接口 150
小结 153
习题 153

第6章 并行接口及应用 155

6.1 MCS-51 的并行接口 155
　6.1.1 P0 口 155
　6.1.2 P1 口 157
　6.1.3 P2 口 159

	6.1.4	P3 口 160
	6.1.5	并行接口的驱动能力 161
	6.1.6	并行接口的应用 161

6.2 并行接口的扩展 163
    6.2.1 MCS-51 的总线结构 163
    6.2.2 并行输入接口的扩展 165
    6.2.3 并行输出接口的扩展 166
    6.2.4 可编程并行接口
          芯片 8255A 167

6.3 键盘接口 174
    6.3.1 按键的抖动 174
    6.3.2 独立式键盘接口 174
    6.3.3 矩阵式键盘接口 175

6.4 显示接口 178
    6.4.1 LED 显示接口 178
    6.4.2 LCD 显示模块接口 182

6.5 并行存储器的扩展 186
    6.5.1 程序存储器的扩展 186
    6.5.2 并行数据存储器的扩展 190
    6.5.3 Flash 存储器的扩展 196

6.6 内部 Flash 存储器与并行编程 198
    6.6.1 Flash 存储器的操作方式 ... 199
    6.6.2 Flash 存储器的并行编程 ... 199
    6.6.3 Flash 存储器的其他操作 ... 200
    6.6.4 Flash 存储器的加密 201

6.7 案例实训——交通灯控制电路 201
小结 204
习题 204

第 7 章 中断系统及应用 207

7.1 中断的概念 207
    7.1.1 中断的过程 207
    7.1.2 中断的作用 208
    7.1.3 中断系统的主要功能 209

7.2 MCS-51 中断系统的结构 210
    7.2.1 中断源 210
    7.2.2 中断向量 211

7.3 中断的控制 212
    7.3.1 中断请求标志 212
    7.3.2 中断请求方式 213
    7.3.3 中断允许 213
    7.3.4 中断优先级 214

7.4 中断的响应 215
    7.4.1 中断的响应过程 215
    7.4.2 中断响应时间 217
    7.4.3 中断服务程序 217
    7.4.4 中断请求的撤销 218

7.5 中断系统的应用 219
    7.5.1 中断控制程序的编写 219
    7.5.2 中断服务程序的编写 220
    7.5.3 MCS-51 的单步操作 224

7.6 中断系统的扩展 228
    7.6.1 中断优先级的扩充 228
    7.6.2 中断源的扩展 229

7.7 案例实训——带中断的交通灯
       控制电路 233
小结 237
习题 238

第 8 章 定时器/计数器及应用 239

8.1 定时器/计数器 T0、T1 240
    8.1.1 T0、T1 的内部结构 240
    8.1.2 T0、T1 的工作方式 242

8.2 定时器/计数器 T2 245
    8.2.1 T2 的结构 245
    8.2.2 T2 的工作方式 246

8.3 定时器/计数器的应用 250
    8.3.1 工作方式的选择 250
    8.3.2 定时常数的计算 251
    8.3.3 定时器/计数器应用举例 ... 252
    8.3.4 信号的测量 257
    8.3.5 读取定时器/计数器.......... 258

8.4 监视定时器 259
    8.4.1 监视定时器的原理 259

8.4.2　监视定时器
　　　　　　芯片 MAX813L 260
　　　8.4.3　AT89S51 的内部
　　　　　　监视定时器 261
　8.5　日历时钟芯片 DS1302 261
　　　8.5.1　DS1302 简介 262
　　　8.5.2　DS1302 的操作 262
　　　8.5.3　DS1302 的应用 263
　8.6　案例实训——简易电子琴电路 265
　小结 269
　习题 269

第 9 章　串行接口与串行通信 271

　9.1　串行通信简介 271
　　　9.1.1　串行通信技术分类 271
　　　9.1.2　串行通信的软件实现 274
　　　9.1.3　串行接口与 RS-232C 标准 275
　9.2　MCS-51 串行口的结构 277
　　　9.2.1　MCS-51 串行口的结构 277
　　　9.2.2　MCS-51 串行口的控制 278
　9.3　MCS-51 串行口的工作方式 280
　　　9.3.1　方式 0——同步移位
　　　　　　寄存器 280
　　　9.3.2　方式 1——8 位 UART 282
　　　9.3.3　方式 2 和 3——9 位 UART 285
　9.4　串行口的应用 288
　　　9.4.1　波特率的计算 288
　　　9.4.2　方式 0 的应用 291
　　　9.4.3　方式 1 的应用 293
　　　9.4.4　方式 2 和 3 的应用 298
　9.5　多机通信方式 300
　　　9.5.1　多机通信原理 300
　　　9.5.2　通信协议的设计 301
　9.6　SPI 总线接口 302
　　　9.6.1　SPI 总线结构 302
　　　9.6.2　SPI 总线应用 303
　9.7　I^2C 总线接口 304

　　　9.7.1　I^2C 总线简介 305
　　　9.7.2　I^2C 总线协议 306
　　　9.7.3　I^2C 串行 EEPROM
　　　　　　及其应用 306
　　　9.7.4　I^2C 并行扩展芯片
　　　　　　PCF8574 311
　9.8　内部 Flash 存储器与串行编程 314
　　　9.8.1　串行编程过程 314
　　　9.8.2　串行编程指令 315
　9.9　案例实训——与 PC 机的通信 316
　小结 320
　习题 321

第 10 章　模拟量接口 323

　10.1　D/A 转换器 324
　　　10.1.1　D/A 转换原理 324
　　　10.1.2　D/A 转换器的指标 325
　　　10.1.3　D/A 转换器的选型 326
　10.2　D/A 转换器的应用 327
　　　10.2.1　DAC0832 的结构 327
　　　10.2.2　DAC0832 的应用 329
　　　10.2.3　DAC1208 的结构与应用 332
　10.3　A/D 转换器 335
　　　10.3.1　A/D 转换原理 335
　　　10.3.2　A/D 转换器的指标 337
　　　10.3.3　A/D 转换器的选择 338
　10.4　A/D 转换器的应用 338
　　　10.4.1　ADC0809 的结构 338
　　　10.4.2　ADC0809 的应用 340
　　　10.4.3　AD574A 的结构与应用 344
　10.5　案例实训——模拟信号的叠加 349
　小结 351
　习题 351

第 11 章　单片机应用系统设计 353

　11.1　单片机应用系统设计过程 353
　　　11.1.1　单片机应用系统开发周期 ... 353

11.1.2 软件开发过程........................354
11.1.3 硬件开发过程........................355
11.1.4 软、硬件集成测试................356
11.2 硬件设计中的问题................................357
11.2.1 硬件设计的主要内容............357
11.2.2 驱动与隔离技术....................358
11.2.3 电源与低功耗系统................361
11.2.4 硬件可靠性设计....................363
11.3 软件设计中的问题................................364
11.3.1 单片机应用系统软件特点....364
11.3.2 单片机应用系统软件结构....365
11.3.3 软件缓冲区的使用................369
11.3.4 系统运行过程的监控............370
11.3.5 软件可靠性设计....................371
11.4 案例实训——自动打铃机电路............372
小结..374
习题..374

第12章 单片机应用系统设计实践............376

12.1 系统总体设计..376
12.1.1 系统说明................................376
12.1.2 方案设计................................377
12.1.3 功能设计................................378
12.2 硬件系统设计..379
12.2.1 总体设计................................379
12.2.2 指纹模块简介........................380
12.2.3 用户界面设计........................380
12.3 软件系统设计..383
12.3.1 软件体系结构........................383
12.3.2 软件框架................................384
12.3.3 硬件自检和初始化部分........386
12.3.4 消息处理................................387
12.3.5 数据缓冲区的设计................389
小结..391
习题..391

附录A 各章习题提示与参考答案............392

附录B MCS-51指令速查表........................397

附录C MCS-51指令(按功能顺序)............398

参考文献..400

第1章 绪 论

本章要点

- 单片机的概念
- 单片机的发展历史
- 单片机的体系结构
- 单片机内部数据的表示和运算

单片微型计算机是指在一块大规模或超大规模集成电路芯片上制成的微型计算机,简称单片机。

单芯片形式所具有的体积小、功耗低、性价比高、应用灵活等优点,使其可以作为一个部件嵌入到各种产品中,而不是以常见的计算机系统形式出现。作为许多工业、自动化和消费类产品的核心部件,单片机用于多种场合:超市的收银机和电子秤;家庭的烤箱、洗衣机、闹钟、空调、录像机、玩具、立体声音响;办公室的打印机和复印机;汽车的仪表盘和点火系统;工厂里的机床、设备;甚至 PC 机的键盘、磁盘驱动器等。

因为单片机通常是嵌入到实际产品中发挥其控制作用的,所以单片机的另一个名字是微控制器(Microcontroller 或 Micro Control Unit,MCU);或者根据它在产品中所处的地位,称为嵌入式微控制器(Embedded Microcontroller),其应用也称为嵌入式应用。

1.1 单片机简介

单片机系统的构成与常见的微型计算机系统类似,其发展也与微型计算机的发展同步。只是由于面向的应用领域不同,技术进步在产品研发中体现出不同的侧重点。我们先从一般计算机的构成开始介绍。

1.1.1 计算机的基本组成

现代计算机所遵循的是冯·诺依曼提出的体系结构,其核心即存储程序原理:计算机在工作前,必须将保证计算机正常工作的程序以及为解决各种问题所需要的程序和数据预先存储在具有记忆功能的存储器中;计算机上电工作时,按照预先规定的顺序依次从指定的存储器单元中读取程序中的每一条指令,对其分析并执行所规定的各种动作,直到程序全部执行完为止。

冯·诺依曼计算机体系结构至少应满足以下基本特征。

- 三大硬件系统组成:一个中央处理器(CPU),其中包含一个控制器、一个运算器、若干寄存器和一个程序计数器;一个主存储器系统,用来保存控制计算机操作的各种程序；一个输入/输出(I/O)系统。
- 具有执行顺序指令的处理能力。
- 在主存储器系统和 CPU 的控制单元之间，包含一条物理上的或逻辑上的单一通道，可以强制改变指令的内容和执行的顺序。这种单一通道通常称为"冯·诺依曼瓶颈"。

如图 1-1 所示为冯·诺依曼体系结构。从图中可以看出，系统的所有输入/输出都是通过运算器连接的(实际上是通过累加器，它是运算器的一部分)。

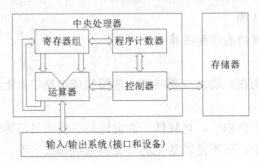

图 1-1 冯·诺依曼体系结构

冯·诺依曼体系结构也在不断演化。早期的结构逐渐发展成为系统总线模型，如图 1-2 所示。这样就避免了在计算机各组成单元之间分别设计连接信号的麻烦，而将所有信号的关系统一到与总线的联系上。主存和 CPU 的寄存器之间的数据通过数据总线传递，地址总线负责在传递期间保持主存单元地址，控制总线传送必要的控制信号，如数据传递的方向等。

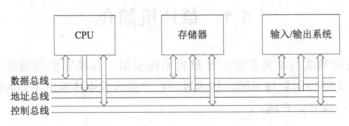

图 1-2 增加了系统总线的冯·诺依曼结构

1.1.2 单片机的基本结构

1. 单片机的内部结构

微型计算机是计算机小型化的产物。当微电子技术的发展使 CPU 能够在一个芯片上实现时，体积小、价格低、结构灵活的微型计算机就诞生了。除了更方便实用外，微型计算机的结构同以往的计算机几乎完全相同，运算能力也毫不逊色。微型计算机硬件系统包括 CPU、存储器、输入/输出接口和输入/输出设备，CPU 与存储器、输入/输出系统之间采用总线连接。所以图 1-2 也可以看做是微型计算机的结构示意图。当然，在实际的微型计算机系统中，存储器、输入/输出系统还包含很多更具体的部件。

单片机是单芯片形式的微型计算机。在一块芯片上，集成了 CPU、存储器和各种接口电路。CPU 通常比同期的普通微型计算机的 CPU 简单一些，但是大量的 CPU 辅助电路和接口电路以及片内存储器的存在，使得用单片机构建的微型计算机系统变得非常简单。

如图 1-3 所示是一种典型的单片机内部结构框图。内部总线将 CPU、程序存储器、数据存储器、定时器/计数器、可编程 I/O 接口、串行接口、中断系统(图中没有画出)连接在一起，构成了一个功能齐全的计算机硬件系统。下面将单片机与通用微型计算机的系统硬件进行比较。

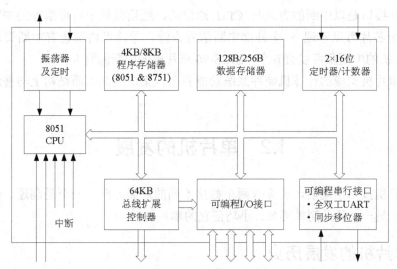

图 1-3　单片机功能框图(以 MCS-51 为例)

2. 单片机与通用微机的比较

微型计算机的 CPU 功能强大，已跨入 64 位时代。而单片机内的 CPU 功能已经做了简化，因为单片机不是用来设计通用微机的，所以没有必要拥有较强的运算能力，常见的有 4 位、8 位、16 位、32 位的 CPU，而最常用的却一直是 8 位单片机。由于针对其应用领域做了优化，一般在控制、逻辑、实时性上比通用微机的 CPU 表现还要更好一些。

通用微机要有专门的时钟发生器电路，向 CPU 以及其他控制部件提供同步脉冲信号。单片机则在芯片内部集成了振荡电路，无需外接时钟源。

至于存储系统，通用微机中有容量较小的只读存储器(ROM)，存放机器自检、引导、参数设置、基本 I/O 操作的代码，而容量较大的随机存储器(RAM)是程序运行的载体。另外为了提高性能和存储容量，一般还使用了高速缓冲存储器和虚拟存储器技术。单片机中的存储结构比较简单，只有程序存储器 ROM 和数据存储器 RAM，其中 ROM 中存放系统运行需要的所有程序，RAM 只是提供运行时所需的临时存储。而且 ROM 容量通常不大，一般不超过 64KB，RAM 容量就更小了。但是对于特定应用来说，已经足够软件的运行所需了。

为了与外部并行设备交换数据，CPU 和设备之间需要通过接口电路进行连接。通用微机主板上由可编程的并行接口芯片实现这一功能，单片机内部则集成了并行接口电路，而且也是可编程的，其工作方式和数据传送方向可以由软件来控制。

CPU 在与串行设备通信时，需要串行接口。通用微机一般配备串行接口芯片来完成这一任务。单片机内部也配备了串行接口，不仅可以实现同样的功能，一般还有更灵活的工作方式。

通用微机内部有可编程的定时器/计数器芯片，用来实现系统计时、定时信号，以完成周期性的任务。单片机芯片内部的定时器/计数器电路还可以向同在芯片内部的串行口提供时钟信号，使得串行接口的设计更为简单。

很多外部接口是以中断的方式与 CPU 通信的，通用微机中有可编程的中断控制器芯片，一般一个芯片可以管理 8 个外部中断信号来源。单片机内部也有中断管理电路，像 MCS-51 单片机的中断源可以有 6 个，MCS-96 单片机的中断源有 8 个。

可见，单片机构成的计算机硬件系统功能齐全、集成度高，而结构上与普通微型计算机类似。

1.2 单片机的发展

微型计算机技术出现后，一直有两个截然不同的发展方向：一个是高速、性能优异的高档微型机；另一个就是简单可靠、小巧便宜的单片机。

1.2.1 单片机的发展历史

第一款单片机 F8，由美国的 Fairchild(仙童)公司于 1974 年推出，随后 Intel 公司推出了影响面更大、应用更广的 MCS-48 单片机系列。如果将 8 位单片机的推出作为起点，那么单片机的发展历史大致可分为以下几个阶段。

1. 单片机探索阶段

单片机探索阶段的任务是探索计算机的单芯片集成。

1976 年，Intel 的 8 位 CPU 8080 刚刚进入市场不久，一些设备制造商希望将 8080 装到他们的产品中控制设备的运行。但是要做成一个完整的控制系统，不但要用到 8080 CPU 芯片，还需要存储器芯片和 I/O 芯片。许多制造商希望 Intel 能将它们放入单一芯片中并降低价格。于是 Intel 推出了 8748，此芯片集成了 17000 个晶体管，内含一个 8 位的 CPU、1KB 的 EPROM、64B 的 RAM、27 个 I/O 引脚和两个 8 位的定时器。该芯片以及后来推出的其他 MCS-48 系列芯片迅速成为面向控制应用的工业标准。

这种专用 CPU 模式采用专门为适应嵌入式系统要求而设计的 CPU 与外围电路集成的方式，以 MCS-48 为代表。MCS-48 的 CPU、存储器、定时器、中断系统、I/O 接口、时钟电路以及指令系统都是专门设计的。

在单片机体系结构的探索中还有一种模式：通用 CPU 模式。

通用 CPU 模式采用通用 CPU 和外围电路的集成方式，以 Motorola 的 MC6801 为代表。MC6801 将增强型的 6800(通用 CPU)、6875(时钟发生器)、6810(RAM)、

6830(ROM)、6821(并行接口)、6840(定时器)、6850(异步串行接口)几个独立功能芯片集成在一块芯片上,使用 MC6800 的指令系统。

事实证明,两种方式都是成功的。专用 CPU 方式能充分满足嵌入式应用的要求,成为之后单片机(或微控制器)的主要体系结构;通用 CPU 方式则实现了与通用微型计算机的兼容,应用系统开发方便,成为后来嵌入式微处理器的发展模式。

2. 单片机完善阶段

1980 年 Intel 推出了 MCS-51 系列,它在以下几个方面完善了单片机体系结构。
(1) 完善的外部总线。MCS-51 设置了经典的 8 位单片机的总线结构,包括 8 位数据总线、16 位地址总线、控制总线及具有多机通信功能的串行通信接口。
(2) CPU 外围功能单元的集中管理模式。
(3) 体现工业控制特性的位地址空间及位操作方式。
(4) 指令系统趋于丰富和完善,并且增加了许多突出控制功能的指令。

MCS-51 系列对单片机体系结构的完善,奠定了它在单片机领域的地位,形成了事实上的单片机标准结构。近三十年后,仍有许多半导体厂商以 MCS-51 的 8051 为核心,发展新型的 80C51 单片机系列产品。

3. 微控制器形成阶段

随着 MCS-51 等 8 位单片机的广泛应用,一些电气厂商开始加入到单片机的应用、设计、生产行列,并将许多测控系统中使用的电路技术、接口技术、A/D 和 D/A 转换技术、可靠性技术等应用到单片机中,增强了外围电路功能,强化了智能控制的特征。

1983 年,Intel 推出 MCS-96 系列单片机,除字长增加一倍外,内部还具有 8 路 10 位 A/D 转换、8 位 PWM 的 D/A 转换、高速输入/输出口、16 位监视定时器,集成度高达 120000 个晶体管。1984 年 Motorola 公司推出的 8 位高性能单片机 M68HC11 系列,片内集成 4 路 DMA(直接存储器访问),可以加速存储器和外设之间的高速通信,一个 MMU(内存管理单元)使原来寻址 64KB 的物理空间扩展到 1MB,16 位的片内协处理器使乘除法操作速度提高了 10 倍。

这一阶段是 8 位单片机的巩固发展及 16 位单片机的推出阶段,也是单片机向微控制器发展的阶段。微控制器一词就诞生于这一阶段,成为国际上对单片机的标准称谓。

4. 微控制器发展阶段

随着单片机在各个领域全面深入地发展和应用,出现了高速、大寻址范围、强运算能力的 8 位、16 位、32 位通用型单片机,以及小型廉价的专用型单片机。本阶段的发展特点是,不断扩展满足嵌入式应用对象系统要求的各种外围电路与接口电路,提高智能化控制能力。所涉及的领域都与对象系统相关,因此,发展微控制器的重任不可避免地落在电气、半导体厂商肩上(Intel 逐渐淡出微控制器的发展)。而且面对不同对象,推出了不同领域要求的单片机系列以及各种专用单片机,如空调、冰箱、电子游戏机等都有专用单片机芯片。

20世纪90年代以来，又出现了一种更新的技术SoC(System on Chip，片上系统)。多种兼容工艺技术的发展，使差别很大的不同种类器件可以集成在同一个芯片上，将包含微控制器在内的功能复杂的IP核(Intellectual Property Core，一段具有特定电路功能的硬件描述语言程序)和其他必备的接口电路在一个芯片上实现，做成一个完整的单芯片电子系统。单片机领域已经有大批的能独立工作的SoC芯片。

1.2.2 单片机技术的发展特点

单片机是现代计算机、电子技术结合的产物，无论是单片机本身，还是单片机应用系统，都在随着时代的发展不断发生变化。目前以及未来相当长一段时间内，单片机技术将表现出以下几个特点。

1．8位、16位、32位单片机共同发展

长期以来，单片机技术的发展是以8位机为主，而且不像通用微型计算机，新产品问世不久就会淘汰旧产品，由于应用领域的不同，8位机的发展势头还将持续相当长的时间。但是随着移动通信、网络技术、多媒体技术等需要强大处理能力CPU的计算机产品进入家庭，32位单片机应用将得到长足的发展。虽然8位单片机的功能越来越强，32位机越来越便宜，但是16位单片机的生存空间并没有被压缩，无论从品种和产量方面，16位单片机近年来都有较大幅度的增长。

2．单片机速度越来越快

为了提高单片机抗干扰能力、降低功耗，采用较低的时钟频率但不牺牲运算速度，一直是单片机发展的追求目标。一些单片机厂商改善了内部时序，在不提高时钟频率的条件下，运算速度提高了很多。MCS-51系列及其兼容单片机执行一条指令的最短时间，已经从12个时钟周期降到1个。有些单片机使用了锁相环或内部倍频技术，使内部总线速度大大高于外部时钟频率。如Motorola的68HC08系列8位单片机的某些产品，当外部时钟频率为32.768kHz时，可获得8MHz的内部总线频率。

3．低电压、低功耗

随着超大规模集成电路技术由3μm工艺发展到1.5μm、1.2μm、0.8μm、0.5μm、0.35μm，进而实现0.2μm工艺，全静态设计使得时钟频率可以从0兆赫兹到数十兆赫兹任选，功耗不断下降。几乎所有的单片机都有节电运行方式，允许使用的电源电压范围也越来越宽。一般单片机都能在3～6V范围内工作，由电池供电的单片机无需对电源采取稳压措施。低电压供电的单片机电源下限已由2.7V降至2.2V、1.8V。0.9V供电的单片机也已经问世。

4．高可靠性技术

为了提高单片机系统的抗电磁干扰能力，使产品能适应恶劣的工作环境，满足电磁兼容性方面更高标准的要求，各单片机厂商在单片机内部电路中采用了一些新的措施。如美

国国家半导体公司(National Semiconductor，NS)的COP8单片机内部增加了抗EMI电路，增强了监视定时器的性能。

5. ISP 与 IAP 技术

在系统中编程(In System Programming，ISP)是一种让用户能在产品设计、制造过程中的每个环节，甚至在产品卖给最终用户以后，还具有对其器件、电路板或整个电子系统的逻辑和功能随时进行重组或重新编程的技术。

在应用中编程 IAP(In Application Programming，IAP)是指在应用程序的控制下对程序存储空间进行读取、擦除、写入操作。这意味着处理器在执行用户应用程序时可以更换执行代码，甚至可以自己生成代码，具有在线升级的功能。

ISP 和 IAP 是通过单片机上引出的编程线、串行数据线、时钟线等向单片机内部程序存储器写入代码，编程线与 I/O 线共用，不额外增加单片机引脚；单片机内部的程序存储器为 Flash 存储器技术，可多次编程。ISP 和 IAP 技术为开发调试提供了方便，单片机远程调试、软件远程升级已成为现实。

6. 全盘 CMOS 化

单片机中大部分产品已 CMOS 化。CMOS 芯片的单片机功耗低，而且为了充分发挥低功耗的特点，这类单片机普遍配置有待机和掉电方式。比如，采用 CHMOS 工艺的 MCS-51 系列单片机在正常运行(+5V 电源、12MHz 振荡频率)时，工作电流为 24mA，待机方式下只有 3mA，掉电方式(电压为+2V)下仅为 50μA。

1.3 单片机体系结构

单片机特定的应用方式，决定了它与通用微型计算机系统的体系结构有不同之处。下面从 CPU 设计、存储器设计、总线结构三个方面讨论单片机系统的体系结构，以及单片机与微处理器的区别、单片机与嵌入式系统的关系。

1.3.1 CPU 设计

单片机的 CPU 设计可分为 CISC(Complex Instruction Set Computer，复杂指令集计算机)技术和 RISC(Reduced Instruction Set Computer，精简指令集计算机)技术两种。

CISC 设计者认为，CPU 能够执行的基本操作越多越容易编程，因为单条指令可以实现多种类型的任务，尽管许多指令在技术上是多余的。这样的 CPU 在硬件设计上比较复杂，通常使用微程序设计技术。指令编码多样，所对应的微程序长度不同，因此在 CISC 中很难实现流水操作。CISC 简化了软件编程，但是增加了硬件的复杂程度。

而 RISC 的着眼点不是简单地放在简化指令系统上，而是通过简化指令系统使计算机的结构更加合理，从而提高运算效率。RISC 的 CPU 通常有一个大的寄存器组和比较简单的寻址方式，指令规范、简单、对称，便于流水操作。RISC 技术使得硬件设计极为简洁，指令执行速度快，但软件编程则不如 CISC 方便。

其实，CISC 和 RISC 各有优势，在通用微机和单片机领域内都有相应的成功产品。Intel 的 MCS-51 系列单片机是典型的 CISC 结构，而像 Microchip 的 PIC 系列、Atmel 的 AVR 系列等都是 RISC 单片机的代表。

1.3.2 存储器设计

传统计算机设计采用冯·诺依曼结构，冯·诺依曼结构也称作普林斯顿(Princeton)结构，用来存储程序和数据的物理存储器是在同一个物理存储器空间中。在这个物理存储器空间中，每个存储单元都可以用于存储程序或数据。图 1-4(a)即为这种结构的系统框图，地址总线的位数决定了系统中存储器单元的个数，数据总线的宽度则决定了程序指令编码和存储数据编码的长度。普林斯顿计算机结构简单，编程灵活，因此常见的通用计算机(如 x86 系列)普遍采用这种形式。

哈佛(Harvard)结构则是指将程序指令存储空间与数据存储空间分开的存储器结构，如图 1-4(b)所示。CPU 工作所需的程序，由程序存储器通过程序存储器总线提供，而 CPU 所读写处理的数据，则是由数据存储器通过专用的数据总线进行传送。由于程序和数据分别有各自专用的物理总线，因此程序和数据可以分别存储于相互间无关的物理存储空间中，CPU 可同时对程序存储器和数据存储器进行访问，提高了信息的吞吐率。哈佛结构的程序存储器总线位数和数据存储器总线位数可以相同，也可以不同。比如，Microchip 公司的 PIC 系列单片机，其 CPU 内部的程序存储器总线的位数有 12 位、14 位、16 位等几种，而数据存储器总线位数都是 8 位。

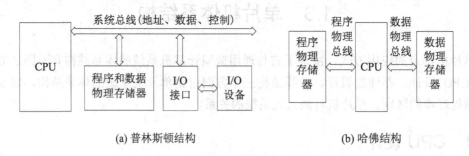

(a) 普林斯顿结构　　　　　　　　　　(b) 哈佛结构

图 1-4　普林斯顿结构和哈佛结构

1.3.3 总线结构

根据地址总线、数据总线、控制总线与各功能部件连接方式的不同，可将系统总线分为单总线、双总线和多重总线结构。

图 1-4(a)所示为单总线结构。在单总线结构中，存储器或 I/O 接口电路只能分时使用总线。图 1-5 所示为双总线结构，I/O 接口和存储器具有各自的信息传输通道，CPU 可同时与存储器和 I/O 接口进行信息传输，提高了数据传输的效率。还有一种多重总线结构，一般用于多处理器场合，CPU 有自己的局部总线，另外系统中有访问全局存储和 I/O 接

口的全局总线。

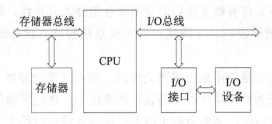

图 1-5 双总线结构

鉴于 CPU 执行指令通常是串行模型，即存储器总线和 I/O 总线不可能同时传送数据，所以单总线结构比较常见。在单总线结构中，对存储器和 I/O 接口的寻址方法，又分为独立编址的 I/O 方式和存储器映像的 I/O 方式两种。

独立编址的 I/O 方式中，CPU 有单独的 I/O 指令和独立的 I/O 空间。存储器映像方式则是 I/O 操作与存储器操作采用同样的指令、时序、信号和统一的地址空间。后者在硬件上简单一些，但是存储器地址范围会因为 I/O 扩展而变小；另外，若单纯从软件的角度看，存储器访问和 I/O 访问在代码中毫无区别，除非参照硬件电路，否则程序可读性会差一些。

1.3.4 单片机与微处理器

从硬件结构看，微处理器是一个单芯片的 CPU，而单片机则是在一片芯片中集成 CPU 和其他电路，构成一个完整的微型计算机系统。作为面向控制的器件，单片机经常要实时响应外部的信号(中断)，必须快速实现任务切换。微处理器也能拥有强大的中断功能，但是通常需要外部元件配合，而单片机在芯片内部就集成了处理中断所必需的电路。

从指令集看，微处理器具有强大的数据处理、任务管理和存储保护能力。而单片机则具有灵活的输入/输出控制功能，比如位操作、中断、定时等。单纯就处理能力来说，单片机永远达不到微处理器的水平(同等条件下)，但是单片机也没有必要达到那个水平。

从软件上看，基于微处理器的微型计算机系统具有很强的编程能力，而单片机的程序只能固定地执行某一项任务。微处理器所需的 RAM 比 ROM 要大得多，用户程序都在 RAM 中运行；单片机的 ROM 比 RAM 要大得多，所有程序在 ROM 中存放。

从应用领域看，单片机适用于那些需要以极少的元件实现对输入/输出设备进行控制的场合，控制任务一般是简单的、固定的、明确的，而微处理器适合在计算机系统中进行信息处理，处理任务可以很复杂、灵活，随应用程序而变化。

1.3.5 单片机与嵌入式系统

单片机本身就是作为嵌入式计算机系统的核心而诞生的。嵌入式系统的含义是：以应用为中心，以计算机技术为基础，并且软硬件可裁减，适应应用系统对功能、可靠性、成本、体积、功耗严格要求的专用计算机系统。

按照这种定义,嵌入式系统是一种专用的计算机系统,并且是作为整个应用系统(设备)的一部分。事实上,所有带有数字接口的设备都使用嵌入式系统,很多嵌入式系统都是由单个程序来实现整个逻辑控制。实现这种嵌入式系统的核心就是嵌入式微控制器,即单片机。

嵌入式的另一种实现是使用嵌入式微处理器。嵌入式微处理器与通用 CPU 的最大不同,在于其大多工作在为特定用户群专门设计的系统中,将通用微型机系统中许多由板卡完成的任务集成到芯片内部,从而有利于嵌入式系统在设计时趋于小型化、提高设计和运行效率以及可靠性。

如此看来,嵌入式微处理器的形成与单片机的产生有着类似的背景。但二者还是有相当大的区别。单片机通常用于对处理能力要求不高、对控制功能要求严格的产品中,所以从产品形式上看,单片机更像电子、电气、控制类芯片,与计算机系统的血缘关系不明显;而嵌入式微处理器本身就有一个高效设计的 CPU,以它为核心的产品更像一个扩展了功能、缩小了体积的微型计算机系统,设计时普遍使用计算机工程方法,软件上通常使用实时操作系统。以嵌入式微处理器为核心的系统一般有通信、网络、多媒体等大量数据处理的功能,可以提供图形用户界面,这是单片机所难以完成的。

使用单片机与使用嵌入式微处理器的系统在应用领域的交叉不多,二者在嵌入式系统应用中都有不可估量的发展空间。

1.4 单片机内部数据的表示

计算机的最初功能就是计算,计算的对象是数据。计算机内部的数据,无论存储、计算、传送,都是以二进制形式表示的,单片机也不例外。

1.4.1 数据的表示

数据的二进制表示中,允许使用的符号只有"0"、"1"两个。只用这两个符号构成的符号序列称作二进制串。由于冗长的二进制表示不便人们阅读和书写,因此十六进制表示方式应运而生。在十六进制表示中,可以使用的符号为"0"~"9"、"A"~"F"共16个符号。只用这16个符号构成的符号序列称作十六进制串。1位十六进制数代表4位二进制数,二者之间的关系见表1-1。

为了区别各种进制记数方法,对每个符号串加上一个后缀,以明确该串为哪一种进制数的表示。约定的后缀有:B 代表二进制,H 代表十六进制,O 代表八进制,D 代表十进制等。十进制是人类最常用的表示,不加后缀默认为十进制。符号串和后缀中的字母大小写无区别。

如,01001010B 和 4AH 表示的是同一个数,即十进制的 74,或 74D。

表 1-1 二进制数的十六进制表示

二进制数	十六进制表示	二进制数	十六进制表示	二进制数	十六进制表示	二进制数	十六进制表示
0000	0	0100	4	1000	8	1100	C
0001	1	0101	5	1001	9	1101	D
0010	2	0110	6	1010	A	1110	E
0011	3	0111	7	1011	B	1111	F

与十进制符号串类似，二进制串和十六进制串表示的也不一定是数值，可能是其他有意义的数据。

我们先从纯粹数值的表示开始，不妨假定数据长度固定为 8 位。8 位二进制位作为一个整体，称为 1 个字节。

1. 整数的表示

在二进制记数法中，根据"0"、"1"两种符号在数据中的不同位置，所代表的数值不同。若以 D0、D1、D2……分别表示从最右边位开始，依次向左的各位数字，则 D0 位的"1"表示有一个 1(即 2^0)，D1 位的"1"表示有一个 2(即 2^1)，D2 位的"1"表示有一个 4(即 2^2)，以此类推，整个数的数值就是把它们加在一起。如 10010101B 的值，按十进制表示，就是 128+16+4+1=149D。

在这种表示中，最左边的位表示的数值最大，最右边的最小，因此分别称为最高有效位(Most Significant Bit，MSB)和最低有效位(Least Significant Bit，LSB)。左边的位称作高位，右边的位称作低位。

上述的表示法称作自然二进制表示。对于 8 位二进制数，数值的范围为 00000000B～11111111B，表示 0～255 共 256 个整数。自然二进制表示的数也称作无符号数。

在需要表示负数时，必须在原有 8 位数中将符号表示出来。一般约定使用最高有效位表示数的符号，0 为正，1 为负。这样的数称作有符号数。若约定 00000000B 表示 0，256 个数仍保持自然二进制的顺序，则 00000000B～01111111B 共 128 个 MSB 为 0 的数表示 0～127，10000000B～11111111B 共 128 个 MSB 为 1 的数表示-128～-1。这样，8 位二进制数表示的数的范围为-128～+127。这种表示方法称作有符号数的二进制补码表示。

计算机内部的二进制数据，可以按无符号数解释，也可以按有符号数解释。解释权是由输入和输出数据的人或软件决定的。

2. 小数的表示

小数可以按照整数的方式表示和存储。比如，整数其实可以看作小数点固定在最低有效位右侧的小数，那么纯小数可以规定为小数点固定在最高有效位左侧。小数点右侧第一位的"1"代表一个 2^{-1}，第二位的"1"代表一个 2^{-2}，以此类推，整个数的数值就是把它们加在一起。

也可以把小数点固定在其他确定的位置上。比如在 8 位二进制数中，把小数点放在左边 4 位和右边 4 位中间。按无符号数解释时，可以表示的数的范围是 0000.0000B～1111.1111B，即 0～15.9375。

以上的小数表示称作小数的定点表示。如果要表示范围更大的小数，可以参考科学记数法方式，只存储尾数和指数部分。确定其实际数值时，要根据指数的大小，通过左移或右移小数点的位置进行。这种表示方法称作小数的浮点表示。

对于用浮点形式表示的小数，进行加减等运算时，要将小数点对齐再操作；进行乘除运算时，要分别计算尾数和指数的积、商与和、差。一般计算机要配备专用的浮点运算单元实现这些操作。8 位单片机通常没有浮点运算能力，如果需要，可以用软件实现。

3. BCD 码表示

计算机内部处理的是二进制信息，对于数值来说，就是二进制数。人类使用最方便的是十进制数，但是在二进制数与十进制数之间没有很直接的变换形式。BCD(Binary Coded Decimal)码数是十进制形式的二进制表示。即每个十进制数字都用二进制编码，整个数值是由这样编码的一个个十进制数字组成的。0～9 需要用 4 位二进制数表示，则一位 BCD 数也可以称作一位十进制数，用 4 位二进制数表示就可以了。通常 4 位二进制数表示一位十进制数也有多种方案，如 8421 码、5421 码、2421 码等。在 MCS-51 单片机中使用的是 8421 BCD 码，在 4 位编码中每位代表的数值与二进制中相同。

如 8 位二进制数 00100101B，也就是 25H，按 BCD 码解释就是 25D，十位数字是 2，个位数字是 5。这样用 8 位二进制数表示的两位 BCD 数，称作压缩的 BCD 码。如果用 8 位二进制数表示一位十进制数，高 4 位固定为 0000B，低 4 位作为十进制数的二进制编码，称作非压缩的 BCD 码。

显然，计算机内的数据到底是什么编码，也是由人来解释的。

4. 文本的表示

文本是一种没有格式的符号串。计算机中经常存储、处理文本信息，比如名单、电话号码、句子等，在显示设备上的输出通常也是文本格式。

计算机中表示文本的编码，应用最广的是 ASCII 码(American Standard Code for Information Interchange，美国信息交换标准码)。它使用 7 位二进制串表示大小写英文字母、标点符号、数字符号及某些控制字符，如换行、回车等，见表 1-2。ASCII 码在存储时一般占 8 位，在原最高位的左端再加一个"0"。比如，字母"A"的 ASCII 码为 41H，"C"为 43H，而且大写字母"A"～"Z"和小写字母"a"～"z"都是连续的 26 个 ASCII 码编码数值；"0"～"9"的 ASCII 码为 30H～39H，其为十进制数字或 BCD 数字与 ASCII 码之间的变换提供了方便。

5. 图像、声音的表示

多媒体计算机对图像、声音的处理功能十分强大，一般配备专门的硬件、软件，CPU 也有增强这种处理能力的专用指令集合。单片机虽然很少处理多媒体数据，但也会遇到一些简单图形图像要在 LCD 上显示，比较单调的声音信号要在扬声器上输出的要求。

比如要在 LCD 上显示汉字或其他简单图形，通常采用位图(bitmap)的表示形式。将 LCD 看成一些像素的矩阵，要显示什么图形，就是按要求在相应的位置显示出某种所要求的颜色。图形图像、汉字字型都编码成位图格式存储起来，需要显示时逐点画出。

对于声音，一般需要用周期采样、量化编码的过程将其转化为数字信号存储。这样的信号输出时还要再转化成模拟信号。对于最简单的情形，如固定频率的声音，或对质量要求不高的音乐旋律，可以直接输出指定频率的方波信号。其表示也转化为一系列的频率和持续时间的数值编码。

表 1-2 ASCII 码表

低位＼高位	000	001	010	011	100	101	110	111
0000	NUL	DLE	SP	0	@	P	`	p
0001	SOH	DC1	!	1	A	Q	a	q
0010	STX	DC2	"	2	B	R	b	r
0011	ETX	DC3	#	3	C	S	c	s
0100	EOT	DC4	$	4	D	T	d	t
0101	ENQ	NAK	%	5	E	U	e	u
0110	ACK	SYN	&	6	F	V	f	v
0111	BEL	ETB	'	7	G	W	g	w
1000	BS	CAN	(	8	H	X	h	x
1001	HT	EM	)	9	I	Y	I	y
1010	LF	SUB	*	:	J	Z	j	z
1011	VT	ESC	+	;	K	[	k	{
1100	FF	FS	,	<	L	\	l	|
1101	CR	GS	-	=	M	]	m	}
1110	SO	RS	.	>	N	^	n	~
1111	SI	US	/	?	O	_	o	DEL

常见控制符号定义：NUL—空白；BEL—响铃；BS—退格；LF—换行；CR—回车；SP—空格。

1.4.2 数据的运算

对于数值数据，表示的目的就是为了方便运算，而非数值数据的处理，它也是通过运算实现的。运算是计算机的基本功能。

1. 算术运算

算术运算一般指整数的加、减、乘、除等简单运算。计算机系统中的整数，可按无符号数或有符号数解释，而在 CPU 内部进行计算时，通常只是简单地进行普通二进制运算，结果由后续步骤根据使用情况解释。

如图 1-6(a)所示，两个数 4AH 和 D3H 相加，结果为 1DH，而且产生了进位。如果按无符号解释，为 74+211=285，除去满 256 进位外，结果为 29，是正确的。如果按有符号数解释，为(+74)+(-45)=+29，不考虑产生的进位，结果也是正确的。

对于图 1-6(b)所示的运算，两个数 4AH 和 53H 相加，结果为 9DH，没有进位。按无符号数解释，为 74+83=157，正确。按有符号数解释，为(+74)+(+83)=-99，两个正整数相加结果却成了负数，错误。这种错误称为溢出。

```
      01001010              01001010
    +11010011             +01010011
   ①00011101              10011101
       (a)                   (b)
```

图 1-6　二进制加法运算

无符号数产生的进位，可以在后续的运算中继续使用，或者可以根据进位与否判断结果是否应做进一步处理。有符号数的溢出错误却是不易修正的，所以大多 CPU 运算单元中都特别设置了溢出标志，对有符号数运算结果提供参考信息。

减法运算也有类似的情况。

乘法和除法运算，通常采用循环实现，速度比加减法运算要慢很多。像 MCS-51 单片机，乘除运算指令是所有指令中执行时间最长的。

2. 逻辑运算

在计算机中经常会用到逻辑运算，以对非数值数据进行处理。常用的有逻辑与、或、非、异或等。

逻辑运算本来是二进制位的运算。当对整个数据(比如 8 位)进行运算时，需按位对齐，各自计算。

图 1-7 演示了 4 种常用的逻辑运算。图 1-7(a)所示为逻辑与运算，参与运算的两个位都为 1 时，结果才为 1，否则为 0。图 1-7(b)所示为逻辑或运算，参与运算的两个位都为 0 时，结果才为 0，否则为 1。图 1-7(c)所示为逻辑非运算，只有一个数参与运算。某位为 1，结果为 0；某位为 0，结果为 1。图 1-7(d)所示为逻辑异或运算，参与运算的两个位不同时结果为 1，两位相同时结果为 0。

```
   01001010        01001010                           01001010
  ∧11010011       ∨01010011        01010011         ⊕01010011
   01000010        01011011        10101100           00011001
   (a)逻辑与运算    (b)逻辑或运算    (c)逻辑非运算      (d)逻辑异或运算
```

图 1-7　二进制逻辑运算

1.4.3 指令的表示

计算机最基本的操作是以指令的形式提供给用户的。用户可以根据自己的要求，写出一个指令序列，将这个序列按计算机理解的形式编码后，输入到计算机的存储器中。当计算机开始取出并执行这些二进制编码的指令时，它就按用户指定的程序步骤运行起来了。

计算机中所有数据都是二进制编码的，指令也是一样。指令的二进制形式是计算机可以直接识别的形式，也叫做指令的机器码。

如在 MCS-51 单片机中，0010010000001000B 就是一条指令，完成的是将一个常数 00001000B 加到累加器 A 中的功能。可以看出，指令有 16 位，低 8 位就是 00001000B，是参与运算的一个常数。高 8 位就是指定具体操作的编码，每一种特定功能的指令都有唯一的编码，称为操作码。而操作的对象或参与运算的数据称为操作数。

使用二进制编码方便了计算机，但是如果阅读、抄录，很容易出错。一种简便的方式就是用十六进制表示。还是上面那条指令，可以写成 2408H，就简洁得多了。

计算机生产厂家为每条指令都取了一个名字，这个名字叫助记符。上面那条指令的助记符为 ADD。而且一组同类型的操作可以使用同一个助记符，像 ADD，就包括了加常数到 A 中、加内部 RAM 单元内容到 A 中、加某一寄存器内容到 A 中等多条指令。

用助记符写好程序后，还需要将程序翻译成机器码。这个过程通常由专门的软件来完成。一般情况下，这个软件还会向程序员提供除助记符之外的其他便利，相关内容我们将在程序设计部分介绍。

1.5 单片机的应用与选型

1.5.1 单片机的应用

下面列举几个单片机的典型应用领域。
- 智能化家用电器：单片机价格低廉、体积小、逻辑判断与控制功能强，且内部具有定时器/计数器等硬件资源，各种家用电器普遍采用单片机智能化控制代替传统的电子线路控制，如洗衣机、空调、电视机、录像机、微波炉、电冰箱、电饭煲以及各种视听设备、高档玩具等。
- 智能化接口的办公自动化设备：现代办公室使用的大量通信和办公设备多数嵌入了单片机，如打印机、复印机、传真机、绘图机、考勤机、电话以及通用计算机中的键盘、磁盘驱动器等。采用单片机专门对接口设备进行控制和管理，使主机和单片机能并行工作，不仅提高了系统的速度，而且单片机可以对接口信息进行预处理，如数字滤波、线性化处理、误差修正等，减小主机和接口电路的通信密度，可以极大地提高接口控制管理的水平。
- 商业营销设备：在商业营销系统中已广泛使用的电子秤、收款机、条形码阅读器、IC 卡刷卡机、出租车计价器以及仓储安全监测系统、商场保安系统、空气调节系统、冷冻保鲜系统等都采用了单片机控制。
- 工业自动化控制：由于单片机 I/O 口线多、位操作指令丰富、逻辑操作功能强，所以特别适合于工业自动化控制。可构成各种工业控制系统、自适应控制系统、数据采集系统等。既可以作为主机控制，也可以作为分布式控制系统的现场处理机。
- 智能化仪表：单片机广泛用于各种仪器仪表中，使仪器仪表智能化，提高了测量速度和精度，加强了控制功能，简化了硬件结构，便于使用、维修和改进。用单片机改造原有测量、控制仪表，能促进仪表向数字化、智能化、多功能化、综合化、柔性化发展。
- 智能化通信产品：最突出的是手机，另外在微波、短波、光纤通信、程控交换等通信设备、仪器中都能找到单片机的应用。
- 汽车电子产品：现代汽车的集中显示系统、动力监测控制系统、自动驾驶系统、通信系统和运行监视器(黑匣子)等都离不开单片机。
- 航空航天系统和国防军事、尖端武器等领域：只要是有自动控制、智能控制的任务，单片机就可担负起来。

单片机应用的意义不仅在于领域广阔以及所带来的经济效益，更重要的是，单片机的应用正从根本上改变着控制系统的传统设计思想和设计方法。以前采用硬件电路实现的大部分控制功能，正在用单片机通过软件方法来实现。以前自动控制中的 PID 调节，现在可以用单片机实现具有智能化的数字计算控制、模糊控制和自适应控制。这种以软件取代硬件并能提高系统性能的控制技术称为微控制技术。随着单片机应用的推广，微控制技术将不断发展完善。

1.5.2 单片机的选型

当我们有了一定的单片机基础，需要使用单片机进行实际项目开发时，可能还会面临很多选择。虽然只学了一种代表机型，但其他类型的单片机的基本构造和原理是一样的。在真正动手之前，控制芯片(即单片机)的选择可能会直接关系到项目的成败。一般说来，不同的单片机系列有不同的指令集，互不兼容；同一个芯片供应商可能有不同体系结构或 CPU 字长的产品。如何选择合适的单片机芯片，通常可以从以下几点考虑。

(1) 选用的单片机必须能满足开发的需求，效率高、性价比好。在对基于单片机的项目进行需求分析时，首先要考虑 8 位、16 位、32 位单片机中哪一种最能有效地完成控制、计算任务。另外，需纳入考察指标的还有：速度、封装形式、功耗、芯片内 RAM 和 ROM 的数量、I/O 引脚数量、定时器个数、升级空间、单位成本等。

(2) 选用该型号单片机芯片后，开发的难易程度如何。主要是软件开发部分，包括汇编器、调试器、高效率的 C 编译器、仿真器、技术支持以及开发人员的基础知识与使用该芯片的专业开发经验。

(3) 现在和将来该型号单片机是否可以获得所需数量，即所选用的单片机是否面临停产、是否有升级产品、是否有其他厂商提供兼容产品等。当前在 8 位单片机中，MCS-51 系列具有最多的供应商，这也是本书自始至终选 MCS-51 作为代表机型的主要原因。

1.5.3　单片机的学习

单片机的学习，与对任一种计算机体系结构的学习一样，必须结合具体实例，才能充分理解基本原理。本书的目的是使读者对单片机的内部结构、各功能单元的用法、实际开发过程有一个全面的了解，不可能只讲述空洞的理论。MCS-51 系列单片机，是单片机家族中的经典，本书以其为例，介绍单片机开发的硬件基础和软件方法。硬件基础包括内部结构、各种硬件资源、与外扩功能的接口的连接方式；软件方法包括指令系统、开发工具、各种资源的控制手段等。

本书不是某一种特定芯片的数据手册，但是以较多篇幅讨论了 MCS-51 系列基本型单片机的结构和用法。市场上可以得到的 MCS-51 兼容产品种类繁多，在硬件、软件资源的配置上各有特点，而且还会不断出现增加了新的功能、使用了新的技术的新型产品。在学习使用过程中要举一反三。一些新兴技术在本书中有详细讨论，但是更多的、更具体的技术细节还需在实践中、在应用中不断充实。

单片机技术几乎是一门纯粹的技术，几乎没有什么理论性可言。学习单片机，实践是第一位的，应用是最终目的。但本书仍然对一些实现方法的思想进行了剖析，希望能够对电子、控制专业的同学在软件开发方面有所帮助，也希望能够对计算机专业的同学在硬件设计方面助一臂之力。

小　　结

单片机是单芯片形式的计算机，通常嵌入到应用产品内部，主要起着控制功能。单片机与普通计算机的结构类似，内含 CPU、存储器、并行接口、串行接口、定时器、中断控制部件等功能模块。

单片机是微型计算机技术发展的产物，经历了探索阶段、单片机完善阶段、微控制器形成阶段和微控制器发展阶段。当前各种字长 CPU 的单片机都有其用武之地，而且速度越来越快，朝着低电压、低功耗、高可靠性、实现 IAP 和 ISP、全盘 CMOS 化几个方向发展。

与通用微机的 CPU 类似，单片机内 CPU 也有 CISC 和 RISC 两种技术；在系统存储器配置上，有普林斯顿结构和哈佛结构两种形式；在使用单总线结构的单片机中，对于输入/输出，也有 I/O 独立编址和存储器映像两种方式。单片机与微处理器的应用领域不同，也决定了它们发展的方向不同，一个是需要高速、大量数据处理，另一个需要实时、可靠性控制。嵌入式系统有两种实现模式，一是使用微控制器(单片机)，一是使用嵌入式微处理器，二者在硬件、软件规模上都有所不同。

单片机有着广泛的应用，也有大量的产品可供单片机应用系统设计人员选择。

习　题

1. 举例说明你身边的单片机应用。
2. 单片机内部一般包含哪些功能模块？
3. 简述单片机的发展历史。
4. 根据自己的理解，说明单片机技术不可能取代通用微型计算机；反之也是一样。
5. 简述 CISC 和 RISC 的区别。
6. 说明普林斯顿结构和哈佛结构的区别。
7. 将下面 8 位二进制数，分别按无符号数、有符号数、BCD 数解释成十进制数值。

   (1) 00000000B　　　　　　　　(2) 00001010B
   (3) 10000001B　　　　　　　　(4) 11111111B
   (5) 10101010B　　　　　　　　(6) 01010101B
   (7) 10000000B　　　　　　　　(8) 01000010B

8. 分别指出以下用十六进制表示的 8 位数运算是否产生进(借)位和溢出。

   (1) 20H+85H　　　　　　　　(2) ABH+56H
   (3) 55H+AAH　　　　　　　　(4) FEH+CDH
   (5) 20H−85H　　　　　　　　(6) ABH−56H
   (7) 55H−AAH　　　　　　　　(8) FEH−CDH

9. 写出下列用十六进制表示的逻辑运算式的结果(AND、OR、XOR、NOT 分别代表逻辑与、或、异或、非)。

   (1) 30H AND 45H　　　　　　(2) ABH OR 56H
   (3) 55H XOR AAH　　　　　　(4) 55H AND AAH
   (5) 20H XOR FFH　　　　　　(6) NOT 12H
   (7) 45H OR 20H　　　　　　　(8) 56H AND F0H

10. 什么是指令的操作码和操作数？
11. 举例说明嵌入式系统的应用。

第2章 MCS-51 单片机的结构

本章要点

- MCS-51 单片机的内部结构
- MCS-51 单片机引脚的功能
- MCS-51 单片机 CPU 的结构特点
- MCS-51 单片机的存储器组织特点及访问方式
- MCS-51 单片机的低功耗方式及其应用

MCS-51 单片机是美国 Intel 公司于 1980 年推出的 8 位高档单片机系列产品, 在 20 世纪 80、90 年代风靡一时。现在 Intel 公司本身的 MCS-51 系列单片机已经停产, 但在其基础上, 大量速度更快、功能更强、与 MCS-51 完全兼容的产品不断开发出来。数量众多的公司仍在继续努力提高其性能, 使得 MCS-51 兼容的单片机产品在嵌入式微控制器领域具有相当高的性价比。常见的生产厂商有: Atmel、Infoneon Technologies(原 Siemens AG)、Maxim Integrated Products、NXP(原 Philips Semiconductor)、Nuvoton(原 Winbond)、ST Microelectronics、Silicon Laboratories(原 Cygnal)、Texas Instruments、Cypress Semiconductor 等。Intel 的产品系列称作 MCS-51, 其他厂家的自行命名。

MCS-51 系列中的代表产品为 8051, 使用 NMOS 技术制造; 后来的 80C51 使用了功耗更低的 CMOS 技术。今天 CMOS 工艺的单片机占绝大多数。Intel 的或其他厂商的所有产品, 都是以 8051 为核心电路发展起来的, 都具有 8051 的基本结构和软件特征。而在实际应用中, 可以根据具体需要选择不同的芯片。在本章中, 我们仍以标准的 MCS-51 系列为代表, 介绍单片机的内部结构、引脚功能和工作方式。

2.1 MCS-51 单片机的内部结构

从结构上看, 单片机与通用微型计算机没有什么区别, 都是由 CPU 加上一些外围功能部件组成的。单片机将这些部件都集成到了一个芯片上, 使用时只需添加极少的元件就可以构成微型计算机系统。MCS-51 单片机内部包含了作为微型计算机硬件系统所必需的基本功能部件, 通过内部总线连接在一起。

MCS-51 单片机有基本型和增强型两种。基本型的代表产品为 8051, 增强型为 8052, 二者的区别主要在于内部存储器的大小和定时器/计数器的个数不同。

MCS-51 单片机中包含有一个 8 位的中央处理器(又可分为运算器和控制器两部分); 128 字节的数据存储器(增强型为 256 字节); 4KB 的程序存储器; 32 条并行 I/O 口线; 两个定时器/计数器(增强型为 3 个); 具有 5 个中断源(增强型为 6 个)、两个优先级的中断机构；可用于多处理机通信、I/O 扩展或全双工 UART 的串行口；以及一个片内振荡器和时钟电路。详细的总体结构如图 2-1 所示，下面分别加以介绍。

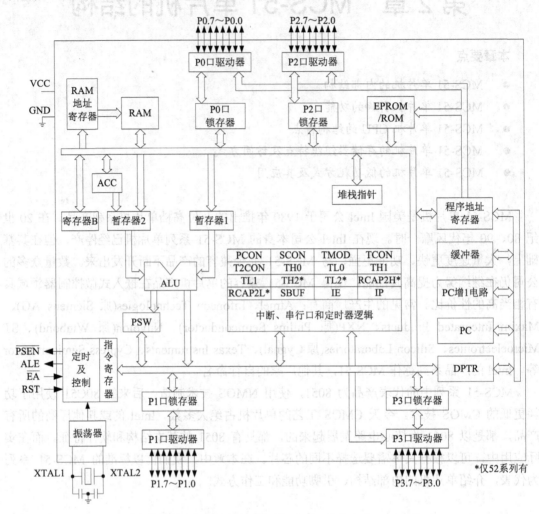

图 2-1 MCS-51 的内部结构

1. 中央处理器(CPU)

CPU 是单片机的核心，用于实现运算和控制功能。运算是由以算术逻辑单元(ALU)为核心的运算器完成的。控制则由包括时钟振荡器在内的控制器实现，主要功能是对指令进行译码，然后在时钟信号同步作用下，使单片机的内外电路能够按时序协调工作。

2. 内部 RAM

MCS-51 系列的内部 RAM 区域有 256 个字节，但只有低 128 个字节单元可作为内部随机访问存储器使用，用于存放运行期间的数据，称为内部数据存储器。高 128 个单元地址被特殊功能寄存器占用。特殊功能寄存器对应单片机芯片内部各接口电路的控制、状态、数据寄存器。一般的计算机系统中，外部接口电路的寄存器是分布在各电路本身，而在单片机系统中，由于把接口电路也集成到了一个芯片内部，所以可采取统一编址、集中控制的方法。

3. 内部 ROM

MCS-51 系列中的 8051 芯片有 4KB 的掩膜 ROM，可以存放程序、常数或表格，称为程序存储器。8052 芯片内部 ROM 为 8KB，而 8031/8032 内部无 ROM，只能外部扩展程序存储器。当前常用的单片机内部 ROM 的容量在 1KB～64KB 之间，而且多为 Flash 存储器。

4. 并行接口

MCS-51 单片机有 4 个 8 位的并行接口，称为 P0、P1、P2、P3。除 P1 外，一般接口引脚都有第二功能，如 P0 口可用作地址/数据总线，P2 口可用作地址总线，P3 口可用作串行口数据线、中断请求信号、计数器计数信号输入、外部数据存储器或 I/O 读写控制信号等。在某些扩展了更多功能的产品中，P1 口中的某些引脚也赋予了第二功能。有些产品的并行 I/O 口引脚有很强的驱动能力，甚至可以直接驱动外部的 LED 显示器件。

5. 定时器/计数器

MCS-51 单片机中有两个 16 位的定时器/计数器，增强型的 8052、8032 芯片(称为 52 子系列)中有 3 个。它们使用灵活、功能多样，可用于实现产生周期性的信号、完成精确的定时、对外部事件进行计数、为片内串行接口提供时钟等功能。

6. 中断系统

MCS-51 单片机的片内或外部电路与 CPU 可以中断方式接口。中断系统可管理 5 个中断源，两个中断优先级。扩展了更多功能的产品的中断源更多，优先级也有所扩充。

7. 串行口

MCS-51 的串行口可用于与远程设备进行全双工的异步串行通信，也可用于同步移位寄存器来扩展 I/O 接口，还有为多处理机通信功能而设计的硬件支持。有些产品提供了第二串行口。

8. 振荡器及定时电路

MCS-51 单片机内部有定时电路，定时电路的输入可以由外接晶体与内部反相放大器共同产生，也可使用外部时钟。

2.2　MCS-51 单片机的引脚功能

流行的 MCS-51 兼容单片机根据型号不同，引脚数目、封装形式有很大区别。常见的有 40 引脚双列直插(DIP)方式，和 44 引脚 PLCC 封装形式。较新型的产品采用占用面积更小的封装，如 Atmel 的 AT89S51 有 44 引脚 TQFP 封装形式。

图 2-2(a)~(c)分别是 3 种常见封装形式的引脚配置图，都是 40 个引脚有定义。其中，两个引脚用于芯片供电，两个引脚外接晶体振荡器，4 个引脚用于控制信号，32 个引脚用于并行 I/O 线。在此，以 Intel 的 MCS-51 系列中的典型芯片 8051 为例介绍其引脚排列、信号定义。图 2-2(d)所示为 8051 引脚的逻辑符号，已经按功能进行了分类。

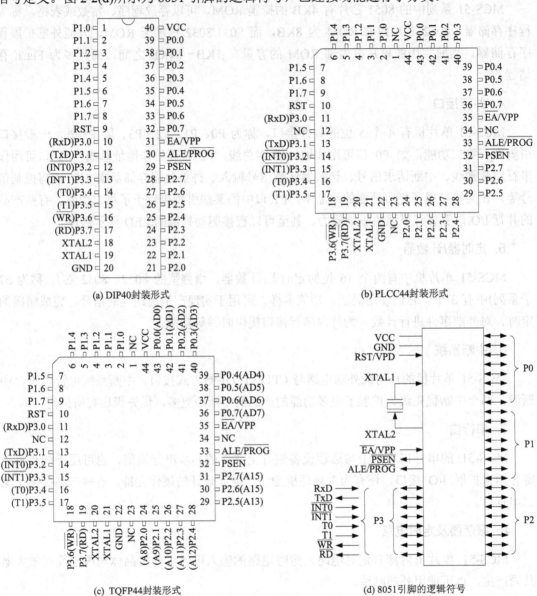

图 2-2 8051 芯片的引脚配置

1. 电源引脚

- VCC：正常操作、EPROM 编程和校验时接+5V 电源。
- GND：接地。

2. 外接晶振引脚

- XTAL1：单片机内部反相放大器的输入端，这个反相放大器构成了片内振荡器。使用外部时钟时，对于 HMOS 型单片机，该引脚应接地；对于 CHMOS 型单片机，作为驱动端。
- XTAL2：单片机内部反相放大器的输出端，与上述片内振荡器的反相放大器的输出端相接，作为单片机内部时钟电路的输入。采用外部时钟时，对于 HMOS 型单片机，该引脚接收外部时钟信号，即把外部时钟信号直接接入到单片机内部时钟发生器的输入端；对于 CHMOS 型单片机，该引脚应悬空。

3. 控制信号引脚

- RST：复位信号。当振荡器工作时，在该引脚上出现两个机器周期的高电平，可以使单片机复位。建议该引脚与 GND 引脚之间连接一个约 8.2kΩ 的下拉电阻，与 VCC 引脚间连接一个约 10μF 的电容，以保证可靠复位。

  对于 HMOS 型单片机，此引脚为 RST/VPD。该引脚上可接备用电源，在 VCC 掉电期间，以维持内部 RAM 中的数据。当 VCC 下降到低于规定的电压，而 VPD 在其规定的范围内时，VPD 就为内部 RAM 供电。

- ALE/$\overline{PROG}$：地址锁存允许信号输出。8051 芯片有 16 条地址线和 8 条数据线，低 8 位地址线与数据线分时复用。在访问外部存储器或 I/O 时，ALE 的输出用于指示当前在复用引脚上送出的是地址信号，使外部锁存器锁存低 8 位地址。

  即使单片机不访问外部存储器，ALE 引脚仍周期性地输出正脉冲信号，频率为振荡频率的 1/6，可以用作系统中其他电路的时钟。但每访问一次外部数据存储器，ALE 就会丢失一个正脉冲。ALE 可以驱动(吸收或输出电流)8 个 LS TTL 输入。

  对于内部有 EPROM 的单片机，在 EPROM 编程期间，该引脚定义为 $\overline{PROG}$，用于输入编程脉冲。

- $\overline{PSEN}$：程序存储器允许信号输出。当在外部程序存储器中取指令或执行查表指令期间，每个机器周期 $\overline{PSEN}$ 两次有效。但访问外部数据存储器时，该信号不出现。如果系统中扩展了外部存储器，该引脚应作为外部程序存储器的读选通信号。$\overline{PSEN}$ 可以驱动(吸收或输出电流)8 个 LS TTL 输入。

- $\overline{EA}$/VPP：外部访问信号输入。当 $\overline{EA}$ 为高电平时，CPU 复位后从内部程序存储器取指令执行，但当程序计数器 PC 超过片内程序存储器最大地址(8051 为 0FFFH，8052 为 1FFFH)时，将自动转向外部存储器内的程序。当 $\overline{EA}$ 为低电平时，只访问外部程序存储器，不管内部是否有程序存储器。对于 8031 芯片，其内部没有程序存储器，$\overline{EA}$ 必须接低电平。

  对于内部有 EPROM 的单片机，在 EPROM 编程期间，该引脚定义为 VPP，用于施加 21V 的编程电压。

4. 并行 I/O 引脚

8051 有 4 个并行端口，共 32 条 I/O 线。

- P0：8 位漏极开路的双向 I/O 口。在访问外部存储器时，作为分时复用的地址(低 8 位)和数据总线。在访问期间，自动激活内部的上拉电阻。在 EPROM 编程时，由 P0 口输入指令字节；EPROM 校验时，输出指令字节。校验时需外接上拉电阻。P0 能以吸收电流的方式驱动 8 个 LS TTL 负载。

- P1：带有内部上拉电阻的 8 位准双向 I/O 口。在 EPROM 编程和校验期间，接收低 8 位地址。P1 能驱动(吸收或输出电流)4 个 LS TTL 负载。

  在 8052/8032 中，P1.0 具有第二功能，作为定时器/计数器 2 的计数信号输入端 T2；P1.1 的第二功能为定时器/计数器 2 的外部控制信号输入端 T2EX。

- P2：带有内部上拉电阻的 8 位准双向 I/O 口。在访问外部存储器时，输出高 8 位地址。在 EPROM 编程和校验期间，接收高 8 位地址。P2 可以驱动(吸收或输出电流)4 个 LS TTL 负载。

- P3：带有内部上拉电阻的 8 位准双向 I/O 口。8 个引脚都具有第二功能，参见表 2-1。P3 可以驱动(吸收或输出电流)4 个 LS TTL 负载。

表 2-1 P3 口引脚的第二功能

引　脚	第二功能
P3.0	RxD(串行口数据接收)
P3.1	TxD(串行口数据发送)
P3.2	$\overline{INT0}$(外部中断 0 请求信号输入)
P3.3	$\overline{INT1}$(外部中断 1 请求信号输入)
P3.4	T0(定时器/计数器 0 外部计数脉冲输入)
P3.5	T1(定时器/计数器 1 外部计数脉冲输入)
P3.6	$\overline{WR}$(外部数据存储器写选通信号输出)
P3.7	$\overline{RD}$(外部数据存储器读选通信号输出)

由于工艺和标准化等原因，芯片的引脚数目是有限的。但单片机为实现功能所需要的信号数目往往与实际引脚数目相差很多，通过赋予一些引脚的第二功能，使单片机应用系统的构建更加灵活。

2.3 MCS-51 单片机的 CPU

MCS-51 的中央处理器(CPU)包括运算器和控制器，是单片机最核心的部分。其中运算器负责算术运算和逻辑运算，控制器负责指挥整个单片机系统各个微操作的同步运行。CPU 决定了单片机的主要性能指标，如字长、运算速度、数据处理能力、中断和实时控制能力等。

2.3.1 控制器

MCS-51 的控制器如图 2-3 所示。控制器的主要功能是识别指令，并根据指令的性质控制单片机内部各个功能部件，使其协调工作。

单片机执行指令严格受控制器的控制。首先从程序存储器中读取指令，送入指令寄存器，译码器对指令操作码进行译码。译码的结果与时序电路相结合，共同驱动微操作控制部件向内部各功能部件发出微操作信号。程序的执行就是不断重复这一过程。

控制器包含时序电路、程序计数器 PC、指令寄存器 IR、数据指针 DPTR、微操作控制部件等。

1. 时序电路

时序电路对振荡器送来的时钟信号分频，分解出多种时序信号，并可接收外部的"低功耗运行"信号，使时序电路停止工作，实现节电功能。

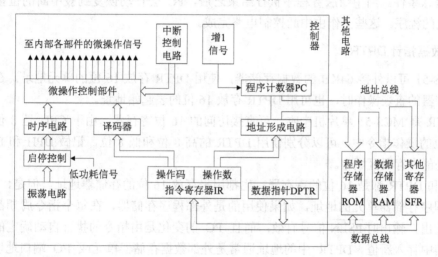

图 2-3 MCS-51 的控制器

2. 程序计数器 PC

PC 是一个独立的 16 位专用寄存器，存放下一条将要从程序存储器中取出的指令的起始地址。PC 中内容的变化决定程序执行的流程，PC 的宽度决定单片机对程序存储器可直接寻址的范围。在 MCS-51 单片机中，PC 是 16 位的，可以访问的程序存储器的空间范围可达 64KB。

PC 的基本工作方式是自动加 1，即每当从程序存储器中取出一个字节指令码，PC 就为取出下一字节指令码做好了准备，所以称为程序计数器。

执行无条件或有条件的转移指令时，如果发生转移，PC 内容将被置为转移的目的地址，程序的流程发生变化。

执行子程序调用或响应中断时，PC 将被置为子程序起始地址或中断向量；执行子程序返回或中断返回指令时，PC 将被置为堆栈顶部的内容，程序的流程也会发生变化。

3. 指令寄存器 IR 和指令译码电路

指令寄存器 IR 用来存放从程序存储器中取出的指令码。IR 有 8 位，所以每次只能取出一个字节指令码。如果是操作码字节，则通过译码后送微操作控制部件，以完成相应的微操作；如果是操作数字节，则通过内部总线传送数据，或通过地址总线选通有关寄存器或存储器的某个单元，准备对其传输数据。

4. 微操作控制部件

微操作控制部件包括一些门电路，它的许多输出端连接到单片机的各个部件，按照译码器送来的信号和时序，向有关部件送出控制信号，使各部件实现有序的微操作。

5. 中断控制电路

中断是指一个过程，当计算机正常执行某一个程序时，外部事件可能随时提出请求，申请中止当前正在执行的程序，转而执行一段事先编好的中断服务程序，以处理引起中断请求的紧急事件。当中断服务程序执行结束之后，PC 会自动恢复到被中断的位置，继续执行原先的程序。这些工作由中断控制电路完成。

6. 数据指针 DPTR

MCS-51 可以外接 64KB 的数据存储器，使用 DPTR 存放 16 位的单元地址。在执行对程序存储器的查表操作时，也可用 DPTR 存放 16 位的表起始地址。

DPTR 是 MCS-51 单片机中唯一可直接访问的 16 位寄存器。由于 CPU 是 8 位的，在一些 8 位的操作指令中，可以分别使用 DPTR 的高 8 位和低 8 位，记做 DPH 和 DPL，位于特殊功能寄存器区域中。

PC 和 DPTR 都是 16 位的寄存器，也都用来存放 16 位的存储器地址。但是，PC 中的地址是程序存储器单元的地址，如果使用的是外部程序存储器，在每个指令周期都要从地址总线输出，输出时 $\overline{PSEN}$ 信号有效；而且 PC 的变化是由指令的执行自动确定的，无法直接向其中存入新值。DPTR 中的地址通常是外部数据存储器单元或 I/O 端口地址，是程序需要访问外部数据或 I/O 时，通过指令直接存入的 16 位数；当在地址总线上输出其值时，$\overline{WR}$ 或 $\overline{RD}$ 之一有效。使用 DPTR 存放程序存储器中常数、表格的起始地址，然后执行查表指令时，地址总线上输出的是 CPU 内部计算出来的实际单元地址，$\overline{PSEN}$ 信号有效。

2.3.2 运算器

运算器的主要任务有：完成算术运算、逻辑运算、位运算、数据中转与处理、利用程序状态字 PSW 记忆运算器运行的某些结果状态等。MCS-51 的运算器中主要包括：算术逻辑单元 ALU、累加器 ACC、暂存器、B 寄存器、程序状态字寄存器 PSW 以及 BCD 码调整电路等。

1. 算术逻辑单元 ALU

ALU 是运算器的核心部件，实质上是一个全加器。ALU 的结构如图 2-4 所示。

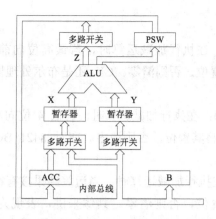

图 2-4　MCS-51 的 ALU

ALU 有 X 和 Y 两个输入，或者来自累加器 ACC，或者来自内部数据总线，包括 CPU 内部寄存器、单片机内部数据存储器、特殊功能寄存器、寄存器 B 的内容或指令中的常数。

ALU 有两个输出，运算结果通常送回到累加器 ACC，运算结果的状态保存到程序状态字 PSW 中。

2. 累加器 ACC

累加器是 CPU 中使用最频繁的 8 位寄存器，简记为 ACC 或 A。

ACC 是 ALU 的输入之一，很多运算都要通过 ACC 提供操作数；多数运算结果也存放在 ACC 中。大部分数据操作是围绕累加器进行的，很容易使累加器成为制约系统性能的"瓶颈"。MCS-51 单片机增加了一部分可以不经过累加器的数据传送指令，在一定程度上降低了单累加器对系统的影响。

3. 寄存器 B

寄存器 B 是为乘法和除法操作而设置的。执行乘除指令时，使用累加器 A 和寄存器 B 组成的寄存器对。

乘法指令中的两个操作数分别来自累加器 A 和寄存器 B，16 位的乘积保存到 B、A 两个寄存器中，A 中为低 8 位，B 中为高 8 位。除法指令中的被除数来自累加器 A，除数来自寄存器 B，得到的商存入 A，余数存入 B。

在不执行乘法、除法指令时，寄存器 B 可以作为 CPU 内部一个普通寄存器使用。

4. 程序状态字 PSW

PSW 是一个 8 位的专用寄存器，可以按位进行访问。主要用于存放当前运算结果的某些状态，这些状态根据 ALU 的输出，由硬件决定；其余一些位可以由软件设置。PSW 的各位定义如下。

CY	AC	F0	RS1	RS0	OV	—	P

其中，F0、RS1、RS0 可以由软件设置，CY、AC、OV 和 P 由 ALU 决定，次低位为

保留位，用户不可用。

- CY(进位标志位)：在执行加减运算时，若最高位向前产生进位(加法)或借位(减法)，由硬件将其置位，否则清零。CY 还是布尔处理器中的位累加器，可以用软件置位或清零。
- AC(辅助进位标志)：在执行加减运算时，若低 4 位向高 4 位产生进位(加法)或借位(减法)，由硬件将其置位，否则清零。在对 8421 BCD 码运算结果进行调整时使用该位。
- OV(溢出标志)：在执行加减运算时，当运算结果按有符号数解释时超出了表示范围，由硬件将其置位，否则清零。具体来讲，表现为两个正数相加结果成了负数、两个负数相加结果成了正数、正数减负数结果为负数、负数减正数结果为正数。由于两个 8 位数的加减运算可能会产生 9 位的和或差，但只能保存 8 位的结果，可由 OV 判断结果是否正确。OV 的产生原理参见本书第 3 章。
  在执行乘法运算时，若乘积超过了 8 位，OV 置位，表示应从寄存器 B 中取高 8 位；否则清零，表示运算结果仅在累加器 A 中。
  执行除法指令时，若除数为 0，OV 置位；否则清零。
- P(奇偶标志)：单片机根据 A 中内容，每次指令执行结束后，由硬件产生 P 标志。具体说来，当 A 中"1"的个数为奇数时，P 置位；否则清零。即 A 的 8 位内容与 P 组合成 9 位数据时，一定含有偶数个"1"。
- F0(用户标志)：由用户定义，可用指令置位、清零，用以保存一位的标志状态。
- RS1、RS0(寄存器组选择控制)：用于选择当前的工作寄存器组。MCS-51 有 4 组工作寄存器，任一时刻只能使用其中一组。每组中有 8 个寄存器，统一记做 R0～R7，但在单片机中的实际位置不同。各组的位置及其与 RS1、RS0 的关系见表 2-2。工作寄存器位置的含义参见本章 2.4 节。

表 2-2 RS1、RS0 与工作寄存器组

RS1	RS0	组	在 RAM 中的地址
0	0	0	00H～07H
0	1	1	08H～0FH
1	0	2	10H～17H
1	1	3	18H～1FH

2.3.3 布尔处理器

MCS-51 内部有一个 1 位计算机，可以进行位寻址和位操作，称为布尔处理器。

布尔处理器虽然只是单片机的一部分，但是有自己的指令系统、位累加器、可位寻址的数据存储区和 I/O 引脚，是一个独立的 1 位处理器。把 8 位机和 1 位机结合在一个芯片上，是单片机技术的一个突破。8 位机在运算处理、数据采集等方面有明显优势，而在开关决策、逻辑仿真和实时控制方面，1 位机能大大提高系统的速度。

布尔处理器系统包括以下几部分。

- 位累加器：记做 C，使用 8 位机的进位标志 CY。参与位运算的操作数之一一定来自 C，运算结果存入 C，位数据的传送也是通过 C 完成的。
- 位寻址的数据存储区：使用 8 位机内部数据存储器空间中地址为 20H～2FH 的 16 个字节(128 位)。
- 位寻址的寄存器区：使用 8 位机特殊功能寄存器的可位寻址位。
- 位寻址的 I/O 引脚：8 位机并行 I/O 口的口线，共 32 个，分别是 P0.0～P0.7、P1.0～P1.7、P2.0～P2.7 和 P3.0～P3.7。
- 位操作指令系统：可以实现位传送、修改、运算、输入/输出、位控制条件转移等操作。

布尔处理器为开关量密集的基于 MCS-51 的控制应用提供了最优化的设计手段，运行速度很快。复杂的逻辑函数也可以通过布尔处理器高效地得到解决，避免了进行大量的数据传送、字位屏蔽和测试分支等操作。

2.3.4 时钟电路

时钟电路产生单片机所需要的时钟信号。MCS-51 单片机内部有时钟电路，负责将内部振荡电路产生或外部输入的时钟信号分频，送往 CPU 以及其他功能部件。

图 2-5(a)所示为 HMOS 型单片机的片内振荡器结构。XTAL1 为反相放大器管 Q4 的输入端，XTAL2 为 Q4 的输出端。只要在引脚 XTAL1 和 XTAL2 上外接定时反馈电路，振荡器就能自激振荡。定时反馈电路通常由石英晶体和电容组成，如图 2-5(b)所示。振荡器能产生矩形时钟脉冲序列，其频率是单片机的重要性能指标之一。

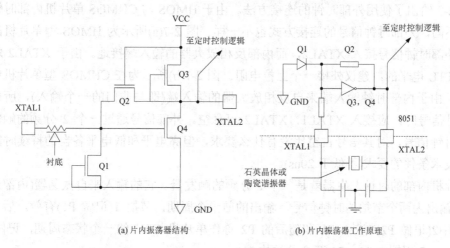

(a) 片内振荡器结构　　(b) 片内振荡器工作原理

图 2-5　HMOS 型单片机的片内振荡电路及其原理

图 2-6 所示为 CHMOS 型单片机的片内振荡器结构及其工作原理。与 HMOS 型单片机的不同之一是，CHMOS 型单片机的振荡器可以通过软件将其关闭，只需将 PD 位(位于电源控制寄存器 PCON 中)置位即可，这时单片机内部所有操作停止，功耗降到最低。另一

个与HMOS型的不同之处是，内部时钟电路由XTAL1驱动，而非XTAL2。

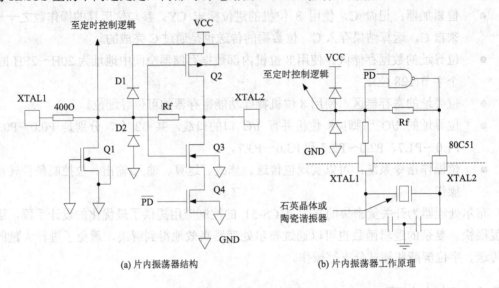

(a) 片内振荡器结构　　　　　　　　(b) 片内振荡器工作原理

图2-6　CHMOS型单片机的片内振荡电路及其原理

　　图2-5和图2-6中也给出了使用片内振荡器的连接方法。一般用石英晶体(在频率稳定性要求不高而希望尽可能降低成本时，可选择陶瓷谐振器)与电容构成并联谐振回路。电容的取值，对于石英晶体，为30pF左右；对于陶瓷谐振器，可取47pF。在设计电路时，谐振器与电容应尽可能靠近单片机芯片的XTAL1、XTAL2引脚，以减少寄生电容，保证振荡器振荡的稳定性。特别是对于定时要求苛刻的场合，比如使用串行口进行远程通信时，更要注意。

　　图2-7给出了使用外部时钟的连接方法。由于HMOS与CHMOS单片机内部时钟输入的引脚不同，外部时钟信号的连接方式也不一样。图2-7(a)所示为HMOS型单片机的连接方法，外部时钟信号接入XTAL2，而内部反相放大器的输入端接地。由于XTAL2端的逻辑不是TTL电平的，建议外接一个上拉电阻。图2-7(b)所示为在CHMOS型单片机中的连接方法，由于内部时钟输入端来自反相放大器的输入端(即与非门的一个输入)，所以采用外部时钟信号时，应接入XTAL1，XTAL2可悬空。外部信号通过一个2分频的触发器成为内部时钟信号，对其信号占空比没有什么要求，但高电平和低电平各自的持续时间应符合产品技术条件的要求(不低于20ns)。

　　单片机内部的时钟发生器就是一个2分频的触发器。它的输入来自振荡器(内部或外部输入)，输出为两个节拍的时钟信号。输出的前半个周期，节拍1(记做P1)有效，后半个周期，节拍2(记做P2)有效。P1和随后的P2称作单片机CPU的一个状态周期，记做S周期。即一个S周期由P1、P2两个节拍构成。

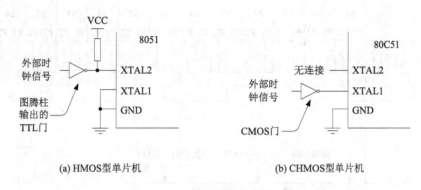

图 2-7 使用外部时钟的连接

2.3.5 时序

时序就是 CPU 执行指令时所需控制信号的时间顺序。在制造商设计产品时，CPU 的时序就已经固定好了。CPU 发出的时序信号有两类：一类用于芯片内部各功能部件的控制，这类信号很多，但对于用户是没有什么意义的，通常不做专门介绍；另一类用于芯片外部存储器或 I/O 端口的控制，需要通过器件的控制引脚送到片外，这部分时序对于分析硬件电路原理、设计接口正确、运行稳定的系统至关重要。

1. 定时单位

时序中使用的定时单位有大有小。MCS-51 单片机的时序定时单位有 4 个，分别是节拍、状态、机器周期和指令周期。

- 节拍：一个振荡周期即一个节拍。其值由外接晶振频率或外部输入时钟频率所确定。
- 状态：经过内部 2 分频触发器对振荡频率分频产生的连续两个节拍称作一个状态。一个状态的前半周期称作 P1，后半周期称作 P2。
- 机器周期：MCS-51 采用固定机器周期的方式。一个机器周期包含 6 个状态，依次记为 S1~S6。因此，一个机器周期包含 12 个节拍，即 12 个振荡周期。或者说，机器周期是振荡脉冲频率的 12 分频。

  如，当振荡脉冲频率为 12MHz 时，一个机器周期为 1μs。
- 指令周期：执行一条指令所需的时间。根据指令的不同，MCS-51 的指令周期可包含 1、2 或 4 个机器周期。当振荡脉冲频率为 12MHz 时，一条指令的执行时间最短为 1μs，最长为 4μs。

2. 典型指令时序

图 2-8 给出了几种典型指令的取指和执行时序。由于用户看不到内部时钟信号，图中列出了 XTAL2 引脚上出现的振荡器输出信号和 ALE 输出信号，以供参考。通常，每个机器周期，ALE 两次有效，第一次发生在 S1P2 和 S2P1 期间，第二次在 S4P2 和 S5P1 期间。

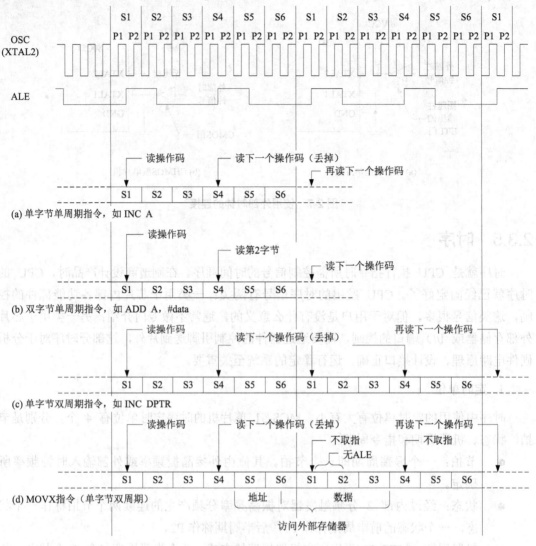

图 2-8 典型指令的取指/执行时序

单周期指令的执行开始于 S2P1，这时操作码被锁存到指令寄存器内。如果是单字节指令，在 S4 仍有读操作，但读出的字节(应为下一个操作码)是不予考虑的，程序计数器 PC 也不增 1。图 2-8 中(a)、(b)分别是单字节单周期和双字节单周期的时序。不管什么情况，在 S6P2 时指令结束。

图 2-8(c)是单字节双周期指令的时序。在两个机器周期内 4 次读操作码，由于是单字节指令，后 3 次读操作都是无效的，而且 PC 每次无效读后均不增 1。

图 2-8(d)是访问外部数据存储器的指令 MOVX 的时序。MOVX 是单字节双周期的指令。从第一机器周期的 S5 开始时，送出外部数据存储器的地址，随后读或写数据。读写期间 ALE 引脚不再输出有效信号，确保数据存储器仍使用上次 ALE 有效时的地址。在第二个机器周期，即外部数据存储器已被寻址和选通后，也不产生取指操作。

一般说来，算术和逻辑操作发生在 P1 期间，内部寄存器对寄存器的数据传送发生在

P2 期间。

2.4 MCS-51 单片机的存储器组织

MCS-51 单片机的存储器组织采用哈佛结构，数据存储器与程序存储器使用不同的逻辑空间、不同的物理存储、不同的寻址方式、不同的访问时序。图 2-9 是 MCS-51 的存储器配置图。

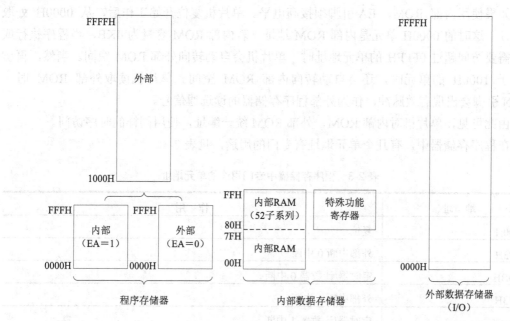

图 2-9 MCS-51 单片机的存储器配置

从物理上看，MCS-51 有 4 个存储器空间：内部程序存储器、外部程序存储器、内部数据存储器和外部数据存储器。从用户的角度，即逻辑上看，MCS-51 有 3 个存储器地址空间：芯片内外统一的程序存储器空间、256 字节(8051/8031)或 384 字节(8052/8032)的内部数据存储器地址空间(包括 128 字节的特殊功能寄存器空间，其中仅有 20 多个字节有定义)，以及 64KB 的外部数据存储器空间。访问这 3 个不同的逻辑空间时使用不同的指令。

2.4.1 程序存储器

程序存储器用来存放系统运行所需的程序代码以及表格、常数数据等。产品定型后，其内容通常无需改动，所以采用只读存储器(ROM)形式。CPU 读取指令时使用 PC 作为存储器地址，查表操作时使用 PC 或 DPTR 指定表格的位置。二者都是 16 位的寄存器，所以程序存储器空间大小为 64KB，地址从 0000H 到 FFFFH。查表只能使用 MOVC 指令，而且 MOVC 指令也只能用于读取程序存储器的数据。

对于程序存储器的容量配置，MCS-51 系列中有 3 种形式。

- 无内部 ROM 型，如 8031、8032。

- 4KB 内部 ROM 型，如 8051。
- 8KB 内部 ROM 型，如 8052。

对于无内部 ROM 的单片机，必须使用外部程序存储器。这时，$\overline{EA}$ 引脚必须接低电平。

对于有内部 ROM 的单片机，也可以不使用内部 ROM，而只用外部程序存储器。特别是在产品的开发阶段，能够比较方便地修改程序、更换芯片。这时，$\overline{EA}$ 引脚也须接低电平。

如果使用内部 ROM，$\overline{EA}$ 引脚须接高电平。单片机复位开始工作后，从 0000H 处取指执行，这时的 0000H 单元是内部 ROM 地址。若内部 ROM 容量为 4KB，当程序执行或查表需要访问超过 0FFFH 的单元地址时，单片机会自动转向外部 ROM 空间。当然，再访问低于 1000H 的单元时，还会自动转向内部 ROM 空间。单片机读取外部 ROM 时，$\overline{PSEN}$ 引脚会出现有效脉冲，作为外部程序存储器的读选通信号。

由此可见，单片机对内部 ROM、外部 ROM 统一编址，使用同样的时序访问。

在程序存储器中，有几个单元地址有专门的用途，见表 2-3。

表 2-3 程序存储器中专门用途的单元地址

地 址	作 用
0000H	复位
0003H	外部中断 0 中断
000BH	定时器/计数器 0 中断
0013H	外部中断 1 中断
001BH	定时器/计数器 1 中断
0023H	串行口中断
002BH	定时器/计数器 2 中断

其中，0000H 为单片机复位后执行的第一条指令的存放地址，其余为中断向量，即单片机中断服务程序中第一条指令存放的单元地址。

2.4.2 内部数据存储器

MCS-51 的数据存储器在物理和逻辑上分为两个地址空间，一个内部数据存储器空间和一个外部数据存储器空间。这两个空间的编址和访问采用不同的方式。内部数据存储器用 8 位地址，通常用 MOV 指令访问；外部数据存储器用 16 位地址，只能用 MOVX 指令访问。数据存储器使用 RAM 技术，所以二者也通常称为内部 RAM 和外部 RAM。

内部 RAM 空间最大为 256 字节，地址为 00H~FFH。对于 8051/8031，只有地址在 00H~7FH 的 128 字节有效；增强型的 8052/8032 则可用全部 256 字节。地址范围的 80H~FFH，被各外围功能部件的寄存器占用，称作特殊功能寄存器区。具体配置参见图 2-10。

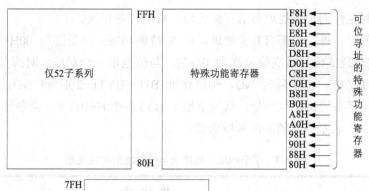

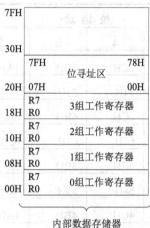

图 2-10 MCS-51 的内部数据存储器空间

内部 RAM 区域按使用方法又分为以下几个部分。

1. 工作寄存器区

MCS-51 CPU 对工作寄存器的操作,指令数量多,程序代码短,执行速度快。在程序设计中,应尽可能使用工作寄存器保存最常用的数据。工作寄存器使用内部 RAM 的 00H~1FH 共 32 个单元,分为 4 组(见表 2-2),每组有 8 个寄存器,记做 R0~R7。

4 组工作寄存器的选择依 PSW 中 RS1、RS0 的值确定。在每一时刻,只能使用一组工作寄存器,即 R0~R7 的具体位置是唯一确定的。比如,当前 RS1、RS0 的值为 01B,使用的为第 1 组(从 0 开始计数),R0~R7 的位置就分别对应内部 RAM 的 08H~0FH 单元。

在程序执行中,切换工作寄存器组可以通过对 PSW 中 RS1、RS0 位的修改来实现。一旦这两位的内容发生改变,再使用 R0~R7 中任意一个寄存器,都已经不再是原存储位置,而原来 8 个寄存器的内容也无法使用 R0~R7 这样的寄存器名去访问,除非再切换回原先的寄存器组。寄存器组的切换,提供了将 8 个寄存器值完全保护起来的最高效方法。

在这 8 个寄存器中,R0、R1 可以存放内部 RAM 的地址,实现对内部 RAM 单元(00H~7FH 或 00H~FFH)的间接访问。

2. 位寻址区

内部 RAM 地址 20H~2FH 的 16 个单元共 128 位,既可作为字节访问,也可单独访问其中一位。这些位作为布尔处理器的存储区域，称为位寻址区。

进行位访问时，每一位都有其位地址，用 8 位编码表示，范围为 00H～7FH。字节地址加上位序号(从最低位到最高位依次为 0～7)，与位地址一一对应。对应关系见表 2-4。设字节地址为 BYTE，位序号为 NO，则位地址 BIT=(BYTE−20H)×8+NO；同样，根据位地址也可计算出字节地址与位序号，即字节地址 BYTE=20H+BIT/8，位序号 NO=BIT%8，这里"/"和"%"表示整数的除法和取余数。

表 2-4 字节地址、位序号与位地址的对应关系

字节地址	位地址							
	7	6	5	4	3	2	1	0
2FH	7FH	7EH	7DH	7CH	7BH	7AH	79H	78H
2EH	77H	76H	75H	74H	73H	72H	71H	70H
2DH	6FH	6EH	6DH	6CH	6BH	6AH	69H	68H
2CH	67H	66H	65H	64H	63H	62H	61H	60H
2BH	5FH	5EH	5DH	5CH	5BH	5AH	59H	58H
2AH	57H	56H	55H	54H	53H	52H	51H	50H
29H	4FH	4EH	4DH	4CH	4BH	4AH	49H	48H
28H	47H	46H	45H	44H	43H	42H	41H	40H
27H	3FH	3EH	3DH	3CH	3BH	3AH	39H	38H
26H	37H	36H	35H	34H	33H	32H	31H	30H
25H	2FH	2EH	2DH	2CH	2BH	2AH	29H	28H
24H	27H	26H	25H	24H	23H	22H	21H	20H
23H	1FH	1EH	1DH	1CH	1BH	1AH	19H	18H
22H	17H	16H	15H	14H	13H	12H	11H	10H
21H	0FH	1EH	0DH	0CH	0BH	0AH	09H	08H
20H	07H	06H	05H	04H	03H	02H	01H	00H

3. 普通存储区

内部 RAM 的 30H～7FH 区域共 80 个单元，只能字节寻址，可以存放程序运行期间的数据和结果。

对这一区域的访问，可以直接使用字节地址访问，也可以使用 R0、R1 通过间接寻址来访问。

对于 52 子系列的 8052/8032，还有 80H～FFH 共 128 个单元可用，但是不能使用直接字节地址访问，只能使用 R0、R1 通过间接寻址来访问。

4. 堆栈区

堆栈是一种以后进先出(LIFO)方式使用的存储区域，用于存放具有后进先出性质的数据。如子程序嵌套调用时，返回地址按调用的先后顺序存放，却应按相反的顺序取出，因为最后调用的子程序应该最先返回；发生中断时，也可能出现中断嵌套或中断与子程序调用相互嵌套的情况，这时也应将返回地址组织成后进先出的结构。这种结构就是堆栈。

堆栈一般占用一段连续的数据存储区域。对堆栈的存入数据和取出数据操作，分别叫做数据入栈和数据出栈，或叫做压入数据和弹出数据。为了维护后进先出的结构，数据存取总是在存储区域的一端进行，称为栈顶。在 CPU 内部，必须要保存栈顶的确切位置，可以用一个寄存器实现，称为栈顶指针或堆栈指针。在 MCS-51 单片机中，堆栈设在内部 RAM 区域，堆栈指针是一个 8 位的寄存器，用于指示栈顶的位置，记做 SP。

堆栈存储区域的另一端位置应该固定，称为栈底。根据不同的 CPU 设计，栈底可以在存储区域的高地址一端，也可以在低地址一端。MCS-51 中的栈底是在低地址一端的，即 SP 指向高地址。这样，每当有数据入栈后，SP 值自动增加；数据出栈后，SP 值自动减小，以反映最新的堆栈使用情况。

对于 SP 的内容，CPU 设计中还有两种方案。一种是 SP 的内容为栈顶数据的地址，即上一次入栈数据存放的位置；另一种方案是 SP 内容为与栈顶数据相邻的下一地址，即下一次数据入栈可以直接存放的位置。MCS-51 使用前一种方案，即如果有数据需要入栈，SP 要先调整为新的值，指向新入栈数据将要存储的位置，然后在此位置保存数据。

MCS-51 单片机复位后，SP 的值为 07H。如果不用指令直接修改 SP，则堆栈中第一个可用的位置为 08H，正好将工作寄存器第 1、2、3 组全部占用。在经常使用工作寄存器的软件系统中，一般将 SP 调整为较大的数值。

但是，单片机内部 RAM 的容量又是有限的，SP 初始值越大，意味着堆栈区域越小。这是因为对于 51 子系列，SP 最大有效值为 7FH，超过 7FH 的内部 RAM 单元无定义；对于 52 子系列，SP 最大有效值为 FFH，在 FFH 基础上 SP 再增量就会折回到 00H，与工作寄存器第 0 组冲突。所以要根据子程序调用、中断嵌套层数、使用堆栈保存的数据量大小等实际情况，合理设置 SP 的初始值。

也可以用软件统计堆栈的使用情况，确定 SP 初始值。比如在软件中增加一个任务，周期性读取 SP 的值并记录。系列连续进行一段时间后，用记录的 SP 的最大值减去 SP 初始值，二者之差就是堆栈数据占用空间的最大范围，以此评价 SP 初始值是否合理。

5. 间接寻址区

内部 RAM 区域都可以使用 R0、R1 来间接寻址，但通常只对高于 30H 的非堆栈区单元使用，低于 30H 的单元用作工作寄存器或位寻址等专门用途。52 子系列另有 80H~FFH 共 128 字节的内部 RAM，对这一区域，只能使用间接寻址。这些地址的直接访问方式分配给了特殊功能寄存器。

2.4.3 特殊功能寄存器

特殊功能寄存器 SFR(Special Function Register)是 MCS-51 单片机中 CPU 各外围功能部件所对应的寄存器，用以存放相应部件的控制命令、状态信息或者数据。原始的 51 子系列有 21 个 SFR，52 子系列增加了一个定时器/计数器，SFR 相应的增加到了 26 个。当前 MCS-51 兼容的产品中，芯片内功能部件除了原有 51/52 的配置外，很多增加了 A/D 转换、监视定时器、第二串行口、PWM、I^2C 总线控制等模块。这些功能的增加，在程序员看来，就是增加了一些特殊功能寄存器。它们都是通过地址来访问的，表 2-5 给出了 MCS-51 的特殊功能寄存器的名称和地址分配。

表 2-5 MCS-51 的特殊功能寄存器

标识符	名 称	地 址
ACC	累加器	E0H
B	B 寄存器	F0H
PSW	程序状态字	D0H
SP	堆栈指针	81H
DPTR	数据指针	
DPH	DPTR 高字节	83H
DPL	DPTR 低字节	82H
P0	P0 口	80H
P1	P1 口	90H
P2	P2 口	A0H
P3	P3 口	B0H
IP	中断优先级控制寄存器	B8H
IE	中断允许控制寄存器	A8H
TMOD	定时器模式寄存器	89H
TCON	定时器控制寄存器	88H
T2CON	定时器 2 控制寄存器	C8H
TH0	定时器/计数器 0(高字节)	8CH
TL0	定时器/计数器 0(低字节)	8AH
TH1	定时器/计数器 1(高字节)	8DH
TL1	定时器/计数器 1(低字节)	8BH
TH2	定时器/计数器 2(高字节)	CDH
TL2	定时器/计数器 2(低字节)	CCH
RCAP2H	定时器/计数器 2 重装载捕获寄存器(高字节)	CBH

续表

标 识 符	名　　　称	地　　址
RCAP2L	定时器/计数器2重装载捕获寄存器(低字节)	CAH
SCON	串行口控制寄存器	98H
SBUF	串行口数据寄存器	99H
PCON	电源控制寄存器	87H

特殊功能寄存器只占用了128字节地址空间中的一小部分，这就为增加新的功能部件提供了极大的余地。这些寄存器除DPTR外，都是8位寄存器。而DPTR的高8位DPH和低8位DPL可以单独使用，它们是两个8位的寄存器。

在特殊功能寄存器中，低位地址为0或8，即地址为8的倍数的那些寄存器，不仅可以按字节地址访问，还有位寻址能力，各位的地址为该寄存器的字节地址加上位的序号。如PSW的字节地址为D0H，RS0是其第3位，位地址为D3H。位地址也可以使用"寄存器名.位序号"或"寄存器地址.位序号"的形式表示，如RS0可表示为PSW.3或D0H.3。

在大部分可位寻址的特殊功能寄存器中，各个位还都有自己的位名称。如前面讲到的PSW，其RS1、RS0、CY、AC等位名称均可直接使用，提高了控制软件设计的灵活性。

MCS-51的几个CPU内部寄存器也存在于特殊功能寄存器区域中，如累加器ACC、寄存器B、堆栈指针SP、数据指针DPTR等。这样，可以像特殊功能寄存器一样使用它们；而且某些指令设计成只能对8位直接地址操作，也就隐含了可以对这些寄存器进行操作。

2.4.4　外部数据存储器

当MCS-51单片机内部RAM容量不能满足实际应用所需时，可以在外部扩展数据存储器。外部数据存储器也称作外部RAM，使用MCS-51提供的总线结构扩展。数据总线由P0口提供，地址总线由P2口和P0口分别提供高8位和低8位，控制总线由P3口P3.6、P3.7的第二功能 $\overline{WR}$、$\overline{RD}$ 提供。外部RAM的地址范围为0000H～FFFFH，共64KB。

MCS-51单片机对外部RAM的访问只能使用间接寻址方式，而且只能用MOVX指令，MOVX指令不能用于访问内部RAM。访问外部RAM时，可以使用16位的地址，在DPTR中指定。当扩展的RAM空间较小时，也可以由R0或R1指定低8位地址，由其他口线提供高位地址(通常数目很少)，实现按页(256字节)访问。

MCS-51单片机中没有专门的输入/输出指令和电路，如果需要外部扩展输入/输出电路，其中的寄存器须采用与外部RAM统一编址的方式。外部扩展输入/输出电路的片选、寄存器选择等信号与外部扩展RAM时相同，但是二者的地址不能重叠。外部扩展了输入/输出电路后，相应的减小了外部RAM实际的空间。

2.5 MCS-51 单片机的工作方式

MCS-51 单片机系统设计制造完成、产品交付使用后，第一步就是上电工作。为了使系统从一个确定的状态开始工作，必须进行内部复位操作，然后单片机进入程序执行方式。在运行过程中，如果外部干扰或其他因素使系统处于不正常状态，还需要通过手动按钮或监视定时器使其复位。在电源不稳定或由电池供电的场合，需要降低功耗，启用单片机的低功耗方式。对于 EPROM 型单片机，交付使用或软件调试期间都需要对 EPROM 编程和校验。下面就介绍这 4 种工作方式。

2.5.1 复位方式

1. 复位操作

复位信号来自 RST 引脚，通过一个施密特触发器与内部复位电路连接。复位结构如图 2-11 所示。

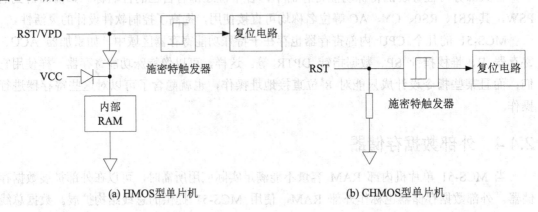

图 2-11 复位结构

无论是 HMOS 还是 CHMOS 型，在振荡器正在运行的情况下，RST 引脚的不少于两个机器周期的高电平可使单片机复位。外部复位信号由内部时钟同步，每个机器周期的 S5P2 被采样一次。在采样到 RST 引脚的高电平后，端口引脚还能维持其当前状态 19 个振荡周期，即在 RST 为高电平后最多保持 31 个振荡周期。图 2-12 所示为复位时序。

除了端口锁存器、堆栈指针 SP、串行口数据寄存器 SBUF 外，单片机内部复位电路向所有特殊功能寄存器写入 00H。端口锁存器为 FFH，SP 为 07H，SBUF 值不定。复位时 PC 内容为 0000H，复位后 CPU 从程序存储器 0000H 处开始取指执行。表 2-6 给出了单片机内各特殊功能寄存器复位时的内容。

复位还使 ALE 和 $\overline{PSEN}$ 信号变为无效(高电平)，而内部 RAM 不受影响。但由 VCC 上电复位后，RAM 内容不定，除非是退回低功耗方式的复位(参见 2.5.3 节)。

第 2 章 MCS-51 单片机的结构

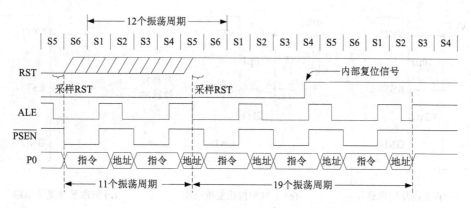

图 2-12 复位时序

表 2-6 特殊功能寄存器复位时内容

寄 存 器	复位时内容	寄 存 器	复位时内容
PC	0000H	TH0	00H
ACC	00H	TL0	00H
B	00H	TH1	00H
PSW	00H	TL1	00H
SP	07H	TH2(8052)	00H
DPTR	0000H	TL2(8052)	00H
P0~P3	FFH	RCAP2H(8052)	00H
IP(8051)	×××0000B	RCAP2L(8052)	00H
IP(8052)	××00000B	SCON	00H
IE(8051)	0××00000B	SBUF	不定
IE(8052)	0×000000B	PCON(HMOS)	0×××××××B
TMOD	00H	PCON(CHMOS)	0×××0000B
TCON	00H		

2. 外部复位信号的产生

上电复位电路见图 2-13(a)。上电瞬间 RST 引脚电压与 VCC 相同,随着充电电流的减小,RST 引脚电压逐渐下降。按图 2-13(a)所示电路参数,时间常数为 $10\times10^{-6}\times8.2\times10^3\times82\times10^{-3}\text{s}=82\text{ms}$。只要 VCC 的上升时间不超过 1ms,振荡建立时间不超过 10ms,图示电路确定的时间常数足以保证完成复位操作。上电复位所需的最短时间是振荡建立时间加上两个机器周期,在这段时间内 RST 端的电压应保持高于施密特触发器电压的下限。

带按钮复位的电路如图 2-13(b)所示。按下复位按钮后,单片机处于复位状态。释放按钮后的过程与上电复位类似。

还可以使用外部脉冲复位,如图 2-13(c)所示。复位脉冲时间不能短于两个机器周期。当使用外部监视定时器对单片机复位时,可如此连接定时器溢出复位信号。

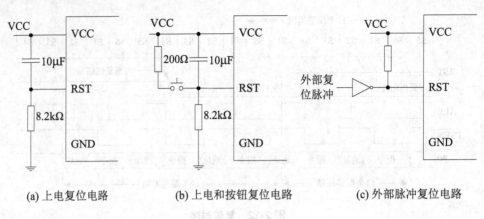

(a) 上电复位电路　　　(b) 上电和按钮复位电路　　　(c) 外部脉冲复位电路

图 2-13　复位电路

2.5.2　程序执行方式

程序执行方式是单片机的正常工作方式，被执行的程序可以存储到内部或外部程序存储器中。由于复位后 PC 值为 0000H，当复位信号撤销后，单片机总是从 0000H 处取指令并开始执行程序。而从 0003H 开始，很多存储单元作为中断服务程序的预留空间，不便使用。所以，通常在 0000H 处放一条转移指令，转移到 0000H～FFFFH 范围内合适的位置继续执行。

在执行程序的过程中，还会发生中断响应的情况，打断正常的程序执行流程。但中断返回后，仍将继续原来的程序。

2.5.3　低功耗方式

低功耗方式是指单片机在一定条件下，停止内部某些部件的活动，以降低电能消耗，在使用电池供电的设备中特别有用，其他场合也有实用价值。HMOS 型单片机只有一种低功耗方式，即掉电操作方式；CHMOS 型则有两种，分别是待机方式和掉电方式。

1. HMOS 型单片机的掉电操作方式

正常操作时，HMOS 型单片机(典型产品为 8051)的内部 RAM 由 VCC 供电。当 RST/VPD 端的电压超过 VCC 时，内部 RAM 将由 RST/VPD 端的电源供电。若 RST/VPD 接有备用电源，则当 VCC 掉电时，该备用电源就可维持内部 RAM 的数据(参见图 2-11)。

在用户系统中，可以利用这一特点，及时将 CPU 数据转移到内部 RAM 中，设置掉电操作标志，等 VCC 恢复后继续先前的操作。具体方案是，一旦发现主电源有故障(掉电)或人为迫使电源掉电，就通过 $\overline{INT0}$ 或 $\overline{INT1}$ 向 CPU 发出中断请求。在主电源掉到下限工作电压之前，中断服务程序把一些必须保护的信息转储到内部 RAM 中，并把备用电源接至 RST/VPD 引脚。主电源恢复时，VPD 仍要维持一段时间，在完成复位操作后 VPD 才能撤销。图 2-14 是掉电操作的时序图。

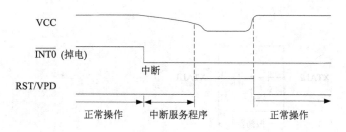

图 2-14 掉电时序

图 2-15 所示为掉电电路的一种方案。假设主电源发生故障掉电(或人为迫使掉电)时，掉电检测电路能很快发现故障，由 $\overline{INT0}$ 发出中断请求，中断服务程序把需要保护的数据存入内部 RAM，然后向 P1.0 写一个 0，P1.0 接至定时器电路 555 的触发端 $\overline{TR}$。图中 555 构成一个单稳态触发器，其输出脉冲宽度取决于电阻 R、电容 C 和 VCC 存在与否，输出脉冲幅度取决于备用电源电压。

若 VCC 仍然存在，单稳被触发后，备用电源暂时接向 RST/VPD 端，但由于单片机的内部结构(见图 2-11)，该电源并不能向内部 RAM 供电，而 VCC 通过 R 向 C 充电，使 555 阈值端 TH 的电平不断上升，直到恢复到原始稳定状态，即单稳态输出低电平。这相当于误告警，使系统从复位开始工作。

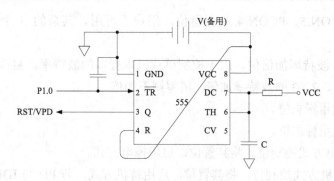

图 2-15 掉电电路

若向 P1.0 写 0 时，VCC 已不存在，RC 电路失去充电电源，555 阈值端的电平持续为低，单稳电路始终停留在暂稳状态，即 555 输出一个常值电压——备用电源电压。该电压向内部 RAM 供电，以保护其中的数据。当 VCC 恢复时，单稳电路继续正常的暂稳过程，直到回到原始稳定状态。暂稳过程的长短取决于 RC 电路电阻值与电容值乘积的大小，在这段时间内，备用电源仍接至 RST 端，以保证系统复位。

2. CHMOS 单片机的低功耗方式

CHMOS 型单片机有两种低功耗方式：待机方式和掉电方式。在低功耗方式下，备用电源由 VCC 端接入，而不像 HMOS 型那样由 RST 端接入。待机方式和掉电方式的控制电路见图 2-16。

在待机方式(IDL=1)下，振荡器继续运行，时钟信号继续供给中断逻辑、串行口、定时器，但是 CPU 的时钟信号被切断。在掉电方式(PD=1)下，振荡器甚至被禁止，时钟电路不再工作。

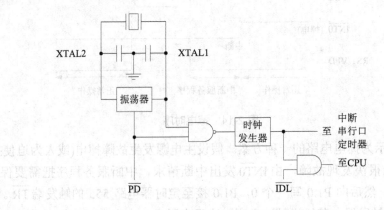

图 2-16 掉电和待机方式的硬件

CHMOS 型单片机的待机方式和掉电方式选择是通过软件对特殊功能寄存器 PCON 中相关位的操作控制的。PCON 称作电源控制寄存器，地址为 87H，其中的 5 个位有定义，但不可位寻址。其格式如下：

SMOD	—	—	—	GF1	GF0	PD	IDL

PCON.6、PCON.5、PCON.4 为保留位，用户不可用。其余的 5 个位都可以写入、读出。

- SMOD：波特率加倍位。用于控制单片机串行口的波特率。将该位置位，使串行口方式 1、2、3 的波特率加倍；清零则不加倍。
- GF1：通用标志位。
- GF0：通用标志位。
- PD：掉电方式控制位。将其置位，启用掉电方式。
- IDL：待机方式控制位。将其置位，启用待机方式。若 PD 与 IDL 均置位，则 PD 位优先。

对于 HMOS 型单片机，PCON 中仅 SMOD 位有定义，其他位用户不可用。

1) 待机方式

执行一条将 IDL 置位的指令，单片机就进入待机方式。这时，提供给 CPU 的时钟信号被切断，但仍送向中断逻辑、串行口、定时器。CPU 的全部状态被冻结，包括堆栈指针 SP、程序计数器 PC、程序状态字 PSW、累加器 ACC 以及所有的工作寄存器。

退出待机方式有两条途径。其一是发生任何一个被允许的中断，IDL 位被硬件清零，结束待机状态。CPU 响应中断，进入中断服务程序，最后执行中断返回指令 RETI 后，PC 恢复为进入待机方式时的值，即 CPU 要执行的指令为使单片机进入待机方式的那条指令后的第一条指令。

PCON 中的通用标志位 GF1 和 GF0 可以用作一般的软件标志，用来指示中断响应是发生在正常操作期间还是待机期间。例如，启用待机方式的那条指令可以同时把 GF1 或

GF0 置位。进入中断服务程序后，先检查该位，以确定服务的性质。

退出待机方式的另一种方法是硬件复位。由于振荡器仍在运行，所以硬件复位信号只需两个机器周期(24 个振荡周期)有效，就能完成复位操作。

待机方式下，VCC 仍为 5V，但消耗电流可由正常的 24mA 降为 3mA。

2) 掉电方式

执行一条将 PD 置位的指令，单片机就进入掉电方式。这时，片内振荡电路停止工作，所有部件的工作停止，内部 RAM 的内容被冻结，CPU 内部专用寄存器的值也将丢失。

退出掉电方式的唯一途径是硬件复位。

在掉电方式下，VCC 可降到 2V，消耗电流仅 50μA。

在进入掉电方式前，VCC 不能降下来；在退出掉电方式前，VCC 就应恢复到正常电压。复位退出了掉电方式，也释放了振荡器。在 VCC 恢复到正常电压之前，复位信号不应有效。要保持足够长的复位有效时间，以保证振荡器再次启动并稳定，这段时间通常不到 10ms。

2.5.4 编程和校验方式

向只读存储器内写入数据的过程叫做编程。将已经写入的数据读出，与编程时的原始数据进行比较，称为校验。只有 EPROM 型单片机才具有编程和校验方式，以下以 EPROM 型单片机 8751H 为例介绍。

8751H 内部的 4KB 程序存储器是 EPROM 型的，芯片上有擦除窗口。其 EPROM 有编程、校验和加密三种方式。每种方式下，各引脚的输入电平是不同的，如表 2-7 所示。其中 1 表示逻辑高电平，0 表示逻辑低电平，×表示任意逻辑电平，VPP 为 21V±0.5V，$\overline{PROG}$ 为 50ms 负脉冲。

表 2-7 编程和验证方式时的引脚配置

方式	RST	$\overline{PSEN}$	$\overline{EA}$/VPP	ALE/$\overline{PROG}$	P2.7	P2.6	P2.5	P2.4
编程	1	0	VPP	编程负脉冲	1	0	×	×
禁止	1	0	×	1	1	0	×	×
校验	1	0	1	1	0	0	×	×
加密	1	0	VPP	编程负脉冲	1	1	×	×

1. 编程方式

8751H 的 EPROM 编程方式要求按图 2-17(a)连接各引脚。

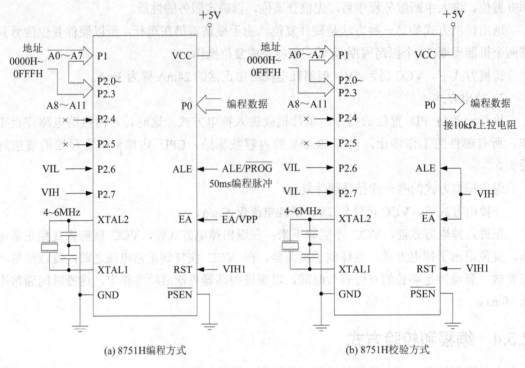

图 2-17 8751H 编程和校验方式连线图

图中，8751H 振荡器频率为 4~6MHz，CPU 处于工作状态。编程过程是在另一台计算机的控制下，通过专门硬件电路提供图中所要求的连接方式和信号输入。这种专门硬件设备通常称为编程器。

编程时，EPROM 的 12 位地址加在 P2.3~P2.0 和 P1.7~P1.0 引脚，被写入的代码字节从 P0 口输入，ALE/$\overline{PROG}$ 引脚输入一个 50ms 的负脉冲，完成一个存储单元的程序代码写入。若为每个负脉冲再加 5ms 的余量，则 8751H 内部 EPROM 编程需要 55ms×4096=225280ms 约 3.75 分钟。在编程时，12 位 EPROM 单元地址、写入的代码字节和 ALE/$\overline{PROG}$ 上的负脉冲之间必须符合一定的时序关系。

编程和校验时序如图 2-18 所示。图中规定了一些信号的顺序和时间范围，如 T_{DVGL} 表示从 P0 口数据建立到 $\overline{PROG}$ 有效的时间，最短为 48 个机器周期；T_{AVGL} 为从地址建立到 $\overline{PROG}$ 有效的时间，最短为 48 个机器周期；T_{GLGH} 为 $\overline{PROG}$ 脉冲有效的时间，在 45~55ms 之间等。设计编程电路时，必须严格符合要求，其他具体值可参考产品手册。

2. 校验方式

8751H EPROM 的校验方式要求按图 2-17(b)连接各引脚。

类似于编程方式，校验通常也是在另一台计算机的控制下，通过编程器实现的。在校验时，EPROM 单元的 12 位地址送入被校验的 8751H 芯片的 P2 和 P1 口，以选中读出相应 EPROM 单元中的内容，经 P0 口输出。计算机把 P0 口送出的数据与编程时向该单元写入的代码字节进行比较。若相同，表示编程正确；否则应检查出错原因。

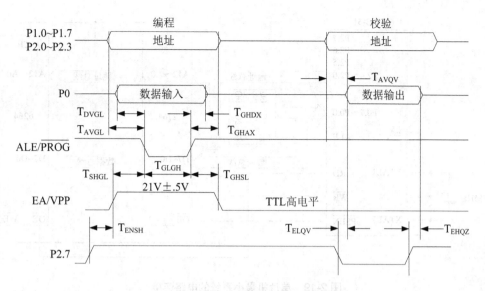

图 2-18　8751H 编程和校验时序

3. 加密编程

8751H 的加密编程与普通编程方式的唯一区别，就是 P2.6 引脚接逻辑电平 1，过程一样。

一旦完成加密编程，照常可以执行内部程序，但不能从外部读出和进一步编程，也不能执行外部程序存储器中的程序。加密编程对于保护单片机应用系统中软件的版权具有十分重要的意义。

不管是普通编程还是加密编程，EPROM 中的数据均可通过紫外线灯(波长短于 4000Å)照射其窗口擦除。擦除后，EPROM 阵列为全 1 状态。由于日光和日光灯中均含紫外线，在这些光照环境中暴露一段时间也会把 EPROM 中的内容擦去，所以一般用不透明标签将 EPROM 的窗口贴住。

2.6　案例实训——单片机最小系统

1. 案例说明

使用 8031 或 8051 单片机组成最小系统。除晶体谐振电路、复位电路外，扩展小容量的程序存储器和数据存储器。单片机使用外部程序存储器。将编写好的程序编程写入外部程序存储器。程序有两个，一个只是简单的循环，另一个要访问外部数据存储器。使用示波器或逻辑分析仪观察振荡器输出、ALE 输出、$\overline{\text{PSEN}}$ 输出、P2 输出、P0 输入/输出的波形，以认识单片机操作时序。

2. 环境设计

先按图 2-19 连接好电路，连接原理在 6.5 节中详细解释。

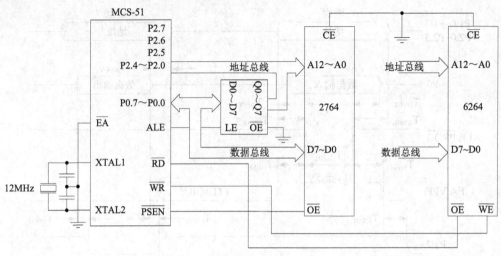

图 2-19 单片机最小系统的电路连接

下面有两个程序，第一个仅有取指、内部执行部分，用于观察振荡器输出、ALE 输出、$\overline{\text{PSEN}}$ 输出、P2 输出、P0 输入/输出的波形；第二个包括读取外部 RAM 的操作，除上述几个信号外，再加上 $\overline{\text{WR}}$ 和 $\overline{\text{RD}}$。

下面是第一个程序。

```
        ORG     0000H
LOOP:   INC     A
        ADD     A, #12H
        SJMP    LOOP
        END
```

程序存储器中存放内容为(从 0000H 开始)：04H，24H，12H，80H，FBH。

下面是第二个程序。

```
        ORG     0000H
        MOV     P2, #00H
        MOV     DPTR, #1234H
LOOP:   MOV     A, #55H
        MOVX    @DPTR, A
        MOVX    A, @DPTR
        SJMP    LOOP
        END
```

程序存储器中存放内容为(从 0000H 开始)：90H，12H，34H，75H，A0H，80H，74H，55H，F0H，E0H，80H，FAH。

3. 观察分析结果

根据逻辑分析仪或示波器显示，分析单片机在执行什么动作。如图 2-20 所示，这是从逻辑分析仪上观察到的一种结果，P0 和 P2 的各 8 位数据按十六进制表示。

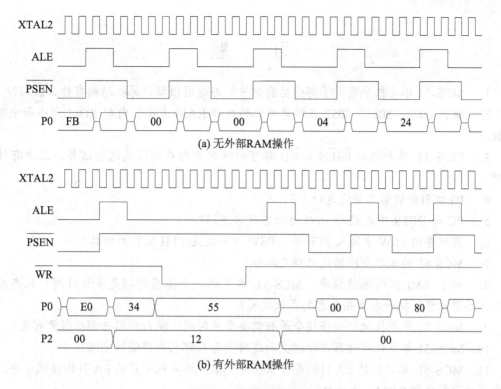

图 2-20 观察到的波形

从图 2-20(b)中可以看出，尽管 MCS-51 的存储配置是哈佛结构，但是外部数据存储器与程序存储器依然使用同一套地址、数据总线，对二者的访问仍是互斥的。

小 结

本章介绍了 MCS-51 单片机的结构。从结构上看，单片机与通用微型计算机都是 CPU 加各外围功能部件的形式。但单片机将这些部件都集成到了一个芯片上，只需添加极少的元件就可以构成微型计算机系统。

单片机的 CPU 包括控制器和运算器，控制器负责识别指令，并根据指令的性质控制单片机内各个功能部件的协调工作；运算器主要实现算术逻辑运算和数据中转。MCS-51 中还有一个布尔处理器，使用 8 位机的一些资源实现 1 位机的功能。

MCS-51 的存储器组织，从物理上分为 4 个部分，从逻辑上分为 3 个地址空间。内部、外部程序存储器由 CPU 统一访问，内部、外部数据存储器使用不同的指令访问。内部 RAM 中有专为布尔处理器设置的位寻址空间。特殊功能寄存器占用了内部 RAM 空间的高 128 个地址，与同样地址的内部 RAM 使用不同的寻址方式相区别。

单片机软件开发完毕后需要对 EPROM 编程，加电时需上电复位电路将单片机复位，然后转入程序执行方式。在对供电要求苛刻的场合，需要考虑单片机的低功耗方式。

习 题

1. MCS-51 单片机中集成了哪些功能部件？与通用微型计算机结构有什么区别？
2. 说出 8031、8051、8052 三种单片机的内部 RAM 大小、内部 ROM 大小和中断源个数。
3. MCS-51 单片机的 $\overline{PSEN}$ 和 $\overline{RD}$ 都可以作为外部存储器的选通信号。二者有什么区别？
4. P3 口引脚的第二功能是什么？
5. PC 和 DPTR 中存放的 16 位地址有什么不同？
6. 当程序向 PSW 中写入 FFH 后，PSW 中一定是 FFH 吗？为什么？
7. MCS-51 的布尔处理器包括哪几部分？
8. 对于 6MHz 的振荡频率，MCS-51 单片机一个振荡周期是多长时间？状态周期呢？机器周期呢？执行乘法指令需要多长时间？
9. MCS-51 单片机执行一条指令最长需要多长时间？执行时间与哪些因素有关？
10. MCS-51 单片机存储器在物理上和逻辑上各有哪几个存储器空间？
11. MCS-51 单片机的 $\overline{EA}$ 引脚有什么功能？某一单片机芯片的 $\overline{EA}$ 引脚接低电平，是否它一定没有内部 ROM？为什么？
12. 使用既有内部 ROM 又有外部 ROM 的系统时，软件是否要考虑二者之间的切换？为什么？
13. 若 PSW 值为 00H，R0 对应内部 RAM 哪个单元？R4 呢？若 PSW 值为 08H，R2 对应内部 RAM 哪个单元？R5 呢？
14. 写出下面几个位地址所对应的内部 RAM 字节地址和位序号。

    12H   23H   30H   46H   55H   58H   60H   7FH

15. 写出下面几个位的位地址表示。

    20H.0   23H.5   29H.4   2FH.7   RS1   ACC.0   B.5   P

16. 对于某 51 单片机，堆栈最大有多少字节？SP 初始值应如何设置？
17. 对于某 51 单片机，软件设计中若 SP 初始值为 4FH，堆栈在什么范围？大小是多少字节？
18. MCS-51 单片机外部 RAM 最大容量是多少？地址在哪个范围？如何区分对外部、内部 RAM 的访问？
19. 对于 MCS-51 单片机的 ROM、内部 RAM、外部 RAM 三个逻辑地址空间，从软件上怎么区分？
20. MCS-51 单片机中的 52 系列内部 RAM 的 80H~FFH 单元与特殊功能寄存器地址重叠，如何区分它们？
21. 为什么要有复位方式？MCS-51 单片机复位后从什么位置取指令、执行程序？复位后堆栈从什么位置开始？
22. CHMOS 型单片机有哪几种低功耗方式？各是怎样实现的？

第 3 章　MCS-51 单片机的指令系统

本章要点

- MCS-51 的寻址方式和寻址空间
- MCS-51 的指令分类
- MCS-51 指令系统中各指令的执行过程
- MCS-51 指令的应用特点

使用计算机的目的在于使其完成规定的任务。在冯·诺依曼计算机体系结构中，计算机完成某项任务是通过执行存储于其内部的程序实现的，编写程序是使计算机按要求工作的前提条件，指令系统为编写程序提供了最直接的手段。本章介绍指令系统的概念、MCS-51 的寻址方式以及各类指令的详细执行过程和特点，为使用汇编语言编写程序做好准备。

3.1　MCS-51 单片机指令系统概述

采用存储程序概念实现的计算机，提供了对应于最基本操作的二进制编码指令，指令明确了操作形式和操作对象。计算机按一定顺序执行的一组指令，叫做程序，程序和数据都要存储在计算机的存储器中。不同的计算机有不同的指令集合，指令集合及其编码系统称作指令系统。

3.1.1　指令格式

在 MCS-51 中，指令操作码用 8 位二进制数编码，共有 255 种(00H～FFH，A5 未用)。42 种助记符代表了 33 种功能，111 种指令，255 种具体操作(参见附录 B)。

指令不同，操作码和操作数也不同。有些指令的操作码和操作数加起来只有一个字节，称为单字节指令；有些是双字节指令，操作码和操作数各占一个字节。最长的是 3 字节指令，操作数部分占了两个字节。

1. 单字节指令

单字节指令共有 49 条，包括没有指定操作数的指令，如

　　INC　　　　DPTR

的机器码为 A3H，助记符是 INC，指令的功能是将数据指针 DPTR 的内容增 1，操作数 DPTR 由操作码隐含说明。

单字节指令也包括在一个字节中指定了操作数的指令。如

```
MOV        A, Rn
```

的机器码为11101rrrB，这里的 rrr 就是工作寄存器 Rn 的编号 n，范围为 0~7。

2. 双字节指令

双字节指令共有 46 条。双字节指令在程序存储器中占两个字节单元，操作码字节在前，操作数字节在后。如

```
ADD        A, #08H
```

的机器码为 24H 和 08H，功能是将常数 08H 加到 A 中。

3. 三字节指令

三字节指令共有 16 条。第一字节为操作码，第二和第三字节为操作数或操作数地址。如

```
MOV        DPTR, #1234H
```

的机器码为 90H、12H 和 34H，功能是将常数 1234H 送入 DPTR。

一般说来，指令越短，执行速度越快，占用资源越少。编写程序时，在不影响功能和效率的前提下，应尽可能地选择字节数较少的指令。

3.1.2 指令分类

按照指令的功能，MCS-51 的 111 条指令可以分为 5 类。

1. 数据传送类指令

这类指令有 28 条，可用于在单片机 CPU 内部寄存器、内部 RAM、特殊功能寄存器、外部 RAM 及 I/O 端口、程序存储器之间传送数据。数据传送指令的功能是把源地址中的操作数(源操作数)传送到目的地址(或目的寄存器)，指令执行完毕后源操作数不变。源操作数大多是 8 位数形式，也有 16 位数的传送指令。

数据交换指令也属于数据传送类指令，功能是把两个不同位置的内容互换。

堆栈操作指令是一类特殊的数据传送指令，通过特定的寄存器对内部 RAM 特定位置范围数据进行传送操作。

2. 算术运算类指令

这类指令共 24 条，用于对两个操作数进行加、减、乘、除等算术运算。绝大多数指令要求一个操作数必须存放在累加器 A 内，而且运算结果仍存回 A 中。运算产生的标志保存到程序状态字 PSW 中，可以据此检查运算结果状态。除 DPTR 增 1 指令外，参与运算的都是 8 位数据。

3. 逻辑运算和循环移位类指令

这类指令共有 25 条。逻辑运算指令用于对两个操作数按位进行逻辑与、或、异或、

取反等操作,大多数指令也要求把一个操作数和结果放入累加器 A 中。循环移位指令完成对累加器 A 中所有位向左或向右移位,也可以将进位标志 CY 与 A 进行 9 位数的循环移位。

4. 位操作类指令

位操作类指令也叫布尔操作指令,共有 17 条,可以实现位的传送、修改、运算和位控制转移。位的传送、修改、运算指令以位寻址的方式对单个位进行操作,位控制转移指令则根据某一位的状态决定是否实现转移。

5. 流程控制类指令

流程控制类指令有 17 条,可以实现无条件转移、条件转移、子程序调用和返回等操作。这类指令的共同特点是可以改变程序执行的流程,使 CPU 根据要求转移到另一处执行,或者是继续顺序执行;具体方法就是修改程序计数器 PC 的值。使用相对寻址、直接寻址或变址寻址,而且总是对程序存储器寻址。

3.1.3 指令系统中使用的符号

为了叙述的通用性,介绍 MCS-51 指令系统时经常采用一些符号。下面就是本章后面要用到的符号及其含义。

- Rn:某一工作寄存器,n 的范围是 0~7。实际在内部 RAM 中的地址要根据 PSW 中 RS1、RS0 位确定。
- A:累加器。
- B:B 寄存器。
- C:布尔处理器的累加器,对应于 PSW 中的进位标志 CY。
- @Ri:表示使用 R0 或 R1 寄存器间接寻址,i 只能是 0 或 1。
- #data:指令中给出的 8 位立即数。
- #data16:16 位立即数。
- direct:8 位直接地址。实际使用时可以是一个具体的 8 位数,也可以是特殊功能寄存器的符号名字。
- addr11:11 位目标地址。
- addr16:16 位目标地址。
- rel:二进制补码表示的 8 位有符号数。
- @DPTR:使用数据指针 DPTR 间接寻址,用 16 位地址对外部 RAM 和外部 I/O 寻址。
- @A+DPTR:使用 DPTR 的变址寻址,用于查表。
- @A+PC:使用 PC 的变址寻址,用于查表。
- bit:位地址。
- $:当前指令在程序存储器中的起始地址。
- (direct):内部 RAM 中地址为 direct 的单元内容。

3.2 MCS-51 单片机的寻址方式

对于一条指令,有两个问题需要解决:其一是要说明执行什么操作,这是由指令中的操作码决定的;其二就是指令涉及的操作数的来源以及操作结果的去向如何指定。为了使指令编码简单,一般情况下,约定将操作结果送到原来放操作数的位置。这样,第二个需解决的问题就是指出操作数的来源。

操作数可以来自指令本身所带的常数(该常数存放在程序存储器中),来自程序存储器中的表格,或者来自数据存储器。凡是在存储器中存储的数据都必须指定其地址。操作数也可以来自 CPU 的内部寄存器,在指令中通常对寄存器进行了编号,这个编号也相当于寄存器的地址。所以,找出操作数来源的方式称作操作数的寻址方式。

指令系统中还有一类改变程序执行流程的指令,如转移指令、子程序调用指令,这类指令也需要提供转移的目的地和被调用子程序的具体位置,这个目的地和具体位置也是在程序存储器中的实际地址。如何提供这个地址,一般也称为指令的寻址方式。

通常指令系统提供的寻址方式有多种,寻址方式越多,程序编写越灵活,指令系统功能越强。

在 MCS-51 单片机中,操作数的存储区域多、范围变化大。可以放在芯片外部的程序存储器、数据存储器中,也可以放在芯片内部的程序存储器、数据存储器、特殊功能寄存器、CPU 寄存器中。为了支持在各种存储区域、范围的寻址,MCS-51 的指令系统使用了 7 种寻址方式:立即数寻址、直接寻址、寄存器寻址、寄存器间接寻址、变址寻址、位寻址和相对寻址。

3.2.1 立即数寻址

立即数就是指令中自带的常数操作数,CPU 取指后能直接得到操作数,不需要再访问其他存储区域,所以叫做立即数。

根据指令情况,立即数可以是 8 位或 16 位的,通常放在指令的第二和第三字节位置上。如果是 16 位立即数,在程序存储器中存储时,高 8 位放在前面(低地址),低 8 位放在后面(高地址)。

在指令的助记符表示中,立即数可以用二进制、十六进制、十进制、字符等形式,前面必须加 "#" 符号,以防与地址混淆。例如,指令

```
MOV       A, #12H
MOV       DPTR, #1234H
```

的机器码分别是 7412H 和 901234H,其中操作码 74H 表示把后面一个字节的立即数送入 A,操作码 90H 表示把后面两个字节的立即数送入 DPTR,12H 送入 DPH,34H 送入 DPL。

两条指令在程序存储器中的存储映像及执行情况如图 3-1 所示。

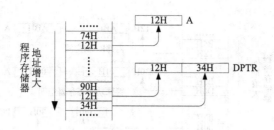

图 3-1 立即数寻址示意图

立即数寻址一般用来给某些特殊功能寄存器或内部 RAM 变量赋初值。

3.2.2 直接寻址

直接寻址是在指令中直接给出操作数的地址,或者明确说明转移、调用目的地址的寻址方式。

如果给出的是操作数地址,则该地址以 8 位二进制数表示,一般位于指令中的第二或第三字节。在 MCS-51 单片机中,可以直接寻址的操作数存储空间为内部 RAM 的低 128 字节(00H~7FH)和特殊功能寄存器(80H~FFH)。对于 52 子系列单片机,其内部 RAM 空间的 80H~FFH 单元不能直接寻址。

在指令的助记符表示中,直接地址可以用二进制、十六进制、十进制等形式,但通常使用十六进制。例如,指令

　　MOV　　　　A, 12H

的机器码是 E512H,其中操作码 E5H 表示把以后面一个字节(即 12H)为地址的内部 RAM 单元中的单字节数据送入 A。再如,指令

　　MOV　　　　A, PSW

的机器码是 E5D0H,其中操作码 E5H 表示把以后面一个字节(即 D0H)为地址的 8 位特殊功能寄存器的内容送入 A。字节地址为 D0H 的特殊功能寄存器是 PSW。

对于特殊功能寄存器,程序中通常使用其名称,但是翻译成机器码后,都是用其字节地址来表示。若对于某个特殊功能寄存器的整体而不是按位访问时,只能使用直接寻址方式。

如果是转移或调用目的地址,该地址可以是 11 位或 16 位二进制数,位于指令中的第二或第三字节。例如,指令

　　LJMP　　　　　　　0030H

的机器码是 020030H,其中操作码 02H 表示转移到后面两个字节表示的 16 位程序存储器地址处。16 位地址的高 8 位在前,低 8 位在后,在此就是 0030H。指令执行结果使程序计数器 PC 值变为 0030H。

三条指令在程序存储器中的存储映像及执行情况如图 3-2 所示。

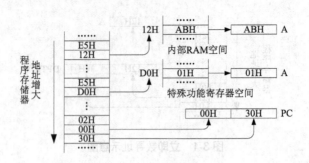

图 3-2 直接寻址示意图

3.2.3 寄存器寻址

当所需访问的操作数存在于 CPU 内部寄存器中，如 A、B、工作寄存器 R0～R7 中之一时，指令机器码中含有该寄存器的编号。这种操作数在寄存器中的寻址方式称作寄存器寻址，可以在指令的助记表示中使用寄存器的符号名称。例如，指令

　　INC　　　　R3

的机器码是 0BH，即二进制的 00001011B，其高 5 位为操作码部分，表示这是一条工作寄存器增 1 指令，低 3 位是寄存器编号 011B。由于 MCS-51 的工作寄存器是映射到内部 RAM 低 32 字节中的，所以在执行这条指令时，先要求出 R3 在内部 RAM 中的单元地址。方法是将 PSW 中 RS1、RS0 两位与指令中的低 3 位拼接成低 5 位，高 3 位填 0。若当前 PSW 值为 10H，则得到的寄存器地址为 13H。

这条指令在程序存储器中的存储映像及执行情况如图 3-3 所示。

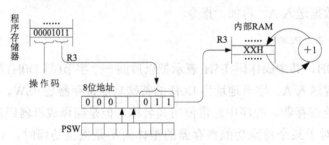

图 3-3 寄存器寻址示意图

某些 CPU 寄存器在特殊功能寄存器空间中也有相应的位置。如寄存器 A，又称作累加器，表示为 ACC。ACC 在特殊功能寄存器空间中的地址是 E0H。对这种情况，既可以使用寄存器寻址，也可以使用直接寻址。如下面 3 条指令

　　MOV　　　　A, #12H
　　MOV　　　　ACC, #12H
　　MOV　　　　0E0H, #12H

执行结果相同，都是将 A 中内容置为 12H。以 ACC 和 E0H 表示的指令，翻译成机器码是相同的，都是 75E012H，在程序存储器中占 3 个字节，执行时间为两个机器周期；而以 A

表示的指令，机器码为 7412H，执行时间为一个机器周期。用户可以根据不同的需要选择不同的寻址方式。

3.2.4 寄存器间接寻址

寄存器间接寻址是在指令中给出含有操作数地址的寄存器号。与寄存器寻址方式不同，这时寄存器中的内容是一个地址，而不是操作数本身。执行这类寻址方式的指令时，CPU 要先根据指令中的寄存器编号，取出寄存器的内容，然后以此内容作为地址，间接找到操作数，所以叫做寄存器间接寻址。

使用寄存器间接寻址，可以方便地对相邻的存储单元逐个进行操作，实现高级语言中指针的功能。

寄存器间接寻址中寄存器也是使用符号名称表示。为了与寄存器寻址相区别，在寄存器间接寻址方式中，寄存器符号名称前加"@"符号。例如，指令

```
INC        @R1
```

的机器码是 07H，即二进制的 00000111B，其中高 7 位为操作码部分，表示这是一条使工作寄存器所指地址内容增 1 指令，最低位是寄存器编号，在这里是 1。在执行这条指令时，先要求出 R1 的内部 RAM 单元地址。方法是保留 PSW 中 RS1、RS0 两位与指令中的最低位，其余位置为 0，形成 8 位地址。比如当前 PSW 值为 10H，则得到的寄存器地址为 11H。然后找到内部 RAM 中以 11H 单元内容为地址的单元，将其内容增 1 并保存在原处。假设当前内部 RAM 中 11H 单元内容为 34H，34H 单元内容为 56H，则执行这条指令后，R1 内容不变，34H 单元内容变为 57H。

这条指令在程序存储器中的存储映像及执行情况如图 3-4 所示。

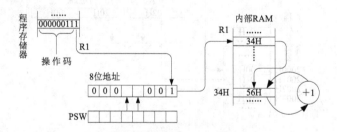

图 3-4 寄存器间接寻址示意图

使用寄存器间接寻址时，可以使用的寄存器只有 R0、R1、DPTR，它们的寻址空间和范围有所区别。

单片机内部 RAM 的低 128 字节，可以使用直接寻址，而使用间接寻址时，只能用 R0 或 R1，寄存器中存储 8 位地址，形式为@Ri(i 为 0 或 1)。

52 子系列的内部 RAM 高 128 字节，只能使用 R0 或 R1 以间接寻址方式访问。

片外 64KB 的 RAM 空间(包括 I/O 空间)，如果提供 16 位地址，只能用 DPTR 间接寻址，形式为@DPTR。

片外 64KB 的 RAM 空间(包括 I/O 空间)，如果只提供低 8 位地址，而高 8 位地址无关

或以其他电路方式形成，则可用 R0 或 R1 间接寻址。

堆栈操作实际上是用 SP 间接寻址，但除了专用的堆栈操作指令外，MCS-51 单片机指令系统没有提供使用 SP 间接寻址的指令。

3.2.5 变址寻址

变址寻址也可以称作索引寻址，目的是在一个连续存放的字节数组中，从数组起始地址(该起始地址存储在一个 16 位寄存器中)开始，找到以寄存器 A 内容为字节位移量的一项。

这类指令的操作码中隐含有作为基地址寄存器(保存数组起始地址)用的 16 位寄存器数据指针 DPTR 或程序计数器 PC，其中应预先存放所需地址。

指令操作码中也隐含有寄存器 A，其中应预先存放相对于基地址的以字节为单位的 8 位位移量，该位移量按无符号数解释。

执行这类指令时，单片机先把基地址(在 DPTR 或 PC 内)和位移量(在累加器 A 中)相加，形成操作数的 16 位地址。例如，指令

```
MOVC      A, @A+DPTR
```

的机器码是 93H，假设执行这条指令前，DPTR 的内容为 2000H，是一个连续存放 0~6 的立方值的存储区域的起始地址，A 中的内容为 02H。执行这条指令时，CPU 先把 2000H 和 02H 相加，得到 2002H，这就是操作数的地址。MOVC 指令把操作数取出送入累加器 A，最后 A 中的值变为程序存储器 2002H 单元的内容，即 08H。

这条指令在程序存储器中的存储映像及执行情况如图 3-5 所示。

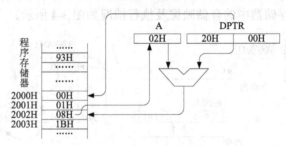

图 3-5 变址寻址示意图

变址寻址只能寻址程序存储器操作数，一般用于查表。预先将固定表格存储于程序存储器中，查表前需设置好基址寄存器和位移量的值。由于位移量只有 8 位，所以这类寻址方式寻址的范围仅在从基址开始的 256 个字节之内。如果要查超过 256 字节的表格，可以通过修改基址寄存器的值来实现。

CPU 在计算操作数地址时，将 16 位基址与 8 位位移量相加，按无符号数加法法则计算。低 8 位可能向高 8 位产生进位。如果高 8 位又产生了进位，实际结果就绕回到程序存储器的开始处。

3.2.6 位寻址

位寻址是 MCS-51 单片机布尔处理器的寻址方式，如果细分还可分为位寄存器寻址和位直接寻址。

位寄存器寻址只有访问布尔处理器的累加器 C 时使用。

位直接寻址可以访问布尔处理器的整个位空间，共 256 位。每位需要一个地址，所以位直接寻址使用 8 位地址。低 128 个地址位于内部 RAM 的 20H~2FH 共 16 个字节单元内，其中每一位都可单独访问。高 128 个地址位于特殊功能寄存器空间，字节地址为 8 的倍数的那些特殊功能寄存器均可按位访问。

在 MCS-51 的指令系统中，位地址有多种表示方法，常用的介绍如下。

(1) 直接使用位地址。如

```
MOV      C, 30H
```

将位地址位 30H 的内容(1 位)传送到 PSW 的 CY 标志中。位地址 30H 即是内部 RAM 字节地址 26H 单元的最低有效位。

(2) 使用字节地址附加位序号的方法，位序号从最低有效位到最高有效位依次对应从 0 到 7 的数字。如

```
SETB     20H.7
```

将内部 RAM 字节地址为 20H 单元的最高有效位置位。

(3) 使用特殊功能寄存器加位序号。如

```
CLR      ACC.0
```

将累加器 ACC 的最低有效位清零。

(4) 使用位名称。多数可位寻址的特殊功能寄存器中的位有位名称，可以直接使用。如

```
SETB     RS0
```

将 PSW 中的 RS0 位置为 1，用以切换工作寄存器组。

其实，不管使用以上哪种表示方法，在机器码级，位直接寻址都是使用位地址。

同某些寄存器可以字节直接寻址类似，布尔处理器的累加器 C 也有位直接地址 D7H，即用 CY 或 PSW.7 表示的位。使用位寄存器和位直接寻址对其访问时，指令的机器码长度有所不同。

3.2.7 相对寻址

相对寻址用于相对转移指令。指令中包含一个相对于当前 PC 值的位移量，是用二进制补码表示的 8 位有符号数，取值范围在-128~+127。

CPU 在执行相对转移指令时，将当前的 16 位 PC 值与指令中的 8 位位移量相加，得到一个 16 位地址，以此作为新的 PC 值，于是程序的流程发生了变化。

PC 中的 16 位数作为程序存储器单元的地址，是按无符号数解释的。与 8 位的有符号位移量相加时，8 位数按符号扩展为 16 位，然后进行 16 位数的二进制加法。

执行这类指令时，PC 的当前值是该指令随后的指令在程序存储器中的单元地址。因为一条指令的执行，首先是取指，CPU 每取指一个字节，PC 就增 1。执行一条指令时，这条指令的机器码都已经从程序存储器中全部取出，PC 的值也已经增量到了下一条指令的位置上。

如机器码为 4054H 的指令，是根据 CY 标志确定是否转移的指令。假设这条指令存储于程序存储器 2000H 处，则 CPU 执行这条指令时，PC 已经变成了 2002H。如果条件满足，则新的 PC 应该是当前 PC 值加上指令中给出的位移量 54H，得到 2056H。将结果送入 PC，程序转到 2056H 处继续执行。

再如机器码为 80FEH 的指令，是一条无条件短转移指令。也假设这条指令存储于程序存储器 2000H 处，则 CPU 执行这条指令时，PC 值为 2002H。新的 PC 应该是当前 PC 值加上指令中给出的位移量 FEH。FEH 是负数，应该计算 2002H 与 FFFEH 的和，得到 2000H。结果送入 PC 后，程序又转回到 2000H 处取指，继续执行这条指令，实现了原地踏步。

两条指令的执行过程如图 3-6 所示。

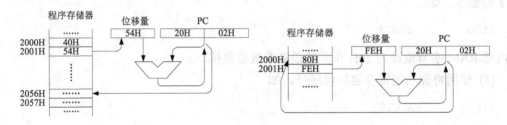

图 3-6 相对寻址示意图

当我们编写程序时，这些位移量不必自己计算，可以在程序中以标号的形式表示转移目标地址，让语言翻译软件承担计算任务。

3.2.8 寻址方式总结

MCS-51 的寻址方式汇总在表 3-1 中。不同的寻址方式，可寻址的操作数的性质、存储区域、产生的机器码长度、运行效率有很大差别。

表 3-1 MCS-51 寻址方式与寻址空间

寻址方式	表示形式	寻址空间
立即数寻址	#data(8 位)、#data16(16 位)	程序存储器
直接寻址	direct(8 位地址)	内部 RAM 低 128 字节
	特殊功能寄存器名 特殊功能寄存器字节地址	特殊功能寄存器
	addr11(11 位)、addr16(16 位)	程序存储器

续表

寻址方式	表示形式	寻址空间
寄存器寻址	A、B、R0~R7、DPTR	CPU 内部寄存器
寄存器间接寻址	@R0、@R1	内部 RAM
	@R0、@R1、@DPTR	外部 RAM 及外部 I/O 空间
变址寻址	@A+DPTR、@A+PC	程序存储器
位寻址	C	位累加器
	bit(8 位位地址)	位空间
相对寻址	rel(8 位有符号数)	程序存储器

3.3 数据传送类指令

数据传送操作是计算机指令系统中最基本和最主要的操作。数据传送操作可以在 CPU 内部寄存器、内部 RAM、特殊功能寄存器之间进行，也可以在累加器和外部存储器之间进行。指令中需要指定源操作数和目的地址，以实现把源操作数复制到目的地址的操作。如果需要保留目的地址中的操作数(目的操作数)，可以使用数据交换指令。

数据传送指令一般不会影响标志，因 CY、AC、OV 的变化通常与运算有关。但是只要累加器 A 中内容发生了改变，P 标志即受影响。除了直接向 PSW 中传送数据外，只有堆栈操作可以修改 PSW、影响除 P 标志之外的所有标志。

在数据传送类指令中，源操作数可以使用直接寻址、寄存器寻址、寄存器间接寻址、立即数寻址和变址寻址 5 种，目的操作数只能使用前 3 种。

这类指令可以实现以下操作：
- 为 CPU 内寄存器和工作寄存器、内部 RAM 单元中的程序变量装入初值。
- 对特殊功能寄存器的读写。
- 对内部 RAM 单元内容的访问。
- 对外部扩展的数据存储器和 I/O 端口的访问。
- 在程序存储器中查表。

下面分组介绍这类指令。

3.3.1 内部数据传送指令

内部数据传送指令，实现的是 MCS-51 单片机的内部寄存器、RAM、特殊功能寄存器之间的数据传送。有 8 位传送和 16 位传送两种，指令助记符都是 MOV。

8 位数据传送指令的格式如下。

```
MOV     dest, src
```

其中，dest 表示目的操作数，src 表示源操作数。源操作数可以使用立即数、以直接地址表示的内部 RAM 单元或特殊功能寄存器、累加器 A 或工作寄存器以及寄存器间接寻址的内部 RAM 单元 4 种寻址方式。而目的操作数除了立即数之外，其他 3 种寻址方式都可以使用。但不同的寻址方式之间不可以任意组合。

1. 以 A 为目的操作数的 8 位传送指令

若 A 为目的操作数，源操作数可以使用除 A 本身之外的任何允许形式。指令格式如下。

```
MOV        A, #data
MOV        A, direct
MOV        A, Rn
MOV        A, @Ri
```

累加器是 CPU 中使用最频繁的寄存器。在 MCS-51 中，绝大部分算术运算、逻辑运算、查表、输入输出操作都需要在累加器 A 中实现。以 A 为目的操作数的内部传送指令中，源操作数可以使用立即数、直接、寄存器和寄存器间接 4 种寻址方式，单片机内部各个存储区域的内容都可传送到 A，为之后的操作做准备。

2. 以 direct 为目的操作数的 8 位传送指令

这组指令的作用是把源操作数传送到直接寻址的内部 RAM 单元或特殊功能寄存器中。源操作数可以使用 A、立即数、直接、寄存器和寄存器间接寻址方式，单片机内部各个存储区域的内容都可以传送到目的地址。5 种指令如下。

```
MOV        direct, A
MOV        direct, #data
MOV        direct1, direct2
MOV        direct, Rn
MOV        direct, @Ri
```

对于源操作数和目的操作数都是直接寻址的指令，指令机器码第 2 字节为源操作数地址，第 3 字节为目的地址，与指令的表示正好相反。

指令中的直接地址用 8 位无符号数表示，从 0 到 255 共 256 个单元。其中，0～127 属于内部 RAM 区域，128～255 属于特殊功能寄存器区域。在 MCS-51 中，128～255 中有很多地址是没有定义的，或者仅对于某种产品有定义。对于没有定义的地址进行读写，读出的内容不定，写入的内容无法存储。

例如，在 52 子系列中有与定时器/计数器 T2 控制相关的特殊功能寄存器 T2CON，其地址为 C8H。而在 51 子系列中地址 C8H 无定义，不能对其访问。

对于有定义的特殊功能寄存器，有一些虽然可以整个字节写入，但是其中某些位的置位、清零是由单片机内部或外部硬件信号触发的。对于这些位，最好不直接使用软件指令写入，即使写入后也未必能够保存。例如，当累加器 A 中的内容为 FFH 时，指令

```
MOV        PSW, A
```

执行后，PSW 中的数据并不是 FFH，而是 FEH，因 A 中有 8 个"1"，是偶数，PSW 中 P

标志保持为"0"。

累加器 A 也可以用直接地址寻址，但比寄存器寻址机器码要长一些。而

```
MOV        A, ACC
```

是无效指令。

寄存器 B 在大多数操作中是按其地址 F0H 直接寻址的。

52 子系列内部 RAM 有 256 个字节，对于地址在 128～255 范围内的单元，不能使用直接寻址，只能用寄存器间接寻址访问。

3. 以 Rn 为目的操作数的 8 位传送指令

这组指令的功能是将源操作数送入指令中指定的工作寄存器中。源操作数可以使用 A、立即数、直接寻址方式，不能使用 Rn 寄存器寻址和寄存器间接寻址。所以，没有从一个工作寄存器到另一个工作寄存器的传送指令。3 种指令格式如下。

```
MOV        Rn, A
MOV        Rn, #data
MOV        Rn, direct
```

工作寄存器对应内部 RAM 中的 00H～1FH，共 4 组各 8 个单元。对于这个范围内的单元也可以使用直接寻址方式，但必须给定其地址。而使用寄存器 Rn 寻址时，单元地址是 CPU 根据程序状态字 PSW 中 RS0、RS1 计算出来的，这两位不同，具体地址也不同。而且用 Rn 寄存器寻址的指令较短，因为只需 3 位编码指定操作数，而直接寻址却需要 8 位。另外指令执行时间也不相同。如，当 PSW 内容为 08H 时，下面两条指令

```
MOV        R1, #24H      ;机器码为 7924H，执行时间为一个机器周期
MOV        09H, #24H     ;机器码为 750924H，执行时间为两个机器周期
```

效果一样，效率不同(从分号开始的部分为注释，与指令的执行无关，下面不再一一说明)。

4. 以@Ri 为目的操作数的 8 位传送指令

这组指令的功能是把源操作数送入由 R0 或 R1 内容指定的内部 RAM 单元中。源操作数可以使用 A、立即数或直接寻址，不能用 Rn 寄存器寻址和 R0、R1 间接寻址。3 种指令格式如下。

```
MOV        @Ri, A
MOV        @Ri, #data
MOV        @Ri, direct
```

在程序中，如果需要将数据送入内部 RAM 中地址有规律的一些单元，比如地址连续的一段存储区域，可以将起始地址送入某一间接寻址寄存器 Ri，将一个字节传送到 Ri 内容所确定的单元内后，再修改 Ri 的值，以指向下一地址，为第二次存储数据做准备。

如果 Ri 的内容本身就是 Ri 在内部 RAM 中的地址，比如，当前使用第 1 组工作寄存器，R0 中内容为 08H，则执行

```
MOV      @R0, #55H
```

后 R0 的值变为 55H。实际上，只要@Ri 为目的操作数的指令，都可能会出现这种情况。

下面是综合使用前面几种指令的例子。

例 3.1 指出连续执行下列各条指令后的结果。

```
MOV      A, #34H        ;A=34H
MOV      R0, A          ;R0=34H
MOV      @R0, #56H      ;(34H)=56H
MOV      R1, 34H        ;R1=56H
MOV      40H, R1        ;(40H)=56H
MOV      50H, @R1       ;(50H)=56H
MOV      P1, #55H       ;P1=55H
```

注释中给出了执行指令所修改的寄存器或内部 RAM 单元。最后一条指令将立即数 55H 送入直接寻址的特殊功能寄存器 P1，即通过并行端口 1 的锁存器输出。

8 位传送指令中没有从工作寄存器到工作寄存器、从@Ri 间接寻址到另一间接寻址地址的传送，若要完成这种操作，需借助其他指令。如将 R6 内容送入 R7，不能写作

```
MOV      R7, R6
```

的形式，但是可以用连续执行的两条指令

```
MOV      A, R6
MOV      R7, A
```

来实现。所以，在实际应用中，应合理利用各种寻址方式，避免经常在工作寄存器之间传递数据。

5. 16 位的数据传送指令

在 MCS-51 中只有一条 16 位数据传送指令，格式如下。

```
MOV      DPTR, #data16
```

该指令的作用是把 16 位立即数装入数据指针 DPTR，高 8 位(指令的第 2 字节)送入 DPTR 的高 8 位 DPH，低 8 位送入 DPTR 的低 8 位 DPL，对标志没有影响。一般用于为之后的查表、输入/输出、读写外部 RAM 等操作初始化环境。

例 3.2 写出将 DPTR 设置为 2000H 所需的指令。

一种方式是使用

```
MOV      DPTR, #2000H
```

实现。注意到 DPH 和 DPL 都是 8 位的特殊功能寄存器，可以直接寻址，所以连续执行两条指令

```
MOV      DPH, #20H
MOV      DPL, #00H
```

也能达到同样的效果，但是编码和执行的效率不同。使用 16 位传送指令，占 3 个字节，

执行时间为两个机器周期；而使用 8 位传送指令，占 6 个字节，执行时间为 4 个机器周期。

3.3.2 外部数据传送指令

这种指令的作用是在 CPU 与外部数据存储器或外部 I/O 端口之间传送数据，每次传送一个字节。该操作只能使用累加器 A 来实现。

MCS-51 的外部 I/O 操作使用存储器映射的方式。外部扩展的 I/O 端口占用外部数据存储器的空间，使用与访问外部数据存储器和相同的指令和时序。下面叙述时只针对外部数据存储器，对于外部 I/O 操作同样适用。

外部数据存储器的访问只能使用寄存器间接寻址，有@Ri(i 为 0 或 1)和@DPTR 两种形式。使用@DPTR 间接寻址时，由 DPTR 提供 16 位的地址，指令执行时分别由 P2 和 P0 送出高 8 位(DPH)和低 8 位(DPL)地址信号，可以访问整个 64KB 的空间。使用@Ri 间接寻址时，由 Ri 提供低 8 位地址，指令执行时由 P0 送出这 8 位地址信号，可以访问 256B 的空间。至于这 256B 位于外部数据存储器的什么位置，由存储器芯片的硬件地址连线和指令执行时相关信号状态决定。比如，当系统中外部数据存储器规模较小时，P2 口就没有必要全部配置成地址总线。只用其中几条，空余的可以用作普通 I/O 口线。若需访问相关地址，只需用指令使 P2 中与地址有关的口线输出指定信号即可。当然，完全不用 P2 做地址线，而用其他方法实现存储器芯片高位地址信号也可。

指令助记符都是 MOVX，其中 X 表示外部(external)的意思。

将外部数据存储器单元或 I/O 端口寄存器内容送入累加器的指令有两条。

```
MOVX        A, @Ri
MOVX        A, @DPTR
```

执行指令时，在单片机 $\overline{RD}$ 引脚上产生有效信号，作为外部数据存储器的读选通信号。P0 口先送出由 Ri 或 DPL 指定的低 8 位存储单元地址，然后 CPU 使其浮空，接收从外部数据存储器送来的 8 位数据。指令执行期间，若使用@DPTR 间接寻址，P2 口送 DPH 内容；若使用@Ri，P2 口呈现 P2 锁存器内容。

将累加器内容送入外部数据存储器单元或 I/O 端口寄存器的指令也有两条。

```
MOVX        @Ri, A
MOVX        @DPTR, A
```

执行指令时，在单片机 $\overline{WR}$ 引脚上产生有效信号，作为外部数据存储器的写选通信号。P0 口先送出由 Ri 或 DPL 指定的低 8 位存储单元地址，然后送出累加器 A 中的 8 位数据。使用@DPTR 间接寻址时，P2 口送 DPH 内容；使用@Ri 时，P2 口呈现 P2 锁存器内容。

例 3.3 若需将外部数据存储器地址为 3080H 的单元内容读出，送到内部 RAM 地址为 30H 的单元中，应怎样实现？

对于外部数据存储器只能使用间接寻址，内部 RAM 可用直接寻址。一种答案是执行下列程序段。

```
MOV     DPTR, #3080H
MOVX    A, @DPTR
MOV     30H, A
```

如果需要将外部 RAM 中连续存储区域的数据读入内部 RAM 的连续区域，对内部 RAM 单元可使用@Ri 寄存器间接寻址方式。

3.3.3 查表指令

这种指令主要用于读取程序存储器的内容，或者在程序存储器中存储的固定表格中查找一项。如果访问的是外部程序存储器，指令执行期间 $\overline{\text{PSEN}}$ 引脚信号有效。读入的内容保存到累加器 A 中，读取的位置采用变址寻址方式。基址由 DPTR 或 PC 提供，位移量(变址)由 A 给出。执行指令时，将 16 位基址与 8 位位移量相加，低 8 位加法产生的进位可以进到高 8 位，而高 8 位产生的进位舍弃不用。不会影响除 P 外的其他任何标志。

查表指令助记符为 MOVC，C 表示常数(constant)的意思。指令共有两条。

```
MOVC    A, @A+DPTR
MOVC    A, @A+PC
```

若使用 DPTR 作为基址寄存器，可以将表格定位于程序存储器 64KB 空间的任意位置，只需将其起始地址预先送入 DPTR 即可。指令的执行可以称作远程查表。

例 3.4 程序存储器中，在标号 TAB 表示的地址处存放着一个表格，表格中每项占一个字节。累加器 A 中存放着所需项的序号(从 0 开始)，编程实现将该项内容读出并在 P1 口输出。

可执行查表指令，程序段如下。

```
MOV     DPTR, #TAB              ;表的起始地址送 DPTR
MOVC    A, @A+DPTR              ;查表
MOV     P1, A                   ;将 A 的内容输出
......                          ;其他后续操作
TAB:    DB      0C0H, 0F9H, 0A4H, 0B0H, 99H, 92H, 82H, 0F8H, 80H, 90H
```

若使用 PC 作为基址寄存器，则执行指令产生 16 位地址时用到的是 PC 的当前值，即这条指令本身的地址加 1。而表的起始地址与当前 PC 的内容之间还应有一小段距离存放其他指令(否则程序就转到表格常数区执行，是典型的逻辑错误)，这时可以修改的是累加器 A 的内容，须将这段距离加到 A 中，才能得到正确的结果。这种查表操作可称作近程查表。

例 3.5 要求使用 PC 作为基址寄存器查表，前提条件同上例。

查表前需修改 A 的内容，重新编写程序段如下。

```
        ADD     A, #TAB-HERE    ;修改 A 的值，加上从执行查表指令时的 PC 值
                                ;到表起始地址的距离。ADD 为加法指令
        MOVC    A, @A+PC        ;查表
```

```
HERE:                              ;HERE 为查表指令后下一条指令的符号地址
         MOV      P1, A            ;输出
         ……                        ;其他后续操作
TAB:                               ;表从此处开始
         DB       0C0H, 0F9H, 0A4H, 0B0H, 99H, 92H, 82H, 0F8H, 80H, 90H
```

两条指令中，一条需要加载表的起始地址而不修正位移量，另一条不需加载表的起始地址但要修正位移量。在实际运用中，可根据代码长度和执行时间等情况选择使用。

3.3.4 堆栈操作指令

当通过子程序调用、返回等指令使程序的执行流程发生改变时，通常使用堆栈保存返回地址，这是 CPU 自动完成的。而在子程序中，还经常需要将要使用的某些寄存器、内部 RAM 单元的值先保护起来，以便能使用这些寄存器或内部 RAM 单元存储局部的数据，等子程序返回前再将先前保护起来的数据恢复。堆栈就是保护和恢复数据的最佳场所。

MCS-51 的堆栈通常位于内部 RAM 低 128 字节单元的高地址处，最大可用地址为 7FH，最小可用地址由堆栈指针 SP 确定。SP 是一个特殊功能寄存器，CPU 通过 SP 间接寻址堆栈区域。堆栈操作指令有两条，分别对应于向堆栈中保存数据(称为"压入"或"入栈"操作)和将堆栈中数据取出(称为"弹出"或"出栈"操作)。操作数必须使用直接寻址。

```
PUSH       direct
POP        direct
```

CPU 执行 PUSH 指令时，先将 SP 增 1，然后将操作数内容送入由 SP 所指向的内部 RAM 存储单元。如果将堆栈中有效数据所在位置地址最大的单元称为栈顶，则 SP 的值就是栈顶地址，SP 也可以叫做栈顶指针。执行 PUSH 指令时，栈顶是向上变大的。该指令不会影响标志。

例 3.6 当前的 SP 为 62H，内部 RAM 地址 30H 单元内容为 12H，B 寄存器内容为 78H，写出连续执行以下指令后的结果。

```
PUSH       30H              ;SP=63H, (63H)=12H
PUSH       B                ;SP=64H, (64H)=78H
```

POP 指令的执行过程与 PUSH 正好相反。CPU 将栈顶内容取出，送入指令中的直接寻址单元(或特殊功能寄存器)，然后 SP 减 1。除非对累加器 A 或 PSW 进行修改，POP 指令的执行不会影响标志。

例 3.7 写出在上例两条指令后继续执行

```
POP        40H
```

指令的结果。

SP 变为 63H，内部 RAM 地址 40H 单元内容变为 78H。

图 3-7 中演示了执行前面 3 条指令前后堆栈的变化。

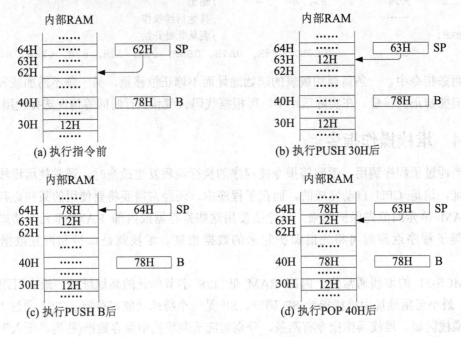

图 3-7　PUSH、POP 指令执行前后的堆栈状态

堆栈操作使用的是 SP 间接寻址。每次 PUSH 操作后，SP 增 1，SP 可能会增大到 80H 或更高地址。如果系统的内部 RAM 只有 128 字节，则当 SP 增大到 80H 之后，所有由 PUSH 指令入栈的数据丢失，由 POP 指令弹出的数据不定。如果使用的是 52 子系列，则 SP 最大值可以到 FFH。

注意到 SP 是一个特殊功能寄存器，也可以直接寻址。所以

```
PUSH    SP
POP     SP
```

都是合法的操作指令。前一条指令执行时，先将 SP 增 1，然后将增 1 之前的 SP 值压入堆栈；后一条则是将栈顶内容送入 SP。这两条指令的执行结果与具体的 CPU 设计有关，一般应避免使用。

当需要将累加器 A 保护到堆栈时，某些汇编器要求必须使用 ACC 表示其直接地址。

对于工作寄存器，没有相应的压入、弹出指令。如果需要保护，可以采用整体保护的方法，即将 PSW 中 RS1、RS0 设定为新值，选择不同的寄存器组。如果知道当前使用的寄存器组，也可以对与寄存器相对应的直接地址操作。如当前用到的工作寄存器为第 2 组（RS1、RS0 为 10B），则指令

```
PUSH    13H
```

可实现将 R3 内容压入堆栈的操作。

3.3.5 数据交换指令

数据交换指令用以完成累加器与工作寄存器、内部 RAM 单元、特殊功能寄存器内容全部或部分互换。

1. 字节交换

这类指令将累加器 A 内容与源操作数互换。源操作数可以使用直接寻址、寄存器寻址和寄存器间接寻址方式。共有 3 条指令。

```
XCH     A, direct
XCH     A, Rn
XCH     A, @Ri
```

若 R0 内容为 20H，A 中内容为 3FH，则内部 RAM 中的 20H 单元内容为 75H，执行

```
XCH     A, @R0
```

后，A 中内容为 75H，内部 RAM 中的 20H 单元内容为 3FH。

当需要对连续存储的数据进行按字节移动时，使用字节交换指令可以缩短代码长度、提高执行效率。

例 3.8 假设在内部 RAM 中的 2BH～2EH 单元存放着 4 字节共 8 位 BCD 数，现要求将其右移 2 位。即原来的 2BH 单元内容送入 2CH 单元，2CH 内容送入 2DH 单元，2DH 内容送入 2EH 单元，2EH 内容送入累加器 ACC，而 2BH 单元用 00H 填充。如何实现？

可以使用以下 MOV 指令实现。

```
MOV     A, 2EH
MOV     2EH, 2DH
MOV     2DH, 2CH
MOV     2CH, 2BH
MOV     2BH, #00H
```

这段代码长度为 14 个字节，执行时间为 9 个机器周期。若写成

```
CLR     A
XCH     A, 2BH
XCH     A, 2CH
XCH     A, 2DH
XCH     A, 2EH
```

可以实现同样的功能，而代码长度为 9 个字节，执行时间为 5 个机器周期。

2. 半字节交换

半字节交换只有一条指令。

```
XCHD    A, @Ri
```

这条指令将累加器 A 的低 4 位与由 Ri 内容指定的内部 RAM 单元内容的低 4 位互

换,高4位不变。

XCHD指令主要用于BCD数运算,或十六进制数、BCD数与ASCII码之间的转换。若R0内容为20H,A中内容为3FH,内部RAM中的20H单元内容为75H。则执行

```
XCHD    A, @R0
```

后,A中内容为35H,内部RAM中的20H单元内容为7FH。

例 3.9 假设在内部RAM地址20H处存放着一个BCD数25H,编写程序段将它转换为用ASCII码表示,存储在内部RAM地址30H开始的两个单元中。

BCD数25H其实表示十进制数25,用ASCII表示时,应转换成字符"2"、"5"的ASCII值32H和35H,可用以下程序段实现。

```
MOV     R0, #20H        ;R0内容为25H存放位置
MOV     R1, #30H        ;R1内容为转换后ASCII码存放位置
MOV     @R1, #30H       ;ASCII存放处,先初始化为30H
MOV     A, @R0          ;A为25H
XCHD    A, @R1          ;A与30H互换低4位内容,A为20H,30H内容为35H
SWAP    A               ;A高低4位互换,为02H
INC     R1              ;R1为31H
MOV     @R1, #30H       ;初始化为30H
XCHD    A, @R1          ;A与31H互换低4位内容,A为00H,30H内容为32H
```

3.4 算术逻辑运算类指令

在这类指令中,大多数都要用累加器A来存放源操作数,另一个操作数可以用立即数、直接、寄存器或寄存器间接寻址方式得到。运算结果通常存回到A中。

3.4.1 算术运算指令

算术运算指令用于实现无符号数的算术运算,包括加、减、乘、除等操作。

1. 加法运算指令

加法指令的助记符为ADD,其中一个操作数必须是累加器A。指令有4种形式。

```
ADD     A, #data
ADD     A, #direct
ADD     A, Rn
ADD     A, @Ri
```

每条指令执行的都是自然二进制运算,将累加器A中内容与第二个操作数相加,8位的和存回到A。对数值的范围、符号检查由程序员负责解释。影响标志CY、AC、OV、P。

当和的最高有效位向前有进位时,CY置位,否则清零。

当和的低4位向高4位有进位时,AC置位,否则清零。

当和中"1"的个数为奇数时,P置位,否则清零。

当和的最高有效位向前有进位而次高位向最高位没有进位,或者最高有效位向前没有进位而次高位向前有进位时,OV 置位,否则清零。

对参与运算的数按无符号数解释时,CY 若置位,则表示结果超出了 8 位无符号数的表示范围。

对参与运算的数按有符号数解释时,OV 若置位,则表示结果溢出,即结果超出了 8 位有符号数的表示范围。实际对应两个负数相加结果为正数,或两个正数相加结果为负数的情况。因为当和的最高有效位向前有进位而次高位向最高位没有进位时,表示两个加数的最高有效位都为 1,是负数,而和的最高有效位为 0,是正数;当和的最高有效位向前没有进位而次高位向前有进位时,表示两个加数的最高有效位都为 0,是正数,而和的最高有效位为 1,是负数。

例 3.10 假设 A 中内容为 8CH,R7 中内容为 78H,执行

```
ADD        A, R7
```

后,累加器及 PSW 中标志位如何变化?

8CH 与 78H 相加后,A 中为和的低 8 位,CY 为 1,AC 为 1,OV 为 0,P 为 1。对这两个数按无符号数解释时,分别是十进制的 140 和 120,和应为 260,但是超过了 8 位无符号数的最大值(255),所以产生了进位 CY,A 中保留了模 256 的余数 4。按有符号数解释时,分别对应十进制的-116 和+120,和为+4,没有溢出。

2. 带进位加法运算指令

这组指令除了助记符使用 ADDC 外,格式与加法指令相同。

```
ADDC       A, #data
ADDC       A, #direct
ADDC       A, Rn
ADDC       A, @Ri
```

指令执行的操作是将累加器 A 的内容与第二个操作数以及 CY 标志的当前值相加,结果存回到 A。对标志的影响与 ADD 指令一样。

这组指令主要用于多字节数的加法运算。在 MCS-51 中,加法运算只能以字节(8 位)为单位进行,对于多字节加法,高位字节相加时必须把相邻低字节相加产生的进位再加进来。

例 3.11 假设内部 RAM 地址 20H、21H 存放着一个 16 位数,20H 中为低 8 位,21H 中为高 8 位;30H、31H 中存放着另一个 16 位数,30H 中为低 8 位,31H 中为高 8 位。将二者相加,结果仍以相同格式存入 20H 和 21H。

16 位数的加法,需要 2 次 8 位数加法。可用以下程序段实现。

```
MOV        R0, #20H         ;第一个加数低 8 位地址
MOV        R1, #30H         ;第二个加数低 8 位地址
MOV        A, @R0           ;取第一个加数低 8 位
ADD        A, @R1           ;与第二个加数低 8 位相加,影响 CY 标志
MOV        @R0, A           ;存入
INC        R0               ;第一个加数高 8 位地址
```

```
INC      R1              ;第二个加数高8位地址
MOV      A, @R0          ;取第一个加数高8位
ADDC     A, @R1          ;与第二个加数高8位和CY相加
MOV      @R0, A          ;存入
```

执行 ADDC 指令时一定要保证当前的 CY 标志确实表示相邻低字节加法运算的状态。在上例中，执行 ADDC 指令前还有 MOV、INC 指令，它们都不影响 CY 标志。

3. 增1指令

这组指令将操作数内容增 1，然后再存回原处。操作数可以来自累加器 A、直接寻址的内部 RAM 单元或特殊功能寄存器、工作寄存器、间接寻址的内部 RAM 单元。还有一条 MCS-51 指令系统中唯一的 16 位运算指令，即将数据指针 DPTR 内容增 1。指令格式如下。

```
INC      A
INC      direct
INC      Rn
INC      @Ri
INC      DPTR
```

除了对累加器的操作影响 P 之外，这些指令对标志没有影响。

如果使用直接寻址，内部 RAM 所有单元的内容都可以执行增 1 操作，不需通过累加器。

当直接寻址并行端口 P0～P3(地址分别对应 80H、90H、A0H、B0H)时，增 1 指令实现的是"读—改—写"操作。即读取端口锁存器而不是引脚的内容，在 CPU 内部增 1 修改后，再写回到端口锁存器。

DPTR 的增 1 指令可用于对外部数据存储器连续存取数据的操作。

4. 加法的 BCD 调整指令

只有一条指令。

```
DA       A
```

指令功能是对先前两个压缩 BCD 数的加法结果(保存在累加器 A 中)进行调整，在 A 中产生合法的两位 BCD 数。任何使用 ADD 或 ADDC 指令执行的 BCD 数的加法指令，后面必须是加法的 BCD 调整指令。调整方法如下。

如果累加器低 4 位大于 9，或者 AC 标志为 1，则低 4 位加 6 调整。内部调整操作可能会使 CY 为 1，但如果 CY 已经置位，则不会将 CY 清零。

如果 CY 为 1，或者累加器高 4 位大于 9，则高 4 位加 6 调整。内部调整可能会使 CY 为 1，但如果 CY 已经置位，则不会将 CY 清零。CY 为 1 表示运算结果超出了压缩 BCD 数表示的最大值 99H，CY 可用于多字节 BCD 数运算。OV 标志不受影响。

执行这条指令时，CPU 会根据实际情况，对累加器 A 加上 06H、60H、66H 或 00H。

BCD 加法调整的原理是：1 位 BCD 数用 4 位二进制数编码，但只有 0000B～1001B，

即 0~9 是合法的。当结果中出现了 1010B~1111B 之间的值时，应该向前进位。但是二进制运算中低 4 位向高 4 位进位是满 16 才进 1，为了实现满 10 进 1，要加 6 调整。同样，当执行加法运算低 4 位向高 4 位进位时，仍是按二进制运算的满 16 进 1，为了转换成满 10 进 1，需加 6 调整。

这条指令必须在 ADD 或 ADDC 指令后立即执行，以免 CY、AC 标志因其他指令的执行而改变。

使用普通二进制加法，然后添加调整指令以实现 BCD 数的运算，比单独设计一套 BCD 运算指令要简单一些。

假设累加器 A 内容为 56H，R3 内容为 67H，分别对应 BCD 数表示的 56 和 67。若此时 CY 为 1，则以下两条指令

```
ADDC    A, R3
DA      A
```

首先实现一个普通的二进制加法运算，结果是：A 中内容为 BEH，CY 和 AC 都为 0。然后执行调整指令，将 A 中内容与 66H 相加，结果 A 中内容变为 24H，同时 CY 置位。表示 56、67 与 1 的三数之和为 124。

5. 减法指令

在 MCS-51 的算术运算指令中，只有一种带借位的减法指令。被减数在累加器 A 中，减数可以是立即数，也可以使用直接、寄存器或寄存器间接寻址。

```
SUBB    A, #data
SUBB    A, #direct
SUBB    A, Rn
SUBB    A, @Ri
```

指令功能是从被减数中减去减数和进位标志值，8 位的差存回 A 中。影响标志 CY、AC、OV、P。

当差的最高有效位向前有借位时，CY 置位，否则清零。

当差的低 4 位向高 4 位有借位时，AC 置位，否则清零。

当差中"1"的个数为奇数时，P 置位，否则清零。

当差的最高有效位向前有借位而次高位向最高位没有借位，或者最高有效位向前没有借位而次高位向前有借位时，OV 置位，否则清零。

对参与运算的数按无符号数解释时，CY 若置位，则表示被减数小于减数。

对参与运算的数按有符号数解释时，OV 若置位，则表示结果溢出，即结果超出了 8 位有符号数的表示范围。实际对应正数减负数结果为负数、或负数减正数结果为正数的情况。溢出检测原理的分析同加法类似。

MCS-51 中没有不带借位的减法。如果需要，可以在执行减法指令前，将 CY 标志清零。

MCS-51 中也没有减法结果的 BCD 调整指令。如果要进行 BCD 减法运算，可以采用

BCD 补码运算法则，变被减数减减数为被减数加减数的补码，然后对其和进行 BCD 调整来实现，具体步骤为如下。

(1) 求 BCD 减数的补码。在此是相对于 100 的补码，可以用 BCD 数 100 减去减数求得。但在 MCS-51 中，只有 8 位数的减法，所以用 9AH 代替 BCD 数 100。

(2) 被减数加上减数的补码。

(3) 对相加得到的和执行 BCD 调整操作。

例 3.12 假设寄存器 B 内容为 89H，R3 内容为 67H，分别对应 BCD 数表示的 89 和 67。现用上述方法求两数的差(结果仍用 BCD 数表示)。

可以写成如下程序段。

```
CLR     C               ;清除 CY 标志
MOV     A, #9AH         ;求对 9AH 的补码
SUBB    A, R3           ;求减数的补码，保存到 A 中
ADD     A, B            ;加被减数
DA      A               ;调整
```

第一条指令将 CY 标志清零，为第三条指令的减法做准备。第三条指令执行后，A 中值为 33H，正好是 100 减 67 的差。第四条指令执行后 A 中内容为 BCH，然后进行调整。第五条指令调整后 A 中内容变为 22H，CY 为 1，在 BCD 数减法中表示没有借位。

为什么说 CY 为 1 表示没有借位呢？我们以求两个 BCD 数 M 和 N 的差为例。根据上述步骤，先求出 N 的补码，就是 100-N，然后和 M 相加，得 M+100-N。调整后如果进位标志 CY 为 1，表示结果不小于 100，即 M+100-N≥100，M-N≥0，没有借位。否则若 CY 为 0，得 M+100-N<100，M-N<0，是有借位的。所以在 BCD 减法中，CY 标志的值与普通减法中是相反的。

若需实现多字节 BCD 数减法，因涉及借位后对进位标志 CY 的处理，比多字节的 BCD 数加法要复杂一些。

6. 减 1 指令

这组指令的功能是将操作数内容减 1，然后再存回原处。操作数可以来自累加器 A、直接寻址的内部 RAM 单元或特殊功能寄存器、工作寄存器、间接寻址的内部 RAM 单元。

```
DEC     A
DEC     direct
DEC     Rn
DEC     @Ri
```

除了对累加器的操作影响 P 之外，这些指令对标志没有影响。

如果使用直接寻址，内部 RAM 所有单元的内容都可以执行减 1 操作，不需通过累加器。

当直接寻址并行端口 P0～P3(地址分别对应 80H、90H、A0H、B0H)时，减 1 指令实现的是"读—改—写"操作。即读取端口锁存器而不是引脚的内容，在 CPU 内部减 1 修改

后，再写回到端口锁存器。

与增 1 指令不同，MCS-51 中没有对 16 位寄存器 DPTR 的减 1 指令。如果需要，可以通过对 DPL 减 1 之后再判断是否应对 DPH 减 1 来实现。

7. 乘法指令

MCS-51 中只有一条乘法指令，助记符为 MUL，操作数为 AB 寄存器对。

```
MUL        AB
```

指令功能是计算累加器 A 和寄存器 B 中两个无符号数的乘积。16 位乘积的低 8 位保存到 A 中，高 8 位保存到 B 中。如果乘积大于 255，即高 8 位乘积不为 0，B 中含有乘积的有效值时，OV 标志置位，否则 OV 清零。而 CY 标志总是清零。

假设累加器 A 中内容为 50H，寄存器 B 中为 A0H，则执行上述指令后，A 中为 00H，B 中为 32H，OV 为 1，CY 为 0。

8. 除法指令

MCS-51 中只有一条除法指令，助记符为 DIV，操作数为 AB 寄存器对。

```
DIV        AB
```

指令功能是计算累加器 A 和寄存器 B 中的两个 8 位无符号数的商。A 中存放被除数，B 中存放除数。得到的商保存在 A 中，余数保存到 B 中，并将 CY 和 OV 清零。若执行指令时 B 中内容为 0，则结果不定，但 OV 置位，指示有异常发生。CY 总是清零。

假设累加器 A 中内容为 FBH，寄存器 B 中为 12H，则执行上述指令后，A 中为 0DH，B 中为 11H，OV 和 CY 都为 0。

乘法和除法是 MCS-51 中执行时间最长的指令，各需 4 个机器周期。

3.4.2 逻辑运算指令

当把二进制数看作二进制位串来处理时，需要一系列按位进行的运算，这就是逻辑运算。除了用累加器 A 保存结果的指令会影响 P 标志外，所有运算不会影响其他标志。

1. 逻辑与运算指令

指令助记符为 ANL。目的操作数为累加器 A 时，源操作数可以是立即数，可以使用直接、寄存器或寄存器间接寻址。目的操作数为直接寻址时，源操作数只能是累加器 A 或立即数。指令格式如下。

```
ANL        A, #data
ANL        A, direct
ANL        A, Rn
ANL        A, @Ri
ANL        direct, A
ANL        direct, #data
```

这组指令的功能是将目的操作数与源操作数按位"与",结果送回目的操作数处。通常使用这种指令屏蔽某些位。

执行下面指令

```
ANL        P1, #01110011B
```

清零 P1 口的第 2、3、7 位,其余位不变。

这组指令可以对直接寻址的内部 RAM 单元和特殊功能寄存器操作。像上例一样,当对端口操作时,参与运算的端口数据是来自端口锁存器,而不是来自端口引脚。这时的指令操作是"读—改—写"操作。

2. 逻辑或运算指令

除了助记符为 ORL 外,格式和逻辑与运算完全相同。

```
ORL        A, #data
ORL        A, direct
ORL        A, Rn
ORL        A, @Ri
ORL        direct, A
ORL        direct, #data
```

这组指令的功能是将目的操作数与源操作数按位"或",结果送回目的操作数处。通常使用这种指令使某些位置位。

执行下面指令

```
ORL        P1, #01100011B
```

置位 P1 口的第 0、1、5、6 位,其余位不变。

这组指令的目的操作数是端口地址时,也是执行"读—改—写"操作。

3. 逻辑异或运算指令

除了助记符为 XRL 外,格式和逻辑与运算完全相同。

```
XRL        A, #data
XRL        A, direct
XRL        A, Rn
XRL        A, @Ri
XRL        direct, A
XRL        direct, #data
```

这组指令的功能是将目的操作数与源操作数按位"异或",结果送回目的操作数处。

注意到 0 与 0、1 异或的结果仍为 0、1,与原值相同;而 1 与 0、1 异或的结果为 1、0,与原值相反。可以使用这组指令来取反某些位。

当相同的两个位串异或时,得到的结果总是 0,所以也可用这组指令的结果判断源操作数和目的操作数是否相等。

执行下面指令

```
XRL        P1, #11000011B
```

将使 P1 口第 0、1、6、7 位的输出与前次输出值相反，而其余位不变。

这组指令的目的操作数是端口地址时，也是执行"读—改—写"操作。

3.4.3 移位指令

移位是指将操作数以位为单位移动。所有的移位指令都是针对累加器 A 中数据的操作，而且结果仍存回 A 中。

1. 累加器循环左移指令

该指令将累加器 A 内容逐位左移 1 位，最高有效位移入最低有效位处，不影响任何标志。格式为

```
RL         A
```

若 A 中内容为 C5H(11000101B)，执行上述指令后，内容为 8BH(10001011B)，所有标志位不变。

2. 累加器循环右移指令

该指令将累加器 A 内容逐位右移 1 位，最低有效位移入最高有效位处，不影响任何标志。格式为

```
RR         A
```

若 A 中内容为 C5H(11000101B)，执行上述指令后，内容为 E2H(11100010B)，所有标志位不变。

3. 累加器带进位循环左移指令

该指令将累加器 A 中内容和 CY 标志共 9 位一起左移。累加器 A 内容逐位左移 1 位，最高有效位移入 CY，CY 移入最低有效位处。不影响除 CY 和 P 外的其他任何标志。格式为

```
RLC        A
```

若 A 中内容为 C5H(11000101B)，CY 为 0，执行上述指令后，A 中内容为 8AH(10001010B)，CY 置位为 1。

若移位前 CY 为 0，当按无符号数解释时，A 循环左移的结果相当于扩大了一倍。

4. 累加器带进位循环右移指令

该指令将累加器 A 中内容和 CY 标志共 9 位一起右移。累加器 A 内容逐位右移 1 位，最低有效位移入 CY，CY 移入最高有效位处。不影响除 CY 和 P 外的其他任何标志。格式为

```
RRC        A
```

若 A 中内容为 C5H(11000101B)，CY 为 0，执行上述指令后，A 中内容为 62H(01100010B)，CY 置位为 1。

若移位前 CY 为 0，当按无符号数解释时，A 循环右移的结果相当于缩小了一半。

5. 累加器半字节交换指令

该指令将累加器高 4 位与低 4 位内容互换，可以理解为 A 的内容循环左移或右移 4 位，不影响任何标志。

```
SWAP       A
```

SWAP 指令可用于以 4 位为单位进行基本操作的程序中，如对 BCD 数的处理。

若 A 中内容为 C5H，执行上述指令后，A 中内容为 5CH。

例 3.13 如何将 A 中内容左移 3 位？

一种方式是连续执行 3 次左移指令，即用下述程序段实现。

```
RL         A
RL         A
RL         A
```

另一种方式为执行下述两条指令。

```
SWAP       A
RR         A
```

前者代码长度为 3 个字节，执行时间为 3 个机器周期；后者为两个字节、两个机器周期。二者的差别看上去不大，但在程序存储器较小、注重效率的单片机应用系统中，时间和空间都应尽量压缩。

3.4.4 累加器清零指令

该指令将累加器的 8 位内容清零，除了使 P 标志清零外，其他标志不受影响，格式为

```
CLR        A
```

这条指令主要用于对数据的初始化。以下 3 种指令都可将累加器内容清零。

```
CLR        A
MOV        A, #0
MOV        ACC, #0
```

但是它们的指令长度和执行时间不同。

3.4.5 累加器内容取反指令

该指令将累加器的内容按位取反，结果仍存回 A 中，所有标志不受影响，格式为

```
CPL        A
```

这条指令按位将 A 中的 0 置为 1，1 置为 0。当 A 中保存有从外部输入的数据，但信号逻辑与 CPU 或其他电路相反时，可用这条指令将其改为一致的形式，然后再进行处理。

3.5 位操作指令

位操作指令的操作数不是字节，而是字节中的某一位，又称为布尔操作指令。

位操作指令的操作对象是内部 RAM 中的位寻址区(字节地址 20H～2FH)和特殊功能寄存器中的可以位寻址的寄存器。位操作指令共 17 条，分别是位传送、位修改、位运算和位控制转移 4 种。

3.5.1 位传送指令

位传送只能在位操作数和位累加器 C 之间进行。根据传送方向不同，有两条指令。

```
MOV      C, bit
MOV      bit, C
```

第一条指令将由 bit 指定的位的内容传送到 CY 标志中，第二条执行相反的操作。

例 3.14 如何将某位地址为 FLAG 的内容输出到 P1.0 引脚？

虽然 FLAG 与 P1.0 都是位地址，但二者内容无法直接传送，必须借助于位累加器 C。

```
MOV      C, FLAG
MOV      P1.0, C
```

执行位传送指令时，如果传送目的为一端口位(如上例中的 P1.0)，则 CPU 执行的操作是先将 8 位端口的锁存器(在上例中为 P1)内容全部读入，然后修改指定的一位，最后再全部写回到端口锁存器中，是"读—改—写"操作。

3.5.2 位修改指令

1. 位置位指令

这种指令的功能是将位累加器 C 或某一指定位置为 1，有两条指令。

```
SETB     C
SETB     bit
```

在软件中，根据需要将某些标志置位，或使某一端口位输出 1，都可用该指令实现。

2. 位清零指令

这种指令的功能是将位累加器 C 或某一指定位置为 0，有两条指令。

```
CLR      C
CLR      bit
```

在软件中，根据需要将某些标志复位，或使某一端口位输出 0，都可用该指令实现。

3. 位取反指令

这种指令的功能是将位累加器 C 或某一指定位取反,有两条指令。

```
CPL     C
CPL     bit
```

在软件中,根据需要将某些标志取反,或使某一端口位输出与原来相反的电平,都可用该指令实现。

以上 3 种指令中,如果修改的是某端口的一位,则相应的操作为"读—改—写"操作。

3.5.3 位运算指令

1. 位与指令

这种指令的功能是将位累加器 C 的值与指定位的内容或其反码进行位与操作,结果存入 C。有两条指令。

```
ANL     C, bit
ANL     C, /bit
```

当指令中用"/"符号时,表示指令执行时使用的是该位的反码,而该位的内容不变。

2. 位或指令

这种指令的功能是将位累加器 C 的值与指定位的内容或其反码进行位或操作,结果存入 C。有两条指令。

```
ORL     C, bit
ORL     C, /bit
```

指令中使用"/"符号的含义与上面相同。

MCS-51 提供的位运算只有与、或、非运算。使用它们的组合,可以用软件实现逻辑电路的功能。

例 3.15 MCS-51 的位运算指令集中没有异或运算指令,如何用指令组合实现?

假设参与异或运算的两个位用 BIT1 和 BIT2 表示,结果存入 CY。根据异或操作的运算规律:$CY=(BIT1 \cdot \overline{BIT2}) \vee (\overline{BIT1} \cdot BIT2)$,可以编写程序段如下。

```
MOV     C, BIT1            ;取 BIT1
ANL     C, /BIT2           ;实现 BIT1 和 BIT2 非的与,结果在 CY 中
MOV     BITTEMP, C         ;暂存到 BITTEMP 中
MOV     C, BIT2            ;取 BIT2
ANL     C, /BIT1           ;实现 BIT1 非和 BIT2 的与
ORL     C, BITTEMP         ;或,得到异或结果
```

其实,根据异或的性质,某位与 0 异或结果不变,与 1 异或结果取反,可以写成更简洁的形式。

```
        MOV         C, BIT1         ;取 BIT1 到 CY
        JNB         BIT2, OVER      ;若 BIT2 为 0,CY 中就是异或结果
        CPL         C               ;若 BIT2 为 1,CY 取反就是异或结果
OVER:……                              ;异或计算结束
```

3.5.4 位控制转移指令

位控制转移指令都是相对转移，对转移目标地址采用相对寻址方式。

1. 按 C 条件转移指令

有两条指令，分别对应 CY 为 1 则转移和 CY 为 0 则转移。指令格式为

```
JC          rel
JNC         rel
```

执行第一条指令时，CPU 先判断 CY 的值。若 CY 为 1，则计算当前的 PC 值(该指令的后续指令在程序存储器中的地址)与指令中给定的位移量(补码表示的 8 位有符号数)的和，计算结果存入程序计数器 PC，CPU 下次从新的 PC 值处取指，使得程序的执行发生转移；若 CY 为 0，PC 内容保持不变，CPU 下次仍从后续指令的地址处取指，即不发生转移，程序继续顺序执行。所有标志(包括 CY)不受影响。

执行第二条指令的过程正好相反。CY 为 0 发生转移，而 CY 为 1 则不转移。

指令中的位移量一般是由汇编程序计算得到的，编写程序时只需用符号地址表示。但转移的范围只能在距离当前 PC 值的-128~+127 字节之间。

例 3.16 假设 CY 为 0，分析下面指令序列的执行结果。

```
JC          LABEL1
CPL         C
JC          LABEL2
```

JC 指令不会产生转移，所以后续指令将 CY 置位，且程序转移到标号 LABEL2 所确定的位置执行。

例 3.17 假设 CY 为 1，分析下面指令序列的执行结果。

```
JNC         LABEL1
CPL         C
JNC         LABEL2
```

JNC 指令不会产生转移，后续指令将 CY 清零，且程序转移到标号 LABEL2 所确定的位置执行。

执行这种指令时，CY 的值或者是由前面的算术运算指令造成的，或者是通过循环移位指令移入的，根据其值的不同采取不同的处理，即可实现程序的条件分支结构。

2. 按位条件转移指令

有两条指令，分别对应指定位为 1 则转移和指定位为 0 则转移。指令格式为

```
JB          bit, rel
JNB         bit, rel
```

执行第一条指令时，CPU 先判断 bit 位的值。若为 1，则计算当前的 PC 值(该指令后续指令在程序存储器中的地址，由于该指令机器码有 3 个字节，当前 PC 值也就是该指令地址加 3)与指令中给定的位移量(补码表示的 8 位有符号数)的和，计算结果存入程序计数器 PC，使程序的执行发生转移；若 bit 位为 0，则不发生转移。所有标志不受影响。

执行第二条指令的过程正好相反。bit 位为 0 发生转移，而为 1 则不转移。

指令中的位移量一般是由汇编程序计算得到的，编写程序时只需用符号地址表示。但转移的范围只能在距离当前 PC 值的-128～+127 字节之间。

使用这种指令，程序是否转移不仅能由内部标志确定，也可以由特殊功能寄存器中的特定位来确定，这些位的值可以由硬件触发或由外部引脚输入。

例 3.18 假设 P1 口当前的输入信号为 11001010B，累加器 A 的内容为 56H，分析执行下面指令序列的结果。

```
JB          P1.2, LABEL1
JB          ACC.2, LABEL2
```

因 P1.2 为 0，第一条 JB 指令不会产生转移。ACC.2 为 1，第二条指令使程序转移到标号 LABEL2 所确定的位置执行。

执行下面这条指令

```
JB          P1.2, $
```

时，若 P1.2 引脚为 1，则仍转移到这条指令处执行，若为 0 才执行后面的指令。实现的功能就是一直测试 P1.2 的输入电平，直到为低才继续执行。$是一个汇编符号，表示当前指令在程序存储器中的地址。使用 JNB 指令可以实现相反的结果。

3. 按位条件转移并清零指令

这条指令将判断转移与修改结合在一起，实现"测试并清除"的原子操作(不可分割的操作)。指令格式为

```
JBC         bit, rel
```

执行时，先测试指定位 bit 的值，若为 1，则将其清零，且实现转移，转移地址采用相对寻址方式；若 bit 位为 0，则不执行清零操作，且继续执行后续指令。

当检查的位为某一端口位时，CPU 所实现的是测试其锁存器内容，而非引脚电平。

这条指令可用于操作系统的设计中。

当系统中有多个任务都需要使用同一个资源，而该资源又不能被多个任务同时使用时，为了标识资源是否被占用，设立一个标志 flag，flag 为 1 代表空闲，为 0 代表已经被其他任务占用。假设 flag 值现在为 1。一个任务可以通过测试 flag 的值得知其是否可用，若可用，则占用这个资源，且将 flag 清零。测试值、修改标志一般是由两条指令实现的，有可能测试之后、修改之前，由于操作系统的调度，该任务被中断，另一任务开始执行。

后一任务也要使用这一资源。于是，也执行测试、修改等一系列操作。后一任务测试 flag 时，发现其值为 1，资源为可用状态，遂将 flag 修改为 0 并占用这一资源。还是由于操作系统的调度，后一任务没有释放该资源时，前一任务恢复执行。这时它继续前面的指令，刚刚测试完 flag 值是 1，于是将其清零，占有并使用该资源。这时，两个任务都在占有并使用这一资源，违背了原始设计的初衷。并且两个任务传送给这一资源的数据混杂在一起，可能出现混乱。

出现这种混乱的源头就是测试与清零操作被其他事件中断了(在这里是操作系统的调度，在没有操作系统的情况下，可以是外部或内部中断信号)。为此，使用 JBC 指令，将测试和修改合为一条指令。一条指令的执行过程是不能被任何事件所中断的，从 CPU 指令系统层次上保证了这种不可共享资源的正常使用。

例 3.19 假设累加器 A 内容为 56H(01010110B)，分析下面指令序列的执行结果。

```
JBC        ACC.3, LABEL1
JBC        ACC.2, LABEL2
```

第一条指令不会产生转移，第二条指令将累加器的 D2 位清零，A 中内容变为 52H，且程序转移到标号 LABEL2 所确定的位置执行。

3.6 流程控制类指令

CPU 取一个指令字节后程序计数器 PC 自动增 1，实现了程序的顺序执行。但在实际应用中，经常遇到需要改变程序执行顺序的情况。改变程序执行顺序的功能是由流程控制类指令实现的。

只要修改 PC 的值，程序执行流程就会改变。所以，在这类指令中，所寻址的操作数不是普通的数据，而是准备存入 PC 的值，或者是针对 PC 的修正值。

控制转移类指令共有 17 条，包括无条件转移、条件转移、调用和返回等指令。根据转移距离大小和空间范围，转移指令有短转移、绝对转移、长转移之分；调用指令有绝对调用和长调用。MCS-51 中虽然没有比较指令，但有比较条件转移指令，结合条件转移和按位条件转移指令，可以实现灵活的流程控制。

3.6.1 无条件转移指令

1. 长转移指令

长转移指令在指令码中提供 16 位的目的地址，可以转移到程序存储器 64KB 空间的任意位置。指令格式为

```
LJMP       addr16
```

该指令有 3 个字节，依次为操作码、16 位地址的高 8 位和低 8 位。执行指令时，直接把 16 位地址操作数送入程序计数器 PC 中，实现了转移。

假设标号 JMPADR 所确定的单元为程序存储器地址 1234H 处。执行指令

  LJMP   JMPADR

后，PC 的值变成了 1234H。若不使用标号，也可写成如下形式

  LJMP   1234H

二者的机器码完全相同，只是源程序的可读性不同。

  当 MCS-51 系统复位后，PC 为 0000H，程序代码从 0000H 处开始存放、执行。但是，从 0003H 开始又应存放外部中断 0 的中断服务程序，000BH 处存放定时器/计数器 0 的中断服务程序，……在使用了这些中断的系统中，程序的执行就不能从 0000H 开始顺序执行下去。一般在 0000H 处存放一条长转移指令，转移到地址较高的空间继续执行。0003H 等处也可类似处理。程序开始处可以是如下的样式。

```
        ORG     0000H           ;复位后从这里开始执行程序
        LJMP    MAIN            ;执行长转移
        ORG     0003H           ;外部中断被 CPU 响应后从这里开始执行程序
        LJMP    INT0_ISR        ;执行长转移
        ……
        ORG     0030H           ;下面的指令从这里开始存放
MAIN:                           ;从 0000H 转移到这里
        ……                     ;继续执行
```

2. 短转移指令

当要转移的目标地址在距当前 PC 的 -128～+127 字节范围内时，可以使用短转移指令，比长转移节省一个字节的存储器空间。指令格式为

  SJMP   rel

这条指令采用的是相对寻址。即转移的目的地址是当前的 PC 值与指令机器码第二字节给出的位移量的和，位移量为二进制补码表示的有符号数。

假设标号 RELADR 所确定的单元为程序存储器地址 0123H 处。指令

  SJMP   RELADR

在程序存储器的起始地址为 0100H。执行上述指令后，PC 的值变成了 0123H。在这里，实际的位移量并没有写出来由汇编程序计算标号指定的符号地址与执行该指令时的 PC 值的差。这条指令位于 0100H 处，机器码有两个字节，执行指令时的 PC 应该是 0102H。位移量为 0123H-0102H=21H。也可写成

  SJMP   0123H

二者的机器码完全相同，都是 8021H。

假设标号 HERE 代表的就是正在执行的指令在程序存储器的地址，不妨设为 1000H。即程序中有这样的语句

```
HERE:
        SJMP            HERE
```

执行的结果是在此处无限循环。而在程序存储器中，是以指令的机器码方式存储的。SJMP 指令共两个字节，第一个字节是操作码 80H，第二个字节是位移量。这条指令中的位移量应该是 1000H-1002H=FFFEH，以 8 位形式存储，就是 FEH。

实际应用中都是以标号形式标记转移的目的地址的。使用 SJMP 指令时，要注意从下条指令开始到目的地址的距离必须在-128～+127 内，否则不能用 8 位有符号数表示，无法产生有效的机器码。如果超出了这个范围，可以使用长转移指令 LJMP，若还要节省存储空间，根据情况可以使用绝对转移指令 AJMP。

3. 绝对转移指令

绝对转移指令是双字节指令，比长转移指令少一个字节。助记符为 AJMP，指令格式为

```
AJMP            addr11
```

在指令机器码中给出的是 11 位的地址。这 11 位的低 8 位作为指令的第二个字节，高 3 位为指令第一个字节的高 3 位，指令第一个字节低 5 位为 00001B。

执行指令时，将当前 PC 的高 5 位保留，低 11 位替换为指令中的 11 位地址，形成新的 PC 值，即为绝对转移指令的转移目的地址。下一指令周期中，CPU 从新的位置取指。

由 PC 值的形成可见，转移目的地址与执行指令时 PC 值的高 5 位是一样的。如果把程序存储器从 0000H 开始以 2KB 为单位划分成连续的块，则每块内存储单元地址的高 5 位完全相同。绝对转移指令的转移目的地址与该指令后第一条指令的起始地址(即当前的 PC 值)在同一个 2KB 块内。

假设标号 JMPADR 所确定的单元为程序存储器地址 0123H 处。指令

```
AJMP            JMPADR
```

在程序存储器的起始地址为 0345H。执行上述指令后，PC 的值变成了 0123H。在这里，实际的 11 位地址并没有写出来，由汇编程序将目的地址的低 11 位与操作码共同构成指令的机器码。在汇编时，还要检查目标地址是否与这条指令后的第一条指令的起始地址在同一个 2KB 块内。现在我们手工汇编一下这条指令。执行时 PC 值为 0347H，与目的地址 0123H 的高 5 位相同(都是 00000B)，将目标地址的低 11 位取出，即 00100100011B，其高 3 位与操作码 00001B 凑成机器码的第一个字节 00100001B，第二个字节为低 8 位 00100011B。这条指令也可写成

```
AJMP            0123H
```

二者的机器码完全相同。

编程时，一段只使用相对转移指令的程序可以方便地移动到程序存储器的任何位置，或者在这段程序前随意增加、减少一些指令，而不会影响程序的机器码和功能。因为其中的转移目的地址不是 16 位的直接地址，也不是 11 位的绝对地址，是执行时才通过位移量

计算出来的。只要在转移指令与目的地址之间不增加过多指令,以至于超出了-128~+127字节的范围,整段程序无需变动。

但是,一段使用了绝对转移指令的程序就不能随意地移动到程序存储器的其他位置。如果需要,一定要保证转移的目的地址与执行转移指令时 PC 值的高 5 位相同,或者说,要保证转移目的地址与下一条指令的起始位置在同一个 2KB 块内。这并不容易,因为在这段程序前面增加很少指令,就可能使二者跨越 2KB 边界(高 5 位不再相同),也就无法产生有效的机器码。

4. 间接转移指令

间接转移指令是单字节指令。指令中并没有提供有关转移目的地址的直接信息,而是要通过变址寻址的方式间接得到。指令格式为

```
JMP         @A+DPTR
```

执行指令时,CPU 将 DPTR 中的 16 位地址值与累加器 A 中的 8 位无符号数相加,低 8 位的进位加到高 8 位上,高 8 位如果又产生了进位,则直接丢弃。最后将得到的 16 位值送入程序计数器 PC,到下一个指令周期,CPU 从新 PC 值处取指执行。不影响任何标志。

例 3.20 根据内部 RAM 地址为 INDEX 单元中的值实现 5 分支转移。值为 0~4 的编号,要求内容为 0 时转移到标号 CASE_0 确定的地址,为 1 时转移到 CASE_1,以此类推。上述要求可以使用下述程序段实现。

```
         MOV     DPTR, #JMP_TAB   ;散转表的起始位置
         MOV     A, INDEX         ;取欲转移项的序号
         RL      A                ;乘以2
         JMP     @A+DPTR          ;散转
JMP_TAB:
         AJMP    CASE_0           ;继续转移,转到 CASE_0
         AJMP    CASE_1           ;继续转移,转到 CASE_1
         AJMP    CASE_2           ;继续转移,转到 CASE_2
         AJMP    CASE_3           ;继续转移,转到 CASE_3
         AJMP    CASE_4           ;继续转移,转到 CASE_4
```

在这个例子中,散转表中有 4 项,每项占两个字节,内容就是绝对转移指令 AJMP 的机器码。首先把表的起始地址送入 DPTR,然后累加器 A 中存放转移项相对于表的起始地址的位移量,即转移项序号乘以 2。这里要求所有标号地址与散转表起始地址在同一个 2KB 块内。如果转移项较多,一般很难保证。可以将散转表中每一项改用 3 个字节的长转移指令 LJMP 代替。当然,在执行间接转移指令前,累加器 A 中内容也应该改为序号乘以 3 才可以。

3.6.2 条件转移指令

条件转移指令是根据某种条件是否满足来决定转移与否的,都是使用相对寻址。

1. 累加器判零条件转移指令

有两条指令，分别对应累加器 A 的内容为 0 转移和不为 0 转移。指令格式为

```
JZ      rel
JNZ     rel
```

执行第一条指令时，CPU 先判断 A 的值是否为 0。若为 0，则计算当前的 PC 值与指令中给定的位移量的和，计算结果存入程序计数器 PC，使得程序的执行发生转移；否则，PC 内容保持不变，不发生转移。所有标志不受影响。

执行第二条指令的过程正好相反。A 不为 0 发生转移，为 0 则不转移。

指令中的位移量是用补码表示的 8 位有符号数，取值范围在 -128~+127 字节之间。

例 3.21 假设累加器 A 中内容为 01H，分析下面指令序列的执行结果。

```
JZ      LABEL1
DEC     A
JZ      LABEL2
```

第一条 JZ 指令不会产生转移，后续指令使 A 中内容变为 0，且转移到 LABEL2 所确定的地址处执行。

例 3.22 假设累加器 A 中内容为 00H，分析下面指令序列的执行结果。

```
JNZ     LABEL3
INC     A
JNZ     LABEL4
```

第一条 JZ 指令不会产生转移，后续指令使 A 中内容为 01H，且转移到 LABEL4 所确定的地址处执行。

例 3.23 编写程序段，使用累加器判零条件转移指令实现 5 分支转移。转移分支由内部 RAM 中地址为 INDEX 的单元内容确定，单元内容的值在 0~4 之间，相应的转移目标地址由 CASE_0~CASE_4 标号指定。

可依次检查 INDEX 单元内容是否为 0~4 之间的某个数值，若相等则转移。

```
MOV     A, INDEX        ;取欲转移序号
JZ      CASE_0          ;为 0，则转移到 CASE_0
DEC     A               ;减 1
JZ      CASE_1          ;为 0，原值应为 1，转移到 CASE_1
DEC     A               ;减 1
JZ      CASE_2          ;为 0，原值应为 2，转移到 CASE_2
DEC     A               ;减 1
JZ      CASE_3          ;为 0，原值应为 3，转移到 CASE_3
SJMP    CASE_4          ;不为 0，转移到 CASE_4
```

2. 比较不等转移指令

比较不等转移指令是 MCS-51 中唯一一组有 3 个操作数的指令，两个操作数用于比较大小，第三个操作数指定相对转移的位移量，有 4 种形式。

```
CJNE       A, #data, rel
CJNE       A, direct rel
CJNE       Rn, #data rel
CJNE       @Ri, #data, rel
```

第二个操作数为立即数时，第一个操作数可以是累加器 A、工作寄存器 Rn 或间接寻址的内部 RAM 单元内容；第二个操作数为直接寻址时，第一个操作数只能是累加器 A。

指令的执行过程为：首先将第一个操作数与第二个操作数进行比较，实际上是做减法运算，但结果不存回任何位置。相减的结果如果不为 0，则发生转移，转移目的地址由当前 PC 与指令中的位移量相加得到；结果为 0，不发生转移，继续执行后续的指令。

指令直接分辨出的是两个操作数是否相等。若不相等，则 CY 标志会根据二进制减法的运算状态置位或清零。如果比较的两个操作数是无符号数，依据 CY 就能得知它们的大小。

假设累加器 A 中内容为 34H，R7 中内容为 56H。执行下面的程序段

```
        CJNE       R7, #60H, NOT_EQ
......                                    ;R7 内容为 60H
NOT_EQ:
        JC         REQ_LOW                ;CY 为 1，则 R7 内容<60H，转移
......                                    ;CY 为 0，R7 内容>60H
```

后，CY 为 1，且转移到 REG_LOW 所确定的地址处执行。若 P1 口当前输入信号为 34H，则指令

```
WAIT:   CJNE       A, P1, WAIT
```

使 CY 为 0，且重复执行该指令，直到 P1 输入不是 34H 才可向下继续执行。可以将该指令理解为 CPU 在此等待外部输入信号的改变。

例 3.24 编写程序段，使用比较不等转移指令实现 5 分支转移。转移分支由内部 RAM 中地址为 INDEX 的单元内容确定，单元内容的值在 0~4 之间，相应的转移目标地址由 CASE_0~CASE_4 标号指定。

可依次比较 INDEX 单元中的内容是否与 0~4 之间的某个数值相等，CJNE 指令随后就应该是相应的 CASE 标号。

```
        MOV        A, INDEX
        CJNE       A, #0, NOT_0           ;不为 0 则转移
CASE_0:......                             ;处理为 0 的情况
        SJMP       OVER                   ;处理完毕，转移到统一出口
NOT_0:  CJNE       A, #1, NOT_1           ;不为 1 则转移
CASE_1:......                             ;处理为 1 的情况
        SJMP       OVER
NOT_1:  CJNE       A, #2, NOT_2           ;不为 2 则转移
CASE_2:......                             ;处理为 2 的情况
        SJMP       OVER
NOT_2:  CJNE       A, #3, CASE_4          ;不为 3 则转移
```

```
CASE_3:……                          ;处理为 3 的情况
        SJMP        OVER
CASE_4:……                          ;处理为 4 的情况
OVER:                              ;5 分支统一的出口
```

3.6.3 减 1 不为零转移指令

该指令将操作数减 1 并存回原位置，根据新值确定是否转移。指令格式为

```
DJNZ        Rn, rel
DJNZ        direct, rel
```

执行指令时，先将指令中指定的操作数(可以是工作寄存器或直接寻址的内部 RAM、特殊功能寄存器内容)减 1，保存到原来位置，但不影响任何标志。如果结果不为 0，则当前 PC 值与指令中给出的 8 位位移量相加，得到的 16 位数送入 PC，实现转移。否则 PC 不变，继续执行后面的指令。

若操作数原值为 0，减 1 后变为 FFH，一定转移。

该指令转移的目的地址也是使用相对寻址方式，8 位位移量是用二进制补码表示的有符号数。

若内部 RAM 中 40H、50H、60H 单元中分别存放 01H、70H 和 15H 三个值，执行下面的程序段

```
DJNZ        40H, LABEL1
DJNZ        50H, LABEL2
DJNZ        60H, LABEL3
```

后，程序转移到 LABEL2 所确定的地址处执行，三个单元中的数值分别是 00H、6FH 和 15H。第一条指令不产生转移。

例 3.25 同上面两例，要求使用减 1 不为零转移指令实现 5 分支转移。

可以写成下面程序段的形式。

```
        MOV         A, INDEX
        JNZ         NOT_0           ;不为 0，继续检查
CASE_0:……                           ;为 0，处理为 0 的情况
        SJMP        OVER            ;处理完毕，转移到统一出口
NOT_0:
        DJNZ        ACC, NOT_1      ;减 1 不为 0，继续检查
CASE_1:……                           ;减 1 后为 0，原值为 1
        SJMP        OVER
NOT_1:
        DJNZ        ACC, NOT_2      ;再减 1
CASE_2:……                           ;减 1 后为 0，原值为 2
        SJMP        OVER
NOT_2:
        DJNZ        ACC, CASE_4     ;再减 1
CASE_3:……                           ;减 1 后为 0，原值为 3
```

```
            SJMP        OVER
CASE_4:   ……                           ;减 1 后不为 0,原值大于 3
OVER:                                  ;5 分支统一的出口
```

这条指令特别适于循环结构。

例 3.26 分析执行以下程序段的结果。

```
            MOV         R2, #8
TOGGLE:    CPL         P1.7
            DJNZ        R2, TOGGLE
```

第一条指令执行一次，后面两条指令要执行 8 次。每次 CPL 执行后输出发生改变，持续时间为 DJNZ 指令的两个机器周期和下次 CPL 的一个机器周期，共 3 个机器周期。这段程序在 P1.7 引脚上输出 4 个周期的方波信号，每个信号周期有 6 个机器周期的时间，高、低电平各占 3 个。

DJNZ 指令可用于延时操作，如使用以下形式之一。

```
DJNZ        Rn, $
DJNZ        direct, $
```

该指令的执行时间为两个机器周期，在 Rn 或 direct 中存入值 N 后执行 DJNZ 指令，共执行 N 次(若 N 为 0 则执行 256 次)，占用 CPU 时间为 $2\times N$ 个机器周期。延时时间在 2~512 个机器周期之间。

当直接寻址的端口 P0~P3 时，操作数来自端口锁存器，而不是引脚。

3.6.4 子程序调用与返回指令

为了减轻编写和调试程序的工作量，减少代码所占的程序存储器空间，常常把功能完整、重复使用、相对独立的一个程序段定义作为一个整体，在需要时执行。这样的程序段称为子程序，每次的执行称作一次子程序调用，调用子程序的程序段称为调用程序。

当子程序被调用时，CPU 的指令执行流程转移到子程序。子程序执行完毕后，还必须回到调用程序处，继续调用之前的流程，这个过程叫子程序返回。为此，发生调用时必须要保存当时的环境，特别是子程序返回后从程序存储器的何处取出指令。这个取出指令的位置称作返回地址。返回地址的自动保存和恢复，是由子程序调用与返回指令利用堆栈完成的。

1. 长调用指令

长调用指令在指令码中提供 16 位的目的地址，可以调用程序存储器 64KB 空间的任意位置的子程序。指令格式为

```
LCALL       addr16
```

该指令有 3 个字节，依次为操作码、16 位地址的高 8 位和低 8 位。执行指令时，先将返回地址保护起来。即，先将程序计数器 PC 的低 8 位压入堆栈，SP 增 1；再将 PC 的高 8

位压入，SP 再增 1；然后直接把 16 位地址操作数送入 PC 中，实现了转移。任何标志都不受影响。

例 3.27 设当前 SP 内容为 07H，标号 SUBRTN 确定的程序存储器地址为 1234H，指令

```
LCALL    SUBRTN
```

在程序存储器中的起始地址为 0123H(如图 3-8 所示)，分析指令执行结果。

LCALL 指令执行后，PC 值为 1234H，SP 值为 09H，内部 RAM 的 08H 和 09H 单元分别存放返回地址低 8 位 26H 和高 8 位 01H(如图 3-9 所示)。

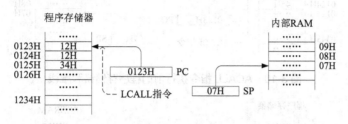

图 3-8 LCALL 指令执行前的程序存储器和堆栈

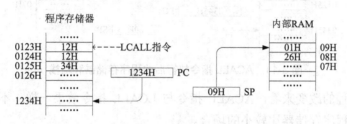

图 3-9 LCALL 指令执行后的程序存储器和堆栈

2. 绝对调用指令

绝对调用指令是双字节指令，比长调用指令少一个字节。助记符为 ACALL，指令格式为

```
ACALL    addr11
```

在指令机器码中给出的是 11 位的地址。这 11 位的低 8 位作为指令的第二个字节，高 3 位为指令第一个字节的高 3 位，指令第一个字节低 5 位为 10001B。

执行指令时，先将返回地址保护起来，即将 16 位程序计数器 PC 的当前值压入堆栈，SP 增 2；然后将其高 5 位保留，低 11 位替换为指令中的 11 位地址，形成新的 PC 值，即为绝对调用指令的目的地址。下一指令周期中，CPU 从新的位置取指。

由 PC 值的形成可见，被调用子程序的地址与执行指令时 PC 值的高 5 位是一样的。要求子程序在程序存储器中的地址与绝对调用指令后第一条指令的起始地址(即当前的 PC 值)在同一个 2KB 字节块内。

例 3.28 设当前 SP 内容为 07H，标号 SUBRTN 确定的程序存储器地址为 0345H，指令

```
ACALL        SUBRTN
```

在程序存储器中的起始地址为 0123H，分析指令执行结果。

ACALL 指令执行后，PC 值为 0345H，SP 值为 09H，内部 RAM 的 08H 和 09H 单元分别存放返回地址低 8 位 25H 和高 8 位 01H。ACALL 指令执行前后的程序存储器和堆栈情况分别如图 3-10 和图 3-11 所示。

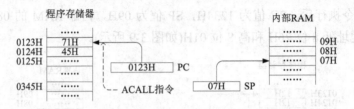

图 3-10　ACALL 指令执行前的程序存储器和堆栈

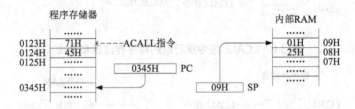

图 3-11　ACALL 指令执行后的程序存储器和堆栈

从对程序流程的改变来看，ACALL 指令与 LCALL 指令效果一样。不同的是 ACALL 指令较短，适于程序存储器比较小的场合。

3．子程序返回指令

子程序调用的目的是执行一段特定的处理或计算，执行完毕后再继续先前的工作。调用指令将返回地址入栈保存，就是为后来正确返回到调用程序做准备。返回到调用程序的任务是由子程序返回指令完成的，这条指令不需要任何操作数，也不影响任何标志。指令格式为

```
RET
```

执行子程序返回指令时，将栈顶两个字节数据弹出到程序计数器 PC，SP 减 2。下一指令周期从新的 PC 值处取指执行。如果堆栈没有被其他指令破坏，这时弹出的两个字节数据就是前面执行 LCALL 或 ACALL 指令时压入的返回地址，实现了正确的返回。通常用它作为一个子程序的最后一条指令。

假设当前 SP 内容为 09H，堆栈内数据如图 3-11 所示。则执行 RET 指令的结果为 PC 变为 0125H，SP 变为 07H。

一个子程序被调用后还可以再调用另一个子程序，形成子程序的嵌套调用。后调用的子程序要先返回，新返回地址比旧返回地址保护要晚，但取出要早。返回地址存储的结构符合"后进先出"原则，所以使用堆栈保护返回地址几乎成了计算机设计的定式。

执行 RET 指令时，CPU 并不知道栈顶数据是否是由执行调用指令压入的，所以，可以通过向堆栈中压入适当的值，然后执行 RET 指令，实现程序的转移。

4. 中断返回指令

中断返回指令用于一类特定的子程序——中断服务程序。中断服务程序不能被任何调用程序调用，它的返回也需要特定的指令实现。中断返回指令不需要任何操作数，也不影响任何标志。指令格式为

```
RETI
```

中断返回指令的功能是恢复被中断程序的执行，类似于子程序返回。将栈顶两个字节内容弹出到程序计数器中，SP 减 2。但 RETI 的执行还要清零一个内部的中断优先级状态触发器，告知中断管理系统该中断已经处理结束。

中断服务程序的最后一条指令必须是 RETI，若使用 RET 指令，只能返回到被中断的程序，而中断系统的管理受到影响，系统将不再响应不高于该中断优先级的所有中断。

3.6.5 空操作指令

空操作指令不执行任何动作，除取指时引起程序计数器 PC 增 1 外，所有寄存器和标志不变，但占用 CPU 一个机器周期的执行时间。指令格式为

```
NOP
```

空操作是对 CPU 的控制指令，并不改变程序流程。仅此一条，不再单独分类。

空操作指令通常用于精确延时，或者事先填充到程序存储器中，为以后修改程序预留空间。

例 3.29 给出在 P2 口第 7 位引脚上产生一个持续恰好 5 个机器周期时间的负脉冲的指令序列。

使用 SETB 和 CLR 指令对可以产生单周期脉冲，使 P2.7 为低的时间持续 5 个机器周期的即满足要求。若程序的执行不被中断，可以使用下面的程序段实现。

```
CLR     P2.7
NOP
NOP
NOP
NOP
SETB    P2.7
```

3.7 案例实训——简单程序设计

1. 案例说明

使用汇编语言编写简单的程序并执行，观察运行结果。程序要实现下列各功能。

(1) 将程序存储器 0000H~003FH 单元的代码读出，写入内部 RAM 的 20H~5FH 单元。

(2) 在内部 RAM 的 20H 处存放着一个字节的二进制数据，将它转换为十进制格式，用 ASCII 码表示，存储到内部 RAM 的 30H、31H、32H 三个单元中，其中 30H 存放百位，31H 存放十位，32H 存放个位。

(3) 在 MCS-51 内部 RAM 的 30H 和 31H 单元中存放着一个 16 位数，30H 中为高 8 位，31H 为低 8 位。从最低有效位开始，每次一位，依次从 P1.0 引脚循环输出。每位输出约 20ms 后再输出下一位。

(4) 颠倒累加器 A 中数据的各个位的次序。即，第 7 位和第 0 位互换，第 6 位和第 1 位互换，以此类推。

(5) 在程序存储器中有一个表格，编写一个子程序，完成查表功能，并在主程序中调用该子程序。查表结果可放入内部 RAM 中。

2. 编程思路

至此我们只是学了指令系统，程序暂时按下列格式编写。

```
              ORG        0000H
              LJMP       MAIN
              ORG        0030H
MIAN:
              ……
              END
```

中间的省略号部分需要根据情况编写。

对上述 5 个要求加以分析，可得基本思路如下。

(1) 虽然不是表格，但读取程序存储器内容只能使用查表指令。向内部 RAM 连续写入，可以使用寄存器间接寻址方式。整体结构是一个计数循环，可用 DJNZ 指令实现。

(2) 二进制到十进制的转换，按通常的除以 10 取余数法计算即可。

(3) 每个 8 位数循环移位，通过用 CY 标志传送到 P1.0 输出。每输出一位后，延时 20ms。可使用子程序实现延时。

(4) 可用直接使用位操作指令实现，但比较繁琐。若借助于另外某个寄存器，如 B，将 A 中内容逐位向左移出，而在 B 中向右移入，循环执行 8 次即可解决。但移位指令只能用于累加器，向 B 中移入还需再借助于 A。

(5) 查表用子程序实现，可以使用远程查表，也可使用近程查表。使用远程查表指令要破坏 DPTR 原来的值，而近程查表无此缺点。

3. 程序设计

根据基本思路，可编写程序。下面是问题 1 的参考程序。

```
              ORG        0000H
              LJMP       MAIN
```

第 3 章 MCS-51 单片机的指令系统

```
            ORG         0030H
MAIN:
            MOV         R0, #40H            ;共 40H 个数
            MOV         R1, #20H            ;内部 RAM 存放起始位置
            MOV         DPTR, #0000H        ;程序存储器数据起始位置
NEXT:       CLR         A                   ;总是用 A 为 0 去查表
            MOVC        A, @A+DPTR          ;查表
            MOV         @R1, A              ;保存到内部 RAM 中
            INC         DPTR                ;相当于表的起始位置前移一个字节
            INC         R1                  ;内部 RAM 地址增 1
            DJNZ        R0, NEXT            ;循环 40H 次
            SJMP        $                   ;任务结束，等待观察结果
            END
```

下面是问题 2 的参考程序。

```
            ORG         0000H
            LJMP        MAIN
            ORG         0030H
MAIN:       MOV         20H, #123           ;需转换的二进制数
            MOV         A, 20H              ;存入 A
            MOV         B, #10
            DIV         AB                  ;除以 10
            MOV         32H, B              ;余数，就是个位数
            MOV         B, #10
            DIV         AB                  ;商除以 10
            MOV         31H, B              ;余数为十位数
            MOV         30H, A              ;商为百位数
            SJMP        $
            END
```

下面是问题 3 的参考程序。

```
            ORG         0000H
            LJMP        MAIN
            ORG         0030H
MAIN:       MOV         30H, #12H           ;待输出的 16 位数
            MOV         31H, #34H
LOW8:       MOV         A, 31H              ;先输出低 8 位
            MOV         R7, #8              ;共输出 8 次
LOW_BIT:    RRC         A                   ;低位移入 CY
            MOV         P1.0, C             ;输出
            CALL        DELAY20MS           ;延时 20ms
            DJNZ        R7, LOW_BIT         ;循环 8 次
HIGH8:      MOV         A, 30H              ;输出高 8 位
            MOV         R7, #8
HI_BIT:     RRC         A
            MOV         P1.0, C
```

```
            CALL      DELAY20MS
            DJNZ      R7, HI_BIT
            SJMP      LOW8                ;无限循环
DELAY20MS:
            MOV       R6, #40             ;延时约 20ms(振荡频率 12MHz 时)
DELAY:      MOV       R5, #249
            DJNZ      R5, $
            DJNZ      R6, DELAY
            RET
            END
```

下面是问题 4 的参考程序。

```
            ORG       0000H
            LJMP      MAIN
            ORG       0030H
MAIN:       MOV       R7, #8              ;须循环 9 次
LOOP:       RLC       A                   ;A 左移出 1 位
            XCH       A, B                ;A、B 互换
            RRC       A                   ;A 右移进 1 位
            XCH       A, B                ;A、B 互换,实现的是 B 右移进 1 位
            DJNZ      R7, LOOP            ;循环控制
            XCH       A, B                ;最后结果
            SJMP      $
            END
```

下面是问题 5 的参考程序。

```
            ORG       0000H
            LJMP      MAIN
            ORG       0030H
MAIN:
            MOV       R0, #30H
            MOV       R1, #8
            CLR       A                   ;从第 0 项开始查表
NEXT:
            PUSH      ACC                 ;准备循环调用 SEARCH,保护 A 的值
            CALL      SEARCH              ;调用查表子程序
            MOV       @R0, A              ;结果保存,A 内容已变
            INC       R0                  ;内部 RAM 地址增 1
            POP       ACC                 ;恢复查表前 A 的值
            INC       A                   ;准备查找下一项
            DJNZ      R1, NEXT            ;共循环 8 次
            SJMP      $
SEARCH:                                   ;根据 A 的内容查表,A 为项序号
            INC       A                   ;修正位移量,增 1 即可,因 RET 为 1 字节指令
            MOVC      A, @A+PC            ;查表,这时 PC 值为 RET 的存储地址
            RET                           ;子程序返回
TAB:        DB        12H, 34H, 56H, 78H, 9AH, 0BCH, 0DEH, 0F0H  ;表格
            END
```

小 结

指令系统是 CPU 执行的所有指令的集合及其编码系统,在计算机中以二进制表示,在编写程序时通常使用助记符形式。

指定操作对象的方法称为寻址方式,MCS-51 的 CPU 有 7 种寻址方式:立即数寻址、直接寻址、寄存器寻址、寄存器间接寻址、变址寻址、相对寻址和位寻址。可以实现对内部寄存器、内部 RAM、特殊功能寄存器、程序存储器、外部 RAM、位空间各个存储区域的访问。

MCS-51 指令按功能分为 5 类:数据传送指令,可以实现 CPU 内部寄存器、内部 RAM、SFR、外部 RAM、I/O 端口、程序存储器之间的数据传送,还能完成数据交换和堆栈操作;算术运算指令,实现对操作数的加、减、乘、除等算术运算;逻辑运算与移位指令,实现对操作数按位进行逻辑与、或、异或、取反等操作,以及对累加器 A 中所有位(可带 CY 标志)向左或向右移位;位操作指令,实现位的传送、修改、运算和位控制转移;控制转移指令,可以实现无条件转移、条件转移、子程序调用和返回等操作。实现某一任务一般有多种解决方案,要根据实际情况和问题要求选择合适的指令组合,使程序的执行时间和占用空间都达到最小。

习 题

1. MCS-51 指令集中编码最长的指令有多少个字节?执行时间最长的指令执行多长时间?
2. MCS-51 有哪几种寻址方式?
3. 立即数寻址中的立即数是多少位?
4. 对内部 RAM 或 SFR 直接寻址时,地址是多少位?CPU 如何区分立即数和直接地址?编程中如何区分立即数和直接地址?
5. 使用寄存器寻址时,CPU 是如何找到具体寄存器的?
6. 下面 4 条指令在功能、空间占用、执行时间上有什么区别?

    (1) MOV   A, #00H   (2) MOV   ACC, #00H
    (3) MOV   0E0H, #00H   (4) CLR   A

7. 寄存器间接寻址必须使用哪几个寄存器?
8. 对于没有组织成表格的普通常数,是否也可用变址寻址访问?
9. 访问内部 RAM 单元,可以使用哪些寻址方式?
10. 访问外部数据存储器,可以使用哪些寻址方式?
11. 访问程序存储器中的常数数据,可以使用哪些寻址方式?
12. 访问特殊功能寄存器中的位,可以使用哪些寻址方式?

13. 写出以下几条指令中源操作数使用的寻址方式(指令以十六进制的机器码表示)。

    (1) 74H 55H   (2) C0H F0H
    (3) 0DH   (4) 87H F0H
    (5) D2H D4H   (6) 83H
    (7) 80H 0FH   (8) 43H 87H 80H

14. MOV、MOVX、MOVC 有什么区别？

15. 写出下列指令中源操作数使用的寻址方式。

    (1) MOV   P1, #00H   (2) ADD   A, P2
    (3) PUSH   00H   (4) MOV   A, @R1
    (5) SETB   00H   (6) MOVX   A, @DPTR
    (7) MOVC   A, @A+PC   (8) INC   R7

16. 已知 R0 内容为 00H，PSW 内容为 00H，执行

    MOV   @R0, #12H

指令后，R0 内容是什么？为什么出现这种结果？

17. 已知 A 中内容为 FFH，执行

    MOV   PSW, A

指令后，PSW 内容是什么？为什么出现这种结果？

18. 以下指令都有错误，请指出错在何处。

    (1) MOV   A, #1234H   (2) ADD   B, R1
    (3) MOV   R1, R5   (4) MOV   @R4, #34H
    (5) DEC   DPTR   (6) MOVC   A, @A+R1
    (7) PUSH   PC   (8) CLR   R7

19. 以下指令都是合法指令，请指出为什么不宜使用它们。

    (1) INC   PSW   (2) POP   SP
    (3) XCH   A, SBUF   (4) MOV   00H, #34H

20. 为了维护堆栈的一致性，通常仅在系统初始化部分修改 SP。后续代码中还要注意什么？

21. 堆栈溢出会产生什么后果？

22. 编写指令序列，将外部数据存储器 2000H 单元内容送入内部 RAM 的 20H 单元中。

23. 编写指令序列，将程序存储器 2000H 单元内容送入外部数据存储器 4000H 单元中。

24. 下面各指令序列中都出现了 30H，但是各自的含义不同。请指出 30H 的具体含义。

    (1) ADD   A, #30H   (2) SETB   30H
    (3) MOV   R0, #30H   (4) MOV   R1, #30H
        MOV   A, @R0   MOVX   A, @R1
    (5) XCH   A, 30H   (6) SJMP   30H
    (7) MOV   DPTR, #30H   (8) MOV   DPTR, #1000H
        CLR   A   MOV   A, #30H
        MOVC   A, @A+DPTR   MOVC   A, @A+DPTR

25. 在 MCS-51 中如何实现多字节加减法？
26. 进行有符号数的多字节加减法时，是否每次字节加减后都要检查溢出标志？为什么？
27. 加法 BCD 调整的原理是什么？
28. 在 MCS-51 中如何实现 BCD 减法运算？
29. 已知 A 中内容为 7FH，B 中内容为 05H，CY 标志为 0。写出单独执行下列指令后 A 中的结果。

    (1) ADD   A, B   (2) SUBB   A, B
    (3) MUL   AB   (4) DIV   AB
    (5) ANL   A, B   (6) ORL   A, B
    (7) XRL   A, B   (8) XCH   A, B

30. 已知 A 中内容为 55H，单独执行以下指令，对 PSW 有何影响？

    (1) SETB   CY   (2) SETB   AC
    (3) SETB   OV   (4) SETB   P
    (5) INC   A   (6) ADD   A, #02H

31. 将累加器 A 中的最低有效位取反，可以使用什么指令？
32. 位控制转移指令的转移范围有多大？
33. 长转移、绝对转移、短转移、比较不等转移指令的转移范围各是多大？
34. 执行子程序调用指令时，对子程序在程序存储器中的位置有无限制？
35. 以下代码段能否正常运行？为什么？

    ```
            LCALL       SUBR
            ……
    SUBR:
            PUSH        ACC
            ADD         A, #02H
            POP         B
            POP         ACC
            INC         SP
            RET
    ```

36. 以下代码段有什么错误？

    ```
            LCALL       SUBR
            ……
    SUBR:
            PUSH        ACC
            POP         B
            POP         ACC
            DEC         SP
            RETI
    ```

37. 写出以下代码段的功能。

    ```
            MOV         A, NUM1
    ```

```
          CJNE      A, NUM2,NUM_NEQ
          MOV       NUM3, #NUM1
          SJMP      OVER
NUM_NEQ:
          JC        LATTER
          MOV       NUM3, NUM1
          SJMP      OVER
LATTER:
          MOV       NUM3, NUM2
OVER:
          ……
```

38. 下面是人工翻译出的指令机器码，每条都有错误，请指出原因。

(1) 80H FFH   (2) 25H FFH
(3) D8H FFH   (4) B5H FFH 00H
(5) B4H 12H FEH   (6) D5H 30H FEH

第 4 章　MCS-51 汇编语言程序设计

本章要点
- 汇编语言与机器语言、高级语言的区别
- 汇编语言程序语句格式
- 两次扫描汇编过程
- Intel HEX 文件格式
- 汇编语言程序的流程控制结构

汇编语言是一种面向机器的语言，随 CPU 的不同而不同。掌握某种计算机的汇编语言，能够对机器体系结构有更深刻的理解，从而能够更自如地操控各种硬件、软件资源。对于 MCS-51 单片机，汇编语言也是编写高效程序的第一选择。

4.1　汇编语言概述

4.1.1　程序设计语言

计算机程序设计语言是指计算机能够理解和执行的语言。这里所说的理解和执行也可能经过某种中间环节的翻译，但是都与人类所使用的自然语言有较大差别。

1. 机器语言(Machine Language)

计算机能够直接识别和执行的只有二进制编码的指令，这种编码形式称作机器语言。机器语言不仅包括指令的操作码，还包括所有的操作数、转移地址等，一律都是二进制编码形式。

计算机的语言就是机器语言，机器语言程序有最高的执行效率。但是对于用户，机器语言则是最难懂、难记、易出错的编程工具。即使用十六进制表示，仍然难以普及。下面是一段十六进制表示的机器语言的程序，可以在 MCS-51 单片机上运行。

74H 34H 24H 45H F5H 09H 74H 12H 34H 23H F5H 08H

如果不对照指令系统的机器码，很难看出这段程序要实现什么功能。

2. 汇编语言(Assembly Language)

为了解决上述困难，可以建立一种助记机制，用助记符代替指令的操作码，操作数使用有意义的符号和符号地址表示，转移的目标地址也采用标号的形式。这些符号地址和标号代表的地址，可以是写程序前固定好的，也可以是在写程序的过程中才确定的。这种使用助记符、符号地址、标号等符号来编写程序的系统称为汇编语言。以下代码段

```
RES_LOW      DATA     09H
RES_HIGH     DATA     08H
             MOV      A, #34H
             ADD      A, #45H
             MOV      RES_LOW, A
             MOV      A, #12H
             ADDC     A, #23H
             MOV      RES_HIGH, A
```

就是与上述机器语言等价的汇编语言版本。分析可知，程序段的作用是将两个 16 位数 1234H 和 2345H 相加，结果存入 RES_HIGH 和 RES_LOW 符号代表的两个内部 RAM 单元中。

计算机(包括单片机)是无法直接理解汇编语言的，所以还必须将汇编语言程序翻译成机器语言，这个翻译过程叫做汇编。汇编可以人工完成，也可以使用一个计算机程序(不管原来是用什么语言编写的)完成这个翻译过程，这个程序叫做汇编程序(汇编器，Assembler)。

汇编语言虽然比机器语言易懂、易读，但它仍然是与具体的机器密切相关的，不同指令系统的汇编语言也不相同。另外由于汇编语言中的基本单位是指令，所以稍复杂些的运算通常要用一个较长的子程序实现，而无法用一条简单的语句描述。

3. 高级语言(High-level Language)

高级语言是面向过程和问题并能独立于机器的通用程序设计语言，是一种接近人类自然语言和常用数学表达式的计算机语言。在使用高级语言编写程序时，可以不必顾及计算机内部操作细节，而把主要精力集中在解决问题的实现方法上。高级语言也需要翻译成机器语言才能在计算机上运行，这个翻译过程通常由编译程序(编译器，Compiler)实现；也有一边翻译一边执行的，称为解释程序(解释器，Interpreter)。

常见的高级语言很多，像 BASIC 语言、PL/M 语言、C 语言等是较早可以在单片机上使用的。以下是用 C 语言编写的一段代码。

```
int     a, b, c;
a = 0x1234;
b = 0x2345;
c = a + b;
```

这段程序实现的功能仍是两个 16 位数相加。可以使用某个 MCS-51 的 C 编译器将它编译成与前面的汇编语言、机器语言版本相同的机器码。若改用不同 CPU 的计算机实现同样的功能，只需改用相应的编译器，程序不必修改。高级语言程序的这个特点称作可移植性。

4. 三种语言的比较

高级语言易学、方便、通用，源程序代码较短，便于推广和交流。如果有高效的编译器，高级语言是最好的软件开发工具。但是，编译器产生的机器码可能比较多，相应的执行速度就慢一些。编译器不仅掩盖了机器内部的细节，而且接管了对部分资源的分配方式。所以，如果要学习机器的体系结构，或希望自己管理整个计算机系统的所有资源，高级语言是不合适的。

机器语言编写的程序无冗余，执行速度快，但是不好记忆、不易理解、使用麻烦。除非没有其他工具，一般很少直接用机器语言编写程序。

汇编语言是一种比较好的折中，可以使用一个表格把汇编语言与机器指令一一对应。汇编语言比机器语言好理解、便于记忆和使用，但不能独立于机器。

总之，在科学计算、信息处理等方面采用高级语言比较合适；而在实时控制中，通常使用汇编语言。即使在高级语言开发的软件中，对响应速度要求严格的程序段也常用汇编语言编写。

4.1.2 汇编语言程序的开发过程

使用汇编语言进行软件开发，首先要编写汇编语言源程序。根据软件的规模，源程序可以是一个或多个文本文件。如果没有语法错误，经过汇编后，每个源程序文件产生一个相应的浮动(可重定位的)地址目标文件。所谓浮动地址，就是说目标文件中有些变量、子程序的地址还没有确定，比如说它们是在另一个源程序文件中定义的。由连接定位程序(连接定位器，Linker/Locater)将这些目标文件连接，将浮动地址确定下来，生成一个绝对地址目标文件。如果要将程序编程进 EPROM 或者单片机内部的程序存储器，还需将其转换成编程器可以识别的格式，如 Intel 的 HEX 文件格式等。

图 4-1 所示为汇编语言程序的翻译过程，实际开发过程中，前面还有设计阶段，中间还可能有调试、修改的多次反复。

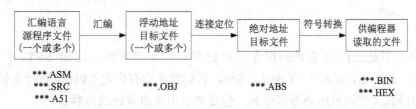

图 4-1 汇编语言程序的翻译过程

4.2 汇编语言格式

4.2.1 汇编语言程序示例

先看一个 MCS-51 系统的汇编语言程序的完整例子。

例 4.1 编写程序，将一个两位 BCD 数转换成 8 位二进制数并保存在内部 RAM 中。

```
INTS     SET          1
IF       INTS = 1
         MAIN_START   EQU 0030H        ;主程序开始地址
```

```
        ELSE
                MAIN_START    EQU 0010H          ;主程序开始地址
        ENDIF
        NUM1    DATA        30H
        NUM2    DATA        31H
        DSEG    AT          60H                  ;堆栈起始地址
        STACK:  DS          20H                  ;堆栈长度
        CSEG    AT          0000H                ;RESET
                LJMP        MAIN
                ORG         MAIN_START
        MAIN:   MOV         SP, #STACK - 1       ;初始化 SP,设定堆栈大小
                MOV         NUM1, #56H
                MOV         A, NUM1
                CALL        BCD2BIN              ;将 BCD 码数转换成二进制数
                MOV         NUM2, A
                SJMP        $                    ;原地踏步
        ;BCD2BIN 子程序的功能是将累加器 A 中的两位 BCD 数转换成 8 位二进制数,仍存放于 A 中
        BCD2BIN:
                PUSH        ACC
                SWAP        A
                ANL         A, #0FH
                MOV         B, #10
                MUL         AB
                POP         B
                XCH         A, B
                ANL         A, #0FH
                ADD         A, B
                RET
                END
```

程序中大多是已经很熟悉的指令,但也有一些新的东西,比如 SET、IF、EQU、DATA、AT、DS、STACK-1、CALL、$等。它们虽然没有指定 CPU 执行什么操作,却也是使用汇编语言高效编程所必不可少的,也是本章中重点讲述的内容。

4.2.2 程序语句格式

例 4.1 中各行可以称为汇编语言中的一条语句。汇编语言中的语句包括指令语句、汇编语言伪指令语句、汇编控制语句和注释语句。

指令语句就是可执行的指令助记符(如 LJMP);伪指令语句是汇编器的指令,用来定义程序结构、符号、数据、常数等(如 DATA);汇编控制语句用来设置汇编器模式和工作流程(如 IF);注释语句用来说明以上几种语句的目的或功能,提高程序的可读性。

每行语句必须以汇编器所规定的格式书写,由空格或制表符将该行语句分割成不同的字段。汇编语言中语句的一般格式为

[标号:]   助记符   [操作数列表]   [;注释]

[标号或符号:]　　　伪指令　　　　[操作数]　　　　　[;注释]

对于指令语句，助记符是必需的。根据指令情况，操作数列表可能空，也可能有一个、两个或三个操作数，多个操作数之间用逗号隔开。位于指令语句前的标号，其值是这条指令在程序存储器中的地址，书写时后面要加冒号；标号也可单独占一行，这时其值为后面第一条指令的地址。伪指令语句中的标号有表示程序存储器地址的，也有表示数据存储器地址的，还有表示数值的，不表示存储器地址时后面无需冒号。每行从分号开始一直到最后的部分称为注释，汇编器通常在汇编的过程中忽略注释。注释也可单独一行。

不管是否代表地址，所有位于标号处的符号可统称为标识符。标识符必须以字母、问号或下划线开始，可以使用的字符还有数字。最大长度根据汇编器的设计一般都有限制。

以下符号

```
ABC       ?XYZ       _WHAT_IS_IT?       OK2009       BEFORE_1978       YEAR2008
```

都是合法的标识符，而

```
1000YEAR       YOU+ME       YOU&ME       THIS_MAN(OLD)
```

都不是，因为我们无法分辨出它们是数值、表达式、还是有其他意义的字符串。

标识符不能与指令助记符、伪指令符号相同。另外，汇编器通常还有一些保留符号，用户也不可用作其他用途，如寄存器符号 A、B、R0~R7、C、AB 等。

汇编器工作时，每个段(代码或数据等)内维护一个汇编计数器，以按顺序存放指令机器码或数据。符号$代表汇编计数器当前值，在程序代码中，就是它所在的那条指令的程序存储器地址。

4.2.3　表达式

位于操作数字段的数据有三种表示方法：显式记法，如 0FFH；使用预定义的符号，如 ACC；也可使用表达式，如(2+3)。使用表达式可以提高程序的灵活性，汇编器在汇编时求值表达式并存入合适位置，所有表达式求值都按 16 位运算进行。程序中的实际数据可以是 16 位，也可以是 8 位的。

1. 数制

可以在常数结尾处加符号标注来表示数值的进制。通常以 B 表示二进制，O 或 Q 表示八进制，H 表示十六进制，D 或者不加标注表示十进制。

为了与符号相区别，规定所有常数必须以数字字符开头。这个规定只是限制了十六进制数的表示，如常数 ABH 应记作 0ABH。

2. 字符和字符串

字符串以一个或两个用单引号引起来的字符构成，可用在操作数字段的表达式中。汇编时，汇编器将其 ASCII 码转换为等价的二进制形式。如

```
MOV       A, #'0'          ;将'0'的ASCII码30H存入A
```

```
MOV         DPTR, #'AB'           ;将'AB'的 ASCII 码 4142H 存入 DPTR
MOV         DPTR, #4142H          ;与前一行相同
```

3. 算术运算

算术运算包括加、减、乘、除、求模，分别用符号+、-、*、/、MOD 表示。如

```
MOV         SP, #60H-1            ;将 5FH 送入 SP
ADD         A, #'a'-'A'           ;将'a'与'A'的 ASCII 码之差送入 A
MOV         A, #10000 / 256       ;将 10000 除以 256 的商送入 A
MOV         B, #10000 MOD 256     ;将 10000 除以 256 的余数送入 B
```

4. 逻辑运算

逻辑运算包括逻辑或、与、异或和非，分别用符号 OR、AND、XOR 和 NOT 表示，实现的是按位运算。如

```
ANL         A, #NOT 0FH           ;A 与 0F0H 进行逻辑与
MOV         DPTR, #$ AND 0FF00H   ;当前指令地址高 8 位送 DPH
```

5. 特殊运算

特殊运算符包括 SHR、SHL、HIGH、LOW、()，分别表示右移、左移、取高字节、取低字节和优先求值。如

```
MOV         A, #HIGH 10000        ;将 10000 的高字节送入 A
MOV         B, #LOW 10000         ;将 10000 的低字节送入 B
MOV         DPTR, (12H SHL 8) OR 34H   ;将 1234H 送入 DPTR
```

6. 关系运算

关系运算的结果只有两种：假和真，对应的数值分别为 0 和非 0(取决于不同的汇编器，可能为 FFFFH，也可能为 0001H 或其他)。关系运算符有 EQ、NE、LT、LE、GT 和 GE，也可以写作=、<>、<、<=、>、>=，分别表示相等、不等、小于、小于或等于、大于、大于或等于。如

```
MOV         A, #'A' EQ 41H
MOV         B, #'0' <> 30H
```

当运算结果为 16 位，而指令需要的是 8 位操作数时，需要进行转换。转换规则是，在保证 16 位数的高 8 位相同(即必须为 00H 或 FFH)的情况下，只使用低 8 位。如

```
MOV         A, #0FF20H
```

允许，但是

```
MOV         A, #1234H
```

是不允许的，汇编器会提示出错(也有的汇编器取其低 8 位，并给出警告)。

7. 运算符的优先级

表达式中运算符的优先级从高到低排列如下。

```
()
HIGH    LOW
*       /       MOD     SHL     SHR
+       -
EQ(=)   NE(<>)  LT(<)   LE(<=)  GT(>)   GE(>=)
NOT
AND
OR      XOR
```

同级别的运算符，结合性为从左到右。

4.2.4 伪指令语句

指令语句可以产生机器码，并且在程序运行期间由计算机来执行，而伪指令只是指定汇编器在对源程序汇编期间需要执行的一些操作，如把一个有意义的符号与一个具体的值联系起来；分配存储区，将常数、表格存放在指定的程序存储器的存储单元；说明源程序的开始位置；结束汇编等。不同的汇编器有不同的伪指令集合，下面介绍一些常用的伪指令。

1. ORG 伪指令

ORG 伪指令的格式为

```
ORG     expression
```

其作用是设置汇编计数器的值，指定其后语句的起始地址。

例 4.2 指出下面 ORG 伪指令的作用。

```
ORG     1000H                       ;设定计数器为 1000H
ORG     ($ + 800H) AND 0F800H       ;设定计数器为下一 2KB 块起始处
```

在任何类型的段内部都可以使用 ORG 伪指令，当处在一个可重定位的段内时，ORG 伪指令中的表达式的值被看做相对于当前段基地址的位移量。

2. END 伪指令

END 伪指令应当是源程序的最后一条语句，用以通知汇编程序汇编过程应在此结束。汇编器不理会 END 后面的文件内容，每个程序文件都应以 END 结束。

3. EQU 和 SET 伪指令

EQU 伪指令格式为

```
symbol      EQU     expression
```

EQU 伪指令为常数符号 symbol 指定一个数值，即表达式 expression 的结果。表达式必须符合前面所述的规则。

例4.3 指出下面EQU伪指令的作用。

```
INI_SP      EQU     5FH                 ;INI_SP为SP的初值
CR          EQU     0DH                 ;CR为回车字符的ASCII码
MSG:        DB      'How are you?', CR  ;在程序存储器中存储字符串
MSG_LEN     EQU     $-MSG               ;MSG_LEN为字符串MSG长度
```

SET伪指令类似于EQU，二者的区别在于：使用EQU定义的符号不允许重新定义，而使用SET定义的符号可以重新定义(重新定义时可用SET或EQU)。

4. DATA、IDATA、XDATA、BIT、CODE伪指令

这几条伪指令用来给相应的段(存储区域)内地址赋予一个符号，分别对应于直接寻址的内部RAM、间接寻址的内部RAM、外部RAM、位寻址区、程序存储器区域。

例4.4 指出下面DATA、IDATA、XDATA、BIT、CODE伪指令的作用。

```
COUNT       DATA    30H         ;符号COUNT代表内部RAM地址30H
PTR         IDATA   40H         ;内部RAM地址40H
BUFFER      XDATA   2000H       ;外部RAM地址2000H
F_BUSY      BIT     20H.0       ;位地址00H
SUBR        CODE    2020H       ;程序存储器地址2020H
```

这些伪指令不是必需的，使用EQU也完全可以。但是使用这类伪指令后，汇编器在汇编的同时进行类型检查，可以帮助程序员发现逻辑错误。

例4.5 使用BIT伪指令减少逻辑错误的例子。

```
F_OK        EQU     00H         ;位地址00H，即20H.0
F_BUSY      BIT     01H         ;位地址01H，即20H.1
            SETB    F_OK        ;可以
            SETB    F_BUSY      ;可以
            MOV     F_OK, #0    ;语法没有错误
            MOV     F_BUSY, #0  ;错误
```

汇编器会检查出最后一条指令的错误，尽管前面那条也有逻辑问题，但是语法无误，结果是将0送入内部RAM地址为00H的单元，还可能改变了R0的内容。这种错误在调试期间也是比较难找到原因的，而且，使用这类伪指令提高了程序的可读性。

5. DS伪指令

DS伪指令以字节单位保留存储空间。格式为

```
[label:]        DS      expression
```

如果使用了DS伪指令，汇编时，地址计数器的值将会更新为当前值与expression结果的和。

例4.6 在外部RAM中定义一个1000字节的缓冲区，再编写代码将其中的内容全部清零。

缓冲区的定义使用 DS 伪指令、代码中使用标号后，程序易读、易修改。以下代码段是一种实现方式。

```
XSTART      EQU     4000H
XLENGTH     EQU     1000
XSEG        AT      XSTART
XBUFFER     DS      XLENGTH
            ......
            MOV     DPTR, #XBUFFER
LOOP:       CLR     A
            MOVX    @DPTR, A
            INC     DPTR
            MOV     A, DPL
            CJNE    A, #LOW(XBUFFER + XLENGTH + 1), LOOP
            MOV     A, DPH
            CJNE    A, #HIGH(XBUFFER + XLENGTH + 1), LOOP
            ......
```

6. DBIT 伪指令

DBIT 伪指令以位为单位保留存储空间。格式为

[label:]   DBIT   expression

例 4.7 解释以下代码的作用。

```
BSEG        AT      00H
F_OK:       DBIT    2
F_BUSY:     DBIT    1
F_WAIT:     DBIT    1
            ......
            SETB    F_OK+1          ;置为 1 的是位地址 01H
            CLR     F_BUSY
```

使用 DBIT 伪指令保留了 4 个位地址，前两个可通过标号 F_OK 访问。

7. DB 伪指令

DB 伪指令以字节为单位初始化程序存储器空间。格式为

[label:]   DB   expression[, expression][...]

因为是在程序存储器中存储常数数据或表格，汇编到 DB 伪指令时必须已经是代码段(若没有任何选择段的伪指令，源程序一开始就是代码段)。表达式列表一般是一个或多个字节类型表达式，各个表达式之间以逗号隔开。

表达式列表可以是单引号引起来的字符串，汇编器可以将字符串转换成各个字符 ASCII 码的列表。若前面有标号，标号的值为表达式列表中第一个字节存储的地址。

例 4.8 说出以下语句的作用。

```
CSEG        AT      1000H
TAB:        DB      0, 1, 8, 27, 64, 5*5*5
MSG:        DB      'OK', 0DH, 0AH
```

程序存储器从 1000H 单元开始依次存放 00H、01H、08H、1BH、40H、7DH、4FH、4BH、0DH、0AH。TAB 为 1000H，MSG 为 1006H。

8. DW 伪指令

DW 以双字节为单位初始化程序存储器空间，格式与 DB 相同。

例 4.9 说出以下语句的作用。

```
CSEG        AT      1000H
            DW      $, 'A', 1234H, 100, 'OK'
```

程序存储器从 1000H 单元开始依次存放 10H、00H、00H、41H、00H、64H、4FH、4BH，但是没有标号与之相联系。

9. PUBLIC 和 EXTRN 伪指令

如果软件规模较大，可以将它划分为几个模块，每个模块又可通过几个源程序文件实现。PUBLIC 和 EXTRN 是模块间通信的伪指令。

PUBLIC 伪指令的格式为

```
PUBLIC      symbol[, symbol][...]
```

这样说明的符号或符号列表，可以在当前模块之外引用。被说明的符号必须在当前模块中有定义。

例 4.10 一个文件中定义了子程序 BCD2BIN、位 F_BUSY 和内部 RAM 字节符号 NUM?，三者都是公共符号，允许被其他模块使用，如何说明？

应使用 PUBLIC 伪指令

```
PUBLIC      BCD2BIN, F_BUSY, NUM1?
```

实现。在其他模块文件中，若使用这些符号，不必重新定义，只需使用 EXTRN 伪指令说明即可。

EXTRN 伪指令的格式为

```
EXTRN       seg_type(symbol[, symbol][...])
```

其中段类型为 DATA、IDATA、XDATA、BIT、CODE 等。

例 4.11 某模块文件中如何使用上例说明的三个公共符号。

用下列语句说明后，代码中就可以直接使用这几个符号了。

```
EXTRN       CODE(BCD2BIN), BIT(F_BUSY), DATA(NUM1?)
```

10. 绝对地址段选择伪指令

绝对段地址选择伪指令格式为

```
CSEG       [AT    address]
DSEG       [AT    address]
ISEG       [AT    address]
BSEG       [AT    address]
XSEG       [AT    address]
```

它们分别为程序存储器、内部数据存储器、间接寻址的内部数据存储器、位寻址区和外部数据存储器的使用指定绝对地址。

4.2.5 通用的转移和调用语句

例 4.1 中有一条指令语句 CALL，而 MCS-51 指令系统中并没有这个助记符。MCS-51 汇编器允许程序员使用通用的转移和调用助记符 JMP 与 CALL，分别用来代替 SJMP、AJMP、LJMP 和 ACALL、LCALL。

程序员编写程序时，对于目标地址与转移、调用指令之间的位移量，不可能做出非常精确的估计。如果全部使用长地址，生成的机器码较多；如果使用相对地址，又可能超出范围；使用绝对地址时，更不易确定是否在同一 2KB 块内。将这些问题留给汇编器是一个不错的选择，具体方法就是转移指令全部使用 JMP，调用指令也只用 CALL。

同时也要清楚，汇编器产生的已经是实际的机器码了，也就是说，通用的 JMP 和 CALL 语句只是汇编器带给我们的便利手段；但它产生的未必是最优化的结果，如本来能够使用 ACALL 实现的，汇编器产生的却是 LCALL 的机器码。

4.2.6 条件汇编

条件汇编允许将一个软件的多个版本保存在同一组源程序文件中，使用 IF、ELSEIF、ELSE、ENDIF 指令实现。一般格式为

```
IF         expression
           (语句组 1)
ELSE
           (语句组 2)
ENDIF
```

或

```
IF         expression_1
           (语句组 1)
ELSEIF     expression_2
           (语句组 2)
[ELSEIF    expression_x
           (语句组 x)]
ELSE
           (语句组 x+1)
ENDIF
```

IF 或 ELSEIF 后的表达式通常为关系表达式。类似于高级语言中的条件控制语句，当

IF 或 ELSEIF 后的数值表达式的值非零时，汇编其后的语句组；若表达式的值为 0，汇编 ELSE 后面的语句组。

例 4.12 某 MCS-51 控制软件对应三个版本，内置版本序号。根据不同版本，系统初始化时需要向不同的显示设备输出版本信息。其一是在 LCD 上输出，其二是通过串行口向终端输出，其三仅是点亮面板上的 LED 灯。如何将这三个版本写入同一个源程序文件中？

下面是具体的实现方式。

```
VERSION     SET     2
……
IF          VERSION = 1
            VER_STR:    DB      'VER 3.1, Enterprise Edition'
ELSEIF      VERSION = 2
            VER_STR:    DB      'VER 3.1, Professional Edition'
ELSE
            LED_LIGHT   BIT     P1.0
ENDIF
……
PRINT_VERSION:
IF          VERSION = 1
            MOV         DPTR, #VER_STR
            CALL        DISP_STR
ELSEIF      VERSION = 2
            MOV         DPTR, #VER_STR
            CALL        SEND_STR
ELSE
            SETB        LED_LIGHT
ENDIF
            RET
```

源程序一开始使用 SET 伪指令定义的符号 VERSION 的值为 2，所以后面条件汇编时只汇编 ELSEIF 块，其他块中即使存在语法错误，汇编器也不检查。可以通过修改 SET 伪指令的值改变当前软件版本。

IF-ENDIF 允许嵌套，即在一个 IF 块中还可以再使用 IF-ENDIF 条件汇编。若某一块没有被汇编，则其中嵌套的条件块在汇编时也全部跳过。

4.2.7 程序结构

MCS-51 汇编语言源程序都有相似的结构，这种相似性是程序员经验的总结。通常的顺序是：版本符号定义部分、常数符号定义部分、存储区符号定义部分、指令代码部分。

版本符号定义部分用来标识软件版本；常数符号定义部分用来给程序中用到的一些数值或非数值的常数指定有意义的符号名字；存储区符号定义部分给分配的存储单元指定符号名称；指令代码是具体执行部分，其中的操作数可以使用前面已经定义的一些符号。条件汇编可以出现在任意部分内。

MCS-51 汇编语言源程序并不是一定要严格遵守这个顺序。比如在内部 RAM 区域定义了一个单元用来存放系统运行的状态，由于状态是变化的，所以这个单元的内容有多种可能的取值。为了方便代码的编写，每种状态对应一个数值，该数值再用符号定义，将这些符号定义直接放在状态单元定义后可读性是最好的。

4.3 汇编程序的工作过程

在缺乏开发工具时，对于比较简单的程序，可能需要手工汇编，即人工将源程序翻译成机器码。即使是机器程序完成这个翻译过程，汇编程序也是要由程序员编写的。了解汇编程序的工作过程，对于软件开发和应用都有很大的帮助。

4.3.1 手工汇编过程

手工汇编只需要一张指令表以及一支笔和一张纸就可以开展工作。通常，源程序的手工汇编需要进行两次扫描源程序才能完成。对于包含转移、调用指令和标号的汇编语言源程序，第一次完成指令操作码的翻译，第二次完成地址操作数的计算。

第一次扫描时，应先确定源程序在内存的起始地址，然后在指令码表中依次找出每条指令的操作码，从程序的起始地址开始，逐一将它们写出。对于一时无法确定实际值的位移量、目标地址等，应照原样写在操作数的相应位置上；对于已经定义过的符号名称应直接转换成数值。

第二次扫描是第一次的继续，其任务是确定第一次扫描过程中未确定的标号或地址位移量值。由于每条指令操作码的起始地址在第一次扫描中已经确定，因此这些工作仅需进行一些简单的计算便可完成。

例 4.13 MCS-51 单片机内部 RAM 的 30H 和 31H 单元存放着两个 8 位无符号数，求出其中最大者存入 32H 单元中。编写程序，并手工汇编为机器码。

若使用 CJNE 指令完成无符号数的比较，程序可如下编写。

```
        NUM1    DATA    30H
        NUM2    DATA    31H
        NUM3    DATA    32H
                ORG     0000H
                LJMP    MAIN
                ORG     0030H
MAIN:
                MOV     A, NUM1
                CJNE    A, NUM2, NUM_NEQ
                MOV     NUM3, NUM1
                SJMP    OVER
NUM_NEQ:
                JC      LATTER
                MOV     NUM3, NUM1
```

```
                SJMP        OVER
    LATTER:
                MOV         NUM3, NUM2
    OVER:
                SJMP        $
                END
```

这是一个包含 ORG 和 END 伪指令语句的完整程序。第一次扫描时要查指令表(见附录 C)，并写下每条指令的机器码及其起始地址，对于无法确定的位移量、目标地址等，应照原样写在操作数的相应位置上，如表 4-1 所示。

表 4-1 第一次汇编结果

地 址	机 器 码	标 号	指令助记符	
0000H	02 MAIN		LJMP	MAIN
0030H	E5 30	MAIN	MOV	A, NUM1
0032H	B5 31 NUM_NEQ		CJNE	A, NUM2, NUM_NEQ
0035H	85 30 32		MOV	NUM3, NUM1
0038H	80 OVER		SJMP	OVER
003AH	40 LATTER	NUM_NEQ	JC	LATTER
003CH	85 30 32		MOV	NUM3, NUM1
003FH	80 OVER		SJMP	OVER
0041H	85 31 32	LATTER	MOV	NUM3, NUM2
0044H	80 $	OVER	SJMP	$

第二次扫描要确定机器码中的标号或地址位移量，即计算出表 4-1 中的 MAIN、NUM_NEQ、OVER、LATTER、$等所对应的实际值。其中 MAIN 的值为 0030H，OVER 的值为 0044H、LATTER 的值为 0041H。除了 MAIN 可以直接填写外，其他都涉及相对寻址，所以要计算出位移量。

0034H 单元的 NUM_NEQ=003AH-0035H=05H；0039H 单元的 OVER=0044H-003AH=0AH；003BH 单元的 LATTER=0041H-003CH=05H；0040H 单元的 OVER=0044H-0041H=03H；0045H 单元的$=0044H-0046H=-2=FEH。将计算结果填入表中，得到表 4-2 所列的最终机器码。

4.3.2 机器汇编过程

手工汇编简单易行，但是效率低、易出错，特别是在源程序较长、较复杂时。实际应用中，编写的软件都是采用机器汇编完成的。机器汇编的过程通常也是两遍扫描汇编。

为完成两次扫描操作，需要以下基本数据。

- 各个段的地址计数器 LC(Location Counter)，用以跟踪和确定符号和指令的地址。
- 指令机器码表 MOT(Machine Operation Table)，用以确定指令的长度和把助记符转换为机器码。
- 符号表 SYMBOL(Symbol Table)，在第一次扫描时，把各个标号、符号的值列入表中，以便第二次扫描时代入相应的符号地址中。
- 伪指令操作表 POT(Pseudo Operation Table)，汇编过程中遇到伪指令时执行相应的操作。
- 输入的汇编语言源程序。

实现两次扫描汇编过程的算法可描述如下。
- 读源程序。
- 查找 MOT 或 POT。
- 分析源程序行的语法(检查是否有语法错误)。
- 跟踪地址计数器 LC。
- 建立符号表。
- 计算地址。
- 写出目标程序。

单片机厂商提供的汇编器通常还有更多的功能，如条件汇编、宏汇编等，相应的汇编器的实现也就更复杂，但基本原理是一样的。

表 4-2 第二次汇编结果

地 址	机 器 码	标 号	指令助记符	
0000H	02 00 30		LJMP	MAIN
0030H	E5 30	MAIN	MOV	A, NUM1
0032H	B5 31 05		CJNE	A, NUM2, NUM_NEQ
0035H	85 30 32		MOV	NUM3, NUM1
0038H	80 0A		SJMP	OVER
003AH	40 05	NUM_NEQ	JC	LATTER
003CH	85 30 32		MOV	NUM3, NUM1
003FH	80 03		SJMP	OVER
0041H	85 31 32	LATTER	MOV	NUM3, NUM2
0044H	80 FE	OVER	SJMP	$

4.3.3 Intel HEX 文件

Intel HEX 文件是为把机器码编程到 ROM 中的广泛使用的文件格式。大多汇编器和连接定位器将汇编语言源程序转换成了二进制的目标代码，但是不便阅读、检查和传输，HEX 文件弥补了这一缺憾。

HEX 文件是一种把二进制机器码保存为 ASCII 字符文件的标准。若存储在磁盘上，由于一个字节数据需要两个十六进制符号表示，HEX 文件所占空间比二进制格式要大一倍。

下面是例 4.13 中的程序所对应的 HEX 文件内容。

:03000000020030CB
:10003000E530B53105853032800A400585303280A3
:060040000385313280FE51
:00000001FF

HEX 文件一般有多行，每行以冒号开始，格式为

:CCAAAATTDDDDDDDDDDDDDDDDDDDDSS

数据全部使用十六进制表示。其中，CC 是计数字节，指示该行有多少个机器码字节，CC 的范围是 00～10，即从 0 到 16；AAAA 为加载地址，指出该行第一个机器码字节在程序存储器中的单元地址，是用 4 位十六进制数表示的 16 位地址；TT 为类型，01 表示该行为文件末行，00 表示非末行；DD…DD 是实际机器码(包括程序中的常数表格)，这部分最多有 16 个字节的数据。对程序存储器编程时，这部分内容输入到程序存储器的连续单元中；SS 为校验字节，即校验和的形式，将该行包括 SS 在内的所有字节相加，丢弃进位后结果应为 0。

例 4.14 解释以下 HEX 文件中两行信息，并检查是否有存储错误(校验)。

:060040000385313280FE51
:00000001FF

第一行有 6 个字节机器码，从程序存储器 0040H 单元开始存放，非最后一行，机器码分别为 03H、85H、31H、32H、80H、FEH，06H+00H+40H+00H+03H+85H+31H+32H+80H+FEH+51H=0，无校验错。

第二行有 0 个字节机器码，是文件的最后一行，00H+00H+00H+01H+FFH=0，无校验错。

4.4 汇编语言程序设计

汇编语言程序设计的一般过程是：分析任务，确定算法或解题思路；按功能划分模块，确定各模块之间的相互关系及参数传递；若问题较复杂，应根据算法和解题思路画出程序流程图；合理分配寄存器和存储器，编写汇编语言源程序，并附以必要的注释；进行汇编和连接；软件或硬件仿真调试、修改，直到满足任务要求；将调试好的目标文件(二进制或 HEX 格式)写入程序存储器内，上电运行。

根据结构化程序设计观点，程序有三种基本结构：顺序结构、分支结构和循环结构。为实现模块化，也经常使用子程序。

4.4.1 顺序结构

顺序结构是最自然的执行流程，按照逻辑操作顺序，逐条执行指令。

例 4.15 编写程序，将存放于内部 RAM 中 30H、31H 处和 40H、41H 处的各 4 位

BCD 数相加,结果仍存入 30H、31H。低地址中存放 BCD 数低两位,高地址存放高两位。

```
        BCD1    DATA    30H             ;第一个 BCD 数低位
        BCD2    DATA    40H             ;第二个 BCD 数低位
                ORG     0000H
                LJMP    MAIN
                ORG     0030H
        MAIN:   MOV     A, BCD1
                ADD     A, BCD2         ;低位相加
                DA      A               ;调整
                MOV     BCD1, A         ;保存低位
                MOV     A, BCD1+1
                ADDC    A, BCD2+1       ;高位相加
                DA      A               ;调整
                MOV     BCD1+1, A       ;保存高位
                SJMP    $
                END
```

例 4.16 在程序存储器中存放着一个表格,每一项有两个字节,共有 256 项。编写程序,将以内部 RAM 30H 单元内容为索引的表项取出,存入 40H、41H 单元,仍按原有顺序。

```
        INDEX   DATA    30H             ;索引存放位置
        RESULT  DATA    40H             ;结果存放位置
                ORG     0000H
                LJMP    MAIN
                ORG     0030H
        MAIN:   MOV     DPTR, #TAB      ;表的起始位置
                MOV     A, INDEX        ;索引
                CLR     C
                RLC     A               ;乘以 2
                JNC     FETCH           ;不超过 256,无需调整
                INC     DPH             ;超过 256,调整
        FETCH:  PUSH    ACC             ;查表操作是字节操作
                PUSH    DPH             ;需要查两个字节
                PUSH    DPL             ;把查表所需信息保护起来,下面还要使用
                MOVC    A, @A+DPTR      ;查表
                MOV     RESULT, A       ;保存
                POP     DPL             ;准备查下一字节
                POP     DPH
                POP     ACC
                INC     A
                MOVC    A, @A+DPTR
                MOV     RESULT+1, A     ;查到,保存
                SJMP    $
        TAB:    DW      'AB', 'CD', 1234H, ……, 'WX' ,'YZ' ,789AH
                END
```

4.4.2 分支结构

根据不同的情况选择不同的执行路线,构成了程序的分支结构。不同的情况,可以是某些标志,可以是数值比较结果,也可以是数值内容。不同执行路线的选择,可以是单分支,即某项选择或选或不选;可以是双分支,即两种选择必选其一;也可以是多分支,即多种选项仅选其一。

根据标志实现分支的,通常使用位条件转移指令;根据数值比较结果的,通常使用比较不等转移、位累加器条件转移指令;根据数值内容的,通常使用累加器判零转移、间接转移指令。单分支、多分支结构,通常使用条件转移指令;多分支结构,通常使用间接转移指令。

例 4.17 将内部 RAM 的 30H、31H 单元中用原码表示的一个 16 位有符号数的补码求出,结果仍存入原处。31H 中为高 8 位,30H 中为高 8 位。

正数的原码即其值的二进制表示;负数的原码除最高有效位为 1 外,其余部分为其绝对值的二进制表示。正数的补码与原码相同;求负数的补码,可先求出其反码(即其相反数按位取反得到的二进制数),反码加 1 即是该负数的补码。

求补码时,要区分正数和负数两种情况。正数无需处理,负数要求其反码再加 1。低 8 位取反加 1,高 8 位取反后再加上次产生的进位。由于 INC 指令不影响 CY 标志,所以不能使用 INC,只能用 ADD 指令。

```
        NUM16   DATA    30H             ;有符号数存储位置
                ORG     0000H
                LJMP    MAIN
                ORG     0030H
        MAIN:   MOV     A, NUM16+1      ;先检查其符号
                JB      ACC.7, MINUS    ;为负才处理,为正补码与原码相同
                SJMP    $               ;无需处理
        MINUS:  MOV     A, NUM16        ;取低位
                CPL     A               ;取反
                ADD     A, #1           ;加一
                MOV     NUM16, A        ;保存
                MOV     A, NUM16+1      ;高位
                CPL     A
                ADDC    A, #0
                SETB    ACC.7
                MOV     NUM16+1, A
                SJMP    $
                END
```

例 4.18 也可以使用减法指令完成上述转换。即从 0 中减去负数的绝对值,就能得到其补码的二进制表示。

```
NUM16     DATA      30H
          ORG       0000H
          LJMP      MAIN
          ORG       0030H
MAIN:     MOV       A, NUM16+1          ;检查符号
          JB        ACC.7, MINUS
          SJMP      $
MINUS:    CLR       A
          CLR       C
          SUBB      A, NUM16            ;0 减去低 8 位
          MOV       NUM16, A            ;保存
          ANL       NUM16+1, #7FH       ;高 8 位去除符号位
          CLR       A
          SUBB      A, NUM16+1          ;用 0 减
          SETB      ACC.7               ;加上符号位
          MOV       NUM16+1, A          ;保存
          SJMP      $
          END
```

例 4.19 使用查表指令和堆栈实现的多分支转移程序。假设分支转移序号在 R3 中，分支程序表入口地址为 BR_TAB。

```
          MOV       DPTR, #BR_TAB       ;表起始位置
          MOV       A, R3               ;序号
          RL        A                   ;乘以 2
          MOV       R1, A               ;暂存
          INC       A
          MOVC      A, @A+DPTR          ;查表，得到表项的低 8 位
          PUSH      ACC                 ;入栈
          MOV       A, R1
          MOVC      A, @A+DPTR          ;查表，得到表项的高 8 位
          PUSH      ACC                 ;入栈
          RET                           ;弹出到 PC，实现转移
BR_TAB:   DW        BR0, BR1, BR2, ……
BR0:      ……
BR1:      ……
```

例 4.20 使用间接转移指令实现的散转分支程序。假设分支转移序号在 R3 中，分支程序表入口地址为 BR_TAB。

```
          MOV       DPTR, #BR_TAB
          MOV       A, R3               ;序号
          MOV       B, #3
          MUL       AB                  ;乘以 3
          XCH       A, B                ;乘积可能超过 255
          ADD       A, DPH              ;乘积的高 8 位加到 DPH 中
          MOV       DPH, A
```

```
                MOV         A, B                ;乘积的低 8 位
                JMP         @A+DPTR             ;间接转移
        BR_TAB: LJMP        CASE_0
                LJMP        CASE_1
                ……
                LJMP        CASE_N
```

4.4.3 循环结构

某些指令序列的多次重复执行构成循环结构。使用循环结构可以缩短程序代码，但是并没有减少执行时间。通常循环次数都是有限的，是否继续循环取决于循环条件。循环条件有两种形式：事先可以确定循环次数的，称为计数式循环；若只能根据某种条件是否满足来决定，则称为条件式循环。计数式循环可以使用 DJNZ 类指令，条件式循环可以使用条件转移指令实现。

例 4.21 将外部 RAM 地址 2000H～201FH 单元 32 个字节数据复制到内部 RAM 30H～4FH 中。这是典型的计数式循环，循环次数为 32。

```
        X_BUF       XDATA       2000H           ;外部缓冲区起始地址
        I_BUF       DATA        30H             ;内部缓冲区起始地址
        BUF_SIZE    EQU         20H             ;缓冲区长度
                    ORG         0000H
                    LJMP        MAIN
                    ORG         0030H
        MAIN:       MOV         DPTR, #X_BUF    ;外部 RAM 要通过 DPTR 间接寻址
                    MOV         R0, #I_BUF      ;内部 RAM 可使用 R0 间接寻址
                    MOV         R7, #BUF_SIZE   ;循环次数
        LOOP:       MOVX        A, @DPTR        ;读取外部缓冲区内容
                    MOV         @R0, A          ;写入内部缓冲区
                    INC         DPTR            ;地址增 1
                    INC         R0
                    DJNZ        R7, LOOP        ;循环
                    SJMP        $
                    END
```

例 4.22 将外部 RAM 地址 1000H 开始的一个字符串复制到内部 RAM 30H 开始的区域。字符串长度不超过 32 字节，以 0 作为结束标志。

```
        X_BUF       XDATA       1000H
        I_BUF       DATA        30H
        BUF_SIZE    EQU         20H
                    ORG         0000H
                    LJMP        MAIN
                    ORG         0030H
        MAIN:       MOV         DPTR, #X_BUF
                    MOV         R0, #I_BUF
        LOOP:       MOVX        A, @DPTR        ;读取外部缓冲区内容
```

```
            JZ      OVER            ;为0,已经复制结束
            MOV     @R0, A          ;不为0,写入内部缓冲区
            INC     DPTR            ;地址增1
            INC     R0
            SJMP    LOOP            ;继续循环
    OVER:   SJMP    $
            END
```

这个例子中,只以取出的数据是否为 0 作为循环判断条件。如果由于种种原因,外部字符串的长度没有限制在 32 字节内,程序的执行可能会将内部 RAM 后续单元中的数据破坏。可以再添加计数控制代码,当长度超过 32 字节后不再复制。

例 4.23 某外部接口准备好数据之后,将其内部状态寄存器最高有效位置为 1。若单片机无其他任务,而且必须得到这个数据后才能进行下一步的处理,则应一直检查该接口,直到其准备好方可读取数据。

若该接口电路的状态寄存器地址为 DEV_STA,数据输入寄存器地址为 DEV_DATA,可以使用以下代码段实现上述功能。

```
            MOV     DPTR, #DEV_STA   ;状态寄存器
    WAIT:   MOVX    A, @DPTR         ;读入状态
            JNB     ACC.7, WAIT      ;没有就绪,继续读入状态
            MOV     DPTR, #DEV_DATA  ;就绪,准备输入数据
            MOVX    A, @DPTR         ;输入数据
            ......                   ;后续处理
```

这种通过 CPU 主动读取接口状态与输入/输出接口进行同步的方式称作查询式 I/O,接口速度较慢时,CPU 利用率很低。

前面的例子中,都使用

```
    SJMP    $
```

作为代码的最后一条指令,实际上是让单片机反复执行这条指令,只不过没有做有意义的工作。单片机只要不断电,CPU 就不会停下来。单片机程序也应当是一个无限循环结构,根据实际情况,安排循环内部的指令。

例 4.24 写出一个单片机软件的整体结构框架。假设该 MCS-51 单片机任务比较简单,只是将当前湿度值显示在屏幕上。

整个程序可以是下面的结构。

```
            ORG     0000H           ;复位后 PC 值为 0000H
            LJMP    MAIN            ;单片机执行的第一条指令
            ORG     0030H
    MAIN:
            MOV     SP, #5FH        ;系统初始化部分
            ......
    LOOP:                           ;处理部分
            CALL    READ_RH         ;读取相对湿度
```

```
            CALL      DISP_RH        ;显示相对湿度值
            SJMP      LOOP           ;无限循环
            END
```

READ_RH 和 DISP_RH 是两个子程序,其代码可以与上述程序在同一个文件中,也可以在另外的模块文件中。

4.4.4 子程序设计

一段功能完整、相对独立、可重复使用的程序代码可以作为一个整体,定义成一个子程序,需要时通过 ACALL 或 LCALL 指令调用执行。为了能够在子程序结束时再返回到调用程序处继续执行,MCS-51 提供了 RET 指令。合理使用子程序可以使程序框架明了、便于排错。

在编写子程序时,通常要注意以下几个方面的问题。

(1) 子程序与调用程序的通信,即参数传递和处理结果的回送问题。常用的有使用寄存器或内部 RAM 单元的方式;许多其他机器中使用堆栈传递参数的方式,在 MCS-51 单片机中由于缺乏对内部 RAM 的变址寻址而不太方便。在调用子程序前,调用程序(主程序)需要先将参数数据保存到寄存器或内部 RAM 单元中;子程序在返回前,也需要将处理结果数据保存到约定的位置。

(2) 子程序中的现场数据保护。子程序中往往要使用一些寄存器保存处理过程中的临时数据,这些寄存器在主程序中可能也已经存有有用的信息,不能让子程序将它们的内容破坏掉。因此在使用寄存器前,应将其内容保护起来。常用的方法是,对于一般寄存器内容进行入栈保护,对于工作寄存器组实行成组保护,待子程序返回前再行恢复。

(3) 子程序中必须要保证堆栈的一致性。堆栈中保存着子程序的返回地址,为了保证返回到正确的位置,子程序中入栈和出栈指令必须成对出现,不宜修改堆栈指针内容。

(4) 子程序调用可能会嵌套,每次调用都要用堆栈保存返回地址;子程序中还可能使用堆栈保存现场数据。所以在系统主程序中,要将堆栈初始化为合适的大小。

(5) 为使所编写的子程序可以放在程序存储器的任意位置,并且可以被任意位置的程序调用,子程序内部的转移最好使用相对转移或长转移指令;若有嵌套调用,也最好使用长调用指令。

例 4.25 外部 RAM 中有一系列字节数据,起始地址已经保存到 DPTR 中,数据个数在 B 中(1~255)。求出这些数据的和,保存在 R7、R6 中,R7 为高字节,R6 为低字节。累加器作为普遍使用的临时存储,不用保护。

相应的子程序如下。

```
SUM:        MOV       R6, #0        ;和初始化为 0
            MOV       R7, #0
NEXT:       MOVX      A, @DPTR      ;取一个数据
            ADD       A, R6         ;相加
            MOV       R6, A
            JNC       DONE          ;低位无进位,高位不变
```

```
INC_HIGH:
        INC     R7              ;低位有进位,高位增 1
DONE:   INC     DPTR            ;准备下一个
        DJNZ    B, NEXT         ;循环
        RET
```

例 4.26 编写子程序,将一个 8 位二进制数转换为 3 位 BCD 数。待转换的数已经存放于 A 中,转换结果放入内部 RAM 以 R0 内容为地址的两个连续单元中。百位在前,十位、个位压缩存放在后。

子程序可如下编写。

```
BIN2BCD:
        MOV     B, #100
        DIV     AB              ;除以 100
        MOV     @R0, A          ;存放百位
        INC     R0
        MOV     A, #10          ;准备除以 10
        XCH     A, B            ;A 中为除去百位后的余数
        DIV     AB              ;A 中为十位,B 中为个位
        SWAP    A
        ADD     A, B            ;压缩
        MOV     @R0, A          ;保存
        RET
```

例 4.27 编写字符串比较子程序。两个字符串,一个由用户输入,存放于外部 RAM 中,地址由 DPTR 给出;另一个是固化到程序存储器中的,地址由 R7、R6 内容指定,R7 中存放高 8 位地址。两个字符串都以 0 结尾。若两个字符串完全相同,将 CY 标志置为 1;否则将 CY 清零。

参考子程序如下。

```
STR_CMP:
        PUSH    B               ;子程序中要用到 B 暂存数据,保护
NEXT:   PUSH    DPH             ;访问程序存储器要用到 DPTR,保护
        PUSH    DPL
        MOV     DPH, R7         ;装入程序存储器单元地址
        MOV     DPL, R6
        CLR     A
        MOVC    A, @A+DPTR      ;查表得到一个字符
        INC     DPTR            ;地址指向下一个字符
        MOV     R7, DPH         ;保存回 R7、R6
        MOV     R6, DPL
        MOV     B, ACC          ;字符暂存于 B 中
        POP     DPL             ;恢复外部数据存储器单元地址
        POP     DPH
        MOVX    A, @DPTR        ;取一个字符
        INC     DPTR            ;地址指向下一个字符
        CJNE    A, B, STR_NE    ;比较不等,可以返回
```

```
                JNZ         NEXT                        ;两个字符不相等,继续比较下一个字符
        STR_EQ: SETB        C                           ;两个字符全为 0,比较结束,两个字符串相同
                POP         B                           ;恢复 B
                RET
        STR_NE: CLR         C                           ;两个字符串不同
                POP         B
                RET
```

由于取程序存储器内容要使用 MOVC 指令,无法预知程序存储器中字符串位置,近程查表使用不便,采用远程查表。远程查表又要用到 DPTR,所以每次比较都需要将 DPTR 保护、恢复,另外有针对 DPTR 的增 1 指令,也给修改地址提供了方便。

4.5 案例实训——HEX 格式文件处理

1. 案例说明

某单片机实验系统可以接受 HEX 格式文件,以行为单位,依次处理。当前行保存于行缓冲区中,若检查无误,将其机器码存储于指定的位置;若有校验错误,向用户告警。实验系统中将用户程序存放于外部 RAM 从 2000H 开始的区域。假设 HEX 文件的数据传输已经完成,行缓冲区地址为 1000H。编写程序,完成行内容的校验和机器码的存放。

2. 编程思路

这个程序主要涉及以下几个问题。

(1) 校验。包括该行是否以冒号开始、机器码长度是否不超过 16、校验字节是否正确。冒号的检查比较容易,机器码长度需要计算,将 HEX 文件中的十六进制数转换成二进制数值表示。校验和的求法也需要二进制加法。

(2) 机器码的复制。机器码应该是二进制的,要将十六进制表示的机器码转换成二进制。

(3) 在求取校验和与复制过程中需要计数,可以从 HEX 行中将本行的机器码字节数求出来。

(4) 由于将两个十六进制字节转换成一个二进制数值的过程要反复使用多次,可以编写成一个子程序。校验和机器码的复制也可以写成子程序的形式,能够使整个程序结构更清晰。

3. 程序设计

根据以上思路,可以编写出以下的程序。

```
        LINE_BUF    XDATA   1000H               ;行缓冲区
        USR_PGM     XDATA   2000H               ;系统中机器码存储区的起始地址
        LINE_LEN    DATA    30H                 ;每一行机器码的长度
                    ORG     0000H
                    LJMP    MAIN
```

```
            ORG      0030H
MAIN:
            MOV      SP, #5FH
            CALL     HEX_VERIFY          ;校验一行的内容
            JNC      STORE
            SJMP     $                   ;发现校验错
STORE:
            CALL     HEX_PRG             ;转储一行机器码
            SJMP     $                   ;可以接其他操作
HEX_VERIFY:                              ;以下是校验子程序，CY 为 1 表示校验出错
            MOV      A, R5               ;要用到 R5，保护原值
            PUSH     ACC
            MOV      DPTR, #LINE_BUF     ;行缓冲区地址
            MOVX     A, @DPTR            ;第一字节
            CJNE     A, #':', VERIFY_ERR ;不是冒号，出错
            INC      DPTR                ;是冒号，继续下一字节
            PUSH     DPH                 ;校验和要从此处开始计算
            PUSH     DPL                 ;地址先暂存在堆栈中
            MOVX     A, @DPTR            ;机器码长度
            MOV      B, A                ;高 4 位表示
            INC      DPTR
            MOVX     A, @DPTR            ;低 4 位表示
            XCH      A, B
            CALL     HEX2BIN             ;转换成二进制数值
            MOV      LINE_LEN, A         ;保存到 LINE_LEN 中，下面还要用
            CLR      C                   ;是否超过 16？
            SUBB     A, #11H              ;减去 17
            POP      DPL                 ;先把地址恢复
            POP      DPH
            JNC      VERIFY_ERR          ;减法无借位，长度太大，校验出错
            MOV      A, #5               ;长度合法
            ADD      A, LINE_LEN         ;校验时求和，除机器码外，还有一个长度字节
            MOV      R5, A               ;两个地址字节，一个类型字节，一个校验字节
            CLR      A                   ;R5 作为循环计数，累加和清零
CHK_SUM:
            PUSH     ACC                 ;暂存累加和
            MOVX     A, @DPTR            ;取下一字节
            MOV      B, A
            INC      DPTR
            MOVX     A, @DPTR
            XCH      A, B
            CALL     HEX2BIN             ;转换为二进制数值
            POP      B                   ;取出累加和
            ADD      A, B                ;加上新取出的字节
            INC      DPTR                ;准备下一次加法
            DJNZ     R5, CHK_SUM         ;循环
            JNZ      VERIFY_ERR          ;累加和结果不为 0，校验出错
```

```
                CLR         C                          ;校验正确
                SJMP        VERI_OVER
VERIFY_ERR:
                SETB        C                          ;出错以 CY=1 表示
VERI_OVER:
                POP         ACC
                MOV         R5, A                      ;恢复 R5
                RET
HEX_PRG:
                MOV         A, R5                      ;保护 R5、R6、R7
                PUSH        ACC                        ;R5 用作计数,R7、R6 用来存放地址
                MOV         A, R6
                PUSH        ACC
                MOV         A, R7
                PUSH        ACC
                MOV         A, LINE_LEN
                JZ          HEX_PRG_OVER               ;机器码长度若为 0,返回
                MOV         DPTR, #LINE_BUF            ;行缓冲区
                INC         DPTR
                INC         DPTR
                INC         DPTR                       ;跳过冒号和计数值
                MOVX        A, @DPTR                   ;现在取出的是地址值的第一字节
                MOV         B, A
                INC         DPTR
                MOVX        A, @DPTR                   ;第二字节
                XCH         A, B
                CALL        HEX2BIN                    ;转换成二进制
                MOV         R7, A                      ;是高 8 位地址,存入 R7
                INC         DPTR
                MOVX        A, @DPTR                   ;第三字节
                MOV         B, A
                INC         DPTR
                MOVX        A, @DPTR                   ;第四字节
                XCH         A, B
                CALL        HEX2BIN                    ;转换成二进制,是低 8 位地址
                ADD         A, #LOW USR_PGM            ;加上系统分配的位移量
                MOV         R6, A                      ;得到实际低 8 位地址
                MOV         A, R7                      ;高 8 位地址也如此处理
                ADDC        A, #HIGH USR_PGM
                MOV         R7, A                      ;地址平移结束
                INC         DPTR                       ;跳过类型字节
                INC         DPTR
                INC         DPTR
                MOV         R5, LINE_LEN               ;循环次数送 R5
PGM_NEXT:
                MOVX        A, @DPTR                   ;取机器码字节
                MOV         B, A
```

```
            INC         DPTR
            MOVX        A, @DPTR        ;机器码第二字节
            XCH         A, B
            CALL        HEX2BIN         ;转换成一个二进制字节
            INC         DPTR            ;地址指向下一字节
            PUSH        DPH             ;暂存地址
            PUSH        DPL
            MOV         DPH, R7         ;目标地址
            MOV         DPL, R6
            MOVX        @DPTR, A        ;机器码复制到目标地址
            INC         DPTR            ;指向下一目标地址
            MOV         R7, DPH
            MOV         R6, DPL
            POP         DPL             ;恢复源地址
            POP         DPH
            DJNZ        R5, PGM_NEXT    ;循环
HEX_PRG_OVER:
            POP         ACC             ;传送结束
            MOV         R7, A           ;恢复寄存器原值
            POP         ACC
            MOV         R6, A
            POP         ACC
            MOV         R5, A
            RET
HEX2BIN:                                ;两个十六进制符号字节转换成一个二进制字节
            CLR         C               ;高4位在A中
            SUBB        A, #'A'         ;是否为'A'~'F'
            JC          HIGH_DIGIT      ;否,应是'0'~'9'
            ADD         A, #10          ;是,转换成10~15(0AH~0FH)
            SJMP        LOW_BYTE        ;再处理低4位
HIGH_DIGIT:                             ;转换成0~9
            SUBB        A, #'0'-'A'-1   ;此时CY=1,所以要补偿
LOW_BYTE:
            XCH         A, B            ;低4位移入A中,转换出的高4位移入B中
            CLR         C
            SUBB        A, #'A'         ;是否为'A'~'F'
            JC          LOW_DIGIT       ;否,应是'0'~'9'
            ADD         A, #10          ;是,转换成10~15(0AH~0FH)
            SJMP        MERGE           ;合并高低4位
LOW_DIGIT:                              ;转换成0~9
            SUBB        A, #'0'-'A'-1   ;此时CY=1,所以要补偿
MERGE:
            XCH         A, B            ;A中为高4位的值,B中为低4位的值
            SWAP        A               ;A中数据确实移入高4位
            ADD         A, B            ;将B中的低4位值合并过来
            RET                         ;结束
            END
```

程序中有的地方可以改进。比如，进行十六进制数向二进制转换时，默认传递过来的参数是合法的十六进制串，而实际应用中，可能由于存储介质或通信差错出现非法的情况，若这时校验也没有检查出错误，就会将错误的数据写入外部 RAM 中，导致这些机器码的执行得不到预期结果。该程序以行为单位传送数据，实际的 HEX 文件有很多行，数据传送也会重复多次，是否结束可以通过检查类型字节实现。

实际应用中，HEX 文件可以使用 PC 机的串行口发送到单片机系统中，参见本书第 9 章。

小　　结

汇编语言是使用助记符、符号地址、标号等符号来编写程序的计算机语言，可以产生最高效的可执行代码。汇编语言程序开发要经过编辑、汇编、连接、符号转换、运行几个阶段。

汇编语言中的语句有指令语句、伪指令语句、汇编控制语句和注释语句四种。语句中的数值可以用表达式表示，由汇编程序负责求值。伪指令指定汇编程序在汇编源程序期间的一些操作，常用的有 ORG、END、EQU/SET、DATA/IDATA/XDATA/BIT/CODE、DS、DBIT、DB、DW、PUBLIC、EXTRN 等。很多汇编程序提供了通用的转移和调用指令。条件汇编使得在一个文件中可以保存软件的多个版本，使用 IF-ELSE-ENDIF 或 IF-ELSEIF-ELSE-ENDIF 结构实现。

当前的汇编程序通常采用两次扫描汇编过程。第一次确定各指令机器码在内存中的位置，第二次计算第一次扫描时未确定的标号或位移量值。Intel HEX 文件是一种将机器码表示为 ASCII 码的标准，其内容以行为单位，每行中以十六进制方式表示机器码长度、起始地址、类型、机器码列表和校验字节。

汇编语言程序通常是一个无限循环形式。在内部，可以有顺序、分支、循环各种结构，每种结构中还可嵌套其他结构，每种结构也有多种实现方式。

习　　题

1. 机器语言、汇编语言、高级语言有什么区别？计算机可以直接理解的是哪类语言？人们编程最方便的是哪类语言？
2. 汇编语言程序开发过程有哪几个阶段？
3. 以下符号，哪些是合法的标识符？哪些不是？为什么？

   (1) A+B   (3) ?ABC   (5) HIGH   (7) 21CENTURY
   (2) BEIJING2008 (4) ＿SO_LONG   (6) AB   (8) AANDB

4. 求出以下表达式的值。

   (1) 'a'/10   (2) (12345 MOD 256) OR 0FF00H   (3) NOT 'A'

(4) 1>2　　　　(5) (HIGH 1234H) SHL 8　　　　(6) (6 SHL 8) OR 78H
(7) 'cd'　　　　(8) 1234H SHR 4

5. 使用 DATA、IDATA、BIT 等伪指令与仅使用 EQU 伪指令相比有什么优势？
6. DS 可以用于程序存储器吗？
7. 有以下代码片段，请写出 LABEL、VAR、STR、LENGTH 所对应的值。

```
DSEG        AT      30H
LABEL:      DS      10H
VAR         DATA    $
CSEG        AT      1000H
STR:        DB      'Hello!', 0
LENGTH      EQU     $-STR
```

8. 程序模块间通信使用什么语句？
9. 若程序中使用 CALL 语句，产生的机器码是什么？
10. 使用条件汇编将一个程序的多个版本保存在同一个源文件中时，应如何确保该程序的正确性？为什么？
11. 简述汇编程序的工作过程。
12. 手工汇编，得到例 4.18 的机器码。
13. 使用汇编工具，得到例 4.18 的 HEX 格式文件，与 12 题得到的结果进行比较。
14. 为什么单片机程序一般是一个无限循环结构？
15. 编写程序，将内部 RAM 30H～4F 单元共 32 个无符号数中最大者找出，存入 50H 单元。
16. 编写程序，将内部 RAM 30H～4F 单元共 32 个有符号数中最大者找出，存入 50H 单元。
17. 某单片机系统的功能为：根据操作人员输入的命令，执行相应的操作；命令为 ASCII 码串的形式，以回车字符结束。编写程序主体框架。
18. 编写子程序，将 A 中的二进制数转换为十六进制表示，A、B 中分别存放高、低 4 位二进制数相对应的十六进制符号。
19. 编写子程序，将以 DPTR 内容为起始地址的程序存储器单元内容复制到由 R7、R6 内容为地址的外部数据存储器中。R7 为高 8 位地址，R6 为低 8 位地址，长度由 B 中内容指定。
20. 编写子程序，验证用户输入的 18 位身份证号是否有效。身份证号已经输入到内部 RAM 从 30H 开始的连续单元中，以 ASCII 码串表示。校验码的计算请查找有关资料。

第 5 章 MCS-51 C 语言程序设计

本章要点

- MCS-51 C 语言的特殊数据类型
- MCS-51 C 语言程序的存储模式
- MCS-51 C 语言程序的结构
- C 语言与汇编语言的混合编程

C 语言是一种通用的计算机程序设计语言,其代码效率高,数据类型和运算符丰富,有良好的程序结构,适用于各种应用系统的程序设计,是目前使用较广的单片机编程语言。本章重点介绍在单片机上使用 C 语言编程所特有的数据处理、存储分配、硬件管理功能,学习本章之前要求读者熟悉基本的 C 语言知识。

5.1 C 语言与 MCS-51 单片机

5.1.1 C 语言程序开发过程

我们还是从一个 MCS-51 系统 C 语言程序的完整例子开始。

例 5.1 编写程序,将一个两位 BCD 数转换成 8 位二进制数并保存。

类似于通用计算机平台上的 C 语言编程,可编辑产生如下的源程序。

```
typedef     unsigned char   UCHAR;
UCHAR       bcd2bin(UCHAR);
void main(void)
{
    UCHAR   bcd, bin;
    bcd = 0x56;
    bin = bcd2bin( bcd );
    while ( 1 )
        ;
}
UCHAR bcd2bin(UCHAR x)
{
    return (x >> 4) * 10 + (x & 0x0f);
}
```

一般的 C 语言开发套件中,包括编译器、连接器和符号转换程序。编译器将源程序翻译为可重定位的目标代码文件(也可产生等价的汇编语言程序);连接器将目标代码文件连接为绝对目标文件;符号转换程序可将绝对目标文件转换为 Intel HEX 格式文件,编程到程序存储器中运行。若使用提供了集成开发环境(Integrated Development Environment，IDE)的套件，则编辑、编译、连接、符号转换，甚至调试可在一个窗口中完成。

例 5.1 的程序功能与例 4.1 相同，而结构比使用汇编语言更清晰，代码更易理解。但是，高级语言要经过编译才能变成计算机能够理解的机器码，一般情况下，编译结果要比使用汇编语言编写的程序机器码长度增加很多。如果没有高效率的编译程序，在程序存储器严重受限制的单片机领域，高级语言很难有其用武之地。

下面是某编译器编译例 5.1 程序产生的汇编语言结果。

```
?PR?main?FIRST      SEGMENT    CODE       INBLOCK
?DT?main?FIRST      SEGMENT    DATA       OVERLAYABLE
?PR?_bcd2bin?FIRST  SEGMENT    CODE       INBLOCK
EXTRN               CODE       (?C_STARTUP)
PUBLIC              _bcd2bin
PUBLIC              main
RSEG                ?DT?main?FIRST
?main?BYTE:
bin?041:DS          1
        RSEG        ?PR?main?FIRST
main:
        USING       0
        MOV         R7, #056H
        ACALL       _bcd2bin
        MOV         bin?041, R7
?C0001:
        SJMP        ?C0001
        RSEG        ?PR?_bcd2bin?FIRST
_bcd2bin:
        USING       0
        MOV         A, R7
        SWAP        A
        ANL         A, #0FH
        MOV         B, #0AH
        MUL         AB
        MOV         R6, A
        MOV         A, R7
        ANL         A, #0FH
        ADD         A, R6
        MOV         R7, A
?C0004:
        RET
        END
```

比较发现，所产生的汇编语言程序与我们自己编写的程序很相似，几乎没有冗余的代码。在 C 语言程序中，所有的变量存储、参数传递，无需指定存储位置或寄存器名，将程序员从一些繁琐的细节劳动中解放出来，只需专注于结构和逻辑的设计。正因如此，在单片机开发领域，C 语言的应用越来越广泛。

5.1.2 C 语言的特点

C 语言是一种编译型程序设计语言，是为了满足系统软件的开发要求而设计的，具有很强的表达能力，能够用于描述系统软件各方面的特性。C 语言还有较高的可移植性、提供丰富的运算符和数据类型，有功能丰富的库函数，运算速度快、编译效率高，而且可以实现对硬件的直接控制。

C 语言是一种结构化程序设计语言，支持自顶向下的结构化程序设计技术；具有完善的程序模块结构，在软件开发中可以采用模块化程序设计方法。使用 C 语言设计系统软件，可以大大缩短开发周期，增强程序的可读性，便于改进和扩充。

单片机的软件开发，通常情况下是在裸机的基础上开始的，程序明显带有系统软件的特征。使用 C 语言进行单片机系统开发，程序员不必将大量的精力花在诸如内存单元分配、子程序参数传递、数据结构实现、分支循环控制等底层工作上，而将这些事情交由编译程序负责解决。

单片机的 C 语言符合 ANSI C 标准，可以产生紧凑的目标码，效率可以与汇编语言相媲美。与汇编语言相比，C 语言还有以下优点。

(1) 不必详细了解单片机的指令系统。
(2) 仅要求对 MCS-51 存储器结构有初步了解。
(3) 寄存器分配、不同存储器区域的寻址及数据类型等细节由编译程序管理。
(4) 程序具有规范的结构和固有的模块化思想。
(5) 运算符和关键字用接近于自然语言的方式表示。
(6) 提供包含大量标准子程序的函数库，具有较强的数据处理能力。
(7) 在对执行效率要求较高的场合，可以嵌入汇编，也可以与汇编语言协同开发。

5.1.3 单片机 C 语言的移植

使用 C 语言进行软件开发有其独特的优势。20 世纪 80 年代，C 语言就已经开始向 MCS-51 单片机硬件平台移植。移植的难点，即单片机 C 语言要解决的问题有以下几个。

(1) MCS-51 存储器的非冯·诺依曼结构，加上内部有位寻址空间，对存储器变量的使用提出了挑战。

(2) 内部的数据存储器和程序存储器空间相对太小，而外部还可扩展存储容量，编译程序如何根据实际情况合理使用这些空间。

(3) 内部各功能单元采用特殊功能寄存器集中管理，在 C 语言中如何实现寄存器访问。

(4) MCS-51 单片机派生种类繁多，硬件配置不统一，但是要求必须能够使用 C 语言操控所有硬件资源。

(5) MCS-51 内部只有一个堆栈，且存储空间有限，传统的利用堆栈传递参数的方法难以奏效。

随着技术的发展和各软件厂商的努力,以上问题都得到了近乎圆满的解决。一度阻碍 C 语言在单片机上使用的代码长、速度慢、资源分配不合理等困难已经克服,针对 MCS-51 的 C 语言日趋成熟,成为专业化的实用高级语言。

5.2 单片机 C 语言的扩充

MCS-51 单片机有着与通用 CPU 截然不同的体系结构、硬件资源和运算特性。虽然编译程序可以管理这些与机器相关的资源,但有时为了产生更高效的代码、适应特殊的应用要求,还需要程序员的干预。针对单片机独有的一些功能特点,绝大多数的 MCS-51 的 C 语言编译程序对标准 C 语言进行了一些扩充。

5.2.1 数据类型

无论是出现在表达式中的常量,还是程序员自己定义的变量,都有其数据类型。特别是变量,数据类型是编译程序进行存储器分配的依据之一。MCS-51 的 C 语言提供了如表 5-1 所示的基本数据类型。

表 5-1 MSC-51 C 语言中的基本数据类型

数据类型	位 数	字 节 数	范 围
bit	1		0～1
signed char	8	1	−128～+127
unsigned char	8	1	0～255
enum	8/16	1/2	−128～+127 或 −32768～+32767
signed short	16	2	−32768～+32767
unsigned short	16	2	0～65535
signed int	16	2	−32768～+32767
unsigned int	16	2	0～65535
signed long	32	4	−2147483648～+21473647
unsigned long	32	4	0～4294967295
float	32	4	±1.175494E-38～±3.402823E+38
sbit	1		0～1
sfr	8	1	0～255
sfr16	16	2	0～65535

表 5-1 中的大部分类型是 C 语言中的标准类型,像字符型、枚举型、各种整型和单精度浮点型等。枚举型根据实际枚举常量的多少由编译程序确定其长度,而 bit、sbit、sfr 和 sfr16 是为访问 MCS-51 硬件中的内部 RAM 中的位、SFR 中的位以及 8 位 SFR 和 16 位

SFR(如 DPTR)所特有的类型，它们不是 ANSI C 的一部分，不能用指针对它们进行访问，也不能定义包含这些类型元素的数组、结构体、联合体等。

例 5.2 某 MCS-51 系统中需要处理以下几个数据：一个是从扩展的 I/O 端口输入的 8 位开关量状态数据 in_data，一个是记录系统运行时间的 log_time(以秒为单位)，还有一个是保存设备是否正常运转的标志 ok_flag，它们以变量形式存储，使用哪种类型最合适？

in_data 为 8 位无符号数据，使用 unsigned char 最合适；log_time 需要记录较长时间，若用 16 位的整型变量，只能累计几个小时，用 long 型最好，也应是无符号的；ok_flag 有一位即可，可用 bit 型。具体变量定义时，可使用以下语句。

```
unsigned char      in_data;
unsigned long      log_time;
bit                ok_flag;
```

实际上，只要不是必需，在 MCS-51 的 C 语言程序中应尽量使用较短的、无符号的类型。unsigned char 是第一选择，因为编译成机器码后最适合单片机处理的是字节数据。

5.2.2 存储器类型

C 语言中的变量的存储位置通常由编译程序根据一定的约定进行分配。如果编程时比较清楚某些变量的属性，程序员也可在变量定义时指定其存储区域。C 语言中可以使用的存储区域类型见表 5-2。

表 5-2 存储器类型与 MCS-51 存储空间的关系

存储器类型	与硬件存储器空间的对应关系
code	程序存储器；使用 MOVC @A+DPTR 指令访问
data	直接寻址的内部数据存储器；访问速度最快(128 字节)
idata	间接访问的内部数据存储器；可以访问所有的内部存储器空间(256 字节)
bdata	可位寻址的内部数据存储器；可以字节方式也可以位方式访问(16 字节)
xdata	外部数据存储器(64KB)，通过 MOVX @DPTR 指令访问
pdata	外部数据存储器的一页(256 字节)，使用 MOVX @Ri 指令访问

类似于使用 signed 或 unsigned 属性修饰符，存储器类型说明也可用于变量定义中。

例 5.3 指出以下变量的存储位置。

```
char data            var1;
char code            text[] = "ENTER PARAMETER";
unsigned long xdata  array[100];
float idata          x, y, z;
unsigned int pdata   dimension;
unsigned char xdata  vector[10][4][4];
char bdata           flags;
```

var1 保存于内部 RAM 中；"ENTER PARAMETER" 存储于程序存储器中，其首地址以 text 表示，程序运行期间该符号串不能修改；100 个长整型元素的数组 array 只能存储于外部 RAM 中，占 400 个字节；单精度浮点数变量 x、y、z 保存在内部 RAM 内；无符号数变量 dimension 则存储于外部 RAM 的某一页内；有 160 个字节数据的三维数组 vector 也只能存储于外部 RAM 中；由多个标志位组成的标志字节 flags 存储于位寻址区。

若定义变量时指定了存储器类型，编译程序按要求为其分配存储空间；若未指定，编译程序按照存储模式自动为变量选择默认存储器类型。

5.2.3 存储模式

除了没有指定存储器类型的变量外，存储模式还用来确定函数参数和自动变量的默认存储器类型。常用的存储模式有 SMALL、COMPACT 和 LARGE，以适应不同规模的程序。如果没有说明，编译程序默认使用 SMALL 模式。

1. SMALL 模式

SMALL 模式下，所有的变量默认存放于内部 RAM 中，相当于定义时使用了 data 类型，这时的变量访问速度最快、效率最高，但是所有对象(包括堆栈)必须能够存入内部 RAM 的 128 字节。堆栈大小是一个关键因素，而实际大小依赖于函数调用的嵌套层数。如果连接定位程序在内部 RAM 中使用了变量覆盖技术(比如某个函数的局部变量空间在退出该函数时就释放，由其他函数的局部变量覆盖)，使用 SMALL 模式是最好的选择。

2. COMPACT 模式

COMPACT 模式下，所有变量默认存放于外部 RAM 的一页中，相当于定义时使用了 pdata 类型。这种存储模式可以满足最多 256 字节的变量。由于对变量的访问必须使用间接寻址方式，所以速度也比访问内部 RAM 慢一些，COMPACT 模式产生的机器码速度不如 SMALL 模式的快，但是比 LARGE 模式要好。

使用 COMPACT 模式时，编译程序产生的机器码使用@R0 和@R1 作为变量的指令操作数。R0 和 R1 中只能存放外部 RAM 单元地址的低 8 位。若在实际的系统中，外部 RAM 容量大于 256 字节，地址的高 8 位要由 P2 口送出。在对变量访问之前，必须将 P2 口锁存器初始化为合适的值。这项操作通常是在启动代码(main 函数执行之前的代码)中实现的。

3. LARGE 模式

LARGE 模式下，所有变量默认存放于外部 RAM 中，最多可以有 64KB，相当于定义时使用了 xdata 类型。数据指针 DPTR 用来寻址变量。这种访问方式效率不高，特别是当变量长度超过一个字节时。寻址方式直接影响代码长度，产生的机器码比 SMALL 和 COMPACT 模式产生的都要多。

由于各种存储模式在访问效率、代码长度、变量总长度等方面各有优缺点，现在常用的 C 编译程序通常允许使用混合模式。即不管存储模式如何，把经常使用的变量强制存放于内部 RAM，大块数据则存放于外部 RAM 而将其指针存放于内部 RAM 中，可以使用存储器类型说明符指定。

5.2.4 硬件资源访问

单片机程序经常直接控制内部各功能模块，像并行接口、串行接口、定时器/计数器、中断系统等，要求 C 语言必须提供直接访问硬件资源的手段。

1. 特殊功能寄存器

MCS-51 C 语言使用 sfr、sfr16 和 sbit 数据类型访问特殊功能寄存器。

特殊功能寄存器的定义与变量定义使用同样的格式，比如

```
sfr P0 = 0x80;      /*P0 口，地址为 80H*/
sfr P1 = 0x90;      /*P1 口，地址为 90H*/
sfr P2 = 0xA0;      /*P2 口，地址为 A0H*/
sfr P3 = 0xB0;      /*P3 口，地址为 B0H*/
```

其中，P0、P1、P2 和 P3 是定义的特殊功能寄存器名字。实际上，任何合法的标识符都可以作为 sfr 定义中的特殊功能寄存器的变量名。

等号后的地址必须是数值常数，而且一定要在特殊功能寄存器区域内(0x80～0xFF)。

例 5.4 在 Intel 8051 单片机上使用 C 语言编程。指出下面 SFR 定义中，哪些是合法的，哪些是有效的，哪些是非法的。

```
sfr   PORT_ZERO  = 0x80;    /*合法有效，实际就是 P0 的别名*/
sfr   ACC        = 0xE0;    /*合法有效，为累加器*/
sfr   CON_REG    = 0x12;    /*不合法，地址不在允许范围内*/
sfr   NEW_CON    = 0xFF;    /*合法无效，该地址无实际 SFR*/
```

例 5.5 分析以下程序的执行结果。

```
sfr      PONE      = 0x90;
void main(void)
{
    unsigned char i;
    while ( 1 )
    {
        PONE ^= 0x01;
        for( i=0; i<250; i++ )
            ;
    }
}
```

程序的执行使 MCS-51 的 P1.0 交替输出 1 和 0，两个值的持续时间相同，具体时间长度由 for 循环决定。

大多数 C 环境附带了一些 C 头文件，比较典型的是在 reg51.h 中对所有 51 子系列中的特殊功能寄存器进行了 sfr 定义，在 reg52.h 中对所有 52 子系列中的特殊功能寄存器进行了 sfr 定义。如只要在 C 程序中加入

```
# include        <reg51.h>
```

就可直接使用 51 子系列中所定义过的特殊功能寄存器了。

2. 特殊功能寄存器中的位

典型的 MCS-51 应用中，会经常访问特殊功能寄存器中的位。使用 sbit 类型可以定义可位寻址 SFR 中的位。如

```
sbit        CY      = 0xD7;
```

定义 CY 为位寻址空间地址为 0xD7 的位，实际上就是 PSW 中的进位标志。

任何合法的标识符都可以作为 sbit 名字，等号右边的表达式为该标识符赋予了一个位地址。指定位地址有三种方式。

(1) sfr 名字^整型常数。该方式使用先前已经定义的 sfr 名字作为 sbit 的基地址，要求该 sfr 地址必须为 8 的倍数(即该 sfr 确实是可以按位访问的)。在 "^" 符号后的整型常数指定该 sbit 在 sfr 中的位置，范围是 0~7，其中 0 为最低有效位。

例 5.6 下面定义的三个符号名称的含义各是什么？

```
sfr         PSW     = 0xD0;
sbit        OV      = PSW ^ 2;
sbit        P       = PSW ^ 0;
```

它们分别代表程序状态字 PSW(地址为 D0H)、溢出标志 OV 和奇偶标志 P。

(2) 整型常数^整型常数。使用第一个整型常数作为 sbit 的基地址，要求该基地址必须为 8 的倍数。在 "^" 符号后的整型常数指定该 sbit 的位置，范围是 0~7，其中 0 为最低有效位。

例 5.7 写出定义 PSW 中的 OV 和 P 标志 sbit 位名称的另一种方式。

```
sbit        OV      = 0xD0 ^ 2;
sbit        P       = 0xD0 ^ 0;
```

(3) 整型常数。这种方式直接指定位变量的位地址。

例 5.8 写出定义 PSW 中的 OV 和 P 标志 sbit 位名称的第三种方式。

```
sbit        OV      = 0xD2;
sbit        P       = 0xD0;
```

通常在 reg51.h 等文件中对可位寻址的 sbit 已经做了定义。

3. 内部 RAM 中的位寻址资源

将一个变量定义为 bit 型后，C 编译程序就会在位寻址区为其分配一位的空间。定义一个其他类型变量时若指定了 bdata 存储器类型，C 编译程序也会在内部 RAM 的位寻址区为其分配存储空间。这个变量中的位也可以单独访问，但必须先行定义。

例 5.9 指出下面使用位变量以及其他变量中位的作用。

```
unsigned char bdata     data8;          /*在位寻址区的字节变量 data8*/
sbit                lsb = data8^0;      /*lsb 为 data8 的最低位*/
```

```
    sbit            msb = data8^7;        /*msb 为 data8 的最高位*/
void main(void)
{
    bit flag = 1;              /*局部位变量 flag,值为 1*/
    data8 = 'A';               /*为 data8 赋值*/
    while ( 1 )
    {
        flag = ~flag;          /*flag 取反*/
        msb = !flag;           /*flag 取反,赋值给 msb*/
        lsb = !lsb;            /*lsb 取反,赋值给 lsb*/
    }
}
```

对于 float 型变量,无法直接访问其中各位,但可以定义一个联合体,将一个 float 型和一个 long 型元素绑定在一起,然后对 long 型元素进行位访问。

4. 指定绝对地址的变量

在某些与硬件密切相关的应用中,可能需要指定变量在系统中的绝对地址,而不是让编译程序自行分配。在 MCS-51 的 C 语言程序中,可使用_at_满足这一要求,其格式如下。

[存储器类型]   变量类型   变量名   _at_   地址常数;

若省略存储器类型,编译程序按存储模式进行默认值分配,所以一般情况下不能省略。地址常数即是该变量在指定存储器空间的绝对地址。绝对地址必须要在实际的存储器物理空间范围内,这种变量定义时也不能初始化。函数和 bit 型变量不能指定绝对地址。

例 5.10 在某 MCS-51 系统中,扩展的外部数据存储器地址 2000H~20FFH 共 256 个字节单元作为通信中的接收缓冲区,请对该区域进行定义。

若以 r_buf 命名该区域,可以如下定义。

```
xdata   unsigned char   r_buf[256]  _at_   0x2000;
```

对于外部扩展的 I/O 口,所占外部 RAM 空间的地址已由硬件设计决定,必须指定其绝对地址。

例 5.11 在某 MCS-51 系统中,扩展的外部接口中有四个 8 位寄存器,一个输出数据寄存器、一个输入数据寄存器、一个控制寄存器和一个状态寄存器,硬件连线决定数据输出寄存器和数据输入寄存器地址相同,为 FF80H;控制寄存器和状态寄存器地址相同,为 FF81H。请对扩展的外部接口进行定义。

在 C 语言程序中,若以 data_reg 和 con_reg 为其命名,可以按照如下代码实现。

```
xdata volatile unsigned char   data_reg   _at_   0xFF80;
xdata volatile unsigned char   con_reg    _at_   0xFF81;
```

因为程序无法跟踪外部电路接口中的数据变化,所以使用 volatile 对两个变量进行修饰,以阻止编译程序优化对其访问的代码。

5. 存储器绝对地址的访问

单片机 C 语言头文件 absacc.h 中包含了一些宏定义，使用这些宏可以显式使用存储器绝对地址。把每个存储区定义成一个字节或字数组，对指定地址的访问使用数组元素引用的形式。

例 5.12 某 MCS-51 的 C 语言环境中，absacc.h 文件包含以下内容，CBYTE、DBYTE 等分别是什么含义？

```
#define    CBYTE    ((unsigned char volatile code  *) 0)
#define    DBYTE    ((unsigned char volatile data  *) 0)
#define    PBYTE    ((unsigned char volatile pdata *) 0)
#define    XBYTE    ((unsigned char volatile xdata *) 0)
#define    CWORD    ((unsigned int volatile code  *) 0)
#define    DWORD    ((unsigned int volatile data  *) 0)
#define    PWORD    ((unsigned int volatile pdata *) 0)
#define    XWORD    ((unsigned int volatile xdata *) 0)
```

CBYTE 代表程序存储器地址 0000H 的字节单元，DBYTE 代表内部 RAM 地址 00H 的字节单元；XWORD 代表外部 RAM 地址 0000H 的字单元(两个字节)。

例 5.13 使用存储器绝对地址访问的方式，怎样实现例 5.10 和例 5.11 的功能？

可以使用以下代码实现。

```
#include     <absacc.h>
#define      r_buf       (XBYTE+0x2000)
#define      data_reg    XBYTE[0xFF80]
#define      con_reg     XBYTE[0xFF81]
```

定义后，对数组 r_buf 和寄存器 data_reg、con_reg 的访问方式没有变化。

5.2.5 指针

C 语言程序中可以使用指针变量或指针常量，其值为所指类型变量的地址，也可以是该类型数组的起始地址。

1. 基于存储器的指针

基于存储器的指针类型与源程序中存储器类型有关，编译时即可确定其长度。这种指针的长度可以为 1 个字节(data *、idata *、pdata *)或 2 个字节(code *、xdata *)。

例 5.14 指出下面指针定义的作用。

```
char   data    *str;        /*指向 data 字符的指针*/
int    xdata   *numtab;     /*指向 xdata 整型数据的指针*/
long   code    *powtab;     /*指向 code 长整型的指针*/
```

所定义的 str、numtab、powtab 三个指针变量长度分别为 1 字节、2 字节、2 字节，它们自身所占用的存储位置由存储模式确定。

同普通变量一样，在定义指针变量时可以指定其存储器类型。

例 5.15 指出下面指针定义的含义。

```
char    data    *xdata str;         /*指针变量位于 xdata*/
int     xdata   *data  numtab;      /*指针变量位于 data*/
long    code    *idata powtab;      /*指针变量位于 idata*/
```

除了特别指定指针变量所处的存储器类型外，其他与上例相同。

2. 通用指针

通用指针的定义与标准 C 语言指针的定义相同。如

```
char    *str;         /*指向字符的指针，字符可以位于任意寻址空间中*/
int     *numptr;      /*指向整型数据的指针，整型数据可以位于任意寻址空间中*/
```

凡是指针定义中未对指向的对象存储器类型进行修饰说明的，编译程序都将其作为通用指针，使用 3 个字节存储指针内容(地址值)。第一个字节存放存储器类型，第二和第三节分别存放该指针所指对象地址的高字节和低字节。存储器类型编码见表 5-3。

若使用了通用指针，编译程序产生的代码比完成同样功能但是使用基于存储器指针的要慢一些，原因在于所指对象的存储类型直到运行时才能确定。如果对程序有速度上的要求，应尽可能避免使用通用指针。

例 5.16 指出以下代码段中各变量的含义以及变化情况。

```
xdata   int     x;
int     *data px, *data py;
px = &x;
py = 0x021234;
*px = 1000;
*py = -1;
```

整型变量 x 位于外部 RAM 中；两个通用指针 px 和 py，通过赋值语句使 px 指向 x，而 py 指向外部 RAM 的 1234H 单元；最后两条赋值语句使 x 值成为 1000，1234H 单元内容成为 FFFFH。

表 5-3　通用指针中的存储器类型编码

存储器类型	编　码
idata	1
xdata	2
pdata	3
data/bdata	4
code	5

5.3　C语言程序结构

单片机 C 语言程序与标准 C 程序一样，具有固有的模块化思想，各种功能由函数实现，整体上就是一个函数逐级调用的树状结构。程序的入口为 main 函数，在每个函数内部可以使用结构化程序设计技术的三种结构。

5.3.1　函数

1. 函数定义

大而复杂的 C 语言程序通常由几个程序员同时设计、编码，这时必须将程序划分为一些模块。即使是个人完成的软件，模块化的设计也能使整个程序更加清晰和容易阅读。

C 语言程序中，最基本的模块是由函数表示的。MCS-51 的 C 语言程序中，在定义函数时，还可以指定其是否为中断处理函数、是否为可重入函数，可以选择工作寄存器组以及确定其存储模式。函数定义的基本格式如下。

```
[返回值类型]    函数名称(参数表)    [ { small | compact | large } ]
                            [ reentrant ]   [ interrupt n ]  [ using n ]
```

若省略返回值类型部分，则默认为整型(int)。可以指定该函数的存储模式，以取代默认值；若使用 using，编译程序将产生切换工作寄存器组的代码；对于有返回值的函数，不能使用 using，因为返回值是通过寄存器传递的。

2. 参数传递

参数用于向函数传递数据，作为函数的输入。传统 C 语言中参数是通过堆栈传递的，但是在 MCS-51 中，堆栈的空间有限，所以参数传递是通过存储器和寄存器传递的。通过寄存器的传递速度较快，是默认的传递方式。

参数传递时所使用的寄存器分配参见表 5-4，这时最多能够传递 3 个参数。若函数参数较多，寄存器不足以传递所有参数，则使用固定地址的存储器单元作为函数参数的存放位置。

当第一个参数是 bit 型时，无法使用寄存器传递参数。若参数个数不超过 3 个，可以将 bit 型参数放在参数表最后。

表 5-4　传递参数的寄存器分配

参数个数	char 或字节指针	int 或 2 字节指针	long 或 float	通用指针
1	R7	R6 & R7	R4~R7	R1~R3
2	R5	R4 & R5	R4~R7	R1~R3
3	R3	R2 & R3		R1~R3

3. 返回值

与传递参数不同，函数的返回值总是通过寄存器送回的(参见表 5-5)。

表 5-5 函数返回值所用寄存器分配

返回值类型	寄存器	描 述
bit	CY 标志	—
char，unsigned char，或 1 字节指针	R7	—
int，unsigned int，或 2 字节指针	R6 & R7	最高有效位在 R6 中，最低有效位在 R7 中
long 或 unsigned long	R4~R7	最高有效位在 R4 中，最低有效位在 R7 中
float	R4~R7	32 位 IEEE 格式
通用指针	R1~R3	存储器类型在 R3 中，最高有效位在 R2 中，最低有效位在 R1 中

4. 内部函数和外部函数

如果一个函数只能在其定义的文件中被调用，则称为内部函数。定义内部函数时，需用 static 存储类说明符。

内部函数也称作静态函数。定义内部函数可以使它只局限于所在的文件，当在不同文件中有同名的函数时互不干扰。通常把只由同一文件使用的函数和外部变量放在一个文件中，用 static 使其局部化，其他文件不能引用。

以下函数原型

```
static unsigned int fun(unsigned char the_byte, bit the_flag);
```

以及后续定义，使函数 fun 在包含其定义的文件外不可访问。

允许在其他文件中调用的函数为外部函数，可以使用 extern 存储类说明符指明。函数定义时若无存储类说明，默认为外部函数。

5. 可重入函数

单片机的 C 编译程序通常将函数的局部变量分配在存储器的固定位置，如果正在执行该函数时发生了中断，而中断服务程序中也调用该函数，先前的局部变量值便会被破坏。类似的情况在实现函数递归调用时也会发生。

对于一个函数，如果确实需要递归调用，或者确实非中断服务程序代码与中断服务程序都要调用，应当将它定义为可重入函数，使编译程序产生能够保护局部变量的代码。可重入函数是使用 reentrant 来说明的。

例 5.17 有一个延时函数，在程序中多次被调用，包括中断服务程序。请将其定义为可重入函数。

定义可重入函数可使用以下方式。

```
void delay (void) reentrant
```

```
    {
        int i;
        for( i=0; i<10000; i++ )
            ;
    }
```

其实，若非递归调用，也可以不编写可重入函数，而是将同一函数改写为非中断服务程序调用和中断服务程序调用的两个函数，变量所需存储空间没有显著减少，代码却加长了。

6. 中断处理函数

中断处理函数，也称作中断服务程序，是 CPU 响应中断后要执行的一段程序，在 C 语言中组织成一个函数的形式。编写中断处理函数时，程序员只需关心中断类型号和寄存器组的选择，编译程序会自动产生中断向量和返回地址的入栈及出栈代码。在函数定义时可以使用 interrupt 将其指定为一个中断处理函数，还可以用 using 分配该中断处理函数所使用的寄存器组。

例 5.18 说明下面函数定义的作用。

```
unsigned int      interruptcnt;
unsigned char     second;
void timer0 (void) interrupt 1 using 2
{
    if ( ++interruptcnt == 1000 )
    {
        second++;
        interruptcnt = 0;
    }
}
```

函数 timer0 是一个中断处理函数，所对应的中断类型号为 1，使用第二组工作寄存器。

关于中断处理的更详细内容，在本书第 7 章中讨论。

7. intrinsic 函数

许多 C 语言环境都提供了丰富的库函数，这些函数的调用通常会产生 LCALL 或 ACALL 指令。对于一些常用的只进行简单处理的函数，LCALL 或 ACALL 的执行代价太高。在 MCS-51 C 语言中，intrinsic 函数是一类用汇编语言代码实现的短小函数，若 C 语言程序中有对 intrinsic 函数的调用，编译程序将会直接用被调用函数代码替换函数调用语句。

常见 intrinsic 函数的原型如下，它们一般在 intrins.h 文件中。

```
extern void             _nop_      (void);
extern bit              _testbit_  (bit);
extern unsigned char    _cror_     (unsigned char, unsigned char);
```

```
extern unsigned int    _iror_   (unsigned int,  unsigned char);
extern unsigned long   _lror_   (unsigned long, unsigned char);
extern unsigned char   _crol_   (unsigned char, unsigned char);
extern unsigned int    _irol_   (unsigned int,  unsigned char);
extern unsigned long   _lrol_   (unsigned long, unsigned char);
```

这些函数名称前后都有下划线,这是与其他库函数的最明显区别。以上函数实现的功能分别是空操作、位测试以及字符型、整型和长整型数据的左、右移位。

例 5.19 编写代码段,若位变量 flag 值为 1,则 8 位数据 data8 右移两位并将 flag 清零;否则左移 3 位。

可以写成如下形式。

```
if ( _testbit_( flag ) )
    data8 = _cror_( data8, 2);
else
    data8 = _crol_( data8, 3);
```

类似于 C++语言中的 inline 函数,intrinsic 函数的目的也是为了产生高效的代码。

5.3.2 流程控制

1. 分支

C 语言中,分支有两种实现方式。

1) if 语句

if 语句的基本形式为

`if(表达式)语句1`

这种形式实现了单分支结构。若表达式值非 0,则执行后面的语句 1,然后继续往下执行;若表达式值为 0,则跳过语句 1,直接往下执行。

两个分支的 if 语句的形式为

```
if ( 表达式 )
    语句1
else
    语句2
```

若表达式值非 0,则执行后面的语句 1,然后执行语句 2 后面的语句;若表达式值为 0,则跳过语句 1,执行语句 2,然后继续往下执行。

多分支的 if 语句形式为

```
if ( 表达式1 )
    语句1
else if ( 表达式2 )
    语句2
else if ( 表达式3 )
    语句3
```

……
else
　　语句 n

这是多选结构。n 个语句中只能执行一个,即第一个值非 0 表达式后面的语句。

上述三种形式中,所有语句都可以是复合语句,即用花括号引起来的语句组。

2) switch-case 结构

当选择较多时,使用 if 语句的程序结构会变得臃肿。switch-case 结构是比较简洁的写法,形式为

```
switch（表达式）
{
    case     常量表达式 1:       语句组 1;       break;
    case     常量表达式 2:       语句组 2;       break;
    ……
    case     常量表达式 n:       语句组 n;       break;
    default:                    语句组 n+1;     break;
}
```

switch 后的表达式可以是整型或字符型、枚举型数据,case 后的各常量表达式须与其类型相同或可以互相转换。当前者的值与某一 case 后表达式值相等时,执行其后的语句组,然后执行 break 退出 switch 语句;若所有 case 后表达式与之皆不相等,则执行 default 后语句组。case 后表达式须各不相等。

2. 循环

C 语言中实现循环结构的语句也有多种。

1) goto 语句

goto 语句可用来实现转移。结合 if 语句,可以实现简单的循环,类似于指令系统中的条件转移指令的作用。但是 goto 语句可以转向程序中任何位置,所以受到结构化程序设计支持者的强烈抵制。

2) while 结构

while 结构的形式为

```
while（表达式）
    语句
```

其中的表达式为循环条件,语句构成循环体。若循环条件值非 0,则执行循环体。一种常见的形式为

```
while（1）
{
    ……
}
```

这种形式可以称为无限循环,一般单片机软件就是这种形式。

如下述代码

```
while ( !( P1 & 0x01 ) )
    ;
```

实现的是等待 P1.0 为 1。循环体部分为空语句，循环条件是输入的 P1 值最低有效位为 0。

3) do…while 结构

do…while 结构的形式为

```
do
    语句
while ( 表达式 );
```

不像 while 结构先判断条件，do…while 结构是先执行一遍语句(循环体)，然后再判断条件，若条件表达式值非 0，则继续下一遍循环。

4) for 结构

for 结构是使用最灵活的循环控制语句。其形式为

```
for( 表达式1；表达式2；表达式3 )
    语句
```

for 结构的执行过程为：先对表达式 1 求值；再对表达式 2 求值，若非 0，则执行一遍语句(循环体)，然后对表达式 3 求值，再一次对表达式 2 求值，若非 0，则在此形成循环；直到表达式 2 的值为 0，for 结构执行结束。

如下述代码

```
for ( ; P1 & 0x01; )
    ;
```

实现的也是等待 P1.0 输入为 1。而

```
for ( i = 0; (i < 10000) && (P1 & 0x01); i++ )
    ;
```

实现的是有时间限制的等待 P1.0 输入为 1。具体时间可以通过检查编译产生的代码计算得到，或者在仿真器上设置断点观察得知。

5) break 和 continue 语句

break 语句不仅能够跳出 switch 结构，还可以从循环体中跳出，提前结束循环而执行循环后面的语句。break 只能用在循环语句(包括 while、do-while 和 for 结构)和 switch 语句中。

continue 语句则提前结束本次循环，跳过循环体中 continue 后面未执行的语句，接着进行下一次循环条件的判定。

break 和 continue 语句其实是结构化程序设计方法中实现非结构化的一种手段。在退出循环或提前结束循环的条件不易表达时，这类语句可以使程序更容易理解。

5.3.3 输入与输出

一些 C 开发环境提供了流式输入/输出函数，可以实现通过串行口或用户自定义 I/O 接口的输入/输出操作，例如 getchar、gets、scanf、putchar、puts、printf 等。

输入/输出功能需要调用_getkey 和 putchar 两个函数，这两个函数的默认实现是通过串行口实现的。所以，如果使用输入/输出函数，还需要在程序中加入一些代码，以便调用时已经对串行口进行了适当的初始化工作。

例 5.20 说明以下程序段的运行结果。

```c
#include         <reg51.h>        /*初始化时要用到 SFR*/
#include         <stdio.h>        /*引入输入/输出函数原型*/
void main(void)
{
    int     x, y;                 /*变量*/
    SCON    = 0x50;               /*开始对串行口的初始化代码*/
    PCON    &= 0x7F;
    TMOD    &= 0xCF;
    TMOD    |= 0x20;
    TH1     = 0xFD;
    TR1     = 1;
    TI      = 1;                  /*初始化结束*/

    while ( 1 )
    {
        scanf( "%d%d", &x, &y );                    /*输入*/
        printf( "x=%04X, y=%04X\n", x, y );         /*输出*/
    }
}
```

该程序接收用户输入的十进制数值，然后从串行口以十六进制格式输出。

程序员可以根据系统输入/输出接口的配置情况，重写_getkey 和 putchar 两个函数，其他函数功能保持不变。

5.3.4 程序的入口

C 语言程序的入口是 main 函数，而单片机复位后是从 0000H 开始执行程序，main 函数位于系统程序存储器的何处呢？下面观察一下例 5.1 程序的可执行代码。

```
0000H        010012          LJMP        0012H
0003H        EF              MOV         A, R7
0004H        C4              SWAP        A
0005H        540F            ANL         A, #0FH
0007H        75F00A          MOV         B, #0AH
000AH        A4              MUL         AB
000BH        FE              MOV         R6, A
```

000CH	EF	MOV	A, R7
000DH	540F	ANL	A, #0FH
000FH	2E	ADD	A, R6
0010H	FF	MOV	R7, A
0011H	22	RET	
0012H	787F	MOV	R0, 7FH
0014H	E4	CLR	A
0015H	F6	MOV	@R0, A
0016H	D8FD	DJNZ	R0, 0015H
0018H	758108	MOV	SP, #08H
001BH	02001E	LJMP	001EH
001EH	7F56	MOV	R7, #56H
0020H	120003	LCALL	0003H
0023H	8F08	MOV	08H, R7
0025H	80FE	SJMP	0025H

最左边一列是程序存储器地址，第二列是指令机器码，最右边一列为助记符表示。可以看到，单片机复位后，先转移到 0012H，将内部 RAM 单元 00H～7FH 清零，置 SP 为 08H 后，转移到 main 函数(001EH)处执行。即在 main 函数执行之前，已经做了一些初始化处理。

这是默认的初始化操作。至于堆栈，取决于编译程序在内部 RAM 中为局部变量分配空间的大小。若有在 main 函数执行之前就应当初始化的资源，或者需要将存储区初始化为特定的值，程序员可以在汇编语言程序 STARTUP.A51 中修改或添加代码。在使用 C 语言开发的单片机软件中，单片机程序的入口其实还是 0000H，在 STARTUP.A51 中初始化代码的最后一条指令才转向 main 函数执行。

5.4　C 语言与汇编语言的混合编程

C 语言和汇编语言各有优缺点。C 语言中数据类型丰富，程序结构清晰，但是在执行速度、精确定时、控制硬件等方面不如汇编语言方便。如果要在各方面都获得满意的结果，可以使用 C 语言与汇编语言的混合编程。

用 C 语言调用汇编语言程序时，被调用函数(汇编语言函数)要在调用函数(C 语言函数)所在文件中说明。对于汇编语言程序有以下要求：

(1) 要使用 SEGMENT 伪指令定义可重定位的 CODE 段。
(2) 要根据不同情况对函数名进行转换，见表 5-6。
(3) 须使用 PUBLIC 伪指令将被调用函数说明为外部可用函数。
(4) 若有参数传递，按照表 5-4 所列的规则使用参数。
(5) 若有返回值，按照表 5-5 所列的规则存入寄存器。

表 5-6 函数名转换规则

函数首部	符号名	说 明
void func(void)	FUNC	无参数传递或不含寄存器参数的函数名不作改变
void func(char)	_FUNC	带寄存器参数的函数名加"_"前缀
void func(void) reentrant	?FUNC	可重入函数前加"_?"前缀

例 5.21 编写汇编语言函数 max，参数为两个 8 位无符号数，功能是求出其中的大数返回。

在 C 语言中可按如下的方式声明和调用。

```
extern       unsigned char max(unsigned, unsigned);      /*声明*/
void main(void)
{
    unsigned char    x, y;
    x = 130; y = 131;
    x = max(x, y);                                        /*调用*/
    while (1) ;
}
```

两个参数分别在 R7 和 R5 中传递到子程序，返回值应保存在 R7 中。汇编语言程序文件可如下编写。

```
PUBLIC    _MAX                    ;声明
MIXED     SEGMENT    CODE         ;定义一个可重定位的段 MIXED
          RSEG       MIXED        ;选择 MIXED 为当前段
_MAX:
          MOV        A, R7        ;第一个参数
          CLR        C
          SUBB       A, R5        ;减去第二个参数
          JNC        _MAX_RET     ;无借位，第一个参数值大
          MOV        A, R5        ;有借位，第二个参数值大
          MOV        R7, A        ;返回值在 R7
_MAX_RET:
          RET
          END
```

例 5.22 编写汇编语言函数 delayms，参数为一个 8 位无符号数，功能是按照参数指定的毫秒数实现延时。这个函数有参数传递，但是无返回值。

汇编语言文件可如下编写。

```
PUBLIC    _DELAYMS                ;声明
HAHA      SEGMENT    CODE         ;定义一个可重定位的段 HAHA
          RSEG       HAHA         ;选择 HAHA 为当前段
_DELAYMS:
          MOV        R6, #2       ;以下实现约 1ms 的延时
```

```
_DELAY_NEXT:
        MOV     R5, #248
        DJNZ    R5, $
        DJNZ    R6, _DELAY_NEXT
        DJNZ    R7, _DELAYMS
        RET                     ;返回
        END
```

例 5.23 编写汇编语言函数 delay10ms，没有参数，功能是延时 10ms。这个问题与上例的区别在于无参数传递，所以函数名前无需加"_"。

汇编语言文件可写成如下形式。

```
PUBLIC  DELAY10MS
MIXED   SEGMENT  CODE
        RSEG     MIXED
DELAY10MS:
        MOV      R6, #20
DELAY_NEXT:
        MOV      R5, #248
        DJNZ     R5, $
        DJNZ     R6, DELAY_NEXT
        RET
        END
```

以上例子中，只是各编写了一个供 C 语言程序调用的汇编语言函数，若需要多个，也可以写在同一个汇编语言程序文件中。

汇编语言程序中也可以调用 C 语言的函数，但不常用，在此不做介绍。

5.5 案例实训——单片机系统命令接口

1. 案例说明

某 MCS-51 单片机系统，扩展了 8KB 的外部数据存储器，用户通过串行口终端与其交互。系统为用户提供了一些命令接口，所有命令以按 Enter 键结束。请实现以下这些功能。

(1) 显示系统当前时间，命令为"time"，系统按"时:分:秒"格式输出时间。

(2) 显示产品版本信息，命令为"ver"，系统输出硬件、软件版本号。

(3) 向外部 RAM 某一单元存入数据，命令为"st ×××× ××"，其中第一个参数是以十六进制表示的 16 位地址，第二个参数为存入的数据。

(4) 显示外部 RAM 单元数据，命令为"disp ××××"，参数为十六进制表示的 16 位地址。

2. 编程思路

该软件主要涉及以下几个问题。

(1) 输入与输出。因为是使用串行口,所以可以使用 C 环境提供的标准输入/输出函数。

(2) 命令的分析。C 标准库函数中有字符串操作函数,可用来进行字符串的比较。

(3) 命令的处理。识别出用户命令后,执行相应的操作。为了整体结构的清晰,各操作可组织成命令处理函数的形式。

3. 程序设计

根据以上思路,可以编写出以下程序。

```c
#include     <reg51.h>              /*引入SFR定义*/
#include     <stdio.h>              /*引入输入/输出函数原型*/
#include     <string.h>             /*引入字符串操作函数原型*/
#include     <absacc.h>             /*引入绝对地址访问宏定义*/
#define      CMD_NUM     4          /*当前只处理4个命令*/
code unsigned char cmdstr[][10] = {"time", "ver", "st", "disp"};
unsigned char    cmdlen[] = {4, 3, 2, 4};        /*各命令长度*/
xdata unsigned char cmd[100]   _at_    0;        /*命令字符串存放位置*/
xdata unsigned char para1[20]  _at_    20;       /*第一个命令参数*/
xdata unsigned char para2[20]  _at_    40;       /*第二个命令参数*/
unsigned char hour, minute, second;              /*系统时间*/
code unsigned char verstr[] = "H/W Ver 2.0\nS/W Ver 2.1\n";   /*版本*/

unsigned char parse_cmd(void);        /*函数原型*/
void cmd_time(void);
void cmd_ver(void);
void cmd_st(void);
void cmd_disp(void);

void main(void)                       /*主函数*/
{
    unsigned char   cmdno;            /*命令编号*/

    SCON = 0x50;                      /*开始对串行口的初始化代码*/
    PCON &= 0x7F;
    TMOD &= 0xCF;
    TMOD |= 0x20;
    TH1 = 0xFD;
    TR1 = 1;
    TI = 1;                           /*初始化结束*/

    while(1)                          /*主循环*/
    {
        printf("OK>");                /*命令提示符*/
        scanf("%s", cmd);             /*等待命令输入*/
        cmdno = parse_cmd();          /*分析命令*/
        if ( cmdno == 255 )           /*无效命令*/
```

```c
            printf("Invalid Command.\n");
            continue;
        }
        switch ( cmdno )                /*合法命令*/
        {
            case 0:
                cmd_time();             /*命令处理*/
                break;
            case 1:
                cmd_ver();
                break;
            case 2:
                cmd_st();
                break;
            case 3:
                cmd_disp();
                break;
            default:
                break;
        }
    }
}

unsigned char parse_cmd(void)
{
    unsigned char i;
    for(i=0; i<CMD_NUM; i++)            /*逐个比较命令*/
    {
        if ( !strncmp( cmd, cmdstr[i], cmdlen[i] ) )
            return i;
    }
    return 255;
}
void cmd_time(void)                     /*仅显示时间*/
{
    printf("Current time: %02d:%02d:%02d\n", hour, minute, second);
}
void cmd_ver(void)                      /*显示版本*/
{
    printf("%s", verstr);
}
void cmd_st(void)                       /*向外部 RAM 存入数据*/
{
    unsigned int addr;
    unsigned char dat;
    scanf("%s%s", para1, para2);        /*接收输入*/
```

```
    sscanf(para1, "%4x", &addr);           /*第一个参数转换成地址值*/
    sscanf(para2, "%2bx", &dat);           /*第二个参数转换成值*/
    XBYTE[addr] = dat;                      /*存入*/
}
void cmd_disp(void)                         /*显示外部 RAM 数据*/
{
    unsigned int addr;
    scanf("%s", para);                      /*接收输入*/
    sscanf(para, "%4x", &addr);             /*转换成地址值*/
    printf( "XRAM %04x: %02bx\n", addr, XBYTE[addr] );     /*显示*/
}
```

系统中还应有时间的更新以及其他处理。另外，如果提供的命令很多，分析命令时采用逐个比较的方法比较浪费时间，可以将所有命令组织成有序表或哈希表的形式，以提高查找速度。

小 结

C 语言是通用的计算机设计语言。为了充分使用 MCS-51 单片机的软硬件资源和特性，C 语言做了一些扩充。提供了特有的数据类型、可以为变量指定存储器空间、设定程序的存储模式；为硬件资源提供了多种访问方式，可使用 sfr、sbit 访问特殊功能寄存器、位寻址空间中的位；对于变量可以指定绝对地址；各寻址空间的存储器单元都可以通过绝对地址访问；提供了基于存储器的指针和通用指针。

C 语言程序是由函数组成的，单片机 C 语言函数的参数传递和函数返回值大多通过寄存器实现。根据实际情况，对于有特殊作用的函数，可以定义成可重入函数或中断处理函数。intrinsic 函数是为了提高运行效率而提供的短小函数。C 程序通过分支、循环语句实现结构化程序设计。单片机 C 语言程序的入口是 main 函数，而在 main 函数执行前还有一段初始化代码，程序员可按需修改。

为了兼有 C 语言程序的高度结构化和汇编语言程序的高效率，可以采用 C 语言与汇编语言进行混合编程，编程时要注意参数传递和返回值传送约定。

习 题

1. 单片机 C 语言要解决哪些问题？
2. 对于 MCS-51 C 语言中的各数据类型，举例说明其应用场合。
3. 变量的存储器类型有什么作用？
4. 编写程序，将外部 RAM 中 2000H～2FFFH 每个单元都存入数据 55H。
5. 为什么通用指针变量需要 3 个字节存储？
6. 在有返回值的函数中切换工作寄存器组会有什么后果？

7. 什么是可重入函数？举例说明何时需定义可重入函数。
8. 什么是 intrinsic 函数？是否可以将所有函数都定义为 intrinsic 函数？为什么？
9. 编写一个可供 C 语言调用的汇编语言函数，计算传递给它的两个 8 位无符号数参数的乘积并返回。

第6章 并行接口及应用

本章要点

- P0~P3 口的结构特点及用法
- 并行接口的扩展方法
- 键盘的结构以及按键的识别
- LED 与 LCD 模块的并行接口技术
- 并行存储器的扩展

在计算机系统中,并行接口是最自然、也是最常用的接口,因为 CPU 的数据线就是并行的,一个完整数据中的各个二进制位是同时传输的。并行接口的作用是在并行外部设备与 CPU 之间传递数据。在单片机应用系统中,很多外部设备产生或接收并行数据,像键盘、显示器等。MCS-51 本身提供了 4 个并行端口,但在接有更多并行设备的系统中,还要扩展并行接口以满足需要。通常存储器与单片机之间也是并行连接,在本章中一并介绍。

6.1 MCS-51 的并行接口

MCS-51 单片机本身提供了 4 个 8 位的并行端口,分别记作 P0、P1、P2 和 P3,共有 32 条 I/O 口线。它们都是双向端口,每个口包含一个锁存器(即特殊功能寄存器 P0、P1、P2 和 P3)、一个输出驱动器和输入缓冲器。为方便起见,今后将 4 个端口和其中的锁存器都表示为 P0、P1、P2 和 P3。

4 个端口的结构不同,功能各异。除做并行端口使用外,P0、P2 和 P3 中的几位还负责提供构成总线结构的数据、地址、控制信号。P3 口的所有引脚都有第二功能,作为单片机内部其他功能模块的对外引线。一些产品新增的功能模块中也使用了 P1 口的某些引脚。

6.1.1 P0 口

P0 是一个多功能的 8 位双向并行端口,可以按字节访问,也可以按位访问。字节地址为 80H,位地址为 80H~87H。

P0 口的位结构如图 6-1 所示,它包含一个输出锁存器、两个三态缓冲器、一个输出驱动电路和一个输出控制电路。

输出驱动电路由一对场效应管(FET)组成,其工作状态由输出控制电路决定。后者包括一个与门、一个反相器和一个多路转换开关。

多路转换开关的位置由来自 CPU 的控制信号决定。当控制信号为 0 时,开关处于图示位置，将输出级与锁存器的反相输出端 $\overline{Q}$ 接通。同时，因与门输出为 0，输出级的上拉 FET 处于截止状态，因此输出级是漏极开路电路。这时 P0 作为普通 I/O 口用。CPU 向端口输出数据时，写脉冲加在锁存器时钟端 CL 上，与内部总线相连的 D 端的数据反相后出现在 $\overline{Q}$ 端，又经过 FET 反相，在 P0 引脚出现的数据就是刚写入到锁存器内的数据。P0 的输出级可以驱动 8 个 LS TTL 负载，但在开漏状态下，为了驱动 NMOS 输入，需外接上拉电阻。

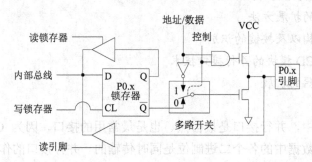

图 6-1　P0 口的位结构

端口中的两个三态缓冲器用于读操作。图 6-1 中下面的三态缓冲器用于直接输入端口引脚处的数据，当执行由端口输入数据的指令时，读脉冲把三态缓冲器打开，端口引脚的数据经过缓冲器输入到内部总线。

图 6-1 中上面的三态缓冲器并不直接输入端口引脚上的数据，而是传送锁存器 Q 端的内容。Q 端与输出到引脚处的数据是一致的。这样的结构是为了完成"读—改—写"类指令的需要。这类指令的特点是：先读端口，然后对读入的数据进行修改，最后再写回到端口。例如逻辑与指令

```
ANL       P0, A
```

就属于这类指令。该指令先把 P0 锁存器中的数据读入 CPU，然后与累加器 A 内的数据进行逻辑与操作，最后把结果送回 P0 口。属于这类指令的还有一些把 P0(同样适用于 P1～P3)作为目的操作数的其他指令,如 ORL、XRL、JBC、INC、DEC、DJNZ 等对端口字节操作指令以及 MOV、CLR、SETB、CPL 等位操作指令，如

```
MOV       PX.Y, C
CLR       PX.Y
SETB      PX.Y
CPL       PX.Y
```

等，它们的用法已经在本书第 3 章中描述过了。后面 4 条指令中的 PX.Y 表示 PX 端口的 Y 位，它们看起来不像是"读—改—写"类指令，但是实现这些操作时，CPU 先把端口字节的 8 位全部读入，然后修改指定的位，最后把新的字节写回到端口。

对于"读—改—写"操作指令，不直接读取引脚上的数据而读锁存器 Q 端内容，是为了消除错读引脚电平的可能性。例如，用一根口线去驱动一个晶体管的基极，当向该口线写 1 时，晶体管导通，并把引脚上的电平拉低。这时若从引脚读数据，将读回 0，而实际

输出的是 1。输出数据在锁存器中保存着，从锁存器的 Q 端读取，可以得到正确的结果。

从 P0 的结构上看，来自外部引脚上的信号既加在三态缓冲器的输入端上，又加在输出级 FET 的漏极上。若此 FET 是导通的(相当于锁存器输出为 0)，则引脚始终被钳位在 0 状态(除非外部信号源有极大的负载能力)，输入数据不可能正确地读入。所以，若作为一般 I/O 口使用，在输入数据时，应把口置位(写 1)，也就是使锁存器的 $\overline{Q}$ 为 0。这样，输出级的两个 FET 都截止，引脚处于浮空状态，可作高阻抗输入。

当 P0 口作为地址/数据总线使用时，有两种情况。一种情况是从 P0 口输出地址或数据，这时控制信号应为 1，多路转换开关把反相器输出端与下拉 FET 接通。同时与门开锁，将需要输出的地址/数据信号既通过与门去驱动上拉 FET，又通过反相器去驱动下拉 FET。另一种情况是从 P0 口输入数据，信号仍从输入缓冲器连接到内部总线。

通过上述分析可知，P0 口既可用作地址/数据总线，又可用作通用 I/O 端口。用作输出端口时，输出级为开漏电路，在驱动 NMOS 电路时应外接上拉电阻；作输入口用前，应先向锁存器写 1，使输出级两个 FET 都截止，作为高阻抗输入。当 P0 口用作地址/数据总线时，不能把它当作通用 I/O 口使用。

6.1.2 P1 口

P1 口是一个 8 位准双向并行端口，可以按字节访问，也可以按位访问。字节地址为 90H，位地址为 90H～97H。

P1 口一般用作通用 I/O 口，其位结构如图 6-2 所示。

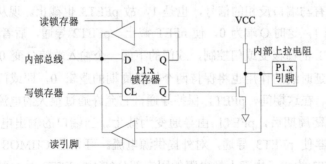

图 6-2 P1 口的位结构

在输出驱动部分，P1 口不同于 P0 口，它接有内部上拉电阻。该上拉电阻由两部分组成：固定部分和附加部分。它们是作为阻性元件使用的场效应管 FET，如图 6-3 所示。

图 6-3(a)是 HMOS 型单片机的 P1～P3 口内部上拉电阻的结构。其固定部分是一个源栅相连的 n-沟道耗尽型 FET，附加部分是一个栅极受控的 n-沟道增强型 FET。当端口上的输出数据要从 0 变成 1 时，附加上拉电阻部分用来加速此转变过程。从图中可以看出，输出驱动部分的输入端接锁存器的 $\overline{Q}$ 端。设原端口的数据为 0，即 $\overline{Q}$=1，输出 FET 导通。现向端口送数据 1，即 $\overline{Q}$=0，输出 FET 将由导通变为截止。然而耗尽型 FET 构成的固定上拉电阻阻值较大，此转变过程较长，动态特性差。但当 $\overline{Q}$ 端由 1 变 0 时，图中或非门的一个输入端与 $\overline{Q}$ 相连，立即变为 0，另一输入端通过一个反相器和一个延时线与 $\overline{Q}$ 相连，它不

能立即从 0 变为 1，故或非门的两个输入端暂时都为 0，输出为 1，使附加的增强型 FET 导通。附加的 FET 允许通过的电流约为耗尽型 FET 所允许的 100 倍，很快把引脚拉到高电平。延时线延时两个振荡周期，因此附加的增强型 FET 只保持导通两个振荡周期，稳定后，内部上拉电阻恢复到 20～40kΩ。

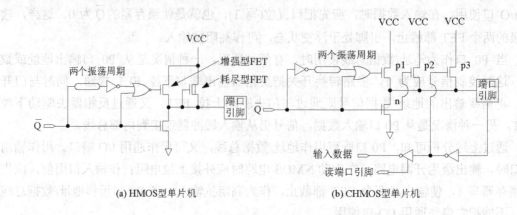

图 6-3　P1、P2、P3 口的内部上拉电阻

图 6-3(b)是 CHMOS 型单片机的 P1～P3 口内部上拉电阻的结构。上面 3 个 FET 是 p-沟道增强型的，记为 pFET，下面的输出 FET 是 n-沟道增强型的，记为 nFET。当正逻辑 1 信号加到 nFET 的栅极上时，nFET 导通；而加到 pFET 的栅极上时，pFET 截止。设原始稳定状态下，端口上的数据为 0，这时 $\overline{Q}=1$，nFET 导通，而 pFET1 和 pFET2 截止，pFET3 的栅极上加有与端口反相的信号，也是 1，故 pFET3 也截止。现从上述状态下，由 CPU 向端口送数据 1，这时 $\overline{Q}$ 端为 0，使 nFET 截止，pFET2 导通，后者产生 5μA 的微弱的上拉作用。pFET1 的栅极受或门控制，或门的下面一个输入端随 $\overline{Q}$ 变 0 立即也变成 0，上面一个输入端因延时线的作用也将保持两个振荡周期的逻辑 0，即或门输出将保持两个振荡周期的低电平。在这期间，pFET1 保持导通，它允许通过很大的电流，使端口很快拉向高电平。两个振荡周期后，pFET1 由导通变为截止。当端口的输出电压约为 2V 以上时，通过一个反相器使 pFET3 导通，对外提供源电流。可见在 CHMOS 型单片机的端口中，pFET2 和 pFET3 构成了内部上拉电阻的固定部分(其中 pFET3 是主要的，pFET2 起辅助作用)，pFET1 则为起加速功能(端口由 0 改为 1 时)的附加部分。

当 CHMOS 型单片机的端口用作输入时，同样先要向锁存器写 1，使其处于上面的状态。由于起内部上拉作用的 pFET2 和 pFET3 是导通的，故对输入装置而言，会提供一个不大的源电流。当输入端的电压下降到小于 2V 时，通过反相器使 pFET3 截止，这时只有很微弱的电流(5μA)由 pFET2 流入输入设备。但要注意，当输入端由 0 返回 1 时，由于这时只有 pFET2 起内部上拉作用，若输入设备只靠它来上拉 I/O 引脚，则其上升时间会很长。只有当引脚的电压上拉到约高于 2V 时，pFET3 才会重新导通，使上升过程加快。

由于用作输入时需向锁存器写 1，此后端口通过内部上拉电阻向输入设备提供源电流，所以 P1 口称作"准"双向口。而将 P0 称作"真正"的双向口，因为输入数据时，引脚处于高阻状态。

在 52 子系列中，P1.0 和 P1.1 具有第二功能。除作为一般双向 I/O 口线外，P1.0 还作为定时器/计数器 2 的外部输入端，记做 T2；P1.1 还作为定时器/计数器 2 的外部控制输入端，记做 T2EX。它们的结构同 P3 口的结构类似，功能在本书第 8 章中详述。

6.1.3 P2 口

P2 口是一个多功能的 8 位准双向并行端口，可以按字节访问，也可以按位访问。字节地址为 A0H，位地址为 A0H～A7H。P2 口的位结构如图 6-4 所示。

P2 口的内部上拉电阻的结构同 P1 口。在结构方面，P2 口比 P1 口多了一个输出转换控制部分。当多路转换开关打向左边时，P2 口作通用 I/O 口用，是一个准双向口。

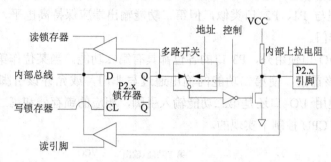

图 6-4　P2 口的位结构

当系统中接有外部存储器(程序存储器或数据存储器)时，P2 可用来输出高 8 位地址。这时，在 CPU 的控制下，多路转换开关打向右边。

在使用外部程序存储器的系统中，由于访问外部程序存储器的操作连续不断(每一机器周期都有取指操作)，P2 口不断送出高 8 位地址，这时 P2 口不可能再作为通用 I/O 口使用。

在没有外接程序存储器而有外部数据存储器的系统中，又分以下两种情况。

(1) 若外部数据存储器容量不超过 256 字节，则可使用

```
MOVX        A, @Ri
MOVX        @Ri, A
```

类指令访问外部数据存储器，由 P0 口送出 8 位地址。P2 口引脚上的内容，在整个访问期间不会改变，故 P2 口可以用作通用 I/O 口。

(2) 若外部数据存储器容量较大，需用

```
MOVX        A, @DPTR
MOVX        @DPTR, A
```

类指令由 P0 和 P2 口送出 16 位地址。在访问外部数据存储器期间，P2 口引脚上将保持地址信息。但从图 6-4 中可以看出，输出地址时，P2 锁存器与外部引脚已经断开，锁存器中的内容不会在传送地址的过程中改变，待访问外部数据存储器周期结束后，P2 锁存器的内容会重新出现在引脚上。这样，根据访问外部数据存储器的频繁程度，P2 口在一定限度内

仍可作通用 I/O 口使用。

在外部数据存储器容量不太大的情况下，也可以使用软件配合硬件，节约 P2 口的资源。比如，只使用 P2，甚至 P1 或 P3 口的某几根口线，通过写端口指令送高 8 位地址，采用@Ri 寻址送低 8 位地址，从而保留 P2 口中的部分或全部口线作为通用 I/O 口使用。

6.1.4　P3 口

P3 口是一个多功能的 8 位准双向并行端口，可以按字节访问，也可以按位访问。字节地址为 B0H，位地址为 B0H～B7H。

P3 口的位结构如图 6-5 所示，其内部上拉电阻结构与 P1 口相同。当作为通用 I/O 口使用时，工作原理与 P1、P2 口类似，但第二功能输出端应保持高电平，使锁存器输出端 Q 内容能通过与非门。

除了作通用 I/O 口使用外，P3 口的各位都具有第二功能。当某位作第二功能使用时，该位的锁存器应该置位，使第二功能的输出通过与非门，或允许该引脚输入第二功能信号。不管是用作通用 I/O 口还是第二功能输入引脚，相应的锁存器和第二功能输出端都应为 1。这些都是在 CPU 控制下实现的。

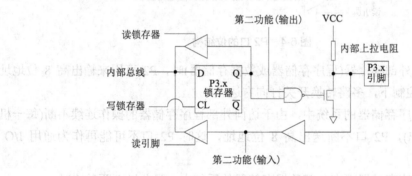

图 6-5　P3 口的位结构

在 P3 的引脚信号输入通道中有两个缓冲器，第二功能输入信号取自第一个缓冲器的输出端，一般输入信号取自第二个缓冲器的输出端。

P3 口的第二功能输入信号如下。

- P3.0——RxD，串行口数据接收。
- P3.2——$\overline{INT0}$，外部中断 0 请求信号输入。
- P3.3——$\overline{INT1}$，外部中断 1 请求信号输入。
- P3.4——T0，定时器/计数器 0 外部计数脉冲输入。
- P3.5——T1，定时器/计数器 1 外部计数脉冲输入。

P3 口的第二功能输出信号如下。

- P3.1——TxD，串行口数据发送。
- P3.6——$\overline{WR}$，外部数据存储器写选通信号输出。
- P3.7——$\overline{RD}$，外部数据存储器读选通信号输出。

6.1.5 并行接口的驱动能力

单片机复位时,P0~P3 各位锁存器内容为 1,即定义为输入方式。

当执行输出或改变锁存器数据的指令时,在该指令的最后一个机器周期 S6P2 将数据写入锁存器。然而输出级仅在每个状态周期的 P1 期间采样端口锁存器,因而锁存器中的新数据在下一个状态周期的 P1 之前是不会出现在输出引脚上的。

P1、P2、P3 的输出级可以驱动 4 个 LS TTL 负载。对于 HMOS 型单片机的 I/O 口,正常情况下,任何 TTL 或 NMOS 电路都能驱动其输入。不管 HMOS 型还是 CHMOS 型单片机,其 P1~P3 输入端都可被集电极开路或漏极开路电路驱动,这时不用外接上拉电阻。

P0 口的输出级能驱动 8 个 LS TTL 负载。驱动 MOS 电路需外接上拉电阻。但 P0 口作为地址/数据总线使用时,可直接驱动 MOS 电路输入而不必外接上拉电阻。

6.1.6 并行接口的应用

MCS-51 的 4 个 I/O 端口有三种操作方式:输出数据方式、读端口数据方式和读端口引脚方式。

在输出数据方式下,CPU 通过一条数据传送指令就可以把输出数据写入 P0~P3 的端口锁存器,然后通过输出级送到端口引脚。所以,端口操作指令都能达到从端口引脚上输出数据的目的。

例 6.1 分析下列指令的作用。

```
MOV     P0, A           ;将累加器 A 中内容送 P0 口
XCH     A, P0           ;将累加器 A 中内容与 P0 口引脚内容互换
MOV     P0, @R0         ;将内部 RAM 单元内容送 P0 口
POP     P0              ;将栈顶字节弹出送 P0 口
```

这几条指令都是通过写锁存器将字节数据送入 P0 口的。

读端口数据是只对端口锁存器中的数据进行读入操作的方式。这种操作由 CPU 控制,执行"读—改—写"指令实现。

在端口用于输出口时,经常将一系列数据依次送出,而且后面数据与前面数据还有关联。可以使用内部寄存器或内部 RAM 单元保存需送出的数据,送一次修改一次。若使用"读—改—写"指令,跟踪数据变化的机制就可以集成到端口锁存器中了。

例 6.2 分析下列指令的作用。

```
ORL     P1, #3CH        ;将 P1 中间 4 位置位
ANL     P1, #0C3H       ;将 P1 中间 4 位清零
XRL     P1, #03H        ;将 P1 最低 2 位取反
CPL     P1.5            ;取反 P1.5
```

这几条指令只是改变指定位的值,其余位不变。改变的也是锁存器中的内容,通过引脚送出。

例 6.3 用软件实现从 P1 口依次输出 00H～FFH 的所有数据。

可以使用循环实现。循环体中使用

```
INC         P1
```

指令，CPU 将 P1 锁存器内容依次增 1。

欲读端口引脚，端口必须配置为输入方式。对准双向口来说，必须先往锁存器中写 1，使输出级的下拉 FET 截止。系统中若某个端口一直作为输入，可以在系统初始化阶段配置(甚至不用重新配置，因复位后所有端口锁存器内容都为 1)，程序中直接使用

```
MOV         A, P1
```

之类指令即可。若某个端口在双向工作，则将输出切换为输入时，须执行向锁存器写 1 的指令，然后再使用上述指令。

例 6.4 某接口电路与单片机使用一条线传送握手信号。双方约定，单片机先向接口发送一个 1 和一个 0，随后接口电路向单片机回送一个 1。若该信号用 P1.0 传送，试编写实现握手的程序段。

实现握手的程序段可写成如下形式：

```
SETB        P1.0            ;输出1
CLR         P1.0            ;输出0
SETB        P1.0            ;设置为输入方式
JNB         P1.0, $         ;等待输入为1
```

在这段程序中，只实现了信号传递的顺序。实际应用中，还要考虑信号的持续时间要求、连接超时处理等问题。

并行端口经常作为单个信号的 I/O 线使用，这时 MCS-51 单片机的布尔处理器可以发挥巨大的作用。

例 6.5 有两个输入信号 A 和 B，一个输出信号 F，$F=\overline{A \cdot B}$。输入使用单刀单掷开关，输出用发光二极管观察。使用布尔处理器实现时，可以用 3 条口线连接这 3 个信号，用位操作指令完成其逻辑关系。若两个输入分别连接到 P1.0 和 P1.1，输出连接到 P1.2，如图 6-6(a)所示，程序可如下编写。

```
LOOP:
    MOV     C, P1.0         ;一个机器周期
    ANL     C, P1.1         ;两个机器周期
    CPL     C               ;一个机器周期
    MOV     P1.2, C         ;两个机器周期
    SJMP    LOOP            ;两个机器周期
```

单片机连续不断地读取 P1.0 和 P1.1 的状态，进行逻辑与运算后，输出到 P1.2。

若使用典型的逻辑电路实现，可使用 FairChild 公司的 DM74LS00，如图 6-6(b)所示。根据器件手册提供的参数，从输入到输出的传播延迟最大是 15ns。传播延迟指从某个输入端信号发生变化到输出端建立起正确的电平所需的时间。使用上述程序实现的最坏的情况

是，P1.0 在第一条指令执行结束时发生变化，这个变化需要等到下一轮循环开始才能被发现。输出端建立正确电平的时间则是下一轮循环中 P1.2 送数据的指令执行结束时，这段时间有 13 个机器周期。在 12MHz 振荡频率的情况下，时间是 13μs。很明显，软件的速度根本无法与电子逻辑线路相提并论。如果对响应速度要求不高，而且要尽量节省成本，才可以考虑软件实现。

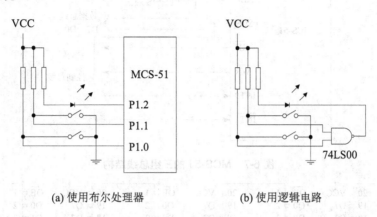

(a) 使用布尔处理器　　　　　　　　(b) 使用逻辑电路

图 6-6　实现逻辑函数的电路

6.2　并行接口的扩展

MCS-51 中只有 4 个 8 位的并行 I/O 端口。在没有使用外部存储器的系统中，单片机本身所有 4 个并行 I/O 端口都可作为通用 I/O 口使用，这时没有必要扩展并行接口。但是如果扩展了外部存储器，真正能够提供给用户使用的就只有 P1 口了，因为 P2 口和 P0 口通常用来传送外部存储器的地址和数据，P3 口也常用于其第二功能。在实际应用中，经常需要扩展并行 I/O 接口，以连接更多的并行设备。

6.2.1　MCS-51 的总线结构

图 6-7 给出了 MCS-51 的总线结构。MCS-51 单片机的外部存储器必须使用三组总线连接，而对外部扩展的 I/O 接口，使用与访问外部数据存储器同样的指令和时序。所以，使用总线结构扩展的并行接口，需要占用外部 RAM 的地址空间。对外部 RAM 地址空间的分配，是由硬件连线决定的。

图中还画出了一个器件，其作用是锁存低 8 位地址。MCS-51 的 P0 口作为 CPU 总线使用时，分时送低 8 位地址信号和输入/输出 8 位数据信号，而在整个输入/输出操作期间，外部接口电路必须接收稳定的地址信息，所以当 P0 口送出低 8 位地址信号时，需要外接电路将其保持起来，不再受 P0 口后续数据的影响。这个功能就是由锁存器实现的。图 6-8 所示为常用锁存器 IC 的引脚分布。

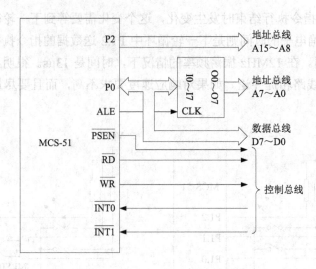

图 6-7　MCS-51 的三组总线结构

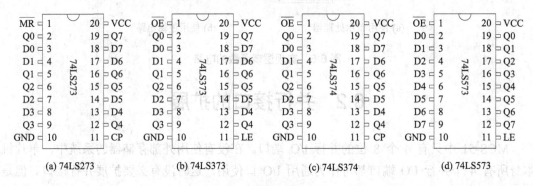

图 6-8　常用锁存器 IC

74LS273 是由 8 个 D 触发器构成的，$\overline{\text{MR}}$ 为总清零端，低电平有效；CP 为时钟脉冲输入，上升沿有效。当 $\overline{\text{MR}}$ 为低电平时，所有 D 触发器清零，Q 端输出全为 0；当 $\overline{\text{MR}}$ 为高电平时，CP 端的上升沿将 D 端输入锁存，CP 端其他信号不影响锁存器内容。

74LS373 是三态输出的透明 8D 触发器。不像 273 始终有输出信号，373 的输出受 $\overline{\text{OE}}$ 引脚电平的控制，$\overline{\text{OE}}$ 为低电平时才能输出，否则 Q 端为高阻。在 $\overline{\text{OE}}$ 为允许的情况下，当锁存允许端 LE 为高电平时，Q 端数据随 D 端输入的变化而变化；当 LE 变为低电平时，Q 端输出内容被锁存在已建立的数据电平；LE 为低电平时，锁存器内容不变。可以将 74LS373 用作下降沿有效的锁存器电路，这时 LE 引脚与 MCS-51 的 ALE 引脚信号正好匹配。

74LS374 功能与 74LS373 类似，只是没有了透明传输模式，即 CP 只有引脚为上升沿时锁存 D 端输入，其余时刻 Q 端皆输出锁存器内容，不会随 D 端信号变化。若用于 MCS-51 系统，ALE 信号须加反相器后与 CP 相连接。对于 74LS273 也是一样。

74LS573 与 74LS373 功能相同，但是由于输入和输出信号引脚分列在芯片两侧，在印刷电路板上的布线比较整齐，作为地址锁存器电路，其应用日益广泛。

在使用总线结构后，P0 口也用作数据总线，CPU 会根据指令执行情况自动切换 P0 口的数据内容和传送方向。

$\overline{PSEN}$、$\overline{WR}$ 和 $\overline{RD}$ 用作控制信号。在从使用总线方式扩展的外部 I/O 口读数据时，$\overline{RD}$ 信号有效，写数据时 $\overline{WR}$ 有效。二者必须与外部 I/O 电路的输出控制信号(如 $\overline{OE}$)、写入控制信号(如 LE)连接。

6.2.2 并行输入接口的扩展

从原理上来讲，只要是能三态输出并行数据的器件都可用作并行输入接口。其三态输出信号线可以连接在系统的数据总线上，三态门由 CPU 发出的地址总线和控制总线信号共同控制。

74LS244 是典型的三态缓冲器电路，见图 6-9(a)。两个控制端 $\overline{1G}$ 和 $\overline{2G}$ 分别控制 4 个三态门从 1A1~1A4 和 2A1~2A4 到 1Y1~1Y4 和 2Y1~2Y4 的输出。为了从并行外设输入数据，1A1~1A4 和 2A1~2A4 连接外部设备的并行数据线，1Y1~1Y4 和 2Y1~2Y4 连接单片机系统的数据总线。$\overline{1G}$ 和 $\overline{2G}$ 的信号可以使用 CPU 输入信号 $\overline{RD}$ 与地址信号共同产生。硬件电路连接参见图 6-10。

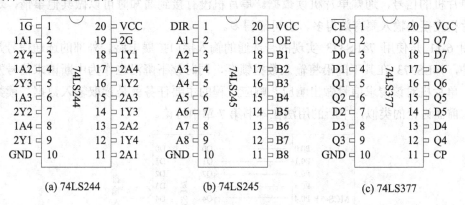

图 6-9 可用作 I/O 扩展的 IC

在图 6-10 中，74LS244 的三态门由 P2.6 和 $\overline{RD}$ 控制。单片机要得到输入的数据，P2.6 和 $\overline{RD}$ 必须同时为 0。P2.6 为 0 可由地址信号控制产生，或通过向 P2 口锁存器写数据实现。图 6-10 所示电路也只有在使用了外部存储器时才有意义，否则 P0 口本身就是并行端口，无需使用 74LS244。以下代码可实现外部数据的输入。

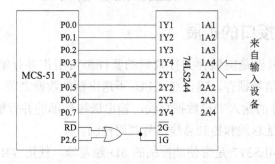

图 6-10 使用 74LS244 扩展并行输入接口

```
MOV         DPTR, #0BFFFH      ;74LS244 在系统中的地址
MOVX        A, @DPTR           ;读取/输入数据
```

这里的 0BFFFH 可以看做是 74LS244 的端口地址。欲打开 74LS244 的三态门，P2.6 必须为 0，地址信号的其他位对其不起作用。在此可选择一个与单片机系统中任何端口、任何存储单元都不重复的地址，保证 P2.6 为 0 时不能选通任何其他端口或存储单元。P0 作数据总线使用。

若系统中外部 RAM 容量较小，P2 口的 P2.6 空闲，也可使用下述的代码。

```
CLR         P2.6               ;置 P2.6 为 0
MOVX        A, @R0             ;读取/输入数据，低 8 位地址无关，故不用对 R0 初始化
```

74LS245 也可用作并行 I/O 的扩展。除了比 74LS244 多了双向传输功能外，其他操作类似，不再详述。其引脚分布见图 6-9(b)。

前面讨论过的三态输出的锁存器电路也可用作输入端口扩展，特别适用于外部设备有选通信号的情况。这时，外部的设备用选通信号使锁存器锁存数据，该选通信号也可作为发往单片机的信号，通知单片机读数据。单片机没有接到通知时可以做其他事情，这样就比单片机直接去输入要有效得多，也可靠得多。

图 6-11 是使用 74LS373 实现的带选通的输入接口扩展电路。外部的选通信号是一个正脉冲，74LS373 在其下降沿将输入数据锁存，同时该下降沿也作为中断请求信号发给单片机。单片机对该请求信号做出响应，响应过程的主要任务就是读取输入数据。读数据的方法与前面讨论的类似，中断的用法在本书第 7 章中讨论。

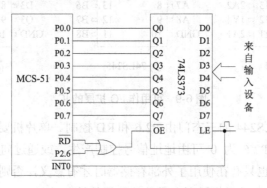

图 6-11 带选通信号的输入接口扩展

6.2.3 并行输出接口的扩展

从原理上来讲，只要是能锁存并行数据的器件都可用作并行输出接口。其作用是将 CPU 送往数据总线的信号锁存，确保在 CPU 不送出新的数据之前，对外部设备的数据输出保持稳定。锁存器件的输入来自数据总线，输出送往外部的并行输出设备。锁存信号的产生由 CPU 发出的地址总线和控制总线信号共同控制。

图 6-9(c)给出的 74LS377 是带使能控制的 8D 触发器，使用 74LS377 扩展并行输出的电路如图 6-12 所示。

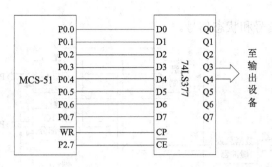

图 6-12 使用 74LS377 扩展并行输出电路

74LS377 有 8 个输入端 D0~D7、8 个输出端 Q0~Q7、一个时钟控制端 CP 和一个锁存允许端 $\overline{CE}$。当 $\overline{CE}$ 为 0 时，CP 端的上升沿将出现在输入端的 8 位数据打入锁存器，而输出端将保持输入的数据。图中 P0 口作为数据总线，与 74LS377 的输入端相连，$\overline{WR}$ 与 CP 相连，允许端 $\overline{CE}$ 与地址总线信号相连，在此选用 P2.7。输出端数据送外部输出设备。按图中连线关系，74LS377 锁存数据时，P2.7 必须为 0，所以可用地址 7FFFH 选择该器件。相应的输出程序代码如下：

```
MOV         DPTR, #7FFFH    ;74LS377 在系统中的地址
MOV         A, #data        ;欲输出的数据
MOVX        @DPTR, A        ;写/输出数据
```

当然，也可以使用虚的低 8 位地址访问，但事先必须置 P2.7 为 0，如前面对 74LS244 的讨论一样。

6.2.4 可编程并行接口芯片 8255A

使用上面讨论的方式扩展 I/O 口，每个芯片只能提供一个 8 位端口。如需扩展的端口较多、方向各异，就需要使用许多芯片，会使电路变得复杂、可靠性降低。可编程 I/O 扩展芯片可以解决这些问题，使工作简单化。

所谓可编程，就是芯片电路功能较多，使用时可根据情况由 CPU 执行指令选择其工作方式、数据传输方向，用软件对其初始化后，芯片可以工作在指定的状态。可见，可编程芯片概念的提出，目的是为了简化电路连接、提高系统的灵活性，而软件部分只增加了很少的工作量。

1. 8255A 的结构

Intel 的 8255A 是可编程的并行 I/O 芯片，可使用总线方式与单片机连接，提供 3 个 8 位的双向并行端口。其内部结构如图 6-13 所示。

从结构上看，8255A 包括数据端口、内部控制和总线接口三部分。

1) 数据端口

8255A 有 3 个 8 位数据端口：端口 A、端口 B 和端口 C。在使用中，端口 A 和端口 B 常常作为独立的输入端口或输出端口，当它们需要一些联络信号时，则由端口 C 提供，以配合其工作。具体来说，端口 C 常常通过控制命令被分为两个 4 位端口，分别用来为端口

A 和端口 B 提供控制信号和状态信号。

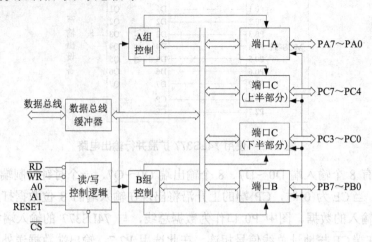

图 6-13 8255A 的内部结构

在端口 A 或端口 B 不需要联络信号时，端口 C 空闲的口线仍可以作为通用 I/O 口线使用。

数据端口的 3 组 8 位口线分别是 PA7～PA0、PB7～PB0、PC7～PC0。

2) 内部控制部分

内部控制部分包括 A 组控制和 B 组控制。一方面接收芯片内部总线上的控制字(来自总线接口部分)，另一方面接收来自读/写控制逻辑电路的读/写命令，据此决定两组端口的工作方式并实现读/写操作。

A 组控制电路控制端口 A 和端口 C 的高 4 位(PC7～PC4)的工作方式和读/写操作。

B 组控制电路控制端口 B 和端口 C 的低 4 位(PC3～PC0)的工作方式和读/写操作。

3) 总线接口部分

总线接口部分实现 8255A 与系统数据总线、地址总线、控制总线的连接，并根据地址、控制信号的不同完成控制字的接收、CPU 向各端口输出数据的接收(输出方向时)或向系统总线传递外设输入数据(输入方向时)。

总线接口部分包括以下的对外引脚。

- D7～D0：8 位数据线，与系统数据总线相连。
- $\overline{CS}$：芯片选择信号，低电平有效。只有 $\overline{CS}$ 有效时，8255A 才对 CPU 送来的读信号 $\overline{RD}$ 和写信号 $\overline{WR}$ 做出响应；$\overline{CS}$ 无效时，D7～D0 呈高阻态。
- $\overline{RD}$：读信号，当 $\overline{CS}$ 和 $\overline{RD}$ 都有效时，8255A 向数据总线上送出 CPU 所需的端口数据。
- $\overline{WR}$：写信号，当 $\overline{CS}$ 和 $\overline{WR}$ 都有效时，8255A 将 CPU 从数据总线上送来的数据写入指定的端口。
- A1、A0：端口选择信号。为 00B 时，选中端口 A；为 01B 时，选中端口 B；为 10B 时，选中端口 C；为 11B 时，选中控制寄存器。A1、A0 信号由 CPU 送出的端口地址决定。

- RESET：复位信号，高电平有效。复位时，内部控制寄存器被清零，三个数据端口被自动设置为输入端口。

2. 8255A 的控制字

8255A 各端口的工作方式和数据传送方向的选择，都由控制寄存器的内容决定。控制寄存器是一个只写的寄存器，其内容由 CPU 写入，称作控制字。

8255A 的控制字有两种。一种是以各端口的方式选择控制字，以其最高有效位为 1 标识；另一种是端口 C 按位置位/清零控制字，以其最高有效位为 0 标识。

图 6-14 为方式选择控制字的格式。从中可以看出，3 个端口都可独立配置为输入或输出；端口 A 有 3 种工作方式，端口 B 有两种，端口 C 只有一种，无需指定。

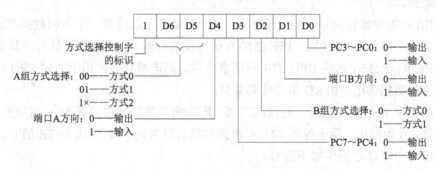

图 6-14 8255A 的方式选择控制字的格式

图 6-15 为端口 C 按位置位/清零控制字的格式。D3~D1 用于指出 PC0~PC7 中哪一条口线，D0 表示该口线是置位还是清零。最高有效位为 0，其余位可任意填写。

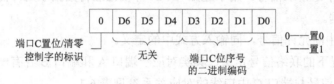

图 6-15 8255A 的端口 C 置位/清零控制字的格式

3. 8255A 的工作方式

从方式选择控制字的格式中已经看出，8255A 的端口共有 3 种工作方式。

1) 方式 0——基本输入/输出方式

端口 A、B 和 C 都可以方式 0 工作。端口 A 和 B 可规定为输入端口或输出端口，端口 C 分为两个 4 位端口，可分别规定为输入端口或输出端口。

方式 0 适用于外设与 8255A 之间、8255A 与 CPU 之间没有使用联络信号的场合，类似于使用三态缓冲器、锁存器电路扩展 I/O 端口的用法。作输入接口时，若 CPU 不能及时读取，8255A 从外设得到的输入数据可能会丢失；也可能在外设没有取走前一个数据的情况下，CPU 又向 8255A 输出了新的数据。所以，在硬件、软件设计上应当保证，单片机执行端口读/写操作时 8255A 和外部设备确已就绪。

如果 8255A 与外设之间、8255A 与 CPU 之间有联络信号，可以将这些信号通过端口 C 传送(端口 C 高、低 4 位分别设置为输入和输出)，由端口 A 或 B 传送数据。单片机在进行端口读/写操作前，先要读入端口 C 传送状态信号的口线的值，以确定是否可以继续操作。

2) 方式 1——选通的输入/输出方式

端口 A 和 B 都可以方式 1 工作。这时，端口 C 自动提供选通信号和应答信号，这些信号与端口 C 的若干位有着固定的对应关系，这种对应关系不可改变。

在输入时，端口 C 提供如下信号。

- $\overline{STB}$：选通信号，由外设送往 8255A。$\overline{STB}$ 有效时，8255A 接收外设送来的 8 位数据。
- IBF：缓冲器满信号，高电平有效。IBF 有效表示已经有一个新的数据在输入缓冲器中，可供 CPU 读取。IBF 由 $\overline{STB}$ 信号使其有效，随后的 $\overline{RD}$ 信号使其复位。
- INTR：8255A 送往 CPU 的中断请求信号，高电平有效。用于通知 CPU 将外设送来的数据读出，由 $\overline{RD}$ 信号使其复位。
- INTE：中断允许信号。通过端口 C 置位/清零控制字将其置为合适的值。1 为允许，0 为禁止，用于控制 8255A 得到数据后是否向 CPU 发出 INTR 信号。

在输出时，端口 C 提供如下信号。

- $\overline{OBF}$：输出缓冲器满信号，由 8255A 送往外设。表示 CPU 已经向 8255A 端口写了新的数据，通知外设将数据取走。
- $\overline{ACK}$：外设应答信号，由外设送往 8255A，表明外设已经取走数据。
- INTR：中断请求信号。用于通知 CPU 外设已经将数据取走，需要再向端口写入新的数据。
- INTE：中断允许信号，同输入方式中的定义。

以上两种情况下的联络信号定义，其实对应于端口 A 和端口 B 各有一组，分别加下标 A、B 表示。联络信号与端口 C 中口线的对应关系参见表 6-1。

表 6-1 8255A 端口 C 提供的联络信号

端口 C 信号	方式 1		方式 2	
	输 入	输 出	输 入	输 出
PC7		$\overline{OBF}_A$		$\overline{OBF}_A$
PC6		$\overline{ACK}_A$		$\overline{ACK}_A$
PC5	IBF_A		IBF_A	
PC4	$\overline{STB}_A$		$\overline{STB}_A$	
PC3	$INTR_A$	$INTR_A$	$INTR_A$	$INTR_A$
PC2	$\overline{STB}_B$	$\overline{ACK}_B$		
PC1	IBF_B	$\overline{OBF}_B$		
PC0	$INTR_B$	$INTR_B$		

3) 方式 2——双向传输方式

只有端口 A 能以方式 2 工作。这时，CPU 对连接在端口 A 的外设数据既可读、又可写。端口 C 自动用 5 条口线提供联络信号，包含了以方式 1 工作时为输入和输出准备的所有信号(参见表 6-1)。

方式 0 和方式 1 只能与单向传送数据的外设连接，若与双向外设连接，必须用软件写控制字来切换数据传送方向。使用方式 2 则避免了这一麻烦。

端口 A 工作在方式 2 时，端口 B 可以工作于方式 0 或 1，端口 C 中未用作联络信号的口线也可按需定义。

4. 8255A 与 MCS-51 单片机的接口

在 MCS-51 系统中，使用 8255A 扩展 I/O 端口时，必须使用总线方式连接。D7～D0 连接数据总线 P0，$\overline{CS}$ 连接高位地址信号或其组合，$\overline{WR}$、$\overline{RD}$ 连接控制总线中的同名引脚，A1、A0 通常连接低位地址信号。根据情况，RESET 引脚一般连接到系统复位输入，或者连接到单片机某一空闲口线，以便能用软件复位 8255A。

8255A 的端口线与并行外围设备数据线相连。若使用了联络信号，还要考虑端口 C 的连线以及是否使用中断信号。硬件设计完成后，需编写程序，使 8255A 按预定的方式，完成外设与单片机之间的数据输入/输出。

例 6.6 某 MCS-51 系统中已经使用了外部数据存储器，地址范围在 0000H～0FFFH。现需控制 3 个外部设备，每个外设有 8 条线接收单片机系统送出的数据，没有其他联络信号。请给出硬件电路和软件接口。

由于已经使用了外部存储器，单片机本身的 3 个并行端口就不能再随意使用了。应用中要求有 3 个 8 位的输出端口，最合适的就是用 8255A 来扩展。硬件上，数据总线、控制总线、地址总线采用前面讨论的连接方式，片选信号的产生要注意与外部数据存储器地址的互斥。3 个数据端口直接向外设输出单片机送来的控制信息。设计草图如图 6-16 所示。

$\overline{CS}$ 与地址信号的关系为：$\overline{CS} = \overline{P2.7 \cdot P2.6 \cdot P2.5 \cdot P2.4}$，所以对 8255A 的读/写操作，P2.7～P2.4 必须全为 1，即最高 4 位地址全为 1。A1、A0 直接连接地址总线最低两位的同名端，即地址锁存器 74LS373 的 Q1、Q0 两个引脚上。由此可得 8255A 各端口在系统中的地址分别如下所列。

端口 A 地址：1111××××00B，若无关位填 1，则为 FFFCH；
端口 B 地址：1111××××01B，若无关位填 1，则为 FFFDH；
端口 C 地址：1111××××10B，若无关位填 1，则为 FFFEH；
控制寄存器：1111××××11B，若无关位填 1，则为 FFFFH。

根据要求，三个数据端口都要设置为输出，方式 0，控制字为 10000000B，初始化部分使用 3 条指令即可。

```
MOV     DPTR, #0FFFFH       ;控制寄存器地址
MOV     A, #80H             ;控制字
MOVX    @DPTR, A            ;写入
```

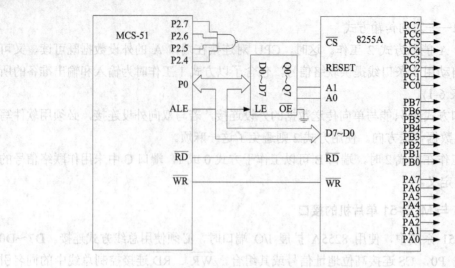

图 6-16　8255A 在 MCS-51 中的连接

假设需要向端口 A、B、C 分别输出字节数据，输出数据已经分别存放在内部 RAM 用 PADATA、PBDATA、PCDATA 命名的单元中，可以使用下述代码段。

```
MOV     DPTR, #0FFFCH   ;端口A地址
MOV     A, PADATA       ;需输出的数据
MOVX    @DPTR, A        ;输出
MOV     DPTR, #0FFFDH   ;端口B地址
MOV     A, PBDATA
MOVX    @DPTR, A
MOV     DPTR, #0FFFEH   ;端口C地址
MOV     A, PCDATA
MOVX    @DPTR, A
```

假设连接到端口 C 的外设数据线是按位定义的，若要将 PC3 连接位置 1，PC5 连接位置 0，除了使用字节操作外，还可以用端口 C 按位置位/清零控制字实现。这时，数据写入控制寄存器地址，8255A 内部控制对端口 C 进行位寻址，完成位操作。程序段可如下编写。

```
MOV     DPTR, #0FFFFH   ;控制寄存器地址
MOV     A, #00000111B   ;PC3 置位控制字
MOVX    @DPTR, A        ;写入控制寄存器
MOV     A, #00001010B   ;PC5 清零控制字
MOVX    @DPTR, A
```

当外设的速度较慢，单片机直接向 8255A 输出数据时，外设不一定已经就绪；直接读取输入数据时，也不一定能读到最新值。这时，外设需要提供联络信号与单片机联系，而 8255A 可以用来传递联络信号。使用方式 1 或方式 2，8255A 会自动进行这些联络信号的转换。

例 6.7　某输入设备在 8 位数据准备好后会发出一个负脉冲，通知接口锁存。单片机需要将该输入设备的数据再转送到另一输出设备，输出设备始终接收就绪，不需要联络信

号。请给出使用 8255A 的解决方案。

根据要求，8255A 某个输入端口应当工作在方式 1。不妨令端口 A 与输入设备连接，选通方式输入。则端口 B 可用作基本的输出口，端口 C 中 3 条线协助端口 A，其余根据情况另行定义，在此假设都不用。若不使用 8255A 的中断，则 8255A 在系统中的连线如图 6-17 所示。

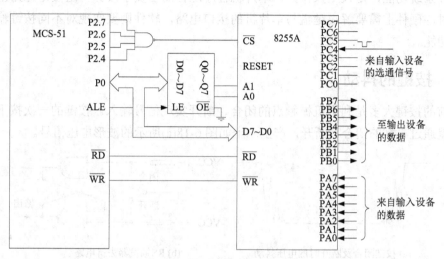

图 6-17　8255A 方式 1 的连接

在对 8255A 初始化时，控制字可以是 10111000B。在准备输入端口 A 数据前，应先查询 IBF_A(PC5)的状态，若为 1，则表示 8255A 中有新来的数据，否则无需读取。

初始化程序段如下。

```
        MOV     DPTR, #0FFFFH    ;控制寄存器地址
        MOV     A, #10111000B    ;控制字
        MOVX    @DPTR, A         ;写入
```

查询状态、读取数据并随后输出的程序段如下。

```
        MOV     DPTR, #0FFFEH    ;端口 C 地址
WAIT:   MOVX    A, @DPTR         ;读入端口 C 内容
        JNB     ACC.5, WAIT      ;PC5 为 1 才能读端口 A，否则等待
        MOV     DPTR, #0FFFCH    ;端口 A 地址
        MOVX    A, @DPTR         ;输入
        MOV     DPTR, #0FFFDH    ;端口 B 地址
        MOVX    @DPTR, A         ;输出
```

在这里，由于需要等待数据有效，可能要浪费很多的 CPU 时间。为了提高效率，可以使用中断方式进行 I/O 操作。具体步骤在本书第 7 章中详细讨论。

6.3 键盘接口

在单片机应用系统中,人机接口是必不可少的。利用按键可以向单片机输入数据和命令、选择系统功能,是人工操作介入单片机程序运行的主要手段。一组按键称为键盘。具体设计时,硬件上需要解决键盘与单片机的接口电路,软件则要实现对不同按键输入的识别解释功能。

6.3.1 按键的抖动

当前的按键大多是利用机械触点的闭合、断开实现信号输入。按键的一次按下、释放过程,就通过机械的闭合、断开,产生一个如图 6-18(a)所示的波形电压信号。

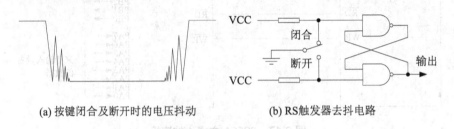

(a) 按键闭合及断开时的电压抖动　　　　(b) RS 触发器去抖电路

图 6-18　按键波形及硬件去抖动电路

由于机械触点的弹性作用,在按键闭合及断开的瞬间不会马上稳定地通、断,而是出现所谓的"抖动"现象。抖动的时间长短与开关的机械特性有关,一般为 5~10ms。为了保证 CPU 对按键的一次闭合仅作一次按键输入处理,必须去除抖动影响。去抖通常有软件和硬件两种途径。

软件去抖就是在首次检测到有按键按下后,先执行一个延时子程序,然后再次检测该按键是否仍保持闭合状态,若保持闭合状态才确认为键真正按下。延时子程序的延时时间应大于按键的抖动时间,通常取 10ms。软件去抖节省硬件,处理灵活,但会消耗过多的 CPU 时间。若用定时器实现延时,效果较好。

硬件去抖通常用 RS 触发器实现,如图 6-18(b)所示。按键闭合时开关打到上边,断开后打到下边。无论断开还是闭合,RS 触发器输出稳定的 0 或 1 值。若把开关既不闭合又不断开称为中间状态,则按键抖动时,开关是在闭合状态与中间状态(或断开状态与中间状态)之间反复切换。而处于中间状态时,RS 触发器的输出根本不会改变,从而去除了输出信号的抖动。

6.3.2 独立式键盘接口

所谓独立式键盘,就是所有按键之间在电路上没有联系,各自独立,如图 6-19 所示。

图 6-19(a)中共 8 个按键,每个占用 P1 口的一条口线,用于 CPU 检查按键是否按下。在软件中,若需要键盘信息,CPU 必须主动输入 P1 的数据,查询是否全为 1。全为 1 表

示没有键按下，否则为 0 的位对应的键可能被按下。软件去抖后，再一次检查确认。

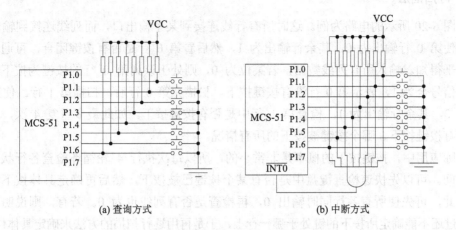

(a) 查询方式　　　　　　　　　　(b) 中断方式

图 6-19　独立式键盘电路

查询浪费了 CPU 的时间，若不去查询又不能及时得知按键的状态。使用中断方式可将 CPU 解放出来，按键按下后电路会及时通知 CPU。图 6-19(b)是使用中断的电路，当有按键按下后，单片机 $\overline{INT0}$ 引脚变低，CPU 会响应该信号，读取按键信息。

6.3.3　矩阵式键盘接口

独立式键盘的缺点是占用口线太多。如图 6-19 中的电路，8 条口线分配给了 8 个按键。若将按键排列成矩阵形式，位于同一行的按键一端连接到同一条线上(称为行线)，同一列的按键也将另一端连接到同一条线上(称为列线)，8 条口线最多可以安排 16 个按键。这样就构成了矩阵式键盘。如图 6-20 所示为 4×4 的矩阵式键盘电路。

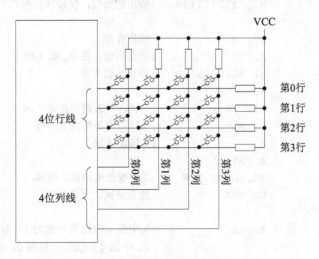

图 6-20　矩阵式键盘电路

矩阵式键盘的关键技术是按键的识别。通常有两种方法：行扫描法和行反转法。

1. 行扫描法

以图 6-20 所示的电路为例。这时所有行线连接到某个输出口，而列线连接到输入口。

先使第 0 行输出为 0，其余行输出为 1，然后看第 0 行是否有按键闭合，可通过检查列线电平得知。输入所有列线数据，若某位为 0，则处于该列第 0 行的按键为按下状态。若列线信号全为 1，表示第 0 行没有按键按下。扫描完第 0 行后，扫描第 1 行。使第 1 行输出为 0，其余行输出为 1，检查第 1 行中是否有按键按下。如此最多重复 4 次，就得到了是否有按键按下、哪个按键被按下的所有情况。

实际应用中，按键按下的概率是非常小的，所以每次执行 4 轮循环检查各行状态有些浪费时间。可以先快速检查键盘中是否有某个按键已被按下，然后再确定具体按下了哪个键。为此，可先使所有各行同时输出 0，再检查是否有列线也为 0。若有，则说明有键按下，不过还不能确定所按下的键处于哪一行上，于是再用逐行扫描的方法来确定具体位置。

针对如图 6-20 所示的电路，用到的 8 条线可以直接使用 MCS-51 的 P1 口。将 P1 口分成高低 4 位，4 条行线分别接 P1.0~P1.3，列线分别接 P1.4~P1.7，即图中左侧连线依次连到 P1.0~P1.3。

在不考虑软件去抖的情况下，行扫描程序可如下编写。

```
ROW_SCAN:
        MOV     P1, #11110000B      ;设置 P1 高 4 位为输入，低 4 位为输出
        MOV     A, P1               ;且低 4 位输出全 0
        ORL     A, #00001111B       ;读取 P1 高 4 位
        CPL     A                   ;检查是否有 0
        JZ      NO_KEY              ;没有，无键按下
        MOV     R0, #4              ;有，准备扫描
        MOV     R1, #11111110B      ;输出初始值，仅最低位为 0，其余 3 位为 1
NEXT_ROW:
        MOV     P1, R1              ;输出行值
        MOV     A, P1               ;读取列值，在 P1 高 4 位中
        ORL     A, #00001111B       ;检查是否有 0
        CPL     A
        JNZ     REC_KEY             ;有 0，转去判断在哪一列
        XCH     A, R1               ;无 0，准备扫描下一行
        RL      A                   ;0 向左移位
        XCH     A, R1
        DJNZ    R0, NEXT_ROW        ;4 行检查未结束，继续
        SJMP    NO_KEY              ;检查结束，无键按下
REC_KEY:
        XCH     A, R1               ;A 中高 4 位仅某一位为 1，对应列序号
        CPL     A                   ;R1 中低 4 位仅某一位为 0，对应行序号
        ANL     A, #00001111B       ;该位为 1 对应行序号
        ORL     A, R1               ;拼接在一起，成为键号
        SETB    C                   ;有键按下标志。A 中高低 4 位中
        RET                         ;各有一位为 1，与 4 行 4 列相对应
NO_KEY:
```

```
            CLR         C                     ;无按键
            RET
```

调用上面的子程序，若按下第 2 行第 3 列的按键，得到的键值为 01000010B。

2. 行反转法

行反转法可加快按键的识别速度，但硬件结构比行扫描法要复杂些。

仍以图 6-20 所示的电路为例。这时，行线和列线所连接的并行端口都应是双向端口，既可以输入，也可以输出。

先让连接行线的并行口工作在输出方式，让连接列线的并行口工作在输入方式。通过程序向行线上全部送 0，然后读入所有列线的值。若有某键按下，必定某位列线值为 0。之后，程序重新设置两个并行口的数据传输方向，使接行线的口工作在输入方式，接列线的口工作在输出方式，并将刚才读得的列线数据从列线所接并行口输出，然后读入所有行线的值。可以肯定，闭合按键所在的行线值为 0。这样，当一个按键按下时，必定可读得一对唯一的行值和列值。

比如，若第 1 行第 2 列的键按下，则往行线输出全 0 后，读到的列线值为 1011B，从列线输出 1011B 后，会从行线上读到 1101B。行线值和列线值合起来得到一个数值 11011011B，即 DBH，它对应了第 1 行第 2 列的键，一定是唯一的。因此，根据两次读到的值拼接起来的 DBH 便可确定按下的键。

设计程序时，可以将各个键对应的代码存放在一个表中，通过查表来确定按下的键的序号，或者直接转向该按键的处理程序。

针对图 6-20 所示的电路，图中左侧连线仍依次连到 P1.0～P1.7。在不考虑软件去抖的情况下，行反转法识别按键程序可如下编写。

```
ROW_INV:
            MOV         P1, #11110000B      ;设置 P1 高 4 位为输入，低 4 位为输出
            MOV         A, P1               ;且低 4 位输出全 0
            ORL         A, #00001111B       ;读取 P1 高 4 位，暂存寄存器 B 中
            MOV         B, A                ;B 中低 4 位设为全 1。高 4 位若不全为 1
            CPL         A                   ;则 0 的位置对应列序号
            JZ          NO_KEY              ;全为 1，无按键
            MOV         A, B                ;有按键，准备获得行序号
            MOV         P1, A               ;P1 高 4 位为输出，低 4 位为输入
            MOV         A, P1               ;输出 B 的值即可
            ANL         A, #00001111B       ;输入 P1 低 4 位，高 4 位无用，舍去
            XCH         A, B                ;将 B 的低 4 位舍去
            ANL         A, #11110000B
            ORL         A, B                ;AB 内容拼接在一起
            SETB        C                   ;A 中高低 4 位中
            RET                             ;各有一位为 0，与 4 列 4 行相对应
NO_KEY:
            CLR         C                   ;无按键
            RET
```

调用上面的子程序，若按下第 2 行第 3 列的按键，得到的键值为 10111101B。

行反转法的代码明显简短。若有按键按下，识别速度也较快。程序中对 P1 分两部分处理，若使用两个 8 位端口，程序编写更为方便。单片机资源紧张时，也可以使用 8255A 提供键盘的行线和列线。

键盘使用中会遇到重键的情况，即用户按下不止一个按键。使用行扫描法可以依次找到多个按键，但如何处理，依赖于软件的定义。使用行反转法时，键对应的代码中，行值与列值分别只有一个 0，而多个按键同时按下时读到的数据会有多个 0。若在表格中只存放单个按键的代码，也就将重键认为是非法按键，过滤掉而不处理了。

对于矩阵式键盘中按键的识别，也需要解决去抖和 CPU 占用问题，可采用与独立式键盘相同的处理方法。

6.4 显示接口

单片机显示接口是应用系统实时自动地向操作人员提供必要状态信息的手段和途径之一，能使操作人员及时地观察到系统的运行情况和对操作命令的响应结果，是人机接口的重要组成部分。基于运行环境、可靠性、体积、功耗、成本等综合因素考虑，发光二极管 LED 和数码管使用最为广泛，LCD 以其显示信息丰富也有较多应用。

6.4.1 LED 显示接口

1. 单个发光二极管指示灯接口

在单片机控制系统的面板上，常常需要一些反映系统工作状态的指示灯。这些指示灯，有些不需要通过单片机就能实现，如各种电源的开关状态指示；有些则必须由单片机来提供，如系统工作状态正常指示、检测到的错误状态指示等。在此，仅讨论由单片机提供指示灯的实现方法。

在指示灯个数较少的情况下，可以使用锁存器驱动的方法，甚至可以直接使用 MCS-51 本身提供的 P0～P3 口。如图 6-21 所示电路是这种方式的一个例子。

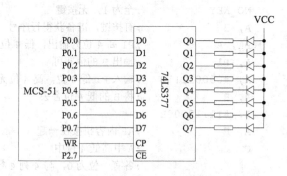

图 6-21 使用单个 LED 的显示接口

图 6-21 中，8D 触发器 74LS377 作为 MCS-51 的输出端口扩展，其输出 Q0～Q7 通过

限流电阻接到各个发光二极管的负端,发光二极管的正端接 VCC。限流电阻阻值的选择要同时考虑发光二极管的驱动电流和 74LS377 的负载能力,一般可选 330Ω 或 360Ω。这里发光二极管之所以反向连接,是因为 TTL 型 74LS377 在低电平输出时输出电流比在高电平时大。顺便提一下,MCS-51 的各端口也是如此。

要使某个发光二极管点亮,应使相应的输出线为低电平,即向 74LS377 输出的数据中相应位为 0。例如,要使 8 个灯的状态从上往下依次为亮、灭、灭、亮、灭、灭、灭、亮,输出数据应该为 01101110B,可用以下指令实现。

```
MOV     DPTR, #7FFFH
MOV     A, #6EH
MOVX    @DPTR, A
```

2. LED 数码显示器接口

实际应用中往往还要显示一些量的值,通常使用七段 LED 数码管实现。七段 LED 数码管中有 8 个发光二极管,也有人称之为八段 LED。图 6-22 给出了七段 LED 模块的内部电路及外部引脚。

LED 数码管有共阴极和共阳极两种。共阴极 LED 的各发光管阴极共地,某个发光管阳极为高电平时点亮;共阳极 LED 与之相反,如图 6-22(a)、(b)所示。

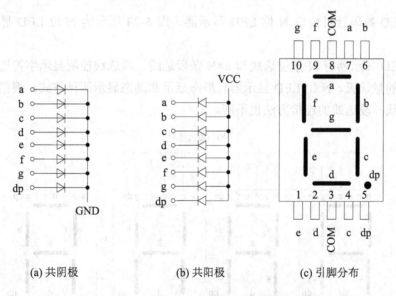

(a) 共阴极 (b) 共阳极 (c) 引脚分布

图 6-22 LED 数码显示的内部电路及外部引脚

使用七段 LED 时,只需将单片机一个 8 位并行口与 LED 发光管的 8 个引脚相连即可,通常 LED 的 a~g 依次连接输出口的 D0~D7 位。8 位并行口输出不同字节数据对应不同的数字或字符显示,如表 6-2 所示。通常将控制发光二极管的 8 位字节数据称为段选码,共阴极和共阳极的段选码正好互补。

表 6-2 七段 LED 的段选码

显示字符	共阴极字型码	共阳极字型码	显示字符	共阴极字型码	共阳极字型码
0	3FH	C0H	C	39H	C6H
1	06H	F9H	d	5EH	A1H
2	5BH	A4H	E	79H	86H
3	4FH	B0H	F	71H	8EH
4	66H	99H	P	73H	8CH
5	6DH	92H	U	3EH	C1H
6	7DH	82H	r	31H	CEH
7	07H	F8H	y	6EH	91H
8	7FH	80H	H	76H	89H
9	6FH	90H	L	38H	C7H
A	77H	88H	灭	00H	FFH
b	7CH	83H	—	—	—

3. 静态显示与动态显示

N 个 LED 数码管可构成 N 位 LED 显示器。图 6-23 所示为 N 位 LED 显示器的构成原理。

N 位 LED 显示器有 N 条位选线和 8×N 条段选线。段选线控制显示字符选择，位选线控制显示位的亮、灭。N 位 LED 显示器有静态显示和动态显示两种方式。根据显示方式的不同，位选线与段选线的连接方法也不同。

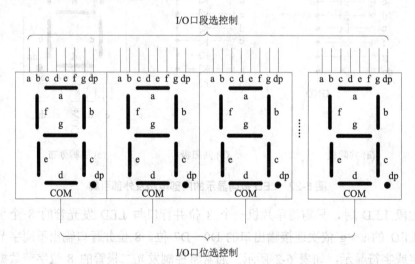

图 6-23 N 位 LED 显示器构成原理

1) 静态显示

此时，共阴极或共阳极点连接在一起，接地或 VCC；每位的段选线(a～dp)与一个 8 位并行输出口连接。

图 6-24 给出了一个 4 位 LED 的静态显示电路。其中每一位可独立显示，只要在该位的段选线上保持段选码电平，该位就能一直保持显示。由于每一位有一个 8 位输出端口控制段选码，所以在同一时刻每一位显示的字符可以各不相同。

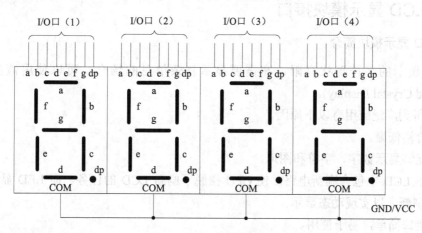

图 6-24 4 位 LED 静态显示电路

N 位静态显示要求有 N×8 条 I/O 口线，占用资源较多，故在位数较多时不易实现，所以往往采用动态显示。

2) 动态显示

在多位 LED 显示时，为了简化电路、降低成本，将所有的段选线并联在一起，由一个 8 位输出口控制，而每位的共阴极或共阳极点分别由单独的 I/O 口线控制。图 6-25 所示为一个 8 位 LED 动态显示的电路。

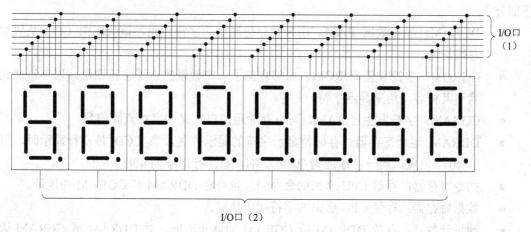

图 6-25 8 位 LED 动态显示电路

从图中可见，这时只需要两个 8 位输出端口。其中一个输出段选码，一个负责位选。

由于所有位的段选由同一个 I/O 口控制，所以在每个瞬间，8 位 LED 只能显示同样的字符。要每位都显示不同的字符，必须采用逐位扫描显示方式，即在每一瞬间只使某一位显示相应字符，其余各位全灭。此时，段选控制 I/O 口送出字符的段选码，位选控制 I/O 口只在应该显示的位线送选通电平，并持续一小段时间。如此轮流，借助人眼的视觉暂留现象，产生各位都亮的效果。

6.4.2　LCD 显示模块接口

1. LCD 显示模块简介

LED 显示的字符形状有限，在需要显示复杂信息的场合，可以使用液晶显示器 LCD(Liquid Crystal Display)。

LCD 得到广泛应用有以下原因。

(1) 价格低廉。

(2) 能够显示数字、字符和图形。

(3) 在 LCD 中包含刷新电路，使 CPU 摆脱了刷新 LCD 的任务。而 LED 显示必须由 CPU 不断刷新，以实现动态显示。

(4) 接口简单，易于使用。

使用 LCD 时，必须要有相应的 LCD 控制器，以及一定空间的 ROM(存储常用图形)和 RAM(存储自定义图形等)。为了方便使用，人们已经将 LCD 控制器、RAM、ROM 和 LCD 显示器用印刷电路板(PCB)连接到一起，称为液晶显示模块(LCM)。用户只需向 LCM 送入相应的命令和数据就可实现所需要的显示。

下面简要介绍点阵字符型 LCM。

点阵字符型 LCM 是由点阵字符显示器件和专用的行、列驱动器，控制器以及必要的连接件、结构件装配而成，可以显示数字和英文字符。从用户角度来看，内部主要包括以下部分。

- DDRAM：显示数据 RAM。用来暂存待显示的字符代码，该代码由 CPU 从数据总线送入。
- CGROM：字符发生器 ROM。内部存储了一定数量的点阵字符图形，以字符代码索引其内容，用来显示字符。
- CGRAM：字符发生器 RAM。可以存储用户自定义的字符点阵信息。
- DDRAM 地址寄存器：存储待显示字符的显示位置。当 LCD 是双行显示时，每行 40 个位置，第一行地址为 00H～27H，第二行地址为 40H～67H。
- 指令寄存器：存放 CPU 送来的命令码，也寄存 DDRAM 和 CGRAM 的地址。
- 数据寄存器：存储 CPU 送来的字符代码数据。
- 地址计数器：存放 DDRAM 或 CGRAM 的单元地址。对 DDRAM 或 CGRAM 读写操作后，地址计数器会自动增 1 或减 1。
- 状态标志位：指示 LCD 是否忙。若为 1，表示正在进行内部处理，不响应外部命令。

光标/闪烁控制：用于控制光标是否显示和闪烁频率。

2. LCD 模块的 CPU 接口

LCD 模块的外形通常如图 6-26 所示。一般其印刷电路板上有 14 个引线端，其中有 8 条数据线、3 条控制线和 3 条电源线，含义见表 6-3。

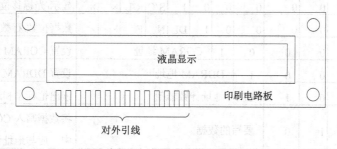

图 6-26 LCD 显示模块的外形

通常将 DB0～DB7 与系统数据总线连接，片选 E 应与系统中其他外围接口的片选使用同一译码器电路产生，RS、R/$\overline{\text{W}}$ 可以与系统地址总线的低位连接。硬件连线确定了内部指令寄存器、数据寄存器、状态寄存器的地址，软件中需要向命令寄存器写入控制命令，包括工作方式选择、CPU 接口数据线位数、字符大小、字符移动方向等初始化数据，再用命令指定初始显示位置，最后将欲显示的字符代码写入数据寄存器，就可以正常显示了。

LCD 模块命令参见表 6-4。

表 6-3 LCD 模块引线定义

引线号	符 号	名 称	功 能
1	VSS	地	0V
2	VDD	电源	5V±10%
3	VEE	液晶驱动电压	保证 VDD－VEE=4.5～5V 电压差
4	RS	寄存器选择	1：数据；0：命令
5	R/$\overline{\text{W}}$	读/写选择	1：读；0：写
6	E	片选	下降沿锁存数据
7～14	DB0～DB7	数据	和 CPU 进行数据传输

表 6-4 LCD 模块命令

命 令	命令编码									功 能
	RS	R/$\overline{\text{W}}$	D7	D6	D5	D4	D3	D2	D1	D0	
清屏	0	0	0	0	0	0	0	0	0	1	清除显示，地址计数器清零
返回	0	0	0	0	0	0	0	0	1	×	置 DDRAM 地址为 0

续表

命 令	命令编码									功 能
	RS	R/$\overline{W}$	D7	D6	D5	D4	D3	D2	D1	D0	
输入方式	0	0	0	0	0	0	0	1	I/D	S	设置光标移动/地址计数增减
显示开关	0	0	0	0	0	0	1	D	C	B	显示/光标/闪烁控制
移位	0	0	0	0	0	1	S/C	R/L	×	×	显示/光标移位
功能设置	0	0	0	0	1	DL	N	F	×	×	数据位数/行数/字符大小
CGRAM 地址设置	0	0	0	1	CGRAM 地址					设置 CGRAM 地址
DDRAM 地址设置	0	0	1	DDRAM 地址						设置 DDRAM 地址
读忙标志或地址	0	1	BF	地址计数器值							读出忙标志和地址计数器值
写数据到 CGRAM 或 DDRAM	1	0	要写的数据								将数据写入 CGRAM 或 DDRAM 中，应与地址设置命令相结合
从 CGRAM 或 DDRAM 读数据	1	1	读出的数据								从 CGRAM 或 DDRAM 中读出数据，应与地址设置命令相结合

3. LCD 模块与 MCS-51 的接口

根据 LCD 模块的引线定义，可以按图 6-27 所示的方式将 LCD 模块与 MCS-51 系统连接。D7~D0 直接连接数据总线，即 P0 口，R/$\overline{W}$ 和 RS 分别连接系统地址总线低位的 A1 和 A0，即从地址锁存器输出的最低两位地址，片选 E 由最高位地址 P2.7 与单片机读写信号共同确定。于是就确定了 LCD 模块中各寄存器的地址：写命令寄存器地址为 8000H，写数据寄存器地址为 8001H，读状态寄存器地址为 8002H，读数据寄存器地址为 8003H。

对 LCD 模块初始化部分的编程可以参考如下子程序。其中 LCD_C、LCD_BZ 分别为命令寄存器和状态寄存器的地址，LCD_WAIT 子程序用来检查 LCD 的忙标志，采用查询方式，直到不忙才返回。

```
INI_LCD:
        CALL    LCD_WAIT         ;等待不忙
        MOV     A, #38H          ;功能设置命令，8 位数据线
        MOV     DPTR, #LCD_C     ;2 行，5×7 点阵字符
        MOVX    @DPTR, A         ;写入命令寄存器
        CALL    LCD_WAIT
        MOV     A, #06H          ;地址增 1 计数
        MOV     DPTR, #LCD_C
        MOVX    @DPTR, A
        CALL    LCD_WAIT
        MOV     A, #1CH          ;显示内容向右移动
        MOV     DPTR, #LCD_C
        MOVX    @DPTR, A
        CALL    LCD_WAIT
        MOV     A, #0FH          ;开屏幕、光标显示，光标闪烁
```

```
            MOV        DPTR, #LCD_C
            MOVX       @DPTR, A
            CALL       LCD_WAIT
            MOV        A, #80H              ;设显示位置为第一行第一列
            MOV        DPTR, #LCD_C
            MOVX       @DPTR, A
            CALL       LCD_WAIT
            MOV        A, #01H              ;清屏,初始化结束
            MOV        DPTR, #LCD_C
            MOVX       @DPTR, A
            RET
LCD_WAIT:
            MOV        DPTR, #LCD_BZ        ;读状态寄存器地址
LCD_WAIT_NBZ:
            MOVX       A, @DPTR
            JB         ACC.7, LCD_WAIT_NBZ  ;忙,继续读,直到不忙
            RET
```

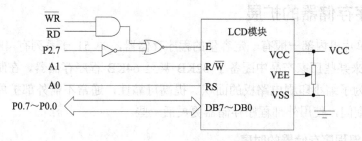

图 6-27 LCD 模块与单片机的连接

下面的 DISP_CHAR 子程序用来在 16×2 的 LCD 显示模块上显示一个字符,欲显示的字符已预先存入累加器 A。每行只能显示 16 个字符,所以显示前要判断是否应该换行,其依据就是地址计数器的值,也正好是在调用 LCD_WAIT 时读出的低 7 位数据。

```
DISP_CHAR:
            PUSH       ACC                  ;先将欲显示的字符保存起来
            CALL       LCD_WAIT             ;等 LCD 不忙
            CJNE       A, #10H, N_NL        ;地址是否已经是 16 了?
            MOV        A, #0C0H             ;是,改为 40H,即第二行第一个位置
            MOV        DPTR, #LCD_C         ;写入命令寄存器
            MOVX       @DPTR, A
            SJMP       DISP_IT              ;准备显示字符
N_NL:       CJNE       A, #50H, DISP_IT     ;是否第二行已经显示 16 个字符了?
            MOV        A, #01H              ;是,改为 00H,即第一行第一个位置
            MOV        DPTR, #LCD_C         ;写入命令寄存器
            MOVX       @DPTR, A
DISP_IT:    CALL       LCD_WAIT             ;准备显示字符
            POP        ACC                  ;取回欲显示的字符
            MOV        DPTR, #LCD_D         ;数据寄存器
```

```
        MOVX        @DPTR, A            ;写入
        RET                             ;应该显示出来了
```

程序中要显示一个字符，只需将其 ASCII 码送入累加器，再调用 DISP_CHAR 即可。

6.5 并行存储器的扩展

MCS-51 单片机硬件设计简单，系统结构紧凑，对于简单应用场合，最小系统(一片 8051 类芯片，或一片 8031 类芯片加一片 EPROM)就能满足功能要求。但是，由于单片机芯片结构及引脚数量的关系，内部 ROM、RAM、I/O 端口等功能部件不可能做得很多，所以对于一些较复杂的场合，内部功能不能满足要求，需要在外部做相应的功能扩展。并行 I/O 端口的扩展前面已经讨论过了，如果内部 ROM 无法完全容纳用户程序，就需要外部扩展程序存储器；若需要存储大量运行期间的数据，则需要扩展数据存储器。MCS-51 所固有的总线结构，最方便扩展的是并行存储器。

6.5.1 程序存储器的扩展

MCS-51 单片机内部一般有一定容量的程序存储器，如 51 子系列有 4KB，52 子系列有 8KB，近年来某些厂家产品中配备了 32KB 甚至 64KB 程序存储器。在制造交付使用的应用系统时，为了缩小印刷电路板的面积、提高可靠性，通常不需外部扩展程序存储器。但在系统开发期间，使用外部程序存储器更灵活一些。

1. 访问外部程序存储器的时序

图 6-28 所示为单片机访问外部程序存储器的时序。

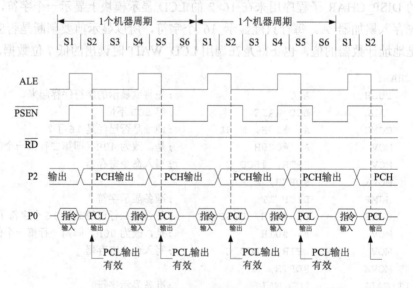

图 6-28 访问外部程序存储器时序(非 MOVX 指令)

访问外部程序存储器时，16 位程序存储器地址的高 8 位 PCH 由 P2 口输出，低 8 位

PCL 由 P0 口输出，指令由 P0 口输入。在不执行 MOVX 指令时，P2 口专用于输出 PCH。P2 口有输出锁存功能，可直接接到外部存储器的地址端。P0 口则作分时复用的双向总线，输出 PCL，输入指令码。每一个机器周期中，地址锁存允许信号 ALE 两次有效，在 ALE 由高变低时，有效地址 PCL 已经出现在 P0 口，低 8 位地址锁存器应在此时将其锁存起来。同时 $\overline{PSEN}$ 也是每个机器周期两次有效，用于选通外部程序存储器，使指令码送到 P0 口，由 CPU 锁存。这时，每个机器周期内 ALE 两次有效，甚至非取指操作周期也是这样。ALE 发出 1/6 振荡器频率的矩形波信号，可以用作系统中其他器件的时钟信号。

若系统中接有外部数据存储器或外部扩展的 I/O 口，执行 MOVX 指令时，时序有些变化，如图 6-29 所示。如果从外部程序存储器取到的指令为 MOVX，在同一机器周期的 S5 状态 ALE 变低时，P0 口出现的不再是有效的 PCL 值，而是有效的数据存储器的低 8 位地址。若指令为 @DPTR 间接寻址，则此地址就是 DPL 值，同时在 P2 口送出 DPH 值。若指令为 @Ri 间接寻址，则此地址就是 Ri 的内容，P2 口送出的是 P2 锁存器的内容。同一机器周期的 S6 状态也不会再出现 $\overline{PSEN}$ 有效信号，下一机器周期的第一个 ALE 有效信号也不再出现。而当 $\overline{RD}$ 信号(或 $\overline{WR}$)有效时，在 P0 口将出现有效的输入(或输出)数据。

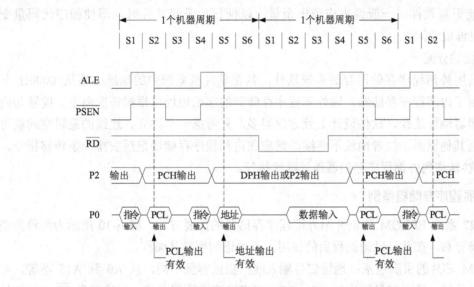

图 6-29 访问外部程序存储器时序(MOVX 指令)

2. 外接程序存储器需考虑的问题

在使用外部程序存储器时，需要考虑以下问题。

1) 存储器芯片类型的选择

程序存储器一般使用 ROM 芯片，常用的有掩膜 ROM、PROM、OTP ROM、EPROM、EEPROM 等。若设计的产品为小批量生产或研制中的产品，应采用可反复擦除的 EPROM、EEPROM 型器件；若为已经定型的大批量产品，则应采用掩膜 ROM 或 PROM，以降低成本并提高系统的可靠性。OTP ROM 是一次性可编程 ROM，比双极型熔丝式 PROM 更加可靠，在中、小批量的定型产品中得到了广泛应用。

2) 存储器芯片与单片机速度的匹配

MCS-51 单片机的振荡频率一旦确定，访问外部程序存储器时地址信号输出时间、采样 P0 口输入指令字节码的时间也就确定了。单片机总是在 $\overline{PSEN}$ 上升沿前采样 P0 口数据，而不管外部程序存储器是否已经把指定单元的内容送到 P0 口。所以，外部程序存储器芯片必须有足够高的速度才能与单片机接口。

以 Intel 8051 为例，单片机在访问外部程序存储器时，从地址输出到输入指令字节(读 P0 口)有效时间 $T_{AVIV}=5T_{CLCL}-115ns$，从 $\overline{PSEN}$ 有效到输入指令字节有效时间 $T_{PLIV}=3T_{CLCL}-125ns$。在振荡频率 12MHz 时，时钟周期 $T_{CLCL}=83.3ns$，$T_{AVIV}=302ns$，$T_{PLIV}=125ns$。这就要求选作外部程序存储器的 EPROM 芯片，其读取时间 T_{ACC} 应小于 302ns，$\overline{OE}$ 有效到数据输出稳定时间应小于 125ns。当然，降低单片机的振荡频率，也可降低对外部存储器的速度要求。

3) 存储容量的确定

所需外部存储器的存储容量也要根据软件程序代码量的大小确定。不同存储容量的芯片的引脚个数不同，在进行硬件设计时要考虑到软件的需求，最好做到硬件电路、芯片不需改变就能更新软件。一般说来应留出余量，以便日后升级软件时，即使程序代码量变大，仍有足够的空间。

4) 地址的分配

如果只用外部程序存储器存储系统软件，其在单片机系统中的地址必须从 0000H 开始。若使用了内部程序存储器，则外部程序存储器的起始地址可根据情况而定。能够与内部程序存储器地址连续，软件设计上就方便得多，只考虑一个独立、连续的逻辑空间就可以了。若因其他原因，二者地址不连续，则应在内部程序存储器最后安排一条转移指令，使 CPU 能够转移到外部程序存储器地址继续执行。

3. 扩展程序存储器举例

现以 27 系列 EPROM 为例介绍外部程序存储器的扩展方法。图 6-30 所示为两种典型芯片的引脚分布，在此只讨论编程后的使用，不讨论如何对其编程。

EPROM 芯片的引脚包括：地址信号输入线，根据容量不同，从 A0 到 A15 不等，可直接连地址总线；数据信号输出线 O0~O7，可直接连接数据总线；片选信号 $\overline{CE}$，该信号有效时可以输出数据，无效时芯片处于待机模式(功耗降低一半以上)，可由系统地址总线高位控制；输出允许信号 $\overline{OE}$，即芯片的读选通信号，当 $\overline{CE}$ 和 $\overline{OE}$ 都有效时，芯片将地址线所确定单元的字节内容从数据线送出，否则数据线为高阻态。

27256 为 32KB 容量，27512 为 64KB，地址线分别为 15 和 16 条。

扩展存储器必须使用 MCS-51 的总线结构(见图 6-7)。

图 6-31 所示为扩展程序存储器的典型电路。EPROM 使用 27C256，有 15 条地址线。地址线低 8 位与地址锁存器 74LS373 送出的地址总线连接，高 7 位与 P2.0~P2.6 相连，P2.7 不用。若外部扩展的程序存储器只有这一个芯片，$\overline{CE}$ 可直接接低电平，$\overline{OE}$ 与单片机的 $\overline{PSEN}$ 相连接。若使用的单片机为 8031，内部没有程序存储器，则 $\overline{EA}$ 应接低电平。若

使用内部有程序存储器的单片机，$\overline{EA}$ 可以接高电平，表示从 0000H 开始的存储器空间在芯片内部。假设这里使用 51 子系列，芯片内部有 4KB ROM，地址为 0000H～0FFFH。则仅当系统需要访问 1000H 及更高地址单元时，才使用 27C256 芯片的存储空间。即，27C256 芯片的地址空间为 1000H～7FFFH，虽然总容量为 32KB，但低 4KB 不可访问，只有 28KB 可用。

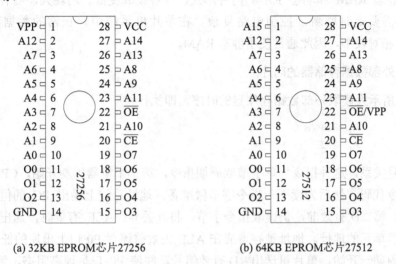

图 6-30　EPROM 芯片引脚

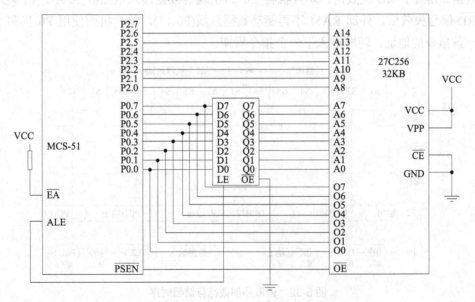

图 6-31　扩展程序存储器的典型电路

对于浪费存储空间的情况，可以从硬件电路上解决，将外部 ROM 地址平移到 4KB 开始处。因地址变换电路较繁琐，在存储器容量不太紧张的系统中意义不大，在此不再讨论。

6.5.2 并行数据存储器的扩展

相对于程序存储器，数据存储器的需求更为常见。虽然单片机内部有 128 字节或 256 字节的 RAM，但是在实际应用中可能远远不够，需要在外部扩展数据存储器。常见的数据存储器有静态 RAM 和动态 RAM 两种形式，前者集成度低、功耗大，后者集成度高、功耗低，但需要定时刷新，控制电路复杂。在单片机系统中，正常的数据存储空间为 64KB，容量相对较小，因此通常使用静态 RAM。

1. 访问外部数据存储器的时序

图 6-32 所示为读取外部数据存储器的时序，即执行

```
MOVX    A, @DPTR
MOVX    A, @Ri
```

指令时的信号关系，这种指令为单字节双周期指令。第一个机器周期开始，CPU 从程序存储器读取指令代码，然后为读下一指令字节做准备，地址总线上输出 PC 的值。第一个机器周期 ALE 第二次有效前，仍读取指令字节，将其丢弃；ALE 有效时，送出要访问的外部数据存储器单元的地址。地址锁存器应在 ALE 失效前锁存 P0 口上出现的低 8 位地址。第二个机器周期一开始，单片机送出 $\overline{\text{RD}}$ 有效信号，并使 P0 口呈现高阻态，为外部 RAM 送出数据做准备。$\overline{\text{RD}}$ 失效前，单片机将 P0 口出现的数据读入累加器 A 中，指令执行结束；$\overline{\text{RD}}$ 信号失效后，外部 RAM 不再驱动数据总线(P0 口)，单片机则使用 P0 口和 P2 送出下一条指令的地址，随即进入下一个指令周期。

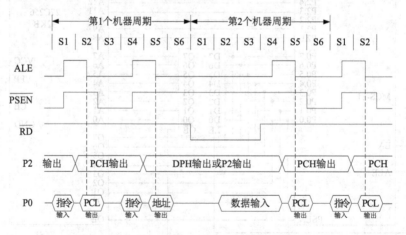

图 6-32 读取外部数据存储器时序

图 6-33 所示为向外部数据存储器写数据的时序，即执行

```
MOVX    @DPTR, A
MOVX    @Ri, A
```

指令时的信号关系，这种指令也是单字节双周期指令。第一个机器周期的情况与读数据类似。第二个机器周期一开始，$\overline{\text{WR}}$ 有效，通知选中的 RAM 芯片准备接收数据。随后单片

机将 P0 口改为数据总线使用，并送出要写出的数据，即累加器 A 的内容。在 $\overline{\text{WR}}$ 失效前，外部 RAM 应完成数据的写入工作；$\overline{\text{WR}}$ 失效后，单片机操作进入下一指令周期。

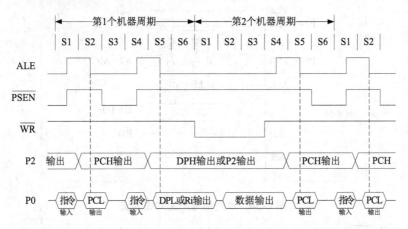

图 6-33 写入外部数据存储器时序

应当指出，在 MCS-51 单片机中，外部扩展的 I/O 端口的读/写操作与外部 RAM 操作使用同样的指令、同样的时序，单纯从指令上看，无法分辨是外部 RAM 操作还是外部端口操作，只有结合硬件连线才清楚。

扩展数据存储器时，也需要考虑类型、容量、时序、地址分配等问题，与扩展程序存储器类似。

2. 外部扩展数据存储器的地址译码

在扩展外部数据存储器时，可能会使用多个芯片，或者除了存储器芯片外，还扩展了 I/O 端口。这就要求当单片机送出地址信号、执行读/写操作时，确保只有一个芯片被选中，只有一个芯片中的一个单元或端口被选中。后一项要求可以通过芯片本身的地址线连接解决，前一项要求就是所谓芯片选择信号的产生问题。

芯片选择信号，简称片选信号，通常使用地址总线高位的组合产生，而地址总线低位一般连接至芯片地址线引脚，以使芯片内部各单元地址连续。下面通过几个例子介绍常用的片选信号产生方法。

例 6.8 某单片机系统需要扩展 16KB 的外部 RAM，但手头只有一些 8KB 的静态 RAM 芯片 6264。如何设计电路？

6264 是典型的静态 RAM 芯片，容量为 8KB。它有 8 条数据线 I/O0～I/O7，可直接与数据总线连接；13 条地址线 A0～A12，一般接地址总线低位同名端；一个输出允许输入信号 $\overline{\text{OE}}$，可以与系统控制线 $\overline{\text{RD}}$ 连接；一个写允许输入信号 $\overline{\text{WE}}$，可以与 $\overline{\text{WR}}$ 连接；两个芯片选择信号 $\overline{\text{CE1}}$ 和 CE2，二者都有效时才能进行读/写操作，否则进入待机状态，以降低功耗。

图 6-34 所示为使用两片 6264 提供 16KB 外部 RAM 的一种方案。两片 6264 的 CE2 均已接有效电平，则片选仅由 $\overline{\text{CE1}}$ 控制，其余信号并联在一起。

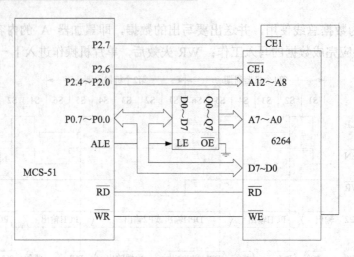

图 6-34 片选信号产生的线选法

两个芯片的 $\overline{CE1}$ 分别接 P2.7 和 P2.6，对前一片 6264 读/写时，P2.6 应为 0；对后一片 6264 读/写时，P2.7 应为 0；还要保证 P2.6 与 P2.7 不能同时为 0。由此确定两片 6264 的内部单元地址范围如下。

前一片 6264：8000H～9FFFH，或 A000H～BFFFH；

后一片 6264：4000H～5FFFH，或 6000H～7FFFH。

这种方案称作"线选"，即用高位地址线中空余的几条线直接作为芯片的片选信号。本来 P2.7 和 P2.6 有 4 种组合，但使用它们作片选信号时，只有 10B 和 01B 两种组合有效，使得整个系统的可扩展性降低了。另外，当芯片较多时，空余地址线可能根本不够用。仍以用 6264 芯片为例，线选法最多只能连接 3 片，当多于 3 片时，可以使用地址译码法。

例 6.9 继续前面的例子。当需要扩展 32KB 的外部 RAM 时，如何设计电路？

扩展 32KB RAM，需要 4 片 6264。可以将地址信号最高位 P2.7 和 P2.6 作为 2-4 译码器的输入，由译码器产生 4 个片选信号。图 6-35 是使用双 2-4 译码器 74LS139 产生片选信号的电路。

根据译码器输出与地址信号的关系，4 片 6264 的地址分配情况如下所述。

第 0 片 6264：0000H～1FFFH，或 2000H～3FFFH；

第 1 片 6264：4000H～5FFFH，或 6000H～7FFFH；

第 2 片 6264：8000H～9FFFH，或 A000H～BFFFH；

第 3 片 6264：C000H～DFFFH，或 E000H～FFFFH。

这种使用部分空余高位地址线译码产生片选信号的方法称作"部分地址译码法"。同线选法类似，由于仍有高位地址未用，RAM 中同一单元往往对应多个地址。如上例中 1234H 与 3234H 是同一单元，因为它们仅 A13 不同，或者说，仅 P2.5 送出的值不同。这样，有一条地址线未用，就浪费了一半的地址空间。

解决地址空间浪费的方法是使所有空余地址线全部参加译码，称作"全地址译码法"。

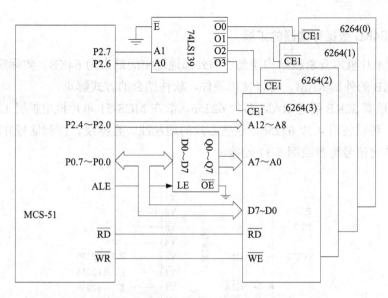

图 6-35 片选信号产生的部分地址译码电路

例 6.10 继续前面的例子。需要扩展 48KB 的外部 RAM，另外还要连接一片 8255A，电路如图 6-36 所示。这里没有把 RAM 和 8255A 芯片画出，只是给出了地址译码器的连接。

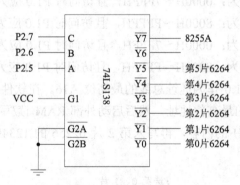

图 6-36 片选信号产生的全地址译码法

6 片 6264 的地址分配从后往前依次如下所述。

第 0 片 6264：0000H～1FFFH；

第 1 片 6264：2000H～3FFFH；

第 2 片 6264：4000H～5FFFH；

第 3 片 6264：6000H～7FFFH；

第 4 片 6264：8000H～9FFFH；

第 5 片 6264：A000H～BFFFH。

8255A 的地址分配为：端口 A 地址 E000H，端口 B 地址 E001H，端口 C 地址 E002H，控制寄存器地址 E003H。这里 8255A 的一个端口仍对应多个地址，或者说，8255A 占用了 E000H～FFFFH 全部 8KB 的空间。

3. 超过 64KB 数据存储器的扩展

MCS-51 单片机本身总线结构能允许的外部地址空间最大为 64KB。实际应用中，如果需要大于 64KB 的外部 RAM，可以使用硬件、软件结合的方式解决。

例 6.11 现有 32KB 静态 RAM 芯片 62256，欲在 MCS-51 单片机中扩展 128KB 的外部数据存储器，可以使用 4 片 62256，这些芯片的地址线、数据线、控制信号并联在一起。4 片 62256 的片选信号可参照图 6-37 连接。

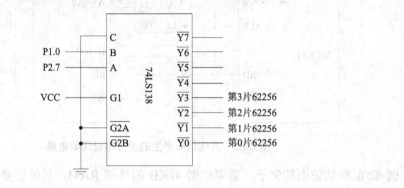

图 6-37　扩展 128KB RAM 的地址译码电路

第 0 片 62256 的地址为：0000H～7FFFH，且访问时 P1.0 应为 0；
第 1 片 62256 的地址为：8000H～FFFFH，且访问时 P1.0 应为 0；
第 2 片 62256 的地址为：0000H～7FFFH，且访问时 P1.0 应为 1；
第 3 片 62256 的地址为：8000H～FFFFH，且访问时 P1.0 应为 1。

这种方法相当于将 P1.0 作为地址总线的最高位 A16。在软件上，访问外部 RAM 单元时先要向 P1.0 写入所需的最高位地址，然后启动外部 RAM 读/写操作。比如，要读取第 1 片 62256 中地址为 89ABH 的内容，再写入第 2 片 62256 的 1234H 单元中，可以使用下述代码段：

```
CLR     P1.0              ;选第 0、1 片
MOV     DPTR, #89ABH      ;16 位地址
MOVX    A, @DPTR          ;读出
SETB    P1.0              ;选第 2、3 片
MOV     DPTR, #1234H      ;16 位地址
MOVX    @DPTR, A          ;写入
```

4. 程序存储器空间和数据存储器空间的混合

MCS-51 单片机数据存储器空间和程序存储器空间在逻辑上是严格分开的，对它们的访问，通过执行不同的指令，由硬件产生不同的选通信号实现。

在实际设计和开发单片机系统时，需要经常调整程序。而程序一般放在 EPROM 中，无法在线修改，给软件的调试和修改带来不便。如果在程序存储器空间能使用 RAM 芯片，则可以实现边运行程序边调试修改。

实现这种设想的方法如图 6-38 所示。在硬件上将单片机的 $\overline{RD}$ 和 $\overline{PSEN}$ 信号分别作为一个与门的输入，与门的输出连接到 6264(2)芯片的 $\overline{OE}$ 端，则该芯片就占据了程序存储器和数据存储器两个空间。

图中的 2764 是 8KB 的 EPROM 芯片。4 个存储器芯片的空间分配如下。

2764(1)：程序存储器空间 0000H～1FFFH；

2764(2)：程序存储器空间 2000H～3FFFH；

6264(1)：数据存储器空间 0000H～1FFFH；

6264(2)：程序存储器空间 4000H～5FFFH，数据存储器空间 4000H～5FFFH。

当对 4000H～5FFFH 之间的单元读操作时，既可使用数据存储器操作指令，也可使用程序存储器操作指令。如对 4030H 单元的读出，可以用

```
MOV      DPTR, #4030H
CLR      A
MOVC     A, @A+DPTR
```

完成，也可以使用

```
MOV      DPTR, #4030H
MOVX     A, @DPTR
```

实现。

如果要对 4000H～5FFFH 之间的单元执行写入操作，只能使用 MOVX 指令。

这部分单元的另一特点是可以存储程序。所存储的程序一般是执行另外的代码写到这个区域来的，比如可以通过串行通信从台式微型计算机下载过来。存储的程序可以像在普通 ROM 中一样被读出、执行，因为 $\overline{PSEN}$ 有效时也触发 6264(2)数据的输出。

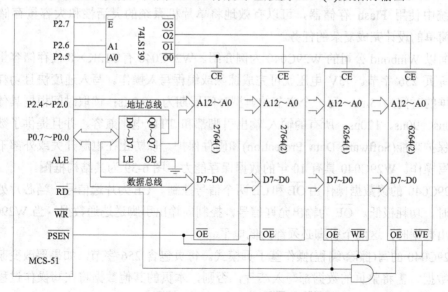

图 6-38 程序存储器和数据存储器空间混合电路

早期的单片机实验系统有很多采用了这样的结构，2764(1)和 2764(2)中存储监控、通

信程序，提供用户接口；用户程序只能从 4000H 开始编写，汇编完成后，可以通过人机接口将机器码写入 6264(2)，再借助于实验系统提供的命令，就可以执行 4000H 处的程序了。这也是大家能在许多早期教材上的例子中经常看到

    ORG   4000H

之类伪指令的原因。

程序存储器空间和数据存储器空间混合的另一种情况，是使用 ROM 模拟 RAM，即程序存储器占用数据存储器的空间。电路连线与前一种相同，但对占用外部 RAM 空间的 ROM 存储器单元只能读访问，可以使用 MOVC 指令，也可以使用 MOVX 指令。这种方法比较适合有大量常数表格的单片机系统。

6.5.3 Flash 存储器的扩展

当数据需要长期保存，甚至断电后也不能丢失时，前面讨论的静态 RAM 就无能为力了。可以使用 EEPROM，但 EEPROM 容量相对较小，难以存储大量数据。近年来日渐广泛应用的 Flash 存储器可以完成这些任务。

1. Flash 存储器介绍

Flash 存储器是由 Intel 率先研制推出的一种新型存储器，存取速度很快，而且容量相当大。它是在 EPROM 和 EEPROM 的制造技术基础上发展起来的一种可擦除、非易失性存储元件，内部数据在不加电的情况下能保持 10 年之久，又可快速将信息擦除后重写(可反复擦写几十万次之多)，而且可以实现分块或按字节擦除和重写，有很大的灵活性。Flash 存储器兼备非易失性、可靠性、高速度、大容量和擦写灵活性，所以很受欢迎。在单片机系统中使用 Flash 存储器，可以有效地将单片机系统的灵活性和大容量存储结合起来，用简单的设计完成复杂的任务。

下面以 Winbond 公司的 W29C040 为例介绍。W29C040 有 512K×8 位存储容量，按页组织，每页 256 字节。+5V 电压就可完成擦除或编程写入操作。写入速度快且功耗低，写一页数据的时间为 5ms，写一个字节的典型时间周期为 19.2μs；读取时间根据具体型号分别为 70ns、90ns、120ns。所有的输入/输出引脚都和 TTL 电平兼容，并且提供了数据写入的软件保护功能(Software Data Protection)和硬件保护，以防止在电源开关或外部干扰时芯片的误写操作。W29C040 具有 10 年的数据保存能力。图 6-39 为其结构框图。

W29C040 的读数据操作由 $\overline{OE}$ 和 $\overline{CE}$ 两个信号控制。$\overline{CE}$ 为片选信号，当芯片处于未选中状态时，功耗极低。$\overline{OE}$ 为输出允许信号，控制向输出引脚送选通数据。当 W29C040 向外部输出数据时，这两个引脚必须都为低电平。

W29C040 的写(擦除/编程)操作基于页模式。每页包含 256 字节，如果要改变某一页中的某个数据，需将整页的数据都写入芯片，否则，本页的其他数据将在写操作过程中全部被 FFH 填充。写操作是从将 $\overline{CE}$ 和 $\overline{WE}$ 置为低电平、$\overline{OE}$ 置为高电平开始的。

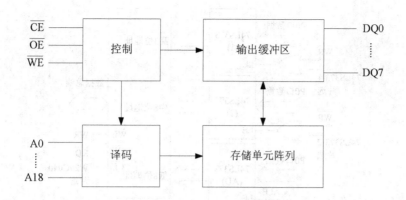

图 6-39 W29C040 结构框图

写操作包括两个周期：字节载入周期和内部写周期。字节载入周期将整个页的数据载入芯片的页缓冲区；内部写周期将页缓冲区中的数据同时写入存储单元阵列，实现非易失存储。

在字节载入周期，地址在 $\overline{CE}$ 和 $\overline{WE}$ 二者中最迟的一个下降沿锁存，数据在 $\overline{CE}$ 和 $\overline{WE}$ 二者中最早的一个上升沿锁存。如果在典型的字节载入时间(T_{BLC})之内载入下一个字节，W29C040 将会继续处于字节载入周期，其他的数据可以依次连续加载。如果没有数据继续载入，则字节载入周期停止，开始内部写(擦除/编程)周期。地址线 A8～A18 为页地址选择线，所有载入页缓冲区内的数据必须处于同一页；A0～A7 是同一页内的字节选择线。页内数据的载入顺序可以是任意的。在内部写周期，页缓冲器内的所有数据(256 字节)被同时写入存储单元阵列。在内部写周期完成之前，CPU 可以处理其他事务。

2. Flash 存储器与 MCS-51 的接口方法

一般 Flash 存储器都有较多的地址线，像 W29C040 有 19 条，而 MCS-51 单片机只能提供 16 位的地址信号。可以用 P1、P3 中闲置的引脚作为高位地址，但是如果外设较多，则资源紧张，无法实现。可以将高位地址从数据总线送出，安排锁存器先行锁存，并一直向 Flash 存储器输出。对 Flash 存储器进行读写时，指令中再提供低位地址。将锁存器中的高位地址和指令中的低位地址同时输出，一并选中存储器中的指定单元，实现了地址信号的"分时输出、同时有效"。照此思路，可以采用如图 6-40 所示的结构。

对 W29C040 的读写操作，分三步完成：先向两个地址锁存器 74LS373(1)、74LS373(2) 写入高位地址，然后再向 W29C040 输出最低 8 位地址以及读写控制信号。74LS373(1)、74LS373(2)对单片机来说，属于简单扩展的两个输出端口，通过片选可以确定它们的地址。对 W29C040 来说，又是高 11 位地址锁存器。图中的 74LS373(AD)作为系统低 8 位地址锁存器使用。假设 74LS373(1)、74LS373(2)在单片机系统中的地址分别为 LATCH_H、LATCH_M，W29C040 的高 8 位地址为 FLASH_A(在单片机 16 位地址空间中，由 $\overline{CE}$ 的产生电路所确定)，则读取 Flash 存储器内 19 位地址为 34567H 单元内容的代码段可以如下编写。

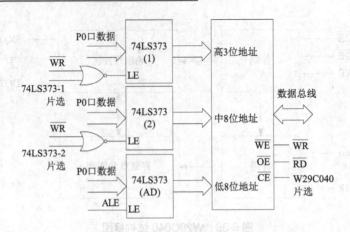

图 6-40 W29C040 与 MCS-51 的接口

```
        MOV     DPTR, #LATCH_H      ;高 3 位地址锁存器在系统中的地址
        MOV     A, #03H             ;Flash 单元高 3 位地址
        MOVX    @DPTR, A            ;锁存
        MOV     DPTR, #LATCH_M      ;中 8 位地址锁存器在系统中的地址
        MOV     A, #45H             ;Flash 单元中 8 位地址
        MOVX    @DPTR, A            ;锁存
        MOV     DPH, #FLASH_A       ;Flash 芯片在系统中的高 8 位地址
        MOV     DPL, #67H           ;Flash 单元低 8 位地址
        MOVX    A, @DPTR            ;读取数据,此时 Flash 芯片已经得到 19 位的地址
```

类似可以编写写入数据的代码。

图中的两个锁存器芯片也可以使用一片 8255A 代替,而且地址范围更大。

在系统运行期间,Flash 存储器可读可写,但是最好不要频繁写操作。频繁改写的数据还是要保存到 RAM 中。使用中还要注意磨损平衡问题,即各页的擦写次数应比较接近,否则影响芯片的寿命。

关于 Flash 存储器的更多内容,可以参考相关芯片的数据手册。

6.6 内部 Flash 存储器与并行编程

当前许多单片机产品的内部程序存储器使用了 Flash 存储器,对程序存储器的擦除和编程更为便捷。下面以 AT89C51 为例介绍 Flash 存储器的并行编程。

AT89C51 单片机内部有 4KB 的 Flash 存储器,并且在产品出厂时处于擦除状态(内容为 FFH)。3 个加密位提供不同的软件加密方式。编程接口可接受高电压(12V)或低电压(VCC)的编程允许信号。使用低电压方式可以方便地在用户系统中编程,高电压方式则与传统的 EPROM 编程兼容。芯片出厂时已经配置成二者之一,芯片上面的标记和内部特征字节的内容可作选择参考。

6.6.1 Flash 存储器的操作方式

表 6-5 给出了 AT89C51 Flash 存储器的并行编程、校验、擦除、写锁定位等操作时的电路信号要求。

表 6-5 AT89C51 Flash 并行编程模式

方 式		RST	$\overline{\text{PSEN}}$	ALE/$\overline{\text{PROG}}$	$\overline{\text{EA}}$/VPP	P2.6	P2.7	P3.6	P3.7
写代码数据		H	L	负脉冲	H/12V	L	H	H	H
读代码数据		H	L	H	H	L	L	H	H
写加密位	LB1	H	L	负脉冲	H/12V	H	H	H	H
	LB2	H	L	负脉冲	H/12V	H	H	L	L
	LB3	H	L	负脉冲	H/12V	H	L	H	L
擦除		H	L	负脉冲	H/12V	H	L	H	L
读特征字节		H	L	H	H	L	L	L	L

注：芯片擦除要求 10ms $\overline{\text{PROG}}$ 脉冲。

6.6.2 Flash 存储器的并行编程

AT89C51 存储器是逐字节编程的，对任何非空 Flash 存储器编程前，应先擦除。
编程前，按图 6-41(a)连接好电路，编程步骤如下。

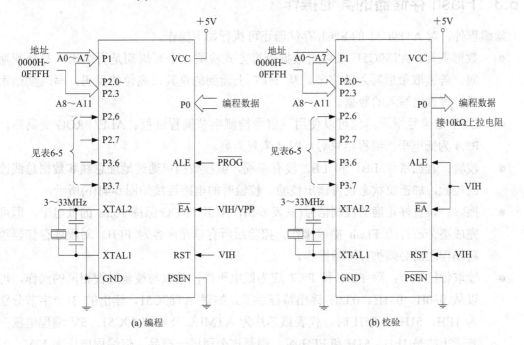

图 6-41 AT89C51 Flash 存储器编程和校验电路

(1) 在地址线上输入所需编程的单元地址。
(2) 数据线上输入相应的数据。
(3) 激活正确的控制信号组合。
(4) 对高电压编程，将$\overline{EA}$/VPP 升到 12V。
(5) 要对 Flash 存储器写入一个字节或一个加密位，ALE/$\overline{PROG}$ 应输出一个编程脉冲。字节写周期是内部自定时的，典型时间不超过 1.5ms。

改变地址和数据，重复以上步骤，直到目标文件编程结束。编程时序如图 6-42 所示。

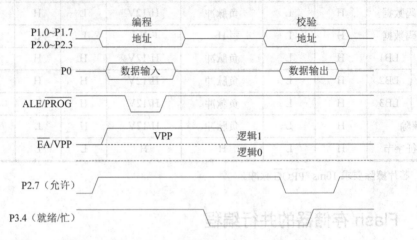

图 6-42 AT89C51 Flash 存储器的编程和校验时序

6.6.3 Flash 存储器的其他操作

除编程外，对 AT89C51 的 Flash 存储器还可执行如下操作。

- 数据查询：AT89C51 可以用数据查询方式检测一个写周期是否结束。写周期期间，若读取最后写入的字节，从 P0.7 上读到的是其最高位的反码；写周期结束后，可读出写入的数据。
- 就绪/忙信号指示：也可以使用该信号检测字节编程过程。ALE/$\overline{PROG}$ 变高后，P3.4 为低电平；编程结束后，P3.4 恢复为高。
- 校验：若加密位 LB1 和 LB2 没有编程，编程数据可通过地址总线和数据总线读回校验，加密位状态也可读出校验。校验时的电路连接如图 6-41(b)所示。
- 擦除：设置好正确的控制信号(见表 6-5)，ALE/$\overline{PROG}$ 保持 10ms 的低电平，即可完成整个芯片的 Flash 擦除操作。擦除后所有单元内容为 FFH。对程序存储器重新编程之前必须执行擦除操作。
- 读取特征字节：除 P3.6 和 P3.7 应为低电平外，采取与校验过程相同的操作，可以从 030H、031H、032H 读出特征字节。如对 AT89C51，读出的 3 个字节分别为 1EH、51H 和 05H 时，代表该芯片为 ATMEL 公司的 89C51，5V 编程电压；若读出的是 1EH、51H 和 FFH 时，则是该公司同一产品，但编程电压为 12V。

6.6.4 Flash 存储器的加密

AT89C51 芯片中有 3 个加密位 LB1、LB2 和 LB3，可以不编程(U)使用，编程(P)后可提供表 6-6 所示的附加保密功能。

表 6-6　AT89C51 的加密位功能

保护级别	加密位编程状况			保护类型
	LB1	LB2	LB3	
1	U	U	U	无保护
2	P	U	U	禁止外部程序存储器的 MOVC 指令从内部存储器读取数据；复位时 $\overline{EA}$ 采样并锁存，禁止进一步编程
3	P	P	U	同上，并禁止校验
4	P	P	P	同上，并禁止执行外部执行

若 LB1 已被编程，则复位期间 $\overline{EA}$ 的电平被采样并锁存。如果单片机上电后没有复位，则锁存的初始值是一个随机数，且会一直保存到复位操作结束。被锁存的 $\overline{EA}$ 值必须与该引脚电平一致，单片机才能正常工作。

6.7　案例实训——交通灯控制电路

1. 案例说明

以两个 74LS273 作为输出口，控制 12 个 LED 发光二极管的亮和灭，模拟交通信号灯的管理。

假设有一个十字路口，初始状态为四个路口的红灯全亮。之后，东西路口的绿灯亮，南北路口的红灯亮，东西路口方向通车。延迟一段时间后，东西路口的绿灯熄灭，黄灯开始闪烁，闪烁若干次后，东西路口的红灯亮，同时南北路口的绿灯亮，南北方向开始通车。延迟一段时间后，南北路口的绿灯熄灭，黄灯开始闪烁，闪烁若干次后，再切换到东西路口方向。如此反复。程序可以使用汇编语言，也可使用 C 语言。

2. 电路设计

两个 74LS273 作为扩展的输出接口，要确定其在系统中的地址，不妨采用部分地址译码法。如果按照图 6-43 的设计，向 74LS273(1)写入数据时，必须 74LS138 的 Y1 输出有效(为 0)，即要求地址总线的 A5、A4、A3 必须是 001B。而其他地址信号在电路中没有用到，可以是任意值，若全为 0，则 74LS273(1)的地址为 0008H；同样可以得到 74LS273(2)的地址为 0010H。

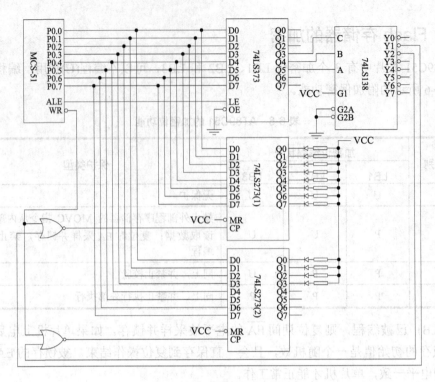

图 6-43 模拟交通灯的电路

在此只需低位地址即可选通两个 74LS273，所以 P2 口能节省出来，对两个 74LS273 芯片的输出直接使用@Ri 寻址即可。

12 个 LED 模拟 12 个交通灯，点亮时相应的 74LS273 输出端应为 0，灭时为 1。若从上到下依次定义为：北路口红、黄、绿，南路口红、黄、绿，西路口红、黄、绿，东路口红、黄、绿，则东西方向为绿灯、南北方向为红灯所对应的 74LS273(1)的输出应为 F6H、74LS273(2)的输出应为×6H(高 4 位任意)。

3. 软件设计

使交通灯信号改变后持续一定时间，可以向两个 74LS273 输出特定模式后用软件延时。假如延时 20s，需要编写相应延时子程序。灯的闪烁可以用短暂的亮、灭交替实现。

用汇编语言编写程序，可参考如下代码。

```
ALL_RED     EQU     NOT 01001001B   ;全红，由第1片74LS237输出
ALL_RED1    EQU     NOT 00000010B   ;由第1片74LS237输出
EWG_NSR     EQU     NOT 00001001B   ;东西绿，南北红
EWG_NSR1    EQU     NOT 00001001B
EWY_NSR     EQU     NOT 10001001B   ;东西黄，南北红
EWY_NSR1    EQU     NOT 00000100B
EWYN_NSR    EQU     NOT 00001001B   ;东西全灭，南北红
EWYN_NSR1   EQU     NOT 00000000B
EWR_NSG     EQU     NOT 01100100B   ;东西红，南北绿
EWR_NSG1    EQU     NOT 00000010B
```

```
EWR_NSY      EQU     NOT 01010010B    ;东西红,南北黄
EWR_NSY1     EQU     NOT 00000010B
EWR_NSYN     EQU     NOT 01000000B    ;东西红,南北全灭
EWR_NSYN1    EQU     NOT 00000010B
PORT         XDATA   08H              ;第1片74LS273端口地址
PORT1        XDATA   10H              ;第2片74LS273端口地址
             ORG     0000H
             LJMP    MAIN
             ORG     0030H
MAIN:        MOV     SP, #5FH         ;设置堆栈大小
LOOP:        MOV     A, #EWG_NSR      ;东西绿,南北红
             MOV     B, #EWG_NSR1
             CALL    OUTPUT
             MOV     R2, #200         ;持续20s
DELAY1:      CALL    DELAY100MS
             DJNZ    R2, DELAY1
             MOV     R3, #10
FLASH1:      MOV     A, #EWY_NSR      ;东西黄,南北红
             MOV     B, #EWY_NSR1
             CALL    OUTPUT
             CALL    DELAY100MS       ;持续100ms
             MOV     A, #EWYN_NSR     ;东西黄灯灭,南北不变
             MOV     B, #EWYN_NSR1
             CALL    OUTPUT
             CALL    DELAY100MS       ;持续100ms
             DJNZ    R3, FLASH1       ;如此循环10次,达到东西方向黄灯闪的效果
             MOV     A, #EWR_NSG      ;南北绿,东西红
             MOV     B, #EWR_NSG1
             CALL    OUTPUT
             MOV     R2, #200         ;持续20s
DELAY2:      CALL    DELAY100MS
             DJNZ    R2, DELAY2
             MOV     R3, #10
FLASH2:      MOV     A, #EWR_NSY      ;南北黄,东西红
             MOV     B, #EWR_NSY1
             CALL    OUTPUT
             CALL    DELAY100MS       ;持续100ms
             MOV     A, #EWR_NSYN     ;南北黄灯灭,东西不变
             MOV     B, #EWR_NSYN1
             CALL    OUTPUT
             CALL    DELAY100MS
             DJNZ    R3, FLASH2       ;如此循环10次,达到东西方向黄灯闪的效果
             AJMP    LOOP             ;循环
OUTPUT:                               ;数据输出子程序
             MOV     R0, #PORT        ;两个8位数分别在A、B中
             MOVX    @R0, A           ;对应两个74LS273应该输出的值
             MOV     A, B
```

```
            MOV     R0, #PORT1
            MOVX    @R0, A
            RET
DELAY100MS:                         ;延时子程序
            MOV     R4, #200        ;在 12MHz 情况下,延时约 100ms
DELAY20US:
            MOV     R5, #248
            DJNZ    R5, $
            DJNZ    R4, DELAY20US
            RET
            END
```

小　　结

MCS-51 有 4 个并行端口 P0～P3,可以按字节操作,也可按位操作。P0 是多功能 8 位双向端口,可用作低 8 位地址/数据总线。P1 为准双向口,输入前要先向锁存器写 1。P2 为多功能口,可用作高 8 位地址总线。P3 的各位都有第二功能,可为系统提供控制总线以及定时器/计数器和串行口的信号线。

需要扩展并行口时,可用三态缓冲器扩展输入接口,用锁存器扩展输出接口。也可使用可编程的并行接口芯片,如 8255A。8255A 有 3 个 8 位并行端口,有 3 种工作方式,可通过控制字进行选择。

键盘有独立式和矩阵式两种结构。前者软件简单,后者节约资源。矩阵式键盘的按键识别方法常用的有行扫描法和行反转法。单片机系统中常用的显示器件有单个 LED、LED 数码管、LCD 模块等。LED 用来显示数字信息,LCD 可以显示字符信息。

扩展程序存储器和数据存储器时,要考虑与单片机时序的配合、容量选择、地址分配等问题。地址译码电路决定了各存储芯片的地址范围。扩展大容量存储器时,可以使用锁存器将高位地址锁存,以解决超过 16 条地址线的问题。

习　　题

1. P0 口的输出有什么特点?P0 口除了作 I/O 口外,还有什么功能?
2. P1 口为什么被称作准双向口?
3. P2 口除了作 I/O 口外,还有什么功能?
4. P3 口各口线的第二功能是什么?
5. 使用位操作指令与使用逻辑门实现布尔函数相比,有什么优缺点?
6. 什么是"读—改—写"操作?为什么有对端口的"读—改—写"操作?
7. 指出下列指令哪些是读引脚,哪些是读锁存器?

```
   (1) MOV      C, P1.0
   (2) MOV      P1, #55H
```

(3) PUSH   P2
(4) INC   P1
(5) XRL   P1, #01H
(6) SETB   P3.2
(7) JBC   P1.7, NEXT
(8) JNB   P3.2, $

8. 怎样扩展简单并行输出接口？

9. 怎样扩展简单并行输入接口？

10. 8255A 端口 A 有哪几种工作方式？各自的含义是什么？

11. 8255A 端口 B 有哪几种工作方式？各自的含义是什么？

12. 8255A 的端口 C 可以怎么使用？

13. 8255A 的 $\overline{RD}$ 端应与 MCS-51 的 $\overline{RD}$ 还是 $\overline{PSEN}$ 连接？为什么？

14. 怎样实现按键的去抖动？

15. 若使用 12 条并行口线，构成独立式键盘可以有多少个按键？构成矩阵式键盘最多有多少个按键？

16. 简述矩阵式键盘的按键识别方法。

17. 某系统采用矩阵式键盘，有 16 个按键。若 8255A 用作键盘接口，应将哪个端口连接到键盘线上？为什么？

18. 若某系统有 3 个状态指示，分别为工作正常、数据传送、数据正常，用什么显示方式合适？

19. 若某系统需要显示的内容为从 0 到 9999.99 的数值，用什么显示方式合适？怎么显示？

20. 某系统需要与用户交互，每次要用户从键盘输入数据前需要约 20 个英文字符的提示。这时用什么显示方式合适？

21. 当单片机扩展外部程序存储器时，需要考虑存储器与单片机的哪些连线？

22. 若单片机内部有一定容量的程序存储器，外部扩展的 ROM 地址是否还可以从 0000H 开始？这样有什么不足之处？有什么优点呢？

23. 从软件上看，访问外部数据存储器和对外部扩展的 I/O 操作有区别吗？各是通过什么指令实现的？

24. 片选信号的产生有哪几种方式？

25. 若 3 片 8KB 容量的 6264 芯片的片选分别连接单片机的 P2.7、P2.6 和 P2.5 引脚，其余信号并联在一起。它们内部存储单元的地址各在什么范围？

26. 若 4 片 8KB 容量的 6264 芯片的片选分别连接 74LS138 芯片的 $\overline{Y4}$、$\overline{Y5}$、$\overline{Y6}$、$\overline{Y7}$，其余信号并联在一起；74LS138 的 C、B、A 三个输入端分别连接单片机的 P2.7、P2.6 和 P2.5，译码控制引脚均接有效信号。此时 4 片 6264 芯片内部存储单元的地址各在什么范围？

27. 使用图 6-36 的译码电路，问以下代码段各实现什么操作。

(1) MOV   DPTR, #1234H

```
            MOV      A, #55H
            MOVX     @DPTR, A
    (2)     MOV      DPTR, #789AH
            MOVX     A, @DPTR
    (3)     MOV      DPTR, #E003H
            MOV      A, #06H
            MOVX     @DPTR, A
    (4)     MOV      DPTR, #E000H
            MOVX     A, @DPTR
```

28. 扩展超过64KB容量的外部数据存储器时，怎样寻址各芯片内部单元？
29. 将外部数据存储器设计为同时占用程序存储器空间有什么作用？
30. 大容量存储器一般有很多条地址线。在仅有16位地址的MCS-51系统中，如何访问其中的单元？

第 7 章 中断系统及应用

本章要点

- 中断的概念与应用场合
- MCS-51 中断系统的结构
- 中断的响应过程
- 中断的控制
- 中断处理子程序的编写
- 中断的应用

中断最早是为了捕获计算过程中的故障——数值溢出而引入的，后来推广应用于输入/输出处理中。自从 1957 年 IBM 公司提出向量式中断以来，现在几乎所有的计算机系统都配备了中断系统。使用 MCS-51 单片机的中断系统，可以有效地与各种不同响应速度的外围接口通信，可以及时获得外部环境的信息，可以更灵活地管理各种系统资源。

7.1 中断的概念

7.1.1 中断的过程

在计算机系统中，几乎所有的数据操作、所有的控制功能都是由 CPU 发起、或由 CPU 参与实现的。计算机系统中有各种各样的外部设备，它们的接口形式、数据速度、信号电平各不相同。虽然 CPU 无法预知哪个设备何时需要其干预，但各个设备可以根据自身的状态随时通知 CPU 参与到相关的活动中来。

当 CPU 正在执行一段程序时，如果由于某个设备(或部件)的活动产生了一些信息，请求 CPU 参与处理，而这时 CPU 由于自身任务的重要性不如该设备，它就可以暂时中止程序的执行，转而去执行一段由提出请求设备的特性所确定的程序。当这段程序执行完毕后，再转回到之前被打断的位置继续工作。这个过程就是中断，即 CPU 的行为被其他信号所中断。提出中断请求信号的设备或部件叫做中断源，由中断源确定的那段程序，主要目的是让 CPU 为其服务，所以称作中断服务程序(Interrupt Service Routine)或中断处理子程序(Interrupt Handler)。CPU 根据中断请求信号去执行中断服务程序的过程叫做中断响应，先前中断程序的位置叫做断点，中断服务程序最后返回到断点的过程叫做中断返回。中断和返回的过程如图 7-1 所示。

中断响应和中断返回能够引起程序执行流程的转移，而且二者一定是成对出现的。中断转移的过程类似于子程序调用，但是调用的时机无法预知，因为 CPU 无法预知中断请求信号到来的时间。与子程序调用相比，对中断服务程序的调用是 CPU 被动实现的。而且，普通子程序需要与调用者(主程序)交换信息，进行参数和返回值的传递，但中断服务程序却一定要保证不能影响被中断程序的正常运行，它与被中断程序之间没有任何逻辑关系。

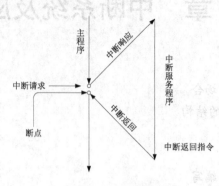

图 7-1　中断响应过程

7.1.2　中断的作用

基于单片机的系统中往往有大量的输入/输出操作，需要各种各样的输入/输出接口电路。一般情况下，接口会在其内部寄存器中提供某些状态标志，供 CPU 随时读取，以确定是否可以进行下一步的输入/输出操作。如果系统比较简单，CPU 任务比较单一，可以反复读取该标志，直到接口已经准备就绪为止。这就是所谓的查询式输入/输出。

查询式输入/输出牺牲了 CPU 的时间，让高速运行的 CPU 适应低速的外设接口，而且在查询的过程中，CPU 不能执行任何有意义的操作。当这类接口比较多时，CPU 只能依次查询，查询过程与这些状态标志生成的时间不能同步，很难满足所有接口设备的要求。

不妨把这些状态标志以电路信号的方式，作为 CPU 的输入，CPU 无需使用软件指令检查这些信号，而是在每个机器周期用硬件采样这些信号的电平。若满足条件，就可以在当前指令结束后去执行与该信号有关的一段子程序，子程序执行结束后再返回。这样，CPU 对外设接口的操作就由主动查询变成被动服务，节省了 CPU 的时间。这就是中断式的输入/输出。

有了中断，CPU 就可以和外设同时工作。CPU 在启动外设工作后，继续执行主程序。当外设需要 CPU 参与时，向 CPU 发出中断申请信号，请求 CPU 执行中断服务程序，中断服务程序结束后，CPU 恢复执行主程序，外设也继续工作。在使用键盘这类慢速输入设备时，CPU 节省的时间更为可观，而且系统中可以有多个较慢外设同时工作。

CPU 使用硬件采样中断请求信号的频率非常高，所以对中断信号的响应也非常及时。现场设备可以根据需要，在任何时间发出中断请求，要求 CPU 处理；CPU 一旦收到中断请求，可以马上响应(若条件允许)，并加以处理。这样的及时处理，在外设较多时，使用查询方式是做不到的。在使用了计数器/定时器电路的系统中，若计数器满或定时时间到，也可以用中断信号通知 CPU。

除了输入/输出、实时处理外，计算机在运行过程中，还可能会出现事先预料不到的情况或者故障，如电源掉电、存储器差错、运算结果溢出等，也需要 CPU 能及时处理，避免更大损失。通常把它们也作为系统的中断源来管理。

7.1.3 中断系统的主要功能

计算机中完成中断功能的部分叫做中断系统。中断系统不仅提供对中断请求信号的采样，而且一般系统中有多个中断源，必须对这些中断源进行管理，同时也要对系统的中断过程管理提供必要的控制手段。一般说来，中断系统应有以下功能。

1) 实现中断及返回

当某一中断源发出中断请求时，中断系统应将该信号锁存，等待 CPU 查询。CPU 一般会以极短的周期查询中断请求信号，比如对于 MCS-51 单片机，每个机器周期查询一次。CPU 查询得知请求信号后，根据情况决定是否响应这个中断请求(当 CPU 在执行更紧急、更重要的工作时，可以暂时不响应中断)。若允许响应该中断请求，CPU 必须在当前的指令执行结束后，把断点处的 PC 值(即下一条指令的地址)压入堆栈保护起来——称为保护断点。然后根据一定的规则，找到相应的中断服务程序并执行，同时置位中断服务标志。中断服务程序执行到最后，再从堆栈中弹出先前保护的断点，CPU 返回到断点处继续执行中断前的程序，相应的中断服务标志清零。

2) 中断优先级排队

系统中通常有多个中断源，会出现两个或多个中断源同时提出中断请求的情况。中断系统应该根据所处理事件的轻重缓急，给每个中断源分配一个中断优先级别。若有多个中断源同时申请中断，中断系统只将其中最高优先级别的请求信号向 CPU 提供；当 CPU 对最高优先级别的中断源服务结束后，再去响应较低级别中断源的中断请求。

3) 中断的嵌套

当 CPU 已经响应了某一中断源的中断请求，正在执行其中断服务程序时，如果有优先级别更高的中断源又发出中断请求，CPU 应暂时中止正在执行的程序，同首次响应中断请求一样，保护好断点，响应高优先级中断。在高优先级中断处理结束后，再继续执行被中断的中断服务程序。这样就造成了中断服务程序被中断的情况，或者说，低优先级中断服务被高优先级所中断。类似于子程序的嵌套调用，这种现象叫做中断嵌套，如图 7-2 所示。嵌套的层次与优先级级别个数的设置有关。

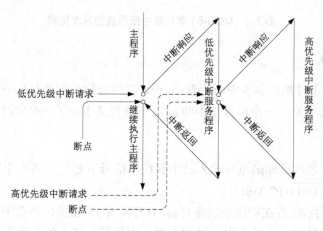

图 7-2 中断的嵌套

如果新发出中断请求的中断源的优先级别低于或等于正被服务中断源的优先级别，则不会出现中断嵌套，只能等 CPU 执行完当前中断服务程序后再处理。

7.2　MCS-51 中断系统的结构

MCS-51 单片机中断系统的基本结构如图 7-3 所示。从图中可以看到，触发中断的信号共有 5 个(其中 RI、TI 算作一个；52 系列又增加了一个中断源，包括 TF2 与 EXF2)，中断允许寄存器决定这些信号是否向 CPU 传递，如果能够传递，再由中断优先级寄存器的内容决定将其送往高优先级还是低优先级中断查询电路。最后由 CPU 执行中断响应过程。

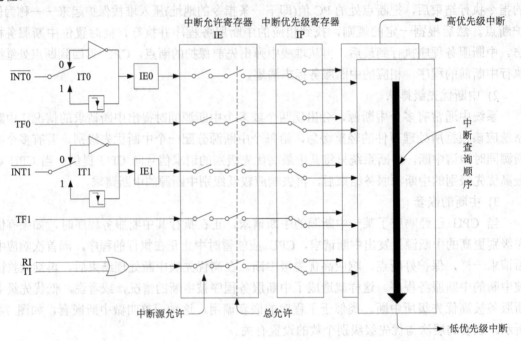

图 7-3　MCS-51 单片机中断系统的基本结构

7.2.1　中断源

MCS-51 系列单片机的基本中断源有 5 个，它们分别是两个外部中断 $\overline{INT0}$ 和 $\overline{INT1}$、两个定时器/计数器中断、一个串行口中断。52 子系列又增加了一个定时器/计数器中断。

1. 外部中断

外部中断是由单片机外部电路输入的中断请求信号引起的。两个中断请求信号分别从引脚 $\overline{INT0}$ (P3.2)和 $\overline{INT1}$ (P3.3)引入。

根据外部中断控制位(在特殊功能寄存器 TCON 中)的设置，外部中断可以配置为电平触发方式或边沿触发方式。若为电平触发方式，则外部引脚上的低电平表示有中断请求；

若为边沿触发方式，则外部引脚上的下降沿表示有中断请求。从中断系统结构图中可以看出，外部中断请求锁存在相应标志位 IE0 和 IE1 中。

2. 定时器/计数器中断

MCS-51 单片机内有两个定时器/计数器，其核心是加 1 计数器，可用于内部定时或者对外部事件计数。一旦计数器溢出，溢出标志将置位，该位可以作为向 CPU 申请中断的依据。

- TF0：定时器/计数器 0 溢出中断。如果是对外部事件计数，此标志与 T0(P3.4)引脚信号的输入有关。
- TF1：定时器/计数器 1 溢出中断。如果是对外部事件计数，此标志与 T1(P3.5)引脚信号的输入有关。
- TF2、EXF2：52 子系列中才有的定时器/计数器中断。两个标志分别表示中断请求是由溢出还是外部事件引起，CPU 响应中断后要加以区别。

3. 串行口中断

每当串行口成功接收一帧数据后，RI 标志置位；成功发送一帧数据后，TI 置位。发送和接收的数据是在 RxD(P3.0)、TxD(P3.1)引脚上传送的。CPU 在响应串行口中断后，要检查这两个标志，以区别处理。

7.2.2 中断向量

CPU 响应中断后，要根据一定的约定找到与中断源相对应的中断服务程序。中断服务程序的位置，即其在存储器中的起始地址，叫做中断向量。设计计算机中断系统时，通常在硬件上给每个中断源一个编号，称作中断类型号，当 CPU 响应中断请求时，得到这个编号数字，根据一定的法则，计算得出中断向量或者中断向量保存的位置，从而能转移到中断服务程序。80x86 系列 CPU 使用这个类型号计算中断向量保存位置(在中断向量表或中断描述符表中的偏移量)，而 MCS-51 则直接使用该数值计算得到中断向量。

6 个中断源的中断类型号从 0 到 5 分别对应外部中断 0、定时器/计数器 0、外部中断 1、定时器/计数器 1、串行口、定时器/计数器 2。相应的中断向量为类型号左移 3 位再加 3，即可由下式计算：中断向量=中断类型号×8+3。MCS-51 的中断向量见表 7-1。

表 7-1 MCS-51 的中断向量表

中 断 源	中断向量
外部中断 0(IE0)	0003H
定时器/计数器 0(TF0)	000BH
外部中断 1(IE1)	0013H
定时器/计数器 1(TF1)	001BH
串行口(RI+TI)	0023H
定时器/计数器 2(TF2+EXF2)	002BH

7.3 中断的控制

7.3.1 中断请求标志

所有中断源的中断请求信号首先要被中断系统锁存，锁存起来的位称作中断请求标志，CPU 会在特定时刻进行查询。各个中断请求信号的请求标志分别存放在定时器/计数器控制寄存器 TCON、串行口控制寄存器 SCON 和定时器/计数器 2 控制寄存器 T2CON 中。

TCON 既可字节寻址(88H)也可位寻址(88H～8FH)。其高 4 位作为 T0 和 T1 的溢出标志及运行控制，低 4 位作为 $\overline{INT0}$ 和 $\overline{INT1}$ 的请求标志和触发方式选择。

	D7	D6	D5	D4	D3	D2	D1	D0
位地址	8FH	8EH	8DH	8CH	8BH	8AH	89H	88H
位功能	TF1	TR1	TF0	TR0	IE1	IT1	IE0	IT0

- TF1(T1 溢出标志)：当定时器/计数器 1 溢出(即由全 1 变为全 0，需要向更高位进位)时由硬件置位，CPU 进入中断服务程序后由硬件清零。若禁止了 T1 溢出中断，该位会一直保持，直到用指令软件清零。

- TF0(T0 溢出标志)：当定时器/计数器 0 溢出(即由全 1 变为全 0，需要向更高位进位)时由硬件置位，CPU 进入中断服务程序后由硬件清零。若禁止了 T0 溢出中断，该位会一直保持，直到用指令软件清零。

- IE1($\overline{INT1}$ 请求标志)：若外部中断 1 设置为边沿触发，则在 $\overline{INT1}$ 引脚检测到下降沿后由硬件置位，响应中断后由硬件清零；否则在 $\overline{INT1}$ 引脚检测到低电平后由硬件置位，检测到高电平后清零。

- IT1($\overline{INT1}$ 触发类型标志)：若置位，表示外部中断 1 下降沿触发；否则为低电平触发。

- IE0($\overline{INT0}$ 请求标志)：若外部中断 0 设置为边沿触发，则在 $\overline{INT0}$ 引脚检测到下降沿后由硬件置位，响应中断后由硬件清零；否则在 $\overline{INT0}$ 引脚检测到低电平后由硬件置位，检测到高电平后清零。

- IT0($\overline{INT0}$ 触发类型标志)：若置位，表示外部中断 0 下降沿触发；否则为低电平触发。

系统复位后 TCON 内容为 00H，随后根据指令执行及中断请求信号、定时器/计数器运行情况而变化。

SCON 既可字节寻址(98H)也可位寻址(98H～9FH)。其低 2 位作为串行口接收和发送中断的请求标志。

	D7	D6	D5	D4	D3	D2	D1	D0
位地址	9FH	9EH	9DH	9CH	9BH	9AH	99H	98H
位功能	SM0	SM1	SM2	REN	TB8	RB8	TI	RI

- RI(串行口接收中断标志)：成功接收一帧数据后由硬件置位，必须由软件清零。如果要继续接收数据，该位必须为 0。
- TI(串行口发送中断标志)：成功发送一帧数据后由硬件置位，必须由软件清零。

系统复位后 SCON 内容为 00H，随后根据指令执行及串行口运行情况而变化。

T2CON 既可字节寻址(C8H)也可位寻址(C8H～CFH)。其高 2 位作为定时器/计数器 2 中断的请求标志。

	D7	D6	D5	D4	D3	D2	D1	D0
位地址	CFH	CEH	CDH	CCH	CBH	CAH	C9H	C8H
位功能	TF2	EXF2	RCLK	TCLK	EXEN2	TR2	C/$\overline{T}$2	CP/$\overline{RL}$2

- TF2(T2 溢出标志)：当定时器/计数器 2 溢出时由硬件置位，必须使用软件清零。
- EXF2(T2 外部标志)：当 EXEN2 为 1，且因 T2EX 引脚上出现负跳变而引起捕获或重装载操作时，EXF2 置位，必须使用软件清零。

系统复位后 T2CON 内容为 00H，随后根据指令执行及定时器/计数器 2 外部引脚和运行情况而变化。

7.3.2 中断请求方式

$\overline{INT0}$ 和 $\overline{INT1}$ 有两种触发方式：电平触发方式和边沿触发方式，可以通过设置 TCON 中的 IT0、IT1 选择。若 IT0 或 IT1 为 0，选择电平触发方式，低电平为有效的中断请求信号；若为 1，选择边沿触发方式，为下降沿有效，即在连续的两个机器周期采样引脚电平结果为前高后低时，置位 IE0 或 IE1，向 CPU 申请中断。

由于每个机器周期采样一次外部中断请求引脚，引脚上的高电平或低电平的信号应至少保持一个机器周期，才能保证正确采样。如果外部中断设置为边沿触发方式，中断源送来的中断请求信号中高、低电平持续时间也应至少各保持一个机器周期的时间，中断请求标志 IE0 或 IE1 才能正确置位；当 CPU 调用中断服务程序后，中断请求标志会自动清零。

如果外部中断请求设置为电平触发方式，中断源送来的中断请求信号应一直保持有效，直到被 CPU 响应。然后，在中断服务程序结束前还必须撤销该有效电平，否则会产生不必要的第二次中断。

7.3.3 中断允许

中断的允许和禁止由中断允许寄存器 IE 控制。IE 既可字节寻址(A8H)也可位寻址(A8H～AFH)。其中最高位作为 CPU 中断的总允许位，其他每位对应一个中断源(D6 除外)。其格式与各位功能如下。

位地址	D7	D6	D5	D4	D3	D2	D1	D0
位地址	AFH	AEH	ADH	ACH	ABH	AAH	A9H	A8H
位功能	EA	—	ET2	ES	ET1	EX1	ET0	EX0

- EX0：外部中断 0 中断允许位。
- ET0：定时器/计数器 0 中断允许位。
- EX1：外部中断 1 中断允许位。
- ET1：定时器/计数器 1 中断允许位。
- ES：串行口中断允许位。
- ET2：定时器/计数器 2 中断允许位。
- EA：CPU 中断允许位。
- IE.6：保留位，用户不可用。

IE 寄存器中 EA 位为 0 时，所有传递到 CPU 的中断请求信号都不会得到响应，相当于 CPU 关闭了中断机构；EA 位为 1 时，传递到 CPU 的中断请求信号可以得到响应，即开放了系统中断。

其余某位为 0 时，阻断相应中断源向 CPU 传递中断请求信号的通道；为 1 时，相应中断源的请求信号可以送往 CPU，若系统中断开放，则可以得到响应。

由此看来，MCS-51 的中断控制采用了两级控制，类似于 80x86 系统，EA 为 CPU 的中断允许控制位，其他位则是中断控制单元对各个中断源的单独控制，使基于单片机的系统也能实现灵活的中断功能。

系统复位后 IE 寄存器中各位均为 0，系统软件应在合适的时机对其装入预置值。

7.3.4　中断优先级

MCS-51 有高、低两个中断优先级，每个中断源可在中断优先级寄存器 IP 中设置其优先级别。IP 既可字节寻址(B8H)也可位寻址(B8H～BFH)，除 D7、D6 外，每位对应一个中断源。其格式如下。

位地址	D7	D6	D5	D4	D3	D2	D1	D0
位地址	BFH	BEH	BDH	BCH	BBH	BAH	B9H	B8H
位功能	—	—	PT2	PS	PT1	PX1	PT0	PX0

- PX0：外部中断 0 优先级设定位。
- PT0：定时器/计数器 0 优先级设定位。
- PX1：外部中断 1 优先级设定位。
- PT1：定时器/计数器 1 优先级设定位。
- PS：串行口中断优先级设定位。
- PT2：定时器/计数器 2 优先级设定位。
- IP.6 和 IP.7：保留位，用户不可用。

IP 中某位若为 0，相应的中断源设置为低优先级；为 1 则设置为高优先级。系统复位后 IP 寄存器为 0，所有中断源均为低优先级。

设置为两个优先级别的中断源遵循以下规则。

(1) 低优先级中断可被高优先级中断请求所中断而形成中断嵌套，反之不能；

(2) 一种中断(不管是什么优先级)一旦得到响应，与之同级的中断请求不能再中断它。

为了实现这两条规则，中断系统内部设置了两个不可寻址(用户不可见)的"中断优先级状态触发器"。其中一个指示某个高优先级的中断正得到服务，所有后来的中断都被阻断；另一个指示某个低优先级的中断正得到服务，所有同级的中断都被阻断，但不阻断高优先级的中断。

优先级状态触发器是由硬件在 CPU 响应中断后自动置位的，当 CPU 执行中断返回指令 RETI 时再自动清零。若两个都已清零，表示 CPU 没有执行任何中断服务程序；若两个都置位，表示发生了中断嵌套，CPU 正在执行高优先级中断的服务程序。

当多个同一优先级别的中断请求同时发生时，哪一个会得到 CPU 的响应取决于内部的查询顺序，即在每个优先级内，还存在一个辅助优先结构。内部查询顺序如表 7-2 所示。

表 7-2 同级内优先权顺序

中 断 源	同级内优先权
外部中断 0	最高
定时器/计数器 0	↓
外部中断 1	
定时器/计数器 1	
串行口	
定时器/计数器 2	最低

7.4 中断的响应

7.4.1 中断的响应过程

中断处理过程包括中断请求、中断响应、中断处理和中断返回 4 个阶段。

中断系统在每个机器周期的 S5P2 采样各中断请求标志，随后的机器周期中查询采样结果(52 子系列中的定时器/计数器 2 中断有所区别，在 7.4.2 小节中描述)。先查询高优先级，再查询低优先级，同级中断按内部顺序查询。若某一标志在前一机器周期 S5P2 时为 1，则表明有中断请求产生。若相应中断是允许的，中断系统会自动生成一条 LCALL 指令，调用地址为其中断向量，同时置位相应的中断优先级状态触发器。

LCALL 指令的生成和中断优先级状态触发器的置位可能被以下情况阻止。

(1) CPU 正在执行同级或高级中断的中断服务程序。因为当某中断被响应后，与之相对应的中断优先级状态触发器置位，封锁了同级和低级中断。

(2) 当前机器周期(查询周期)不是正在执行指令的最后一个机器周期。在所有 CPU 设计中，任意一条指令的执行过程都是不可分割的，不能被任何事件中断。

(3) 当前正在执行的指令是 RETI 指令或任何对 IE、IP 写操作的指令。几乎所有 CPU 的中断系统都规定，在执行完这类中断返回或对中断控制进行调整的指令后，必须再继续执行至少一条其他类指令，才能响应中断。

由于中断是随机产生的，CPU 无法预知，所以在每个机器周期，查询操作都重复进行。查询到的为前一机器周期 S5P2 时的值。如果某一中断标志置位后，由于以上原因没有被响应，而在阻止条件消除后又没有保持有效，被阻止响应的中断不会再得到响应。换句话说，中断系统不会记住没有得到服务的中断请求。每次查询的都是前一机器周期锁存的最新值。

在 CPU 产生 LCALL 指令后，接下来的两个机器周期完成对 LCALL 指令的执行。将现行的程序计数器 PC 的值压入堆栈，SP 加 2，PC 内容修改为中断向量。对于某些情况，中断系统会由硬件自动清零相应的中断请求标志。定时器/计数器 2 和串行口的中断请求标志 TF2、EXF2、RI、TI 不会自动清零。

响应过程中保存到堆栈中的只有 PC 的值，程序状态字 PSW 不会自动入栈保护，IE 中的中断允许标志也不会清零。同 80x86 CPU 不同，这两个操作以及是否保护其他寄存器内容依赖于程序员的选择。MCS-51 单片机的中断通常与控制有关，要求有比较高的中断响应速度，减少附加操作则节省了时间。

接下来的机器周期开始执行中断服务程序中的第一条指令。最后执行的是中断返回指令 RETI，通知 CPU 中断服务程序即将结束，将先前保存在堆栈中的值弹出到 PC 中，SP 减 2，先前置位的中断优先级状态触发器清零。随后，CPU 的程序执行流程回到了被中断前的轨道上。

执行普通子程序返回指令 RET 指令也可返回到被中断的程序，但是这条指令的执行不会将中断优先级状态触发器清零，给中断系统一种该中断服务程序还没有结束的假象。

中断响应时序如图 7-4 所示。实际上，图中实际对应最快的响应情况——C2 为指令周期的最后一个机器周期，且不是执行 RETI 或访问 IE、IP 的指令。

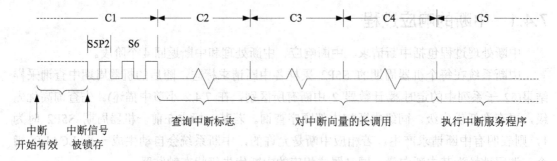

图 7-4　中断响应时序

7.4.2 中断响应时间

从中断信号有效，到 CPU 执行中断服务程序，这段时间称作中断响应时间。

每个机器周期的 S5P2，外部中断 $\overline{INT0}$ 和 $\overline{INT1}$ 的电平反相锁存到 IE0 和 IE1 中，类似地，若条件满足，定时器/计数器 2 的 EXF2 和串行口收发标志 RI、TI 也在 S5P2 置位。实际上直到下一个机器周期才会查询这些值。

定时器/计数器 T0、T1 溢出标志 TF0、TF1 是在计数器溢出的同一机器周期的 S5P2 置位的，在随后的机器周期被查询。而定时器/计数器 2 的溢出标志 TF2 在计数器溢出同一机器周期的 S2P2 置位，同一机器周期被查询。

如果请求有效而且响应中断的条件满足，则随后执行硬件产生的对中断向量的长调用指令 LCALL。执行这条指令需要两个机器周期。从中断有效到执行中断服务程序，至少需要 3 个机器周期，这是以机器周期为单位的最短响应时间。从图 7-4 中可以看出，最短时间还应加上从信号被锁存后到查询前的 3 个节拍，实际值应该是 3.25 个机器周期。

如果发生了阻止中断响应的 3 种情况之一，中断响应时间会更长些。若一个同级的或高优先级的中断正在被服务，则附加的等待时间取决于正在进行的中断服务程序。若正在执行的一条指令还没有进行到最后一个周期，则附加的等待时间不会超过 3 个机器周期，因为一条指令的最长执行时间为 4 个机器周期(MUL 或 DIV)。若正在执行的是 RETI 或访问 IE、IP 的指令，则附加的等待时间不会超过 5 个机器周期(完成正在执行的指令还需要一个机器周期——这种指令都是双周期指令，再加上完成下一条指令所需要的时间——最多 4 个周期)。

由上面的分析可知，若系统中只有一个中断源，则响应时间在 3.25 到 8.25 个机器周期之间；若有多个中断源，则应分析各中断服务程序执行时间，而得出中断响应时间范围。

7.4.3 中断服务程序

当 CPU 复位后，IE、IP、TCON 寄存器内容为 0，所有中断设置为低优先级，而且都被禁止。如果系统使用某些中断源，应在适当的时候对这些寄存器重新赋值，实现对中断的控制。

一旦允许了中断，当中断响应条件满足时，CPU 会自动调用中断服务程序。中断服务程序是中断程序设计的重点。

CPU 自动产生的调用指令，调用地址是中断向量，所以中断服务程序的位置就固定从中断向量所确定的程序存储器地址开始存放。MCS-51 的中断向量集中在程序存储器低地址区域，而且相邻两个的地址距离为 8 个字节。若开放了中断向量相邻的中断源，并且中断服务程序从中断向量位置开始存放，则其长度就不能超过 8 个字节，否则会占用其后中断服务程序的空间。若中断处理十分简单，可以做到 8 个字节之内，该服务程序就可存放于中断向量处。如果无法压缩到如此简洁，则可将中断服务程序存放在程序存储器的其他位置，而在中断向量处只存放一条无条件转移指令，以转移到实际的中断服务程序起始位置，所需的代价是增加了中断处理的时间。

中断是由 CPU 之外的电路随机产生的，中断服务程序是由中断请求信号触发后再由 CPU 所调用的，所以不能对 CPU 调用中断服务程序的时机作任何假设。中断服务程序中要将现场数据保护起来，以便中断返回后继续使用这些值。

现场数据包括中断发生时的 CPU 寄存器、特殊功能寄存器和内部 RAM 单元的内容，以及某些标志位的值等。在 MCS-51 中，可以将现场数据保护在堆栈中，也可以保护在特定的内部 RAM 单元中，对于寄存器 R0～R7，还可以通过切换寄存器组整体保护起来。所有这些操作，都应该在中断服务程序一开始进行。

在保护现场数据的过程中，更高优先级别的中断源还可以中断当前操作，实现中断嵌套。如果不希望这个过程被打断，可以暂时禁止所有中断，过程结束后再重新允许。

接下来的程序代码是中断服务程序的主体，与具体的中断源有关。在本章及后面章节的例子中会作详细分析。

中断服务程序的最后，是一系列的恢复现场数据的指令，与前面保护现场的方法相对应。最后一条指令为 RETI，使 CPU 自动返回到断点。

7.4.4 中断请求的撤销

CPU 响应某中断请求后，在中断返回(执行 RETI 指令)之前，该中断请求信号必须撤消，否则会引起另一次中断。

对于定时器/计数器 T0 或 T1 溢出中断，CPU 响应中断后，就由硬件将中断请求标志 TF0 或 TF1 清零。中断的撤销是自动的，无需采取其他措施。

对于边沿触发的外部中断，CPU 在响应中断后，也由硬件将中断请求标志 IE0 或 IE1 清零，自动撤销了中断请求。

对于电平触发的外部中断，由于在硬件上，CPU 对 $\overline{INT0}$ 和 $\overline{INT1}$ 引脚的信号完全没有控制，也不像某些 CPU 一样，响应中断后会自动发出一个应答信号，因此在 MCS-51 系统中，要采取额外的撤销外部中断的措施。图 7-5 所示电路为可行的方案之一。外部中断请求信号不直接加在 $\overline{INTx}$ 端，而是加在 D 触发器的 CLK(时钟)端。由于 D 端接地，当外部中断请求信号出现在 CLK 端时，$\overline{INTx}$ 有效，发出中断请求。CPU 响应中断后，利用一条口线作为应答线，图中为 P1.0。在中断服务程序中用两条指令

```
ANL    P1, 0FEH
ORL    P1, 01H
```

使 P1.0 输出一个负脉冲，其持续时间为两个机器周期(执行 ORL 指令的时间)，足以使 D 触发器置位，撤销中断请求。上述第一条指令使 P1.0 变为 0 而不影响 P1 口其他位的状态，第二条指令使 P1.0 变为 1 而不影响其他位的状态。第二条指令是必需的，否则 D 触发器的置位端始终有效，使 $\overline{INTx}$ 始终为 1，即使外部中断请求信号有效，也无法再次申请中断。

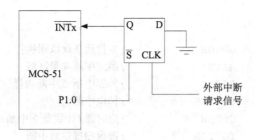

图 7-5 撤销外部电平中断请求的电路

对于串行口和定时器/计数器 T2 中断，CPU 响应后，不会用硬件清零中断标志，这些中断必须用软件撤销。事实上，两个中断源中各包括两种不同引发中断的情况，CPU 必须在中断服务程序中检查实际的请求标志，后续的清零操作只能由软件指令完成。

7.5 中断系统的应用

7.5.1 中断控制程序的编写

中断控制的任务是对中断系统的初始化，即对系统中所需中断源的允许/禁止、优先级的设定、触发方式的选择，为后来中断请求信号能得到预期响应做准备。具体说来，就是对中断系统的特殊功能寄存器进行管理和控制，一般应包括如下内容。

(1) 根据中断源与中断向量的关系，在中断向量处开始编写中断服务程序，或填入一条无条件转移指令。

(2) 主程序中首先要将堆栈初始化为合适大小，即对 SP 赋值。具体参考子程序调用嵌套层数、中断嵌套层数、每个子程序和中断服务程序中需要用堆栈保存的现场数据量大小以及运行时暂时使用堆栈保存的数据量。

(3) 对于外部中断源，设定其触发方式。

(4) 各中断源优先级的确定。根据各中断请求所对应事件的轻重缓急，将需要及时响应的设为高优先级。如串行口中断，由于是被动接收数据，若处理不及时会引发通信错误，应为高优先级。系统电源掉电也应设置为高优先级，以便及时将内部 RAM 数据保存在非易失存储器中。而用户按键、常规定时则可设置为低优先级，因为响应时间稍长几个机器周期不会对系统稳定造成重大影响。

(5) 各中断请求信号的允许。若非特殊情况，一般在中断系统初始化部分将所有用到的中断源的允许标志置位。

(6) 最后允许 CPU 的中断响应。

例 7.1 某一通信系统，使用串行口与远程计算机通信，使用定时器/计数器 0 的定时中断对用户按键检测，系统掉电检测电路产生的掉电信号连接到外部中断 0 引脚(低电平有效)，外部中断 1 用于现场模/数转换结束信号(下降沿)。请编写中断系统初始化程序。

根据题目要求，使用了外部中断 0，低电平触发；外部中断 1，下降沿触发；定时器/计数器 0 中断；串行口中断。外部中断 0 和串行口中断应为高优先级，其余为低优先级。

中断控制程序如下。

```
        ORG     0000H               ;复位后从此取指执行
        LJMP    MAIN                ;跳过中断向量区域
        ORG     0003H               ;外部中断 0 中断向量
        LJMP    PD_ISR              ;掉电中断
        ORG     000BH               ;定时器/计数器 0 中断向量
        LJMP    T0_ISR              ;键盘扫描定时中断
        ORG     0013H               ;外部中断 1 中断向量
        LJMP    ADC_ISR             ;模/数转换结束中断
        ORG     0023H               ;串行口中断向量
        LJMP    SIO_ISR             ;接收/发送完一帧信息中断
        ORG     0030H               ;系统开始初始化部分
MAIN:
        MOV     SP, #5FH            ;设定堆栈大小为 32 个字节
        SETB    IT1                 ;设定外部中断 0 为边沿触发方式,复位后 TCON 值
                                    ;为 00H,其余未操作位保持为 0 不变
        MOV     IP, #00010100B      ;设定 PS 和 PX1 为 1
        MOV     IE, #10010111B      ;设定 EX0、ET0、EX1、ES、EA 为 1
        ..........                  ;其他需初始化部分
```

对于 TCON、IE、IP 等特殊功能寄存器的访问,既可使用字节方式,也可使用位寻址方式。如果需要设置一个寄存器中的多位,用字节方式节省代码空间;如果只是设置一位,用位寻址方式特别是使用位名称编写的程序可读性较高。

7.5.2 中断服务程序的编写

中断服务程序是一个独立的程序代码段,通常不保存于中断向量区域,而是通过中断向量区域的一条转移指令找到并执行。中断服务程序的格式都是相似的,包括保护现场、请求信号的撤消(如果需要)、具体处理、恢复现场、中断返回几个步骤。

例 7.2 继续例 7.1 的程序设计。编写外部中断 0 的中断服务程序,将从模/数转换器得到的 8 位无符号数据(来自 I/O 端口地址 8000H)与保存于内部 RAM 地址为 30H 的单元内容进行比较,若小于其值,将 P1.0 置位,启动蜂鸣器报警,否则关闭蜂鸣器。同时向 I/O 端口地址 8001H 写入数据 01H,启动下一次模/数转换。

```
ADC_ISR:
        PUSH    PSW                 ;PSW 必须保护
        PUSH    ACC                 ;因为断点处有可能根据 PSW 中的状态标志转移
        PUSH    DPH                 ;保护其他现场数据
        PUSH    DPL
        MOV     DPTR, #8000h        ;转换数据寄存器地址
        MOVX    A, @DPTR            ;读取转换结果
        CLR     C
        SUBB    A, 30H              ;减去 30H 中数值
        JC      BEEP                ;CY 为 1,表示有借位,A 中数据小于 30H 中数据
        CLR     P1.0                ;关闭蜂鸣器
```

```
            SJMP        NEXT_ADC              ;准备启动下一次转换
BEEP:
            SETB        P1.0                  ;启动蜂鸣器
NEXT_ADC:
            MOV         DPTR, #8001H
            MOV         A, #01H
            MOVX        @DPTR, A              ;启动下次转换
            POP         DPL                   ;恢复保存在堆栈中的现场数据
            POP         DPH
            POP         ACC                   ;必须使用 ACC,堆栈操作都是直接寻址
            POP         PSW
            RETI
```

例 7.3 继续例 7.1 的程序设计。编写外部中断 0 的中断服务程序,在此需要将模/数转换结果保存到内部 RAM 的 40H~5FH 共 32 个单元构成的循环队列内,一个数据占一个字节。模/数转换得出的 8 位数据来自 I/O 端口地址 80H。计算最近 32 次转换结果的平均值,通过 P1 口输出。同时向 80H 写入数据 01H,启动下一次模/数转换。

```
ADC_ISR:
            PUSH        PSW                   ;保护现场
            PUSH        ACC
            SETB        RS0                   ;切换寄存器组
            MOV         R0, #80H              ;数据端口地址
            MOVX        A, @R0                ;取转换结果
            MOV         R2, A                 ;暂存到 R2
            MOV         R1, POINTER           ;取数据队列尾指针
            INC         R1                    ;指针增 1
            CJNE        R1, #60H, STORE       ;是否到最后
            MOV         R1, #40H              ;是,转到最前
STORE:
            MOV         @R1, A                ;存储最新数据
            MOV         POINTER, R1           ;修改指针
            MOV         R6, #0                ;准备计算 32 个数据的和,和存放在 R6、R7 中
            MOV         R7, #0                ;R6 中为高 8 位,R7 为低 8 位
            MOV         R2, #32               ;R2 中存放相加的循环次数
            MOV         R0, #40H              ;数据存储起始位置
NEXT_ADD:
            MOV         A, R7
            ADD         A, @R0                ;和的低位与数据相加
            MOV         R7, A                 ;保存
            MOV         A, R6
            ADDC        A, #0                 ;和的高位与 CY 相加
            MOV         R6, A                 ;保存
            INC         R0                    ;地址增 1
            DJNZ        R2, NEXT_ADD          ;相加次数不够,继续循环
            MOV         R2, #3                ;移位循环次数
NEXT_RRC:
```

```
MOV         A, R7
RLC         A                   ;低8位左移1位
MOV         R7, A
MOV         A, R6
RLC         A                   ;高8位左移1位
MOV         R6, A               ;相当于16位的和左移1位
DJNZ        R2, NEXT_RRC        ;共左移3位，高8位的内容即
MOV         P1, R6              ;和数右移5位的结果
MOV         R0, #81H            ;右移5位即是除以32，得平均值；输出
MOV         A, #01H
MOVX        @R0, A              ;启动下次转换
POP         ACC                 ;恢复现场
POP         PSW                 ;恢复原寄存器组
RETI
```

在这段中断服务程序中，由于需使用几个寄存器，所以采取切换寄存器组的方式保护现场数据。

例 7.4 使用C语言编写例7.3的程序。

使用C语言时，中断向量的设置不需编写代码，只要在中断服务程序定义中指明中断类型号，编译器会自动将其与中断向量联系起来。另外，由于需要求平均值，使用C语言编写的程序也比汇编语言版本易读得多。下面是C语言的版本。

```c
#include     <reg51.h>
unsigned char volatile pdata  adc_data    _at_    0x80;    /*端口地址*/
unsigned char volatile pdata  adc_ctrl    _at_    0x81;
void main( void )                           /*主程序*/
{
    IT1 = 1; IP = 0x14; IE = 0x97;          /*中断系统初始化*/
    while( 1 )
    {                                       /*正常处理的主循环*/
        ……
    }                                       /*主循环经常被中断*/
}
void adc_isr( void ) interrupt 2 using 1    /*外部中断0，使用寄存器组1*/
{
    unsigned int sum;                       /*保存和*/
    unsigned char i;                        /*循环变量*/
    static unsigned char pos;               /*保存队列中存放数据位置*/
    static unsigned char idata arr[32];     /*数据存放队列*/
    pos++;                                  /*移向下一位置*/
    if ( pos == 32 )                        /*到最后？*/
        pos = 0;                            /*移到最前*/
    arr[ pos ] = adc_data;                  /*存转换结果*/
    for( i = 0, sum = 0; i < 32; i++ )
        sum += arr[ i ];                    /*求和*/
    P1 = sum/32;                            /*平均值输出*/
```

```
        adc_ctrl = 0x01;                    /*启动下次转换*/
}
```

例 7.5 使用中断方式完成外部设备数据的输入/输出操作。继续例 6.7 的例子,某输入设备在 8 位数据准备好后会发出一个负脉冲,通知接口锁存。单片机需要将该输入设备的数据再转送到另一输出设备,输出设备始终接收就绪,不需要联络信号。硬件连接如图 7-6 所示。

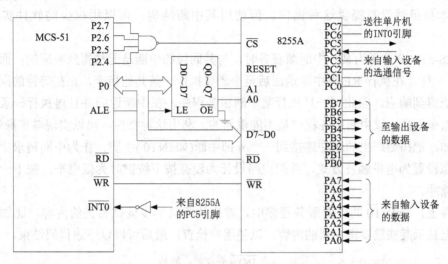

图 7-6 8255A 使用中断的电路连接

仍然是令端口 A 与输入设备连接,选通方式输入。端口 B 可用作基本的输出口。对于端口 A,除了可以使用 8255A 内部产生的中断请求信号外,也可以通过 IBF 自动向单片机发送数据就绪通知。图 7-6 中就是这样用的,但是由于电平定义不同,故用反相器变换一下。由于 CPU 读取数据后 IBF 会自动恢复为无效,请求信号能自动撤消,中断信号用电平触发方式即可。相应的软件框架可如下构造。

```
#include     <reg51.h>
#include     <absacc.h>
#define      PORTA    XBYTE[0xfffc]     /*端口地址*/
#define      PORTB    XBYTE[0xfffd]     /*使用 XBYTE 宏来定义端口地址*/
#define      PORTC    XBYTE[0xfffe]
#define      PORTCR   XBYTE[0xffff]     /*控制寄存器*/

void main(void)
{
    PORTCR = 0xb8;                      /*控制字*/
    EX0 = 1; EA = 1;                    /*开中断*/
    while( 1 )
        {……}                            /*系统其他常规操作*/
}

void int0_isr(void) interrupt 0
```

```
{
    PORTB = PORTA;          /*读取端口A数据,送端口B*/
}
```

7.5.3 MCS-51 的单步操作

某些 CPU 有单步执行程序的功能,允许单条指令执行,以便调试用户程序。MCS-51 单片机本身虽然没有提供这种操作,但使用其中断结构,可以用很少的软件实现单步执行。

MCS-51 CPU 正为某一中断源服务时,与其同级的中断是无法得到响应的;而且与所有 CPU 一样,在执行 RETI 中断返回后至少还要执行一条其他指令,正在等待的同级中断请求才能得到响应。因此,一旦执行某中断服务程序,在中断返回并且再执行一条被中断程序的指令之前,该中断服务程序是不能重入的。利用这种特性,可以实现单步操作。

例如,把按键产生的脉冲连接到一个外部中断(如 $\overline{INT0}$)引脚,作为中断请求信号。将该中断源设置为电平触发方式,并把电路设计为没有按下按键时为低电平,按下一次产生一个正脉冲。

软件上,在 $\overline{INT0}$ 的中断服务程序中,首先执行与单步调试有关的内容,比如在外部显示器上显示某些重要寄存器的内容,以便用户检查。最后可以以下述代码结束。

```
JNB    INT0, $         ;在 INT0 变高前,等待
JB     INT0, $         ;在 INT0 变低前,等待
RETI                   ;返回,执行被中断程序的指令
```

由于 $\overline{INT0}$ 通常就为低电平,系统中断允许后只执行一条与中断控制无关的指令,随后马上进入外部中断 0 的中断服务程序。将与调试有关的指令执行结束后,反复执行 JNB 指令,原地等待。当 $\overline{INT0}$ 上出现一个正脉冲(由低到高,再到低)时,程序才会往下执行,执行 RETI 指令后,返回待调试(被中断)的程序,执行一条指令,又马上进入外部中断 0 的中断服务程序,等待在 $\overline{INT0}$ 上出现的下一个正脉冲。这样,在 $\overline{INT0}$ 上每出现一个正脉冲,待调试的程序就执行一条指令,实现了单步操作的目的。这个正脉冲的宽度不能小于 3 个机器周期,以确保 CPU 在执行 JNB 指令时能采集到高电平值。

根据以上思路,可以设计出如图 7-7 所示的单步操作电路。其中,显示部分采用 LCD 显示模块,用来显示指令执行后某些寄存器的值。在此不妨假设显示格式为 "A=XX B=XX PSW=XX PC=XXXX DP=XXXX"。共两行,每行 16 个字符。

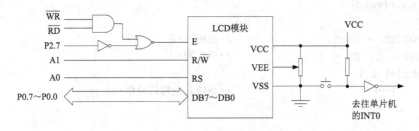

图 7-7 MCS-51 单步操作电路

软件部分可以写成如下形式。其中 LCD 显示模块的初始化和显示单个字符子程序已经略去。

```
LCD_C           EQU     8000H               ;液晶显示模块各寄存器的地址
LCD_D           EQU     8001H
LCD_BZ          EQU     8002H
DISP_STR        DATA    40H                 ;显示字符串在内部 RAM 中的起始位置
DISP_A_HIGH     DATA    DISP_STR + 2        ;A 高 4 位十六进制 ASCII 形式存放位置
DISP_A_LOW      DATA    DISP_STR + 3        ;A 低 4 位
DISP_B_HIGH     DATA    DISP_STR + 7        ;B 高 4 位
DISP_B_LOW      DATA    DISP_STR + 8        ;B 低 4 位
DISP_PSW_HIGH   DATA    DISP_STR + 14       ;PSW 高 4 位
DISP_PSW_LOW    DATA    DISP_STR + 15       ;PSW 低 4 位
DISP_PC_3       DATA    DISP_STR + 19       ;PC 最高 4 位
DISP_PC_2       DATA    DISP_STR + 20       ;PC 次高 4 位
DISP_PC_1       DATA    DISP_STR + 21       ;PC 次低 4 位
DISP_PC_0       DATA    DISP_STR + 22       ;PC 最低 4 位
DISP_DPTR_3     DATA    DISP_STR + 28       ;DPTR 最高 4 位
DISP_DPTR_2     DATA    DISP_STR + 29       ;DPTR 次高 4 位
DISP_DPTR_1     DATA    DISP_STR + 30       ;DPTR 次低 4 位
DISP_DPTR_0     DATA    DISP_STR + 31       ;DPTR 最低 4 位
                ORG     0000H
                LJMP    MAIN
                ORG     0003H
                LJMP    INT0_ISR            ;外部中断 0 中断向量
                ORG     0030H
MAIN:
                MOV     PSW, #00H           ;选用第 0 组工作寄存器
                MOV     SP, #5FH            ;初始化堆栈
                CALL    INI_LCD             ;初始化 LCD 显示模块
                CALL    INI_DISP            ;欲显示的字符串存入内部 RAM
                SETB    EX0                 ;允许外部中断 0
                SETB    EA                  ;开中断
                LCALL   MY_PRO              ;这条指令执行结束，就应进入中断服务程序
                SJMP    $
INI_DISP:                                   ;填充显示缓冲区
                MOV     R0, #DISP_STR       ;内部 RAM 地址
                MOV     DPTR, #DISP_CODE    ;程序存储器地址
                MOV     R1, #32             ;共 32 个字符
INI_NEXT:
                CLR     A
                MOVC    A, @A+DPTR          ;从程序存储器中取数
                MOV     @R0, A              ;存入内部 RAM
                INC     R0                  ;修改指针
                INC     DPTR
                DJNZ    R1, INI_NEXT        ;直到 32 个全部复制
                RET
```

```
DISP_CODE:                                          ;显示格式
    DB          'A=XX B=XX PSW=XX'                  ;已经为每个要显示的数据预留了位置
    DB          'PC=XXXX  DP=XXXX'                  ;按十六进制显示
INT0_ISR:                                           ;中断服务程序
    PUSH        PSW                                 ;可能破坏的寄存器保护起来
    PUSH        B                                   ;一定被破坏的寄存器保护起来
    PUSH        ACC
    PUSH        DPH
    PUSH        DPL
    MOV         A, R0                               ;R0、R1 也要用作指针
    PUSH        ACC                                 ;无 PUSH Rn 类指令
    MOV         A, R1
    PUSH        ACC
    MOV         R0, #4 + 2                          ;堆栈中 A 值的保护位置
    call        get_para                            ;通过 SP 间接取堆栈中的其他值
    CALL        BIN2HEX                             ;转换成十六进制数的 ASCII 码表示
    MOV         DISP_A_HIGH, B                      ;高位在 B 中
    MOV         DISP_A_LOW, A                       ;低位在 A 中,填充到显示缓冲区
    MOV         R0, #5 + 2                          ;取 B 的原值
    CALL        GET_PARA
    CALL        BIN2HEX
    MOV         DISP_B_HIGH, B                      ;也转换成两位十六进制数
    MOV         DISP_B_LOW, A
    MOV         R0, #6 + 2                          ;取 PSW 的原值
    CALL        GET_PARA
    CALL        BIN2HEX
    MOV         DISP_PSW_HIGH, B                    ;转换成两位十六进制数
    MOV         DISP_PSW_LOW, A                     ;并保存到显示缓冲区
    MOV         R0, #2 + 2                          ;取 DPL 的原值
    CALL        GET_PARA
    CALL        BIN2HEX
    MOV         DISP_DPTR_1, B
    MOV         DISP_DPTR_0, A
    MOV         R0, #3 + 2                          ;取 DPH 的原值
    CALL        GET_PARA
    CALL        BIN2HEX
    MOV         DISP_DPTR_3, B
    MOV         DISP_DPTR_2, A
    MOV         R0, #8 + 2                          ;取 PC 低 8 位的原值
    CALL        GET_PARA
    CALL        BIN2HEX
    MOV         DISP_PC_1, B
    MOV         DISP_PC_0, A
    MOV         R0, #7 + 2                          ;取 PC 高 8 位的原值
    CALL        GET_PARA
    CALL        BIN2HEX
    MOV         DISP_PC_3, B
```

```
                MOV     DISP_PC_2, A
                MOV     R0, #DISP_STR       ;显示缓冲区的地址
                MOV     R1, #32             ;共 32 个字符
DISP_NEXT:
                MOV     A, @R0              ;取出
                CALL    DISP_CHAR           ;每次显示一个字符
                INC     R0                  ;指向下一个
                DJNZ    R1, DISP_NEXT
                POP     ACC                 ;恢复现场
                MOV     R1, A               ;准备中断返回
                POP     ACC
                MOV     R0, A
                POP     DPL
                POP     DPH
                POP     ACC
                POP     B
                POP     PSW
                JNB     INT0, $             ;等待按键按下
                JB      INT0, $             ;等待按键抬起
                RETI
GET_PARA:                                   ;从堆栈中提取参数
                MOV     A, SP               ;即原来保护起来的值
                CLR     C                   ;R0 内容为相对于当前 SP 的位移量
                SUBB    A, R0
                MOV     R0, A
                MOV     A, @R0
                RET
BIN2HEX:                                    ;将 A 中数值转换成十六进制表示
                PUSH    ACC                 ;暂存 A
                SWAP    A                   ;高低 4 位互换
                ANL     A, #0FH             ;先处理高 4 位
                CLR     C
                SUBB    A, #10              ;是否小于 10?
                JC      HIGH_DIGIT
                ADD     A, #'A'             ;不小于 10,转换成 "A"～"F"
                SJMP    HIGH_STORE
HIGH_DIGIT:
                ADD     A, #3AH             ;小于 10,转换成 "0"～"9"
HIGH_STORE:
                MOV     B, A                ;存入 B
                POP     ACC
                ANL     A, #0FH             ;处理低 4 位
                CLR     C
                SUBB    A, #10              ;同样的过程
                JC      LOW_DIGIT
                ADD     A, #'A'
                SJMP    LOW_STORE
```

```
LOW_DIGIT:
        ADD     A, #3AH
LOW_STORE:
        RET
MY_PRO:                         ;这就是要单步执行的程序
        MOV     A, #55H
        MOV     B, #0AAH
        MOV     PSW, #0AAH
        MOV     DPTR, #1234H
        ……
        RET
        END
```

实际系统中，可以将 MY_PRO 子程序通过键盘或串行终端写入外部 RAM 并执行。请参考 4.4.3 节、6.5.2 节和 9.9 节的内容。

7.6 中断系统的扩展

7.6.1 中断优先级的扩充

某些应用可能需要在使用 MCS-51 的硬件环境中提供多于两个的中断优先级，可使用简单的软件模拟出第三个优先级。

首先，将最高优先级的中断源在 IP 寄存器中设置为高优先级。那些普通高优先级(即可以被最高优先级中断请求所中断)的中断源的中断服务程序可以写成如下形式。

```
        PUSH    IE
        MOV     IE, #MASK       ;重设允许控制
        ACALL   LABEL
        ……                      ;此处写普通高优先级的中断服务代码
        POP     IE
        RET
LABEL:
        RETI
```

只要高优先级的中断得到响应，中断允许寄存器 IE 就重新装入新值，禁止除了最高优先级中断之外的所有中断。ACALL 执行后再执行一条 RETI 指令，除了返回到 ACALL 后继续执行外，还将高优先级的中断服务状态触发器顺便清零。之后，所有被允许的高优先级中断请求信号都可以送到 CPU。根据前面对 IE 的设置，能得到响应的只有"最高优先级"的中断源。

将堆栈中保存的 IE 的值弹出，可以恢复原来的中断允许控制。普通高优先级中断服务程序的最后，以 RET 而不是 RETI 指令结束，因为由它引起的高优先级中断服务状态触发器已被清零。在 12MHz 振荡频率的系统中，附加的代码将普通高优先级的中断服务过程增加了 10μs(10 个机器周期)，即执行以上代码的时间。

7.6.2 中断源的扩展

在 MCS-51 单片机中，只有两个外部中断源。如果系统有多个需要用中断方式与 CPU 进行数据交换的部件，必须再进行中断源的扩展。可以外接硬件电路，也可以使用单片机的现有资源。

1. 外接硬件电路扩展中断源

假设现有 4 个外部中断源，中断请求触发方式都是低电平有效，而且在 CPU 响应中断后中断源能够自行撤消请求。可以将这几个中断请求信号进行逻辑运算，只要某一信号有效，就产生一个请求信号送到单片机的 $\overline{\text{INTx}}$ 引脚。CPU 响应中断后要判断具体是哪一个中断源引发的请求，所以还要将各中断源的请求信号接到几条口线上，供 CPU 查询。查询的顺序就对应了这几个中断源的优先级顺序。

可以使用如图 7-8 所示的硬件电路。

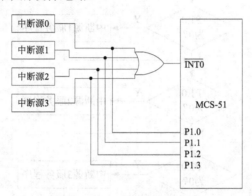

图 7-8 外部中断源的硬件扩展

中断服务可按如图 7-9 所示的流程处理，中断服务程序可如下编写。

```
INT0_ISR:
        PUSH      PSW              ;保护现场
        PUSH      ACC
        JNB       P1.0, DO_EX0     ;P1.0 若为 0，转到中断源 0 处理部分
CHK_EX1:
        JNB       P1.1, DO_EX1     ;P1.1 若为 0，转到中断源 1 处理部分
CHK_EX2:
        JNB       P1.2, DO_EX2     ;P1.2 若为 0，转到中断源 2 处理部分
CHK_EX3:
        JNB       P1.3, DO_EX3     ;P1.3 若为 0，转到中断源 3 处理部分
INT0_RET:
        POP       ACC              ;恢复现场
        POP       PSW
        RETI                       ;中断返回
DO_EX0: ……                         ;中断源 0 处理
        SJMP      CHK_EX1          ;再去检查 P1.1
```

```
DO_EX1:      ……                    ;中断源 1 处理
       SJMP       CHK_EX2           ;再去检查 P1.2
DO_EX2:      ……                    ;中断源 2 处理
       SJMP       CHK_EX3           ;再去检查 P1.3
DO_EX3:      ……                    ;中断源 3 处理
       SJMP       INT0_RET          ;P1.3 是最后检查的,其他已经检查过了
```

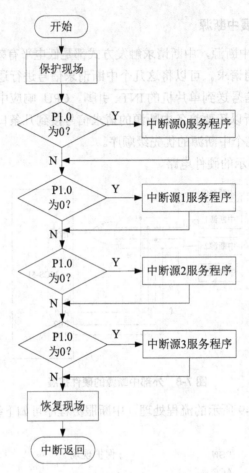

图 7-9 中断服务程序结构

上述方法扩展了 4 个中断源,为了查询具体中断请求信号的来源,还需要 4 条口线输入。若需扩展的中断源数目较多,则口线占用较多,查询也很费时。可以采用编码器以节约占用的口线资源。

2. 硬件优先级编码

常用的优先级编码器有 74LS147、74LS148、CD4532 等。

74LS148 是 8 输入优先级编码器电路,接收 8 位低电平有效输入,在 3 位高电平有效输出端产生对应的二进制编码输出。每个输入都具有优先级大小,两个或多个输入同时有效时,优先级最高的输入被编码输出。输入 7 具有最高优先级,0 具有最低优先级。

第7章 中断系统及应用

输入允许端 $\overline{EI}$ 为高电平时,所有输出变为无效状态(高电平)。群输出信号 $\overline{GS}$ 和允许输出 $\overline{EO}$ 用来提供 3 位输出的状态。当某一输入为低电平时,$\overline{GS}$ 为低电平,表明存在有效的输入;当所有输入都为高电平时,$\overline{EO}$ 为低电平。$\overline{EI}$ 有效且 $\overline{GS}$ 为低电平输出时,C、B、A 引脚输出的是优先级最高的低电平输入引脚的编码。

表 7-3 为 74LS148 的真值表。

表 7-3 74LS148 真值表

$\overline{EI}$	0	1	2	3	4	5	6	7	C	B	A	$\overline{GS}$	$\overline{EO}$
1	×	×	×	×	×	×	×	×	1	1	1	1	1
0	1	1	1	1	1	1	1	1	1	1	1	1	0
0	×	×	×	×	×	×	×	0	0	0	0	0	1
0	×	×	×	×	×	×	0	1	0	0	1	0	1
0	×	×	×	×	×	0	1	1	0	1	0	0	1
0	×	×	×	×	0	1	1	1	0	1	1	0	1
0	×	×	×	0	1	1	1	1	1	0	0	0	1
0	×	×	0	1	1	1	1	1	1	0	1	0	1
0	×	0	1	1	1	1	1	1	1	1	0	0	1
0	0	1	1	1	1	1	1	1	1	1	1	0	1

由表 7-3 可见,一片 74LS148 可以扩展 8 个低电平有效的中断源,而且只占用 3 条口线。若 0~7 中某个信号为低电平,$\overline{GS}$ 输出为 0,可作为单片机的中断请求信号输入。多片 74LS148 使用 $\overline{EI}$ 和 $\overline{EO}$ 级联起来,可是实现更多输入信号的优先级编码。

使用一片 74LS148 扩展外部中断源的参考电路如图 7-10 所示。

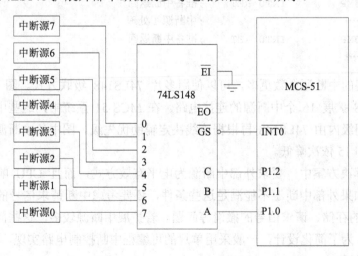

图 7-10 使用一片 74LS148 扩展外部中断源

这里从 P1.0~P1.2 输入的是中断源 7~0 的编码,所有中断服务程序中可以使用该编码实现散转。

```
INT0_ISR:
        PUSH    PSW                 ;保护现场
        PUSH    ACC
        PUSH    DPH
        PUSH    DPL
        MOV     A, P1               ;读取 74LS148 的输出
        ANL     A, #00000111B       ;取最低 3 位
        RL      A                   ;×2，每条 AJMP 指令占 2 字节
        MOV     DPTR, #INT0_TAB     ;散转表起始地址
        JMP     @A+DPTR             ;查表转移
INT0_RET:
        POP     DPL                 ;恢复现场
        POP     DPH
        POP     ACC
        POP     PSW
        RETI
INT0_TAB:
        AJMP    INT0_0              ;转到中断源 0 处理部分。对应 74LS148 输出 000
        AJMP    INT0_1              ;转到中断源 1 处理部分。对应 74LS148 输出 001
        AJMP    INT0_2              ;转到中断源 2 处理部分。对应 74LS148 输出 010
        AJMP    INT0_3              ;转到中断源 3 处理部分。对应 74LS148 输出 011
        AJMP    INT0_4              ;转到中断源 4 处理部分。对应 74LS148 输出 100
        AJMP    INT0_5              ;转到中断源 5 处理部分。对应 74LS148 输出 101
        AJMP    INT0_6              ;转到中断源 6 处理部分。对应 74LS148 输出 110
        AJMP    INT0_7              ;转到中断源 7 处理部分。对应 74LS148 输出 111
INT0_0: ……                          ;中断源 0 处理
        AJMP    INT0_RET            ;准备中断返回
INT0_1: ……                          ;中断源 1 处理
        AJMP    INT0_RET            ;准备中断返回
        ……
```

如果需扩展的中断源个数更多，可以使用多片 74LS148 级联方式。图 7-11 所示为使用两片 74LS148 扩展 16 个中断源的连接电路。在 MCS-51 系统中，这些中断源的优先级是相同的，在同级内由 74LS148 再根据连线决定辅助优先级。图中各中断源的辅助优先级为从中断源 0 到 15 依次降低。

在上述的解决方案中，要求外部中断源为电平有效方式，而且 CPU 响应中断后能自动撤消请求。如果外部中断源不能满足这些条件，还要考虑中断请求信号的产生、锁存、CPU 服务标志的存储、请求信号的撤消等问题。若扩展中断源较多，这些问题的解决也需要大量的电路。为了简化设计，一般采用单片的可编程中断控制电路实现，如 Intel 8259A 等，在此不再详述。

3. 使用定时器/计数器扩展中断源

定时器/计数器 T0、T1、T2 都可设定为计数器方式，对外部下降沿计数，计数器溢出

后会向 CPU 申请中断。可以将计数器的初值置为满量程减 1，这样，只要检测到一个下降沿，就产生计数溢出中断，相当于一个定时器/计数器扩展了一个下降沿触发的外部中断源。具体实现方法见 8.3.3 节的内容。

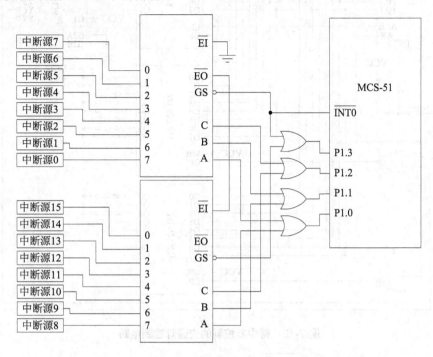

图 7-11　使用两片 74LS148 扩展 16 个外部中断源

7.7　案例实训——带中断的交通灯控制电路

1. 案例说明

以两个 74LS273 作为输出口，控制 12 个 LED 发光二极管的亮和灭，模拟交通信号灯的管理并增加允许急救车优先通过的要求。

基本要求同第 6 章实训案例，但是若有急救车到达时，两个方向的交通信号为全红，以便让急救车通过，假定急救车通过路口的时间为 10 秒，急救车通过后，交通灯恢复中断前状态。可以使用按键产生中断申请，表示有急救车通过。程序可以使用汇编语言，也可使用 C 语言。

2. 电路设计

该问题仅比简单交通灯控制增加了中断功能，符合要求的电路简图如图 7-12 所示。

3. 软件设计

根据要求，可以画出程序流程，如图 7-13 所示。

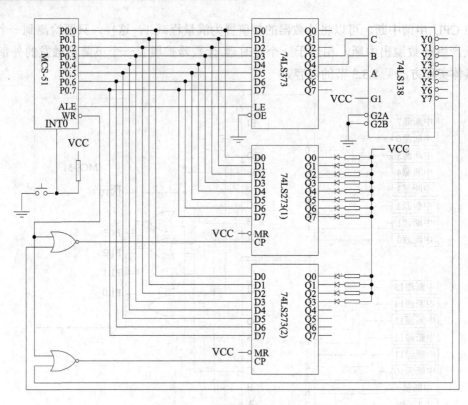

图 7-12　带中断控制的交通灯控制电路

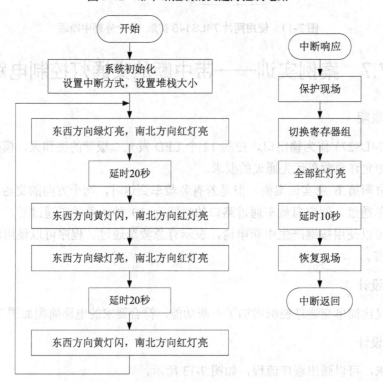

图 7-13　带中断的交通灯控制程序流程图

用汇编语言编写的程序如下。

```
ALL_RED     EQU     NOT 01001001B   ;全红，由第1片74LS237输出
ALL_RED1    EQU     NOT 00000010B   ;由第1片74LS237输出
……
PORT        XDATA   08H             ;第1片74LS273端口地址
PORT1       XDATA   10H             ;第2片74LS273端口地址
LIGHT       DATA    30h             ;存储向两片74LS273输出的数据
LIGHT1      DATA    31h             ;以便中断返回后继续前面的模式
            ORG     0000H
            LJMP    MAIN
            ORG     0003H
            LJMP    INT0_ISR
            ORG     0030H
MAIN:
            MOV     SP, #5FH        ;设定堆栈大小
            MOV     PSW, #00H       ;选用第0组工作寄存器
            SETB    IT0             ;设定外部中断0下降沿触发
            SETB    EX0             ;允许外部中断0
            SETB    EA              ;开中断
LOOP:                               ;循环显示
            MOV     A, #EWG_NSR     ;东西绿，南北红
            ……
            AJMP    LOOP            ;循环
OUTPUT:                             ;数据输出子程序
            MOV     LIGHT, A        ;不可重入
            MOV     LIGHT1, B       ;因为有对内部RAM单元的操作
            MOV     R0, #PORT       ;所以中断服务程序中没有调用该子程序
            MOVX    @R0, A
            MOV     A, B
            MOV     R0, #PORT1
            MOVX    @R0, A
            RET
DELAY100MS:                         ;延时子程序
            ……                      ;不可重入，所以中断服务程序中要切换寄存器组
            RET
INT0_ISR:                           ;中断服务程序
            PUSH    PSW             ;保护PSW
            SETB    RS0             ;切换寄存器组
            PUSH    ACC             ;保护A
            PUSH    LIGHT1          ;保护中断前灯的亮灭模式
            PUSH    LIGHT
            MOV     A, #ALL_RED     ;全红
            MOV     R0, #PORT       ;直接输出，不调用OUTPUT子程序
            MOVX    @R0, A
            MOV     A, #ALL_RED1
            MOV     R0, #PORT1
```

```
                MOVX        @R0, A
                MOV         R2, #200            ;持续20秒
    DELAY_INT:
                CALL        DELAY100MS          ;此处调用延时子程序
                DJNZ        R2, DELAY_INT       ;不会破坏原来变量,因为寄存器组已经改变
                POP         ACC                 ;恢复中断前的灯亮灭模式
                MOV         R0, #PORT           ;第1片74LS273输出
                MOVX        @R0, A
                POP         ACC
                MOV         R0, #PORT1          ;第2片74LS273输出
                MOVX        @R0, A
                POP         ACC                 ;恢复现场
                POP         PSW                 ;恢复工作寄存器组
                RETI
                END
```

延时子程序的时间可以根据指令的执行时间计算。如果用 C 语言,则某些时间参数需程序运行测试后确定,因为我们事先无法确切知道编译器生成怎样的目标代码。也可使用汇编语言编写精确延时的子程序,由 C 语言代码调用。下面是使用 C 语言编写的程序主体部分,延时函数已经略去。

```c
#include     <reg51.h>
#define      all_red       ~0x49    /*向第1片74LS273输出的数据,所有红灯亮*/
#define      all_red1      ~0x02    /*向第2片74LS273输出的数据,所有红灯亮*/
#define      ewg_nsr       ~0x09    /*东西绿,南北红*/
#define      ewg_nsr1      ~0x09    /*以下是一系列灯的亮灭模式定义*/
......
unsigned char volatile pdata port  _at_ 0x08;   /*第1片74LS273的地址*/
unsigned char volatile pdata port1 _at_ 0x10;   /*第2片74LS273的地址*/
unsigned char   save, save1;    /*存储向两片74LS273输出的数据*/
                                /*以便中断返回后继续前面的模式*/
void output( unsigned char, unsigned char );    /*函数原型*/
void delay( void ) reentrant;
void main( void )
{
    char i;
    IT0 = 1;   EX0 = 1;  EA = 1;               /*中断系统初始化*/
    port = all_red;  port1 = all_red1;         /*首先,所有路口全亮红灯*/
    while( 1 )                                 /*无限循环*/
    {
        output( ewg_nsr, ewg_nsr1 );           /*东西绿,南北红*/
        for( i=0; i<100; i++ )  delay();       /*延时*/
        for( i=0; i<10; i++ )
        {
            output( ewy_nsr, ewy_nsr1 ); delay();   /*东西黄,南北红,短延时*/
            output( ewyn_nsr, ewyn_nsr1 ); delay(); /*东西灭,南北红,短延时*/
        }                                      /*实现东西黄灯闪、南北红灯亮的效果*/
```

```c
        output( ewr_nsg, ewr_nsg1 );           /*东西红,南北绿*/
        for( i=0; i<100; i++ ) delay();        /*延时*/
        for( i=0; i<10; i++ )
        {
            output( ewr_nsy, ewr_nsy1 ); delay();
            output( ewr_nsyn, ewr_nsyn1 ); delay();
        }                                      /*实现东西红灯亮、南北黄灯闪的效果*/
    }
}
void output( unsigned char v, unsigned char v1 )
{
    EA = 0; port = v; port1 = v1; save = v;    save1 = v1; EA = 1;
}                                              /*输出并保存亮灭模式*/
void int0_isr( void ) interrupt 0              /*中断服务程序*/
{
    char i;
    port = all_red; port1 = all_red1;          /*全红*/
    for( i=0; i<50; i++) delay();              /*延时*/
    output( save, save1 );                     /*恢复*/
}
```

小　　结

单片机系统中,中断的主要目的是将外部信号及时通知 CPU,并尽量降低对 CPU 正常工作的影响。MCS-51 单片机有 5 个中断源,分别是两个外部中断、两个定时器/计数器中断,一个串行口中断;51 子系列有 6 个中断源,增加了一个定时器/计数器中断。有两个中断优先级,高优先级和低优先级。外部中断源的触发方式由 TCON 中相应位确定。各中断源的允许与否由 IE 确定,优先级由 IP 确定。中断状态分别在 TCON、SCON、T2CON 中锁存,以备 CPU 查询。

CPU 响应中断需要一定的时间,最短为 3.25 个机器周期。根据不同的触发方式、不同的中断源,CPU 响应后中断请求标志可能自动撤消,无法自动撤消者必须用软件或硬件措施撤消,否则会引发第二次中断。

中断系统的控制是通过对特殊功能寄存器 TCON、SCON、T2CON、IE、IP 的编程实现的,对中断源的具体处理需要编写相应的中断服务程序,中断服务程序在系统中的起始位置固定在中断向量处。欲使用中断系统,必须熟悉这些控制寄存器的定义、熟悉中断服务程序的编写规范。中断服务程序的作用是由中断源决定的,但其格式都很相似,包括保护现场、中断处理、恢复现场、中断返回几个步骤。

在外部中断源较多的情况下,可用硬件电路或定时器/计数器扩展中断源。

习 题

1. 什么是中断？什么是中断的嵌套？
2. 计算机中断系统需要解决哪些问题？
3. MCS-51 单片机有哪几个中断源？
4. MCS-51 单片机中有几个中断优先级？每个优先级中可以有几个中断源？
5. 中断源的允许和禁止与 CPU 对中断的允许和禁止有什么区别？
6. 为什么串行口中断请求标志必须由软件清零？
7. MCS-51 对外部中断请求信号有什么要求？
8. 请指出执行下面指令后，哪几个中断源能够得到响应？它们的优先级是怎么排列的？各自的中断向量是什么？

    MOV   IP, #12H
    MOV   IE, #96H

9. 中断返回可以使用 RET 指令吗？为什么？
10. 中断服务程序的调用和一般的子程序调用有什么区别？
11. 程序中可以直接调用中断服务程序吗？为什么？
12. 为什么要撤消中断请求信号？有哪几种撤消方式？
13. 中断服务程序包括哪几部分？
14. MCS-51 的单步操作如何实现？单步中断服务程序中一般包括哪些内容？
15. 在 MCS-51 系统中，如何扩展中断源？扩展的中断源优先级如何解决？

第 8 章 定时器/计数器及应用

本章要点

- MCS-51 中定时器/计数器的结构
- 定时器/计数器 T0、T1 的工作方式和特点
- 定时器/计数器 T2 的工作方式和特点
- 定时器/计数器的应用编程

在实际应用系统中，经常会用到对时间的控制。比如，某些信号需要持续一定的时间，某些动作需要在一定时间后被触发，某些机构需要周期运转等，这些都是由计算机自身发出的控制信息。在一些场合，还需要对外部时序信号做出反应，如对外部事件进行计数，对外来时间信号分频等。对应前一种情况，可以采用的方法有以下几种。

- 软件延时：CPU 执行一段精心编制的延时程序，根据各条指令的执行时间，可以进行比较精确的定时。但是，在这段程序执行期间，CPU 无法进行有意义的活动，对其他外来和内部产生的信号不能处理，否则延时就不准确；另外拼凑时间也比较麻烦。这种方法只能用于时间很短、使用其他方法代价又较大的场合。
- 硬件方式：可以采用 555 定时器，根据定时时间计算需要外接的阻容器件，可以得到较高精度的振荡频率和较强的功率输出能力。但是如果需要修改定时时间，就要重新设置元件参数，降低了灵活性，因此在计算机控制系统中不常使用。
- 可编程的定时器/计数器方式：使用专门的硬件电路，在简单软件控制下产生准确的时间信号。根据需要的定时时间，对定时器/计数器设置时间常数后启动计数，计数到确定值时，自动产生一个定时信号，通知 CPU。可编程定时器/计数器计数时不占用 CPU 时间，而且工作方式多样，输入和输出信号的组合灵活。

计算机控制系统中使用最多的是可编程的定时器/计数器芯片，如 Intel 8253/8254、Z80 CTC 等，都可以对周期或非周期性的外部信号进行计数。在需要进行日历计时的应用中，也有相应的实时钟芯片，它会自动进行年月日、时分秒的转换、处理闰年问题，而且功耗极低。

在单片机系统中，定时器/计数器一般作为基本配置，而且往往有多个、有多种工作方式。MCS-51 系列单片机中有两个 16 位的定时器/计数器 T0 和 T1，52 子系列又增加了一个功能更强的 16 位定时器/计数器 T2。在某些派生产品中，还增加了用以监控系统运行状态的监视定时器。

MCS-51 中定时器/计数器的核心是加 1 计数器。在给定计数器的初始值并启动计数之后，它可以对外部事件(下降沿)或内部事件(机器周期)进行加 1 计数，并据此分别称为计数器模式和定时器模式；待计数值满溢出时，产生一个标志信号，可以向 CPU 申请中断，也可以等 CPU 来读此标志。根据工作方式的不同，溢出后初值可以选择是否自动重新装

入。如果自动重新装入，而且定时来源选择的是稳定的机器周期信号，则会产生严格稳定的输出，可以作为串行口接收、发送时钟，即波特率发生器。

8.1 定时器/计数器 T0、T1

MCS-51 单片机中的定时器/计数器 0 和定时器/计数器 1 分别简记为 T0 和 T1，是两个 16 位的定时器/计数器。通过对特殊功能寄存器的编程，可以工作在多种方式下。

8.1.1 T0、T1 的内部结构

定时器/计数器 T0、T1 的内部结构如图 8-1 所示。

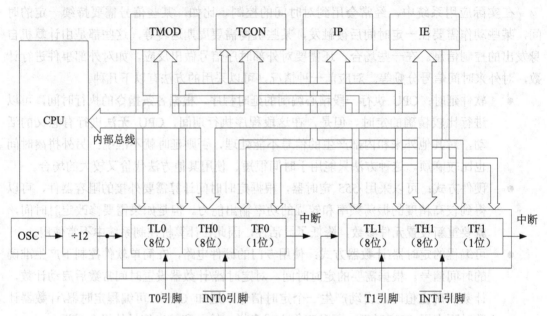

图 8-1 定时器/计数器 T0、T1 的内部结构

从图 8-1 中可以看出，定时器/计数器 T0、T1 由以下几部分组成。

- T0 的 16 位计数器低字节 TL0、高字节 TH0 和 T1 的 16 位计数器低字节 TL1、高字节 TH1。
- 控制两个定时器/计数器工作方式和模式的特殊功能寄存器 TMOD、TCON。
- 定时信号输入——振荡频率 12 分频后的周期信号。
- 计数信号输入引脚 T0、T1。
- 附加控制信号引脚 $\overline{INT0}$、$\overline{INT1}$。
- 计数溢出中断控制(中断系统中的 IP、IE)。

THx 和 TLx 组合成定时器/计数器 Tx 的 16 位加法计数器，两个 8 位寄存器可以被 CPU 单独访问。当使用 8 位以上的计数器方式时，低 8 位 TLx 溢出后自动向高 8 位 THx 进位。

1. 定时器模式寄存器 TMOD

定时器模式寄存器 TMOD 的高 4 位和低 4 位分别控制 T1、T0 的工作方式。虽然按位定义，但不能位寻址，只能按字节访问。其格式如下。

D7	D6	D5	D4	D3	D2	D1	D0
GATE	C/$\overline{T}$	M1	M0	GATE	C/$\overline{T}$	M1	M0
←—————— T1 ——————→				←—————— T0 ——————→			

- GATE(门控位)：若 GATE=1，定时器/计数器 Tx 的启动停止由 TRx 和 $\overline{INTx}$ 引脚共同控制(即硬件控制)。只有 TRx=1 且 $\overline{INTx}$ 为高电平时，定时器/计数器 Tx 才会计数。若 GATE=0，则定时器/计数器 Tx 的启动停止仅由 TRx 控制(软件控制)。
- C/$\overline{T}$(计数器/定时器选择)：若此位为 0，工作于定时器模式，即对机器周期进行计数，每个机器周期计数器值增 1。若为 1，则工作于计数器模式，对 Tx 引脚的下降沿计数。单片机在每个机器周期的 S5P2 采样 Tx 引脚电平，输入信号的电平跳变后应至少一个机器周期内保持不变，以保证再次变化前可被采样到。因此要求计数信号频率不能高于机器周期频率的 1/2，即振荡频率的 1/24。
- M1、M0(工作方式选择)：T0 有 4 种、T1 有 3 种工作方式，如表 8-1 中所列。

表 8-1 定时器/计数器 T0、T1 的工作方式

M1	M0	工作方式	功　能
0	0	0	13 位定时器/计数器
0	1	1	16 位定时器/计数器
1	0	2	自动重装载的 8 位定时器/计数器
1	1	3	TL0 为 8 位定时器/计数器，由 T0 的控制位控制 TH0 为 8 位定时器，由 T1 的控制位控制 T1 无此工作方式，若设置为方式 3，则停止工作

系统复位后 TMOD 内容为 00H，T0 和 T1 初始化为方式 0、定时模式、与 $\overline{INTx}$ 引脚无关。随后可根据实际需要写入预置的值。

2. 定时器控制寄存器 TCON

定时器控制寄存器 TCON 既可字节寻址(88H)也可位寻址(88H～8FH)。其高 4 位作为 T1 和 T0 的溢出标志及运行控制，低 4 位作为两个外部中断的触发标志和触发方式选择，格式如下。

	D7	D6	D5	D4	D3	D2	D1	D0
位地址	8FH	8EH	8DH	8CH	8BH	8AH	89H	88H
位功能	TF1	TR1	TF0	TR0	IE1	IT1	IE0	IT0

- TF1(T1 溢出标志)：当定时器/计数器 1 溢出(即由全 1 变为全 0，需要向更高位进

位)时由硬件置位，CPU 进入中断服务程序后由硬件清零。若禁止了 T1 溢出中断，该位会一直保持，直到用指令软件清零。
- TR1(T1 运行控制)：定时器/计数器 1 的软件开关。置位后 T1 方可运行，清除后 T1 停止计数。
- TF0(T0 溢出标志)：当定时器/计数器 0 溢出(即由全 1 变为全 0，需要向更高位进位)时由硬件置位，CPU 进入中断服务程序后由硬件清零。若禁止了 T0 溢出中断，该位会一直保持，直到用指令软件清零。
- TR0(T0 运行控制)：定时器/计数器 0 的软件开关。置位后 T0 方可运行，清除后 T0 停止计数。

系统复位后 TCON 内容为 00H，随后根据指令执行及中断请求信号、定时器/计数器 T0、T1 运行情况而变化。

3. 中断控制相关寄存器

使用定时器/计数器 T0、T1 时，通常还要设置中断系统中与之相关的特殊功能寄存器中的以下各位。
- 中断允许寄存器 IE 中的 EA：中断允许总控制。置位则 CPU 开中断，否则禁止所有中断。
- 中断允许寄存器 IE 中的 ET0、ET1：T0、T1 的中断允许控制。置位则允许该中断，否则为禁止。
- 中断优先级寄存器 IP 中的 PT0、PT1：中断优先级控制。置位则该中断为高优先级，否则为低优先级。

若使用中断，则需编写中断服务程序。T0、T1 的中断向量分别为 000BH 和 001BH。

8.1.2　T0、T1 的工作方式

根据 TMOD 中 M1、M0 的设定，T0 可工作于 4 种方式之一，T1 则只有 3 种方式(方式 0、方式 1、方式 2)。

1. 方式 0——13 位定时器/计数器

方式 0 为 13 位定时器/计数器，或者说，是一个带 32 分频预分频器的 8 位计数器，如图 8-2 所示。它与 MCS-51 单片机的上一代产品 MCS-48 系列中的定时器/计数器兼容，在当前的应用中已经很少使用。

TLx 的低 5 位作为预分频计数器，溢出后向 THx 进位；THx 溢出后将 TFx 置位，若允许中断，则向 CPU 申请中断。TLx 的高 3 位无意义，可写入任意值，读出值不确定。

$C/\overline{T}x$ 的值确定计数信号源是选择机器周期(1)还是 Tx 引脚(0)。

计数器的运行由 TRx 位和 GATE 位、$\overline{INTx}$ 引脚信号共同控制。若 GATE 位为 0，仅由 TRx 置位/清零来启动/停止计数；否则 $\overline{INTx}$ 引脚为高电平、TRx 为 1 才能启动计数。即，计数器运行的条件为(TRx=1)∧((GATE=0)∨($\overline{INTx}$=1))。

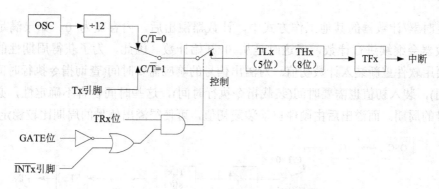

图 8-2　定时器/计数器 T0、T1 的方式 0

可以利用这个特性，测量 $\overline{INTx}$ 引脚上高电平的持续时间。将 GATE 位置位，在 $\overline{INTx}$ 引脚为低电平时，将 TRx 置位，此时计数器并不工作。等待 $\overline{INTx}$ 引脚变为高电平时，计数器开始计数，待 $\overline{INTx}$ 恢复为低电平后(可以触发外部中断)，计数停止。这期间计数增量就是以计数脉冲周期(机器周期或 Tx 引脚的信号周期)为单位的高电平持续时间。

TFx 置位后，若 CPU 响应中断，该位由硬件自动清零。若不使用中断，TFx 将一直保持到由软件指令清除。因此，在查询式程序中，TFx 可以作为定时器/计数器溢出软件标志，等待 CPU 来查询。

2. 方式 1——16 位定时器/计数器

方式 1 为 16 位定时器/计数器，由 TLx 和 THx 组成 16 位计数器，如图 8-3 所示。

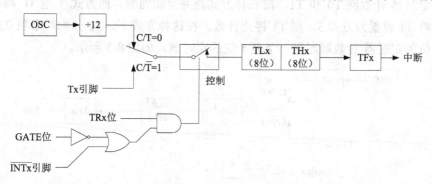

图 8-3　定时器/计数器 T0、T1 的方式 1

计数器的最高有效位是 THx 的最高位 D7，最低有效位是 TLx 的最低位 D0。最低有效位以输入计数频率的 1/2 速率翻转，最高有效位的翻转速率为输入计数频率的 1/65536。软件可以随时读写 THx 和 TLx。8 位的 TLx 溢出后向 THx 进位，THx 溢出后将 TFx 置位。除了计数器是 16 位外，其余操作与方式 0 完全一样。

3. 方式 2——自动重装载的 8 位定时器/计数器

方式 2 为自动重装载的 8 位定时器/计数器，如图 8-4 所示。

TLx 作为 8 位计数器，对计数源脉冲进行计数。THx 作为计数初值寄存器，当 TLx 溢出后，硬件除了置位 TFx 外，同时将 THx 内容重新装入 TLx。

在定时器/计数器的其他工作方式中，计数器溢出后，内容变为 0。如果满足运行条件，计数器会继续进行计数，但这时是从 0 开始计数。因此，为了获得周期性的溢出信号，需要用软件重新装入计数初值。对溢出信号的响应需要时间(查询指令执行时间或中断响应时间)，装入初值也需要时间(装载指令执行时间)，这些时间含有不确定性，必定影响溢出信号的周期。而溢出后由硬件自动装载初值，可使得溢出信号的周期比较稳定。

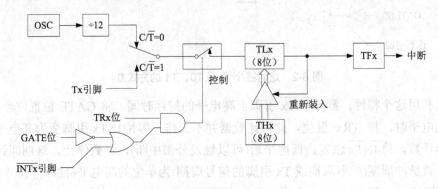

图 8-4 定时器/计数器 T0、T1 的方式 2

稳定的溢出信号输出，可用作对机器周期分频(最多 256 分频)的时钟信号输出，特别适合于作串行口的波特率发生器用。

4. 方式 3——T0 分为两个 8 位定时器/计数器

对于定时器/计数器 T0 和 T1，前三种方式是完全相同的。而方式 3 是 T0 特有的工作方式，若将 T1 设置为方式 3，则 T1 停止计数。在这种方式下，T0 分为两个独立的部件，一个是 8 位的定时器/计数器，另一个是 8 位的定时器，如图 8-5 所示。

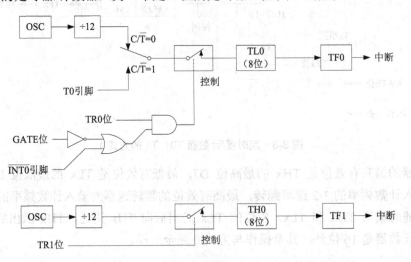

图 8-5 定时器/计数器 T0 的方式 3

TL0 作为 8 位的定时器/计数器，工作及控制与方式 0、1 类似，使用原 T0 的所有控制资源，包括 T0 引脚、$\overline{INT0}$ 引脚、GATE 位、C/$\overline{T}$ 位、TR0 位、TF0 位和中断向量 (000BH)；TH0 只能作定时器使用，计数源为机器周期信号，计数器长度为 8 位，但借用

T1 的部分资源 TR1、TF1 和中断向量(001BH),以及相应的中断控制位。

这时,T1 只能工作在不使用以上资源的方式下,最合适的就是方式 2,否则溢出周期无法控制。一般情况下,当 T1 用作串行口的波特率发生器、系统中又需要两个定时器/计数器时,才选择将 T0 设置为方式 3。T1 的启停可以由设置其不同工作方式实现。设置为方式 0、1、2,开始计数;设置为方式 3,则停止计数。

8.2 定时器/计数器 T2

定时器/计数器 T2 是在 52 子系列中新增的一个功能较强的 16 位的定时器/计数器。同 T0、T1 类似,T2 既可用作定时器(对机器周期计数),也可用作计数器(对外部信号计数),还可独立或与 T1 联合用作串行口波特率发生器。T2 具有自动重装载功能和捕获能力,除了具有与前面 T0、T1 相同的功能外,还可以在外部信号的触发下,捕获当前 16 位计数器的内容、或重新装载 16 位的计数初值,同时向 CPU 申请中断。

8.2.1 T2 的结构

定时器/计数器 T2 内部含有一个 16 位的加法计数器,特殊功能寄存器 TL2 和 TH2 是其低 8 位和高 8 位。为了保存 16 位的计数初值和 16 位的当前计数捕获值,配备了两个 8 位的捕获寄存器 RCAP2L 和 RCAP2H 作为低 8 位和高 8 位。T2 的工作方式及状态由控制寄存器 T2CON 确定和保存。

如果允许中断,T2 使用中断向量 002BH。中断优先级控制和中断允许控制在 IP、IE 中定义。

T2 的外部计数信号从 T2 引脚(P1.0 的第二功能)输入,外部控制信号从 T2EX(P1.1 的第二功能)引脚输入。同 T0、T1 类似,T2 引脚信号频率不能超过单片机振荡频率的 1/24。特殊功能寄存器 T2CON 用来选择 T2 的工作方式、外部控制,提供状态标志。

T2CON 为 T2 控制寄存器,既可字节寻址(C8H)也可位寻址(C8H~CFH),格式如下:

	D7	D6	D5	D4	D3	D2	D1	D0
位地址	CFH	CEH	CDH	CCH	CBH	CAH	C9H	C8H
位功能	TF2	EXF2	RCLK	TCLK	EXEN2	TR2	C/$\overline{T}$2	CP/$\overline{RL}$2

- TF2(T2 溢出标志):当定时器/计数器 2 溢出(即由 FFFFH 变为 0000H)时由硬件置位。若允许 T2 中断,则向 CPU 申请中断。该位只能使用软件清零。但在波特率发生器方式下,定时器溢出不会置位 TF2。
- EXF2(T2 外部标志):当 EXEN2 为 1,且因 T2EX 引脚上出现负跳变而引起捕获或重装载操作时,EXF2 置位。若允许 T2 中断,则向 CPU 申请中断。该位只能使用软件清零。因为 TF2 和 EXF2 为 1 都会触发 CPU 的中断响应,中断服务程序中要检查由哪个标志所引起。
- RCLK(接收时钟标志):若 RCLK 置为 1,则选择 T2 溢出脉冲作为串行口方式

1、3 的接收时钟；否则，使用 T1 溢出脉冲作为接收时钟。
- TCLK(发送时钟标志)：若 TCLK 置为 1，则选择 T2 溢出脉冲作为串行口方式 1、3 的发送时钟；否则，使用 T1 溢出脉冲作为发送时钟。
- EXEN2(T2 外部允许标志)：当 T2 没有工作在波特率发生器方式时，若 EXEN2 置为 1，则在 T2EX 引脚上出现的负跳变信号引起 T2 的捕获或重装载操作，且 EXF2 会置位；否则忽略 T2EX 引脚的信号。当 T2 工作在波特率发生器方式时，若 EXEN2 置为 1，则在 T2EX 引脚上出现的负跳变使 EXF2 置位；否则忽略该信号。
- TR2(T2 运行标志)：T2 的软件开关，TR2 置位后 T2 方可进行计数。
- C/$\overline{T}$2(T2 计数器/定时器选择)：若此位为 0，T2 工作于定时器模式，即对机器周期进行计数，每个机器周期使计数器值增 1。若为 1，则工作于计数器模式，对 T2 引脚的下降沿计数。单片机在每个机器周期的 S5P2 采样 T2 引脚电平，检测到一次下降沿需要两个机器周期，因此要求计数信号频率不能高于机器周期频率的 1/2，即振荡频率的 1/24。
- CP/$\overline{RL}$2(T2 捕获/重装载选择)：若此位为 0，当计数器溢出或 EXEN2 为 1 且 T2EX 引脚出现负跳变时，发生自动重装载操作；否则，当 EXEN2 为 1 且 T2EX 引脚出现负跳变时，发生捕获操作。只要 RCLK 或 TCLK 位之一为 1，此位不起作用。

系统复位后 T2CON 内容为 00H，随后根据指令执行及定时器/计数器 2 外部引脚和运行情况而变化。

某些新型产品中还有一个特殊功能寄存器 T2MOD，用以实现定时器/计数器 T2 的新增功能。T2MOD 称为 T2 模式寄存器，其格式如下。

	D7	D6	D5	D4	D3	D2	D1	D0
位功能	—	—	—	—	—	—	T2OE	DCEN

- DCEN(T2 计数方向控制)：若此位为 0，T2 向上计数，即按正常方式加 1 计数；若为 1，T2 设置为上/下计数方式。
- T2OE(T2 输出允许)：若为 1，T2 工作于可编程时钟信号输出方式。

系统复位后 T2MOD 最低两位内容为 0，其余未定义位不定。

8.2.2 T2 的工作方式

根据 T2CON 中 CP/$\overline{RL}$2、RCLK、TCLK 的设置，定时器/计数器 2 有 3 种工作方式：自动重装载方式、捕获方式和波特率发生器方式(见表 8-2)。某些产品的定时器/计数器 2 还有可编程时钟输出方式。下面依次介绍这 4 种方式。

表 8-2 定时器/计数器 T2 的工作方式

RCLK+TCLK	CP/$\overline{RL}$2	TR2	工作方式
0	0	1	自动重装载方式

续表

RCLK+TCLK	CP/$\overline{RL}$ 2	TR2	工作方式
0	1	1	捕获方式
1	×	0	波特率发生器方式
1	×	0	停止计数

表中"RCLK+TCLK"中的"+"为逻辑或运算。

1. 自动重装载方式

当 RCLK 与 TCLK 都为 0，且 CP/$\overline{RL}$ 2 为 0 时，T2 工作在自动重装载方式，如图 8-6 所示。TH2、TL2 作为加法计数器，RCAP2H 和 RCAP2L 保存重装载值。与 T0 和 T1 的方式 2 不同，此时 T2 仍然是 16 位的定时器/计数器。

当 TH2、TL2 溢出(即由 FFFFH 变为 0000H)时，发生重装载操作，将 RCAP2H 和 RCAP2L 中的 16 位值分别装入 TH2 和 TL2 中；同时 T2 溢出标志 TF2 置位。TF2 位的状态可由软件查询，也可设置为当它置位时触发中断。无论哪种方式，必须在 TF2 再次置位前由软件清零。

当 EXEN2 位为 1 时，T2EX 引脚的负跳变也会触发 T2 的重装载操作，同时 EXF2 被置位。同 TF2 一样，EXF2 既可用软件查询，又可用作中断源，也必须由软件清零。

CPU 一般在响应 T2 中断后，要执行中断服务程序中分别检查 TF2 和 EXF2 的代码，以确定发生重装载的原因。

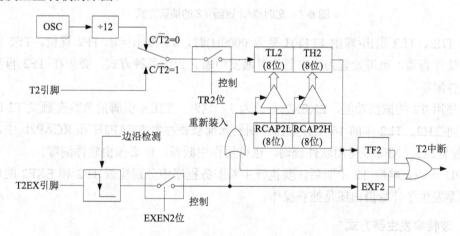

图 8-6 定时器/计数器 T2 的自动重装载方式

对于可以在 T2MOD 中设置 DCEN 位的单片机，在自动重装载方式下，还可以进一步选择上/下计数器模式。

当 DCEN=0 时，T2 为向上计数，即上面讨论的计数溢出、外部控制重装载过程。
当 DCEN=1 时，可通过 T2EX 引脚确定向上或向下计数。
引脚 T2EX 为 1 时，T2 向上计数。向上溢出(即由 FFFFH 变为 0000H)后，TF2 置位，并将 RCAP2H 和 RCAP2L 中的 16 位值重新装入 TH2 和 TL2。

引脚 T2EX 为 0 时，T2 向下计数。当 TH2 和 TL2 计数到等于 RCAP2H 和 RCAP2L 中的 16 位值后，T2 产生下溢，TF2 置位，并将 FFFFH 重新装入到 TH2 和 TL2。

T2 产生下溢或上溢时，EXF2 翻转。在上/下计数器模式中，EXF2 的变化不会产生中断，可将其看作 T2 的第 17 位(最高有效位)。而 TF2 总是可以作为中断源使用的。

2. 捕获方式

当 RCLK 与 TCLK 都为 0，且 CP/$\overline{RL}$2 为 1 时，T2 工作在捕获方式，如图 8-7 所示。TH2、TL2 作为 16 位加法计数器，RCAP2H 和 RCAP2L 保存捕获到的计数器当前值。

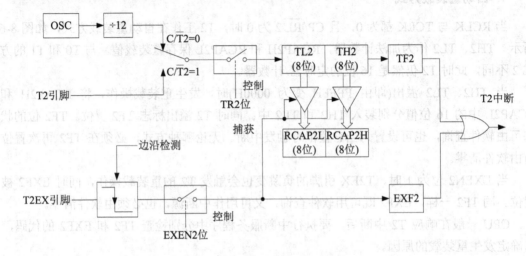

图 8-7　定时器/计数器 T2 的捕获方式

当 TH2、TL2 溢出(即由 FFFFH 变为 0000H)时，T2 溢出标志 TF2 置位。TF2 位的状态可由软件查询，也可设置为当它置位时触发中断。无论哪种方式，必须在 TF2 再次置位前由软件清零。

要使用 T2 的捕获功能，EXEN2 必须为 1。这时，T2EX 引脚的负跳变触发 T2 的捕获操作，将 TH2、TL2 中的 16 位计数值分别装入捕获寄存器 RCAP2H 和 RCAP2L 中，同时 EXF2 被置位。EXF2 既可用软件查询，也可用作中断源，但必须由软件清零。

CPU 一般在响应 T2 中断后，要执行中断服务程序中分别检查 TF2 和 EXF2 的代码，以确定是发生了计数溢出还是捕获操作。

3. 波特率发生器方式

当 RCLK 或 TCLK 之一为 1 时，T2 工作在波特率发生器方式，如图 8-8 所示。T2 可以向串行口提供接收时钟或发送时钟，或者同时提供两个时钟。当 T2 没有全部提供串行口所需的两个时钟时，另一个由 T1 提供。这样，串行口的两个时钟可以全部由 T1 提供，还可全部由 T2 提供，还可以由 T1 和 T2 各提供一个。对于第三种情况，串行口的接收和发送波特率可以不同。

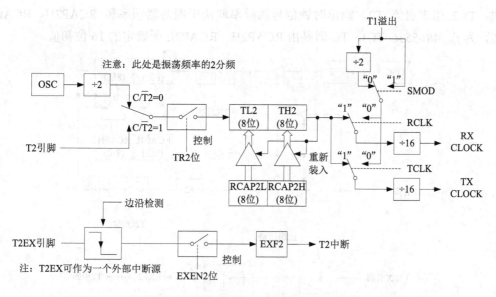

图 8-8 定时器/计数器 T2 的波特率发生器方式

当 T2 工作在波特率发生器方式时,T2 的计数脉冲信号可以来自单片机内部的状态周期(振荡频率的 2 分频),也可来自外部 T2 引脚。在选用内部状态周期作为计数源时,可以得到比 T1 更大范围的时钟信号输出。TH2、TL2 作为 16 位加法计数器,RCAP2H 和 RCAP2L 保存重装载值。

当 TH2、TL2 溢出(即由 FFFFH 变为 0000H)时,发生重装载操作,将 RCAP2H 和 RCAP2L 中的 16 位值分别装入 TH2 和 TL2 中。T2 的溢出率取决于计数脉冲的频率和 RCAP2H、RCAP2L 中的重装载值。T2 的溢出不会使 TF2 置位。

这时,若 EXEN2 为 1,则 T2EX,引脚的负跳变也会使 EXF2 被置位。EXF2 既可用软件查询,也可产生对 CPU 的中断请求,该中断相当于一个由 T2EX 引脚引入的下降沿触发的外部中断。虽然仅由 EXF2 引起,但响应中断后,也必须在中断处理子程序中由软件将其清零。

在 T2 运行于波特率发生器期间,不要对 TH2 或 TL2 进行读/写。16 位计数器每个状态周期增 1,读出的数据可能不准确,也未必能写入预期的值。RCAP2H 和 RCAP2L 可以读出,但不要改写,因为改写过程中可能会发生重装载动作,写操作可引起不一致的重装载值。如确需访问 TH2、TL2 或写入 RCAP2H、RCAP2L,应先停止 T2 的计数(将 TR2 清零)。

4. 可编程时钟信号输出方式

可以通过编程,在 T2(P1.0)引脚上输出一个占空比为 50%的时钟信号。这种工作方式如图 8-9 所示。

具有这种工作方式的单片机,其 P1.0 引脚有两个第二功能。一是 T2 的外部计数信号输入,二是 T2 的可编程时钟信号输出。当定时器/计数器 T2 工作在可编程时钟信号输出方式时,C/$\overline{T}$2 位必须为 0,P1.0 作为可编程时钟信号输出;T2OE 位必须为 1,以允许其输出；TR2 用来启停 T2。输出时钟信号的频率取决于振荡器频率和 RCAP2H、RCAP2L 的值，为 $f_{osc}/4/(65536-TC)$，TC 即是由 RCAP2H、RCAP2L 所确定的 16 位初值。

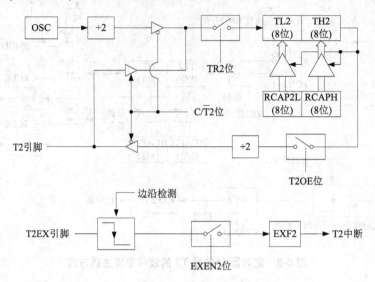

图 8-9　定时器/计数器 T2 的可编程时钟信号输出方式

同波特率发生器方式一样，T2 的溢出不会置位 TF2，也不会触发中断。这种方式可用于需同时提供波特率发生器和时钟发生器的场合。但二者不是相互独立的，它们都是使用状态周期作为内部计数源，都是使用 RCAP2H、RCAP2L 作为计数初值寄存器。

8.3　定时器/计数器的应用

8.3.1　工作方式的选择

定时器/计数器 T0 有 4 种工作方式，T1 有 3 种，T2 有 3 种。在不同应用中，应根据不同方式的特点，选择合适的工作方式。

1. 定时器模式

T0、T1 的方式 0 是 13 位加法计数器，最多对计数源信号 8192 分频；或者说，定时时间最长是计数脉冲周期的 8192 倍。可以用于定时时间不是很长的场合。

T0、T1 的方式 1 是 16 位的加法计数器，定时时间可以是机器周期的 1～65536 倍。选择范围比较大，因此是定时器方式中最常使用的工作方式。

T0、T1 的方式 2 为可重装载初值的 8 位加法计数器，定时时间范围小，但是使用方便，溢出后不用软件装载初值，定时时间准确，能产生稳定的时钟信号。适用于精确定时的场合，如用作波特率发生器。

T0 的方式 3 适用于需要更多硬件定时器的应用中。

T2 的自动重装载方式比 T0、T1 的定时时间范围大，而且可以由外部信号重新启动一个新的定时周期，适用于可以控制的精确定时的应用。

T2 的捕获方式一般用于测量外部信号(由 T2EX 引脚输入)变化的时间间隔，可以单次测量不超过 65536 个机器周期的时间；配合中断处理子程序，理论上可以记录任意长的时间。

2. 计数器模式

各种工作方式的不同主要体现在计数范围上。如果从外部引脚输入稳定的时钟信号，定时器/计数器的行为与定时器一样，如果硬件可以变换该时钟信号的频率，定时时间范围选择更加灵活。

计数器模式主要用于对外部的事件(下降沿)进行计数。在计数过程中，可以读取计数值，但是由于计数器正在运行，读出的值可能不准确。对于 T2，可以在捕获后读取捕获寄存器的内容，得到最新的计数值。

对计数个数的控制通常采用中断方式，使得计数到一定数最后产生中断，由软件对事件计数进行处理。如果计数一次产生一个中断，中断服务程序就成了对引脚下降沿的响应，实现了外部中断源的扩展。

3. 波特率发生器方式

T1 用作波特率发生器时，向串行口提供的时钟频率范围为机器周期的 1～256 分频，即 MCS-51 状态周期的 6～1536 分频；T2 用作波特率发生器时，向串行口提供的时钟频率范围为状态周期的 1～65536 分频。可用看出，如果使用固定的、比较快速的串行通信，可以使用 T1；而如果串行口的波特率需要根据要求调整且变化范围较大，就应该使用 T2，并且 T2 还提供了一个附加的外部中断。当然，对于非 52 系列的单片机，只能使用 T1。

8.3.2　定时常数的计算

定时器/计数器中的初始值确定了从开始计数到溢出的计数个数和定时时间的长短，这个初始值一般叫做定时常数。MCS-51 的定时器/计数器都是加法计数器，所以定时常数越大，计数个数越少，定时时间越短。

如果计数器的长度为 L，计数个数为从初值开始到 L 位计数器溢出(即计数值变为 0，或者说是 2^L)时的计数总数，若用 TC 表示定时常数，用 N 表示计数个数，则 $N=2^L-TC$，即定时常数 $TC=2^L-N$。

如果用于定时，则定时时间为 N 个机器周期。设振荡器频率为 f_{osc}，机器周期时间长度为 $12/f_{osc}$，定时时间为 $12/f_{osc}*(2^L-TC)$。根据这个公式，可以由振荡频率、计数器位数、定时时间来确定定时常数。

如使用定时器/计数器 T0 的工作方式 0，$L=13$。假设振荡频率为 12MHz，定时时间为 2ms。将这些参数代入以上公式，得：$2*10^{-3}=12/(12*10^6)*(2^{13}-TC)$，最后得到 TC 为 6192。

在将定时器/计数器用作串行口的波特率发生器时，需要计算其溢出率。溢出率是定时器/计数器最高有效位翻转的频率，也就是定时时间周期的倒数。可以将溢出率理解为使用定时器/计数器对输入时钟(机器周期或状态周期脉冲)分频得到的时钟频率，分频数值就是计数值。由此可得溢出率为 $f_{osc}/12/(2^L-TC)$ 或 $f_{osc}/2/(2^{16}-TC)$，两者分别对应 T1 和 T2。

8.3.3 定时器/计数器应用举例

例 8.1 在 8051 的 P1.0 引脚上产生 100Hz 的方波信号，若不使用定时器/计数器，应如何实现？系统振荡器频率为 12MHz。

要产生 100Hz 的方波信号，要求引脚上的电平应以 10ms 为一个周期，其中高低电平各 5ms，循环交替输出。循环部分可以在引脚电平变化后，调用一个延时 5ms 的子程序。程序如下。

```
            ORG       0000H
            LJMP      MAIN
            ORG       0030H
MAIN:
            MOV       SP, #5FH        ;设立堆栈范围 60H～7FH
NEXT:
            CPL       P1.0            ;电平翻转
            CALL      DELAY5MS        ;延时 5ms
            SJMP      NEXT
DELAY5MS:
            MOV       R0, #R0_VAL     ;1
DELAY_1:
            MOV       R1, #R1_VAL     ;1           ┐
            DJNZ      R1, $           ;2×R1_VAL    │ ×R0_VAL
            DJNZ      R0, DELAY_1     ;2           ┘
            RET                       ;2
            END
```

下面讨论延时子程序中 R0_VAL 和 R1_VAL 两个常数应该填写什么数值。考虑到当 P1.0 电平翻转后，调用子程序需要两个机器周期，后面的短转移也需要两个机器周期，所以延时子程序实际延时时间应该比 5ms 要短 4 个机器周期。振荡频率为 12MHz 时，一个机器周期时间为 1μs。

延时子程序的执行时间包括：向 R0 传送常数的一个机器周期；向 R1 传送常数的一个机器周期，R1 减 1 不为 0 转移指令共执行 R1_VAL 次，每次两个机器周期，所有这些要循环执行 R0_VAL 次，每次还需加上 R0 减 1 不为 0 转移的两个机器周期；最后是返回指令的两个机器周期。即总执行时间为 1+(1+2*R1_VAL+2)*R0_VAL+2=3+(3+2*R1_VAL)*R0_VAL，单位为机器周期。

在机器周期为 1μs 的情况下，可以选择 R0_VAL 和 R1_VAL 分别为 10 和 248，这时延时子程序总执行时间为 4993 个机器周期，调用该子程序并返回共需 4995 个机器周期。再加上每次循环翻转引脚需一个机器周期、短转移需两个机器周期，输出方波的高低电平时间各为 4998 个机器周期，合 4.998ms，与所需的 5ms 误差为 0.04%，完全可以接受。

例 8.2 在 8051 的 P1.0 引脚上产生 100Hz 的方波信号，使用定时器/计数器，但不使用中断。系统振荡器频率为 12MHz。

使用定时器/计数器，需要定时 5ms。不妨使用 T0，工作在方式 0。程序如下。

```
        ORG     0000H
        LJMP    MAIN
        ORG     0030H
MAIN:
        MOV     SP, #5FH        ;设立堆栈大小
        MOV     TMOD, #00H      ;设定定时器/计数器工作方式
        MOV     TH0, #TH0_VAL   ;装入初值
        MOV     TL0, #TL0_VAL
        SETB    TR0             ;启动计数
NEXT:
        JNB     TF0, $          ;等待溢出
        CLR     TF0             ;清除溢出标志(不用中断时必须软件清除)
        MOV     TH0, #TH0_VAL   ;重装初值
        MOV     TL0, #TL0_VAL
        CPL     P1.0            ;电平翻转
        SJMP    NEXT            ;继续
        END
```

下面讨论程序中 TH0_VAL 和 TL0_VAL 两个常数应该填写什么数值。直接使用定时时间为 5ms 的参数当然可以，但是，在一个循环周期中，还有检测 TF0 的两个机器周期，清除 TF0 的一个机器周期，向数据寄存器重装初值的 4 个机器周期，翻转 P1.0 电平的一个机器周期，短转移的两个机器周期，合计 10 个机器周期；另外，计数器溢出后仍继续计数(从 0 开始)，但重新装入计数初值后才按定时时间计数，相当于补回了 5 个机器周期。为了减小误差，在计算计数初值时，应除去多余的时间(共 5 个机器周期)。

计数时间 5ms 中共有 5000 个 1μs，减去 5 个附加周期，共需计数 4995 个。在工作方式 0 中，计数初值为 8192−4995=3197。TH0 中存放 3197 的高 8 位，TL0 的低 5 位中存放 3197 的低 5 位。在汇编语言程序中，可以使用表达式表示二者：3197/32 为高 8 位，3197 mod 32 为低 5 位。

例 8.3 在 8051 的 P1.0 引脚上产生 100Hz 的方波信号，使用定时器/计数器，使用中断。系统振荡器频率为 12MHz。

同上，需要定时 5ms。不妨使用 T0 的方式 1。程序如下。

```
T0_VAL  EQU     -5000           ;汇编器将负数用补码表示
OUT     BIT     P1.0            ;输出口符号定义
        ORG     0000H
        LJMP    MAIN
        ORG     000BH           ;定时器/计数器 0 的中断向量
        LJMP    T0_ISR
        ORG     0030H
MAIN:
```

```
            MOV     SP, #5FH           ;有中断、子程序调用的,需重设堆栈大小
            MOV     TMOD, #01H         ;设定定时器/计数器工作方式
            MOV     TH0, #HIGH T0_VAL  ;装入初值,HIGH 操作符取操作数的高字节
            MOV     TL0, #LOW T0_VAL   ;LOW 操作符取操作数的低字节
            SETB    ET0                ;允许 T0 中断
            SETB    EA                 ;开中断
            SETB    TR0                ;启动 T0
            SJMP    $                  ;主程序无事
    T0_ISR:
            MOV     TH0, #HIGH T0_VAL  ;重装初值
            MOV     TL0, #LOW T0_VAL
            CPL     OUT
            RETI                       ;中断返回
            END
```

在上面的程序中,定时常数是按照 5000 个机器周期计算的。如果要提高精度,应该考虑到中断的响应时间、长转移指令执行时间、重装初值的时间和翻转输出引脚的时间。

重装初值的时间和翻转输出引脚的时间是可以计算的,据此增大定时常数的值,可以得到更精确的输出。但是,中断响应时间是不定的,虽然我们可以估算出理想情况下的中断响应时间,对于一个实际的复杂的系统,这个估算值基本上是没有什么实用价值的。在相对较短的定时应用中,这段时间以微秒为单位,可以忽略不计;而要在 MCS-51 单片机系统中使用定时器/计数器实现时间、日期的计时,如果长时间运行,累积误差是非常大的。

其实,对中断响应时间的补偿,还是有线索可循的。溢出后若没有及时装入定时常数,计数器又从 0 开始计数。在中断处理子程序中首先检查 TLx,得到的数值就是从溢出到进入中断处理子程序的时间(以机器周期为单位)。重新装载初值时,将这个数值与原计算得到的标准值相加,然后装入计数器即可。假设相加后不会产生进位,上例中的中断服务程序可以如下改写。

```
    T0_ISR:
            MOV     TH0, #HIGH T0_VAL  ;重装初值高 8 位
            MOV     A, #LOW T0_VAL
            ADD     A, TL0             ;低 8 位与 TL0 当前值相加
            ADD     A, #2              ;再加上执行加法运算延迟的时间
            MOV     TL0, A             ;得到精确的值
            CPL     OUT
            RETI
```

例 8.4 某一 8051 系统中已经使用了两个外部中断源,要求在 P1.0 引脚上产生一个 5kHz 的方波信号,内部又需要 1ms 的周期定时。系统中使用了串行口,T1 用于波特率发生器。另外还需要增加一个外部中断源。系统振荡器频率为 12MHz。

欲增加一个外部中断源,可以将定时器/计数器设置为计数器模式,计数初值为全 1,计数信号输入引脚上的一次负跳变就会引发计数器溢出,向 CPU 申请中断。

在这个问题中,T1 已经被占用,最合适的是把 T0 设置为方式 3,TL0 为计数器,初

值为 0FFH；TH0 为定时器，定时时间为 100μs，定时常数为 156。1ms 的定时需要对 100μs 溢出次数计数，使用一个存储单元保存计数值。

程序如下。

```
        COUNT   DATA    30H                 ;100μs 计数存放单元
                ORG     0000H
                LJMP    MAIN
                ORG     000BH               ;原 T0 中断向量，现为 TL0 中断向量
                LJMP    TL0_ISR
                ORG     001BH               ;原 T1 中断向量，现为 TH0 中断向量
                LJMP    TH0_ISR
                ORG     0030H
        MAIN:
                MOV     SP, #5FH
                MOV     COUNT, #0           ;100μs 计数
                MOV     TMOD, #27H          ;T0 方式 3，TL0 计数，TH0 定时，T1 方式 2
                MOV     TH0, #156           ;100μs 定时常数
                MOV     TL0, #0FFH          ;计数一次即溢出
                MOV     TH1, #BAUD_VAL      ;与波特率有关
                MOV     TL1, #BAUD_VAL
                SETB    TR0                 ;启动 TL0
                SETB    TR1                 ;启动 TH0
                SETB    ET0                 ;允许 TL0 中断
                SETB    ET1                 ;允许 TH0 中断
                SETB    EA                  ;开中断
                SJMP    $
        TL0_ISR:
                MOV     TL0, #0FFH
                ……                          ;对外部中断源的处理
                RETI
        TH0_ISR:
                PUSH    ACC
                MOV     TH0, #156
                CPL     P1.0                ;产生方波
                INC     COUNT
                MOV     A, COUNT
                CJNE    A, #10, TH0_RET
                MOV     COUNT, #0
                ……                          ;1s 周期到
        TH0_RET:
                POP     ACC
                RETI
                END
```

例 8.5 某一时序控制系统，在 P1 口连接 8 个控制开关 K1～K8。要求开机后第一秒钟仅 K1、K3 闭合，第二秒钟仅 K2、K4 闭合，第三秒钟仅 K5、K7 闭合，第四秒钟仅 K6、

K8 闭合，第五秒钟仅 K1、K3、K5、K7 闭合，第六秒钟仅 K2、K4、K6、K8 闭合，第七秒钟 8 个开关全部闭合，第八秒钟全断开，以后又从头开始……一直循环下去。系统振荡器频率为 12MHz。

该系统要求定时时间为 1s。16 位的定时器/计数器最长定时时间为 65536 个机器周期，在 12MHz 情况下，时间为 65.5ms。要产生 1s 的信号，必须使用软件扩展定时时间。可以设定定时时间为 10ms，用一个内存单元保存计数器溢出次数，从 0 开始每溢出一次加 1，累加够 100 次时正好过了 1s 的时间。

可以使用 C 语言编写，程序如下。

```
#include      <reg51.h>                    /*引入8051特殊功能寄存器定义*/
#define       TIM0     (65536-10000)       /*定时时间为10000个机器周期*/
void main( void )
{
    P1 = 0x00;  TMOD = 0x01;                /*设输出为1时开关闭合，为0时断开*/
                                            /*设定T0工作方式*/
    TH0 = TIM0 / 256; TL0 = TIM0 % 256;     /*装入初值*/
    ET0 = 1; EA = 1; TR0 = 1;               /*开中断，启动计数*/
    while( 1 ) ;
}
void t0_isr(void) interrupt 1
{
    static unsigned char disp_pattern[8]= { 0x05, 0x0a, 0x50, 0xa0, 0x55,
        0xaa, 0xff, 0x00 };                 /*按顺序的开关开合模式*/
    static char count = 0, pattern = 7;     /*10ms 计数，开合模式序号*/
    TH0 = TIM0 / 256; TL0 = TIM0 % 256;
    count ++;                               /*溢出次数计数增1*/
    if ( count == 100 )                     /*够 100 次(1s)*/
    {
        count = 0;                          /*计数回零*/
        pattern ++;                         /*切换到下一开合模式*/
        if ( pattern == 8 ) pattern = 0;    /*循环*/
        P1 = disp_pattern[ pattern ];       /*输出*/
    }
}
```

例 8.6 某一通信软件系统，内部同时运行多个定时器，从 100ms 到 10s 不等。在以 MCS-51 单片机为主控单元的情况下，如何实现？

一般应用系统中硬件定时器的个数是很有限的，但经常会有多种时间长度定时器同时运行的需求。具体实现时，可以计算出它们的最大公约数，将硬件定时器的定时时间设置为此值。针对每一个所需定时器，在存储器中用一个或多个单元存储，构成软件定时器，并且用其中一位表示"忙"，即定时器在用。中断处理子程序中，依次检查这些软件定时器，如果在用，则计数值增 1，再检查是否达到与定时时间相对应的数值。如果达到，说明这一定时器时间到，可以启动超时操作，或者向某个软件模块发送一个定时器消息。

例 8.7 在系统振荡频率为 12MHz 的情况下，使用定时器/计数器产生方波信号的最大频率是多少？产生高频信号还有什么方法？

要使用定时器/计数器产生高频的方波信号，只能周期性地翻转输出引脚上的电平。周期性使用定时实现，欲翻转电平，需在响应中断后执行 CPL 指令，而后直接执行中断返回指令 RETI。要使频率最高，则定时常数应最大，而且要尽量避免其他开销，如中断后重装初值等。可使用定时器方式 2，配置为自动重装初值的 8 位定时器，定时常数设为 0FFH。理论上每隔一个机器周期定时器就会溢出而申请中断，但实际上，执行 CPL 和 RETI 指令需 3 个机器周期，中断返回后还要执行一条指令，最快在执行指令的最后一个机器周期查询到 TF 标志，而后又经过 3 个机器周期中断响应时间，才能再次进入中断服务程序，翻转输出电平。合计起来，输出引脚高、低电平持续时间最短为 7 个机器周期。即输出方波的最短周期为 14 个机器周期。在 12MHz 振荡频率条件下，周期为 14μs，频率约 71kHz。

如果不使用中断，就没有必要使用定时器/计数器了。可以用程序方式，直接输出方波信号。比如编写如下程序段

```
NEXT:   CPL     P1.0
        SJMP    NEXT
```

这是用软件实现最高频率方波的方式。每次输出电平翻转后，持续时间是执行短转移和下次取反输出端口两条指令的时间，共 3 个机器周期。输出方波信号周期为 6 个机器周期时间，频率约为 167kHz，比用定时器高出一倍多，但一直占用 CPU。而使用定时器时，也使 CPU 执行指令的效率降低到每条指令至少附加 5 个机器周期(中断响应)的时间。

在单片机系统中，如果不增加更多的硬件资源，产生高频信号的最好的办法是使用单片机自身的输出信号。振荡器以振荡频率输出周期信号，ALE 也输出机器周期频率 2 倍的矩形波信号。使用触发器对其 2 分频，可得方波信号。在 12MHz 振荡频率条件下，方波信号频率可达 1MHz。

如果使用定时器/计数器 T2 的可编程时钟输出方式，则最大频率能达到振荡器频率的 4 分频。即，在 12MHz 的情况下，可以从 T2(P1.0)引脚上输出 3MHz 的方波信号。但这时还受到串行口配置的限制。

8.3.4 信号的测量

TCON 中的 GATE 位可以用来对 $\overline{INTx}$ 引脚上的高电平持续时间进行测量。若 GATE 为 1，且已经设定 TRx 为 1 后，定时器/计数器的启动、停止完全取决于 $\overline{INTx}$ 引脚，仅当 $\overline{INTx}$ 引脚为高电平时才对计数器加 1 计数，即定时器计数个数就是 $\overline{INTx}$ 引脚上高电平的持续时间。如果 $\overline{INTx}$ 引脚高电平时间很短，与一个计数脉冲周期(比如一个机器周期)相近，则由于单片机内计数器加 1 的时刻问题，可能有比较大的误差。但当该时间较长(一般超过几十个计数脉冲周期)时，绝对误差在一个计数脉冲周期以内，相对误差很小，可以使用这种测量方法。

测量原理如图 8-10 所示。

图 8-10 $\overline{\text{INTx}}$ 引脚高电平长度测量原理

以 $\overline{\text{INT1}}$ 为例，相应的程序段如下。

```
START:
        MOV     TMOD, #90H      ;设定 T1 为定时器，方式 1，GATE 位为 1
        MOV     TH1, #0         ;从 0 开始计数
        MOV     TL1, #0
        JB      INT1, $         ;INT1 为高电平，等待
        SETB    TR1             ;INT1 为低电平，置 TR 为 1，准备计数
        JNB     INT1, $         ;等待 INT1 变为高电平
        JB      INT1, $         ;正在计数，直到 INT1 变为低电平
        CLR     TR1             ;清除 TR1
        ……                      ;对计数值处理，TH1、TL1 中存放的就是 INT1
                                ;高电平持续时间
```

这段程序只能测量高电平时间不超过 65536 个机器周期的信号。如果持续时间更长，可以再增加溢出次数计数，即允许定时器中断，每中断一次，溢出数值增 1。假定最后溢出计数为 N，则总时间为 $(N*65536+\text{THx}*256+\text{TLx})$ 个机器周期。由于溢出后应该从 0 开始计数，所以中断处理子程序中不需重新装入定时常数了。

这时的主程序同上面一样，主体中再加入中断控制指令以及对溢出次数计数单元的清零指令，中断服务程序只需以下两条指令即可。

```
        INC     COUNT
        RETI
```

实际上，如果是 52 系列单片机，使用定时器/计数器 T2 进行高电平持续时间测量也十分方便。将 T2 设置为捕获方式，测量信号加在 T2EX 引脚上。同上面类似，准备计数期间，清除 TR2 和溢出次数计数的存储单元。要得到测量结束信号(负跳变)，不必用指令反复检测等待，因为 T2EX 高电平消失时，正好产生捕获中断。中断处理子程序中检测到是捕获中断而非溢出中断，测量结束；若只检测到溢出中断，则溢出中断计数单元增 1。假设溢出计数单元内容为 N，最后测量结果是 $(N\times65536+\text{RCAP2H}\times256+\text{RCAP2L})$ 个机器周期。

如果要测量的时间更长，溢出计数单元可使用多字节表示，在此不再详述。

8.3.5 读取定时器/计数器

定时器/计数器的数据寄存器(THx、TLx)可以随时读写。一般在运行过程中不会写入新的值，以免定时/计数不准确。但可能会读取其内容，用于实时显示。

由于 MCS-51 对定时器/计数器特殊功能寄存器的读写只能使用 8 位操作，对 16 位的加法计数器需要连续读取两次才能得到其值。而在运行过程中，读取 8 位特殊功能寄存器

的指令的执行也需要占用一个或两个机器周期，因此可能读取 8 位后，16 位的计数器值发生了变化，以致于刚刚读到的数据已经不正确了。如果在两次读取之间正好产生低 8 位向高 8 位的进位，误差就接近 256，结果无法接受。

一种解决的方案是：先读取 THx，再读取 TLx，然后重新读取 THx。如果两次读到的 THx 是相同的，表示在过去的读操作期间低 8 位没有产生进位，结果是正确的；否则，应马上重新读取(当然，在这种情况下，只需再读取一次即可)。下面是运行中读取 TH0、TL0 的子程序。

```
RDT0:
        MOV     A, TH0          ;读 TH0
        MOV     R0, TL0         ;读 TL0，存入 R0
        CJNE    A, TH0, RDT0    ;比较读到的 TH0 与现行值，若不相等，重新读取
        MOV     R1, A           ;将 TH0 存入 R1
        RET
```

8.4 监视定时器

监视定时器 WDT(Watchdog Timer)俗称看门狗，是使用硬件方式将失控的单片机系统复位的有效手段之一，与定时器/计数器的结构和用法非常相似。

8.4.1 监视定时器的原理

WDT 就是一个定时器。一般情况下用软件周期性地重装计数初值，使其不可能溢出。若软件出现异常，无法完成重装计数初值操作，该定时器就会溢出，溢出就意味着系统出现了问题。在无人值守或外界无法检测故障时，应使系统及时恢复正常状态，最直接的方法就是硬件复位。把定时器的溢出信号输出与系统复位输入连接起来，即可达到将失控系统强制解脱出来的效果。就像正常情况下周期喂狗，狗不会因感觉到饿而叫。一旦狗叫起来，说明有足够长的时间没有喂它了，即系统出现了故障。所以把这种监视系统是否正常运行的定时器称作看门狗定时器。

因为一般的单片机系统软件都是循环结构，循环周期是可以预先估计的，所以 WDT 有广泛应用。每轮循环重装一次计数初值，只要定时时间比最大循环周期还要长，即可起到看门狗的作用。

WDT 可以用软件实现，使用 MCS-51 单片机中的定时器/计数器对主程序的运行进行监控。假设主循环时间小于 10ms，可以将定时器/计数器 T0 的定时周期设置为 20ms，且为高中断优先级。主循环的循环体中对 TH0、TL0 重装初值，T0 的中断服务程序可如下编写。

```
        POP     ACC             ;释放堆栈空间
        POP     ACC             ;两个字节即可
        CLR     A
```

```
PUSH        ACC
PUSH        ACC
RETI
```

T0 溢出后，将两个 00H 压入堆栈，执行 RETI 指令则将 0000H 弹出到 PC 中，使得系统从 0000H 开始执行程序，相当于软件复位。

8.4.2 监视定时器芯片 MAX813L

使用软件实现 WDT 还有很多缺陷。比如，软件复位时，系统中的其他硬件电路没有复位，故障隐患可能依然存在；若 T0 的中断服务程序是嵌套在低优先级中断服务程序之内，则 RETI 指令只是复位了高优先级的中断状态触发器，低优先级的没有清零，后来再有低优先级中断请求信号，也不会得到响应，等等。真正实现可靠复位，应该选用硬件的 WDT。

MAX813L 是带有 WDT 和电压监控功能的芯片。其 WDT 功能是指在 1.6s 内输入没有变化时，就会产生复位输出；电压监控功能可以保证当电源电压低于 1.25V 时，产生掉电输出。MAX813L 还会在上电时自动产生 200ms 的复位脉冲，也具有人工复位功能。图 8-11 所示为 MAX813L 在 MCS-51 系统中的应用连接。

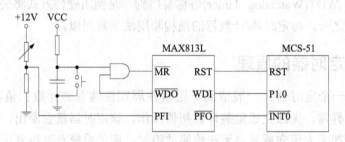

图 8-11　MAX813L 在 MCS-51 系统中的应用

MAX813L 各引脚功能如下。

- VCC：工作电源，+5V。
- GND：接地。
- $\overline{MR}$ (手动复位)：当该引脚有 140ms 低电平输入时，RST 引脚发出 200ms 的复位脉冲。
- PFI(电源故障检测输入)：当该引脚电压低于 1.25V 时，$\overline{PFO}$ 引脚产生由高到低的跳变。
- $\overline{PFO}$ (电源故障输出)：电源正常时，保持高电平；电源电压变低或掉电时，输出变为低电平。
- WDI(WDT 输入)：该引脚若持续 1.6s 电平无变化，则内部定时器溢出，$\overline{WDO}$ 引脚由高电平变为低电平。
- $\overline{WDO}$ (WDT 输出)：正常时输出高电平；内部定时器溢出后，输出变为低电平。
- RST(复位输出)：上电或 $\overline{MR}$ 持续 140ms 后，该引脚产生 200ms 复位脉冲；WDT

定时器溢出不影响 RST。

在图 8-11 的电路中结合了上电复位和手动复位。PFI 输入可用来检测工作电源是否稳定。PFI 接未经稳压的直流电源通过电阻分压的输出，要保证正常工作时高于 1.25V。不对 VCC 分压，目的是为了更早检测到掉电事件。一旦掉电，$\overline{INT0}$ 上出现下降沿，产生掉电中断。CPU 在中断服务程序中可以将重要数据保存到有后备电源的 RAM 中，断开某些外部设备，还可以使单片机自身进入掉电工作方式。

对于 WDT，只要主循环不超过 1.6s，循环体中添加指令

```
CPL         P1.0
```

使 WDI 电平有变化，$\overline{WDO}$ 就不会有有效输出。一旦主循环不能正常执行，WDI 电平无法周期性改变，$\overline{WDO}$ 的低电平输出将引起 RST 的复位脉冲输出，强制单片机硬件复位。

8.4.3 AT89S51 的内部监视定时器

很多 MCS-51 兼容单片机内置了监视定时器。下面以常用的 AT89S51 为例，介绍内部 WDT 的用法。

AT89S51 的内部 WDT 由一个 14 位计数器和 WDT 复位特殊功能寄存器 WDTRST 构成。外部复位时，WDT 默认为关闭状态。要使用 WDT，软件必须按顺序将 1EH 和 E1H 写入 WDTRST 寄存器(SFR 地址为 A6H)。启动 WDT 后，只要振荡器运行，WDT 会在每个机器周期增 1，而且除硬件复位或 WDT 溢出复位外，无法关闭 WDT。WDT 溢出时间仅取决于机器周期频率。当 WDT 溢出后，会在 RST 引脚输出高电平的复位脉冲，脉冲宽度为 98 个振荡周期。

在系统初始化的最后，若需启用 WDT，应执行以下两条指令。

```
MOV         WDTRST, #1EH
MOV         WDTRST, #0E1H
```

在 WDT 运行后，必须在一定周期内再执行这两条指令，以避免 WDT 计数溢出。14 位 WDT 计数器计数达到 16383(3FFFH)后，WDT 将溢出并使单片机复位。这样，在 12MHz 振荡频率的情况下，这个周期约为 16ms。WDTRST 是只写的特殊功能寄存器，而 WDT 计数器既不可写又不可读。

某些单片机内置的 WDT 定时时间也可以编程，使用起来就更加灵活。

8.5 日历时钟芯片 DS1302

日历时钟芯片也称作实时钟(Real-Time Clock，RTC)，可以提供精确的时间和日期。常见的如 PC 中的 DS12887，在没有外部电源的情况下能保持运行 10 年以上。一些 MCS-51 兼容的单片机内集成了实时钟电路，但多数还需要外接实时钟芯片。

8.5.1 DS1302 简介

DS1302 是一种高性能、低功耗的实时钟芯片，附加有 31 字节静态 RAM，采用 SPI 三线接口与 CPU 进行同步通信，并可以采用突发方式，一次传送多个字节的时钟信号或 RAM 数据。实时钟可以提供秒、分、时、日、星期、月和年信息，一个月小于 31 日时自动调整，包括闰年调整，有效期至 2100 年。可采用 12 小时或 24 小时方式计时。采用双电源供电，提供了对后备电源进行涓流充电的能力。广泛应用于电话、传真、便携式仪器以及电池供电的仪器仪表等产品领域。

DS1302 的引脚功能如下。

- X1、X2：连接 32.768kHz 晶振，为芯片提供计时脉冲。
- GND：接地。
- CE：芯片允许。
- I/O：数据输入/输出。
- SCLK：串行时钟输入。
- VCC1、VCC2：主电源与后备电源输入。

DS1302 在 MCS-51 系统中的连接如图 8-12 所示。VCC1 接后备电源，通常为钮扣电池。DS1302 使用 VCC1 和 VCC2 中电压较高的电源供电，当 VCC2 比 VCC1 高出 0.2V 时，使用 VCC2；而当 VCC2 低于 VCC1 时，使用 VCC1。MCS-51 的三条口线 P1.5、P1.6、P1.7 分别连接 DS1302 的 CE、I/O 和 SCLK，实现命令的写入和数据的读出。日期、时间数据以压缩的 BCD 码表示。

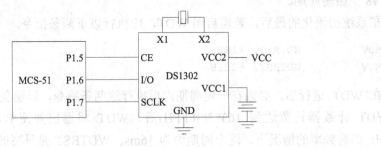

图 8-12 DS1302 在 MCS-51 系统中的连接

8.5.2 DS1302 的操作

对于 DS1302 的所有操作，都通过 SCLK 和 I/O 引脚写入控制字实现。

DS1302 的控制字节的最高有效位 D7 必须是逻辑 1；D6 如果为 0，则表示存取日历时钟数据，为 1 表示存取 RAM 数据；D5～D1 指示操作单元的地址；最低有效位 D0 若为 0 表示要进行写操作，为 1 表示进行读操作；控制字节总是从最低位开始输出。

在控制字输入后的下一个 SCLK 时钟的上升沿时，I/O 引脚的数据被写入 DS1302，输入的数据从低位 D0 开始。同样，在紧跟 8 位的控制字后的下一个 SCLK 脉冲的下降沿读出 DS1302 的数据，数据从 D0 至 D7 依次送出。单字节的读、写时序如图 8-13 所示。

第 8 章 定时器/计数器及应用

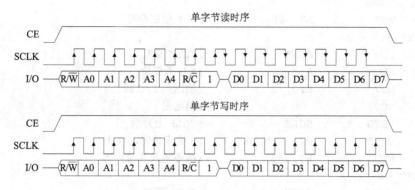

图 8-13 DS1302 的单字节读写时序

DS1302 共有 12 个寄存器，其中有 7 个寄存器与日历、时钟相关，存放的数据为 BCD 码形式，其日历、时间寄存器以及控制字如表 8-3 所列。

此外，DS1302 还有年份寄存器、控制寄存器、充电寄存器、时钟突发寄存器及与 RAM 相关的寄存器等。时钟突发寄存器可一次性顺序读写除充电寄存器外的所有寄存器内容。

DS1302 与 RAM 相关的寄存器分为两类，一类是单个 RAM 单元，共 31 个，每个单元为一个字节，控制字为 C0H～FDH，其中奇数为读操作，偶数为写操作；另一类为突发方式下的 RAM 寄存器，此方式下可一次性读写所有的 RAM 的 31 个字节，控制字为 FEH(写)、FFH(读)。

表 8-3 DS1302 日历时钟寄存器表

寄存器名	控制字		各位内容								取值范围
	写	读	D7	D6	D5	D4	D3	D2	D1	D0	
秒寄存器	80H	81H	CH	10 Seconds			Seconds				00～59
分寄存器	82H	83H	0	10 Minutes			Minutes				00～59
时寄存器	84H	85H	12/24	0	10	Hour	Hour				01～12 或 0～23
日寄存器	86H	87H	0	0	10 Date		Date				01～28，29，30，31
月寄存器	88H	89H	0	0	0	10M	Month				01～12
周寄存器	8AH	8BH	0	0	0	0	0			Day	01～07
年寄存器	8CH	8DH	10 Year				Year				00～99
控制寄存器	8EH	8FH	WP	0	0	0	0	0	0	0	—

8.5.3 DS1302 的应用

根据 DS1302 的时序要求，可以写出读、写单个字节的子程序。其中 CE、SCLK、SIO 分别对应与 DS1302 相连的单片机口线。

```
READ_1302:                    ;读 DS1320，A 中存放寄存器地址和读出的数据
    SETB    CE                ;CE 变高，准备读写操作
```

```
                MOV        R7, #8              ;写 8 位寄存器
        R_WNEXT_B:
                CLR        SCLK                ;SCLK 变低
                RRC        A                   ;A 中最低位
                MOV        SIO, C              ;输出到 I/O 线
                NOP                            ;稍延迟
                SETB       SCLK                ;SCLK 上升沿
                DJNZ       R7, R_WNEXT_B       ;8 位未传完，继续
                MOV        R7, #8              ;准备输入 8 位内容
        R_RNEXT_B:
                CLR        SCLK                ;SCLK 变低
                NOP                            ;稍延迟
                MOV        C, SIO              ;输入一位
                RRC        A                   ;移入 A
                SETB       SCLK                ;SCLK 上升沿
                DJNZ       R7, R_RNEXT_B       ;8 位未传完，继续
                CLR        SCLK                ;SCLK 变低
                CLR        CE                  ;CE 变低，结束操作
                RET
        WRITE_1302:                            ;写 DS1320，A 中存放寄存器地址，B 存放
                SETB       CE                  ;要写入的数据；CE 变高，准备读写操作
                MOV        R7, #8              ;写 8 位寄存器
        W_WNEXT_B:
                CLR        SCLK                ;SCLK 变低
                RRC        A                   ;A 中最低位
                MOV        SIO, C              ;输出到 I/O 线
                NOP                            ;稍延迟
                SETB       SCLK                ;SCLK 上升沿
                DJNZ       R7, W_WNEXT_B       ;8 位未传完，继续
                MOV        A, B                ;准备写入 8 位内容
                MOV        R7, #8
        W_WNEXT_B2:
                CLR        SCLK                ;写的过程与寄存器地址字节相同
                ……
                CLR        CE
                RET
```

执行下面 3 条指令，可以将月份设置为 12 月。

```
        MOV        A, #88H
        MOV        B, #12H
        CALL       WRITE_1302
```

执行下面两条指令，可以读出 DS1302 中日寄存器内容。若执行后 A 中内容为 15H，则表示为某月的 15 日。

```
        MOV        A, #87H
        CALL       READ_1302
```

若系统中配备了 DS1302，在需要存储、显示日期、时间时，就可以读取其内容。DS1302 若无后备电源，则内部计数器停止运行。若使用了后备电源，在系统主电源停止供电的情况下，DS1302 仍在运行。类似于 PC 中的用法，主电源接通后，系统复位，软件读取 DS1302 中的日期时间，之后可以直接使用单片机内部定时器/计数器进行时间流逝的计算，在经过一段时间，比如说 24 小时后，再读取一下 DS1302，进行校准。

DS1302 日期、时间寄存器的输出内容是与 CE 上升沿同步的。所以，如果以单字节方式读写日期、时间，在读取寄存器期间，内部计数器仍在运行，也会出现类似于 MCS-51 内部定时器/计数器读写不正确的情况。若使用突发方式读写，可以避免这个问题。

8.6 案例实训——简易电子琴电路

1. 案例说明

使用 8051 单片机制作一个简易电子琴。键盘用简单按键，声音通过扬声器发出，按键不能少于 16 个。要求：有电源开关、有声音开关；用户按下某一键后一直发出相应频率的声音，直到释放；多个按键同时按下后，只有最高(或最低)音调声音输出。程序可以使用汇编语言，也可使用 C 语言。

2. 电路设计

声音的输出使用简易扬声器。按键可以使用 8051 的并行口实现，比如使用 P0 和 P2 就可以实现 16 个独立按键。如果需要的按键个数比较多，而且系统中并行口资源被其他任务占用，可以考虑使用矩阵式键盘。每个按键以最简单的形式实现，暂时不考虑抖动问题。音量开关使用一个三结点开关，可以分别选择"大"、"小"以及"关闭"。符合要求的电路简图如图 8-14 所示。与题目要求无关的其余控制部分省略了。

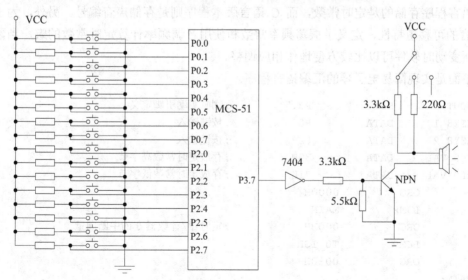

图 8-14 简易电子琴电路

3. 软件设计

首先要确定怎样发出声音。如果某个音调的频率为 f,其声波即为频率为 f 的方波信号,因此可以编程使定时器的溢出率为 $2f$,每次溢出后使扬声器的驱动信号翻转。使用前面介绍的计算定时常数的方法, $2f=f_{osc}/12/(2^L-TC)$。如果系统的振荡频率为 12MHz,定时器使用工作方式 1,上式中的 f_{osc} 为 12000000,L 为 16,可据此计算出对应于 f 的定时常数 $TC=2^L-(f_{osc}/24/f)=65536-500000/f$。以 C 调中音 duo 为例,其频率为 523Hz,计算得到的 TC 值为 64580。

在 12MHz 振荡频率、定时器方式 1 下获得的各音调对应的定时常数见表 8-4。

表 8-4 各音调对应的定时常数(12MHz,16 位定时器)

C 调(低)	1	1#	2	2#	3	4	4#	5	5#	6	6#	7
频率(Hz)	262	277	293	311	329	349	370	392	415	440	466	494
定时常数	63628	63731	63830	63928	64016	64103	64185	64260	64331	64400	64463	64524
C 调(中)	1	1#	2	2#	3	4	4#	5	5#	6	6#	7
频率(Hz)	523	553	586	621	658	697	739	783	830	879	931	987
定时常数	64580	64632	64683	64731	64776	64819	64859	64897	64934	64967	64999	65029
C 调(高)	1	1#	2	2#	3	4	4#	5	5#	6	6#	7
频率(Hz)	1045	1106	1171	1241	1316	1393	1476	1563	1658	1755	1860	1971
定时常数	65058	65084	65109	65133	65156	65177	65197	65216	65234	65251	65267	65282

当检测到某一按键按下后,要产生相应频率的声音。这个频率可以通过查表,由定时常数确定。在溢出中断服务程序中,需要重新装载该定时常数,而在不同时刻定时常数可能并不相同,这就要在存储器中开辟相应的存储空间,存放定时常数或声音编号。下面的汇编语言程序存储的是定时常数,而 C 语言版本程序则是存声音编号。另外,为了使用 C 语言的可移植特性,定义了振荡频率常数和使用音调频率计算定时常数的宏,当硬件参数有所变动时软件可以比较方便地作相应调整。

下面是实现简易电子琴的汇编语言程序。

```
BOUT        BIT     P3.7            ;喇叭驱动引脚定义
KEY8_1      DATA    P0              ;按键输入
KEY8_2      DATA    P2              ;按键输入
TH0_VAL     DATA    30H             ;存放定时常数高字节
TL0_VAL     DATA    31H             ;存放定时常数低字节
            ORG     0000H
            LJMP    MAIN
            ORG     000BH           ;定时器/计数器 0 的中断向量
            LJMP    T0_ISR
            ORG     0030H
MAIN:
            MOV     SP, #5FH
```

```
            MOV         TMOD, #01H          ;设定工作方式1
            SETB        ET0
            SETB        EA                  ;允许中断
CHECK_1:
            CLR         TR0                 ;没有检测到按键按下，关闭T0
            MOV         R0, #0              ;检测按键计数
            MOV         A, #01H             ;依次检测每一位
            MOV         R1, KEY8_1          ;输入按键端口状态
NEXT_1:
            ANL         A, R1               ;检测的位是否为0
            JZ          PLAY_1              ;是，按键按下
            RL          A                   ;否，准备检测下一位
            INC         R0                  ;按键号增1
            CJNE        R0, #8, NEXT_1      ;8个没有检测完，继续
            SJMP        CHECK_2             ;检测下一组8个按键
PLAY_1:
            MOV         A, R0               ;按键编号
            CALL        START_TONE          ;修改定时常数
WAIT_1:
            MOV         A, R1
            CPL         A
            ANL         A, KEY8_1
            JZ          WAIT_1              ;等待按键释放
            SJMP        CHECK_1
CHECK_2:
            MOV         R0, #0              ;以下同上面过程类似
            ……
START_TONE:
            MOV         DPTR, #TONE_TAB
            RL          A
            PUSH        ACC
            MOVC        A, @A+DPTR
            MOV         TH0_VAL, A
            POP         ACC
            INC         A
            MOVC        A, @A+DPTR
            MOV         TL0_VAL, A
            MOV         TH0, TH0_VAL
            MOV         TL0, TL0_VAL
            SETB        TR0
            RET
T0_ISR:
            MOV         TH0, TH0_VAL        ;重装入定时常数
            MOV         TL0, TL0_VAL
            CPL         BOUT
            RETI
TONE_TAB:
```

```
            DW      64260, 64400, 64524                    ;低音5、6、7
            DW      64580, 64683, 64776, 64819, 64897, 64967, 65029    ;中音
            DW      65058, 65109, 65156, 65177, 65216, 65251           ;高音
            END
```

如果使用 C 语言，程序可如下编制。

```c
#include     <reg51.h>                    /*引入特殊功能寄存器的定义*/
sbit         BOUT = P3^7;                 /*扬声器驱动引脚*/
#define      KEY8_1   P0                  /*键盘输入*/
#define      KEY8_2   P2                  /*键盘输入*/
#define      fosc     12000000            /*振荡频率*/
#define      TC(f)    (-(fosc/24/f))      /*计算定时常数宏*/
int          tone_no;                     /*键序号*/
void main( void )
{
    unsigned char in, mask, i;
    TMOD = 0x01; ET0 = 1; EA = 1;
    while( 1 )
    {
        TR0 = 0;                                 /*关闭T0*/
        in = KEY8_1; mask = 0x01;                /*输入8个按键状态，依次检查*/
        for( i=0; i<8; i++, mask<<=1 )
        {
            if ( (in & mask) == 0 )
            {
                tone_no = i; TR0 = 1;            /*有按键按下，记录按键编号*/
                while ( (KEY8_1 & mask) == 0 ) ; /*等待按键释放*/
            }
        }
        in = KEY8_2; mask = 0x01;                /*同上，输入另外8个按键状态*/
        for( i=0; i<8; i++, mask<<=1 )
        {
            if ( (in & mask) == 0 )
            {
                tone_no = i + 8; TR0 = 1;
                while ( (KEY8_2 & mask) == 0 ) ;
            }
        }
    }
}
void t0_isr() interrupt 1                        /*T0中断处理函数*/
{
    unsigned int tone_tab[] = { TC(392), TC(440), TC(494), TC(523), TC(586),
        TC(658), TC(697), TC(783), TC(879), TC(987), TC(1045), TC(1171),
        TC(1316), TC(1393), TC(1563), TC(1755) };
    TH0 = tone_tab[ tone_no ] / 256;             /*装入相应的定时常数*/
    TL0 = tone_tab[ tone_no ] % 256;
```

```
    BOUT = !BOUT;
}
```

在上面的电路和程序中,按键的优先级是通过查询状态用软件定义的,一般说来,软件实现比硬件实现要灵活一些,但是编程稍复杂。也可以使用硬件判别,方法与中断源扩展部分的优先级编码电路类似,在此不再赘述。

小　　结

本章介绍了 MCS-51 单片机中的定时器/计数器 T0、T1、T2 的结构、特点、工作方式、控制方法和典型应用场合。

T0 有 4 种工作方式,T1 有 3 种,T2 有 3 种。T0、T1 的方式 0、1、2 分别为 13 位的定时器/计数器、16 位的定时器/计数器和自动重装初值的 8 位定时器/计数器方式。T0 的方式 3 为两个 8 位定时器/计数器方式。T2 有自动重装载方式、捕获方式和波特率发生器方式。每种工作方式下,都可以选择是对内部机器周期计数还是对外部引脚脉冲计数。所有的控制都使用特殊功能寄存器 TMOD、TCON、T2CON 实现,定时时间、计数个数由 THx、TLx 的初值控制。

若系统中使用了串行口,则串行口的波特率总是与 T1 或 T2 的溢出率有关。一般情况下,定时器/计数器使用中断与主程序交互。中断向量分别是 000BH、001BH 和 002BH。在时间敏感的场合,要注意对定时时间的补偿。

监视定时器是使用硬件方式将失控的单片机系统复位的有效手段之一。MAX813L 除提供了一个 1.6s 的监视定时器外,还有电源电压检测功能。某些单片机内置了监视定时器。日历时钟是可以提供实时时间的电路,DS1302 连线简单,在单片机系统中比较常用。

习　　题

1. MCS-51 中有几个定时器/计数器?各有哪几种工作方式?
2. 定时器与计数器有什么区别?
3. 定时器/计数器用作定时器时,定时时间与哪些因素有关?它们是什么关系?
4. 定时器/计数器用作计数器时,计数信号频率最高是多少?为什么?
5. TCON 中 TF0 和 TF1 是如何置位的?如何清除?
6. 当 T0 工作于方式 3 时,中断向量 001BH 处的指令是由什么事件触发执行的?
7. 编写程序,使用 12MHz 的振荡频率,在 P1.0 引脚上产生 12kHz 的方波。
8. 什么时候串行口的接收和发送方向的波特率可以不同?
9. 在 12MHz 振荡频率情况下,利用定时器编写程序,使 P1.0 引脚输出频率为 1kHz、占空比为 30%的时钟信号。
10. 分别分析使用软件延时和定时器能够输出方波信号的最高频率。

11. 如何使用定时器/计数器测量一个时钟信号的占空比？
12. 什么是监视定时器？MAX813L 对软件有什么要求？
13. AT89S51 内置的监视定时器对软件有什么要求？
14. 是否可以将 DS1302 用作普通定时器？为什么？
15. 查找资料，是否有可以产生定时(具体时间)中断的芯片？
16. 分析实训案例中各音调频率的误差。
17. 参考实训案例，完成演奏固定音乐的单片机系统。

第 9 章 串行接口与串行通信

本章要点

- 串行通信基本原理
- MCS-51 的串行口结构
- MCS-51 串行口的工作方式及应用
- MCS-51 的多机通信原理及实现
- SPI 总线接口及其应用
- I^2C 总线及其应用

许多外设和计算机系统是按照串行的方式来进行通信的，即数据按二进制一位一位地进行传输，每一位都持续一个固定的时间长度。这种方式所需的传输线条数极少，特别适用于分布式控制系统和远程通信。MCS-51 单片机内部有一个串行接口，可以实现串行通信。近年来，为了简化硬件设计，提高系统的可靠性，很多外围接口芯片也采用了串行方式与单片机连接，本章中也一并介绍这种芯片间串行接口技术。

9.1 串行通信简介

串行通信是指计算机主机与外设之间以及主机与主机系统之间数据的串行传送。从不同的角度看，串行通信有多种方式；简单的串行通信可以使用软件实现，但为了节约 CPU 资源，通常使用硬件的串行接口器件完成这项工作。

9.1.1 串行通信技术分类

1. 全双工方式、半双工方式和单工方式

按照数据传输时发送和接收过程的关系划分，串行通信有全双工方式、半双工方式和单工方式三种。

全双工方式下，互通的两个设备(计算机或外设)之间有互相独立的两个物理通信回路，双方都可以同时发送和接收数据。这时，两个设备之间至少需要 3 条传输线：一条用于发送(连接对方的接收)、一条用于接收(连接对方的发送)、一条用于双方公共信号地。

半双工方式下，互通的两个设备之间只有一个通信回路，两个方向的数据传输不能同时进行，但可以分时实现双向通信。这时，两个设备之间只需要一条信号线和一条信号地线即可。

单工方式是指只能单向传送数据，当然两个设备之间也需要两条传输线。

2. 同步方式和异步方式

按照通信过程的定时方式,可将串行通信分为同步方式和异步方式两种。

采用同步方式通信时,发送和接收双方用同一个时钟信号来定时。一次通信传送一个数据块,称为一帧信息。一帧信息中包括同步字符、数据字符和校验字符三部分。同步字符位于信息帧开头,用于指示数据字符即将开始;数据字符在同步字符之后;校验字符位于帧末尾,以便接收方对收到的数据字符进行正确性校验。

采用异步方式通信时,收发双方不用统一的时钟进行定时,两个字符之间的传输间隔可以任意。每个字符的前后都用特定的位模式包装起来,用于接收方分隔和识别字符。字符数据前面的称作起始位,后面的称作停止位。起始位标志着一个字符传输的开始,在这之前传输线路上可能没有任何有效信息。停止位标志着字符数据位的结束,之后如果没有字符传送,传输线路上将保持停止位的电平信号。所以,起始位和停止位的电平表示应该正好相反。由于使用起始位和停止位作为一帧数据的标志,所以异步方式也称作起止同步方式。与其相对应,同步方式可称作字符同步方式。

3. 异步方式的帧格式

同步方式一次可以传输大量的数据,为实现同步而额外传输的只有同步和校验字符;异步方式每个字符传输中都需要起止位,相对而言同步方式的效率要高。但是,同步方式要求双方必须用同一个时钟进行协调,或者说双方的时钟信号必须完全相同,否则时钟误差经过多个数据位的累积之后,接收方所收到的全是已经错位的信息。而在异步方式下,误差的累积次数只是一个字符的位数,只要双方时钟频率差别不超过一定的范围,就能保证每次传输的字符不会错位。因此,在一些对传输速度要求不是太高的场合,大多使用异步方式进行串行通信。图9-1所示为异步通信的帧格式。

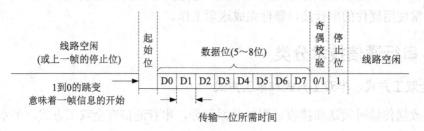

图9-1 异步通信的帧格式

异步方式下,在没有信息需要传输时,发送方使数据线为逻辑 1,正逻辑下就是高电平。每一帧信息是以起始位开始的,而起始位定义为逻辑 0,占用 1 位的时间。所以,当接收方检测到一次从 1 到 0 的跳变后,就得知发送方开始发送信息。至于这一帧信息包括哪些内容,双方应事先约定好,具体说来,就是字符占几位,字符位结束后是否有奇偶校验,之后的停止位占多长时间等。通常字符位数可选 5、6、7 或 8 位,校验可选奇校验(数据位与校验位中"1"的个数必须是奇数个)、偶校验(数据位与校验位中"1"的个数必须是偶数个)或无校验位,停止位可选 1、1.5 或 2 位时间长度。这个约定就是双方的串行通信协议，协议一旦约定，在整个数据传输过程中不能更改。

数据位则是从字符的最低有效位开始，依次传输。然后是可选的奇偶校验位，最后是停止位。停止位为逻辑 1，以便没有后续数据传输时，发送方不必再发送特定电平。接收方应在每一位的中间时刻采样接收信号线(发送方的发送信号线)的电平，保证取到数据稳定阶段的值，使误差最小。比如，若采用 8 位数据、偶校验、1 位停止位时，一帧信息实际上就有 11 位，这样，只要双方的时钟频率误差不至于在第 11 位上产生错位，即相对误差不超过 1/11，双方就能正常通信。这个误差范围是很大的。

图 9-2 所示为发送字符"A"的帧格式，协议使用的是 1 个起始位、8 个数据位、偶校验、1 个停止位。其中 S 代表起始位，P 代表停止位。从时间上看，左边在前，右边在后。

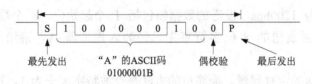

图 9-2 发送"A"的帧格式

4. 串行通信的波特率

串行通信中每秒传输的离散信号的个数称为波特率，单位为 baud(波特)。在二进制传输系统中，波特率即为每秒传输二进制位的个数，单位为比特/秒或 bps。

波特率越高，数据传输速度越快。有效数据的传输率不仅与波特率有关，还取决于帧格式。比如某异步串行通信系统的波特率为 1200bps，若采用 1 个起始位、8 个数据位、偶校验、1 个停止位，一帧数据为 11 位，字符的传输速率为 1200/11=109.09(个/秒)；若使用 7 个数据位、无校验，一帧数据降为 9 位，字符的传输速率为 1200/9=133.33(个/秒)。而若采用同步传输方式，一帧数据有 100 个 8 位字符、2 个同步字符、2 个校验字符，则传输 100 个字符所需时间为 8×(100+4)/1200=0.693 秒，字符的传输速率为 100/0.693=144.23 (个/秒)。

无论是异步还是同步串行通信，每位的传输时间或者称作位周期都是固定的，即波特率的倒数。若波特率为 1200bps，则位周期为 1/1200=0.833ms。

异步串行通信时，发送方和接收方都需要用时钟来决定每一位对应的时间长度，两个时钟分别称作发送时钟和接收时钟。无论是双工还是单工方式，双方都需要时钟。两个时钟的频率通常是波特率的倍数，常见的有 16 倍、32 倍或 64 倍，这个倍数叫做波特率因子。提供发送或接收时钟的电路称作波特率发生器。

使用更高频率的时钟是为了减少误差。比如波特率因子为 16 时，双方的发送和接收电路都要各自配置一个 4 位的计数器，对发送时钟和接收时钟计数。计数到 15 后恢复为 0，发送方总是在计数为 0 时开始传输新一位数据。接收方在检测到线路信号由 1 到 0 的跳变后，将计数器清零，对接收时钟从 0 开始计数。当计数到 8 时再对线路信号采样，若仍为 0，则确认这是起始位，而不是干扰信号。此后，每当计数为 8 时对线路信号采样一次,并保存采样结果作为串行接收的数据位,直到各个数据位以及校验、停止位都接收到之后,采样才停止。这样,使用波特率因子辅助位的同步,保证了采样时间为每一位的中间位置。

9.1.2 串行通信的软件实现

单片机中的数据是并行的,要实现串行通信,发送方必须把并行数据转换成串行格式才能在线路上传送,接收方也必须将串行格式的数据转换成并行格式才能保存并做内部处理。这个过程可以用软件实现,也可以用硬件实现。

现以异步串行通信为例,介绍软件如何将内部数据转换成如图 9-1 所示的串行格式。

例 9.1 假设使用 MCS-51 的 P1.0 作为异步串行输出信号线。在 11.0592MHz 的振荡频率下,要求波特率为 1200bps,发送的数据帧包括 1 个起始位、8 个数据位、1 个偶校验位、1 个停止位。要发送的 8 位字符事先已经装入累加器 A。请给出实现方案和发送过程。

首先要解决发送的定时问题。最简单的方法是令波特率因子为 1,这样每向 P1.0 写出一位数据,就延时一位的时间。延时可以用软件实现,也可以用定时器/计数器实现。这时使用定时器/计数器 T0。定时时间周期为位周期长度,一个机器周期为 12/11059200s,位周期为 1/1200s,需要(1/1200)/(12/11059200)=768 个机器周期,所以 T0 可工作在方式 1,计数初值为 65536-768。

起始位的发送就是将 P1.0 置为 0,然后应从最低有效位开始,依次发送累加器 A 中的各位。最高有效位发送结束后,发送偶校验位,可以将 PSW 中 P 标志作为偶校验位。最后发送一个停止位,一帧数据结束。

```
        SEND    BIT     P1.0                ;串行数据发送信号线
        TIM0    EQU     -768                ;定时常数,即 65536-768
                ORG     0000H
                LJMP    MAIN
                ORG     0030H
MAIN:
                MOV     SP, #5FH            ;设置堆栈大小
                SETB    SEND                ;令串行数据发送信号线为1,线路空闲状态
                MOV     TMOD, #01H          ;定时器/计数器 T0 置为方式 1
                ……                         ;其他初始化及例行处理
SEND_ONE_BYTE:                              ;发送一个字符的子程序,字符在 A 中
                MOV     C, P                ;读取 P 标志,保存在 C 中,即偶校验位
                CLR     SEND                ;传送起始位,为 0
                CALL    ONE_BIT             ;延时一个位周期的时间
                MOV     R0, #9              ;下面循环发送数据位和校验位
SEND_NEXT_BIT:                              ;共循环 9 次
                RRC     A                   ;将 A 与 C 共 9 位内容循环右移
                MOV     SEND, C             ;A 中内容从最低位开始依次移出,最后为原来的 C
                CALL    ONE_BIT             ;传送移出的位,并延时一个位周期的时间
```

```
            DJNZ        R0, SEND_NEXT_BIT      ;循环
            SETB        SEND                   ;传送停止位，为 1
            CALL        ONE_BIT                ;延时一个位周期的时间
            RET                                ;发送完毕
ONE_BIT:                                       ;一个位周期时间的延时子程序
            CLR         TR0                    ;停止 T0
            MOV         TH0, #HIGH TIM0        ;装入定时常数
            MOV         TL0, #LOW TIM0
            SETB        TR0                    ;启动 T0
            JNB         TF0, $                 ;等待定时时间到
            CLR         TF0                    ;清除溢出标志
            CLR         TR0                    ;停止 T0
            RET                                ;返回
            ……
```

而对于数据接收，情况就没有这么简单。因为接收是被动的，所以必须及时得知接收数据信号线的状态，并且应尽可能地在每位中间时刻将数据移入 CPU。前者可以使用中断方式解决，即将数据输入信号线连接到外部中断请求信号输入引脚，设置为下降沿有效。中断服务程序中需要启动内部的定时器/计数器，并将该中断屏蔽掉，使用该引脚作为普通的输入口线。以后的位接收过程由定时器/计数器中断服务程序完成，每个位周期中将输入口线的信号读入并保存，一帧信息接收完毕后，再将其恢复为外部中断请求信号输入，为接收下一帧信息做准备。

9.1.3　串行接口与 RS-232C 标准

使用软件的方式实现串-并和并-串变换，成本低，但编程复杂。特别是在需要提供灵活性通信协议，以及对传输错误进行检测的场合，过多占用 CPU 资源，效率较低。当前的串行通信接口多用硬件实现，而且大多是可编程的，可以通过 CPU 选择帧格式、波特率等参数。

1. 串行接口

可以进行串-并和并-串变换、实现 CPU 并行数据和外设的串行数据交换，并且能够检测传输错误的电路，称作通用异步收发器(Universal Asynchronous Receiver and Transmitter，UART)。UART 再加上一些控制电路就构成了硬件的串行通信接口，简称串行接口。串行接口内部有一个寄存器存放待发送的字符，称作发送数据缓冲器；有一个存放接收到字符的寄存器，称作接收数据缓冲器；另外还需要实现并-串变换的发送移位寄存器和实现串-并变换的接收移位寄存器，如图 9-3 所示。

串行接口在内部控制电路和时钟的协调下，完成前面讲到的发送和接收过程。通常串行接口与 CPU 之间还有中断请求信号线的连接，在发送完成一帧信息后，可以申请中断，以便 CPU 能写入下一个字符，启动新一次的发送；在成功接收一帧信息后，也可以申请中断，通知 CPU 将接收到的字符取走。对外的连线主要有数据发送信号线 TxD 和数据接收信号线 RxD。有些接口需要外部的时钟源作为波特率发生器，有些则内部具有振荡

电路。

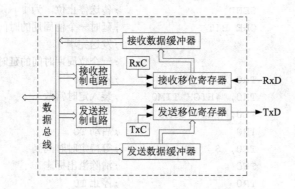

图9-3　串行通信接口硬件框图

2. RS-232C 标准

为使不同厂商所生产的数据通信设备之间互相兼容，1960 年电子工业协会(EIA)制定了 RS-232 标准。后来修订为 RS-232A、RS-232B 和 RS-232C。RS-232 系列规定了串行数据传输的连接电缆、电气特性、信号功能及传输过程的标准。

RS-232C 是最广泛使用的串行通信标准，用于包括 PC 机在内的多种设备中。但是 RS-232 系列实施多年后才出现 TTL 逻辑器件系列，所以它们的输入/输出电压范围并不兼容。在 RS-232C 中，用-15～-3V 表示逻辑 1，而+3～+15V 表示逻辑 0，-3～+3V 间无定义。许多串行接口器件，包括单片机串行口的 TxD、RxD 引脚都是 TTL 兼容的，与符合 RS-232C 标准的通信设备连接，必须另加电路进行电平转换。

进行电平转换的电路也称作线路驱动器。MAX232 是最常用的线路驱动器之一，图 9-4 给出了 MAX232 的内部结构以及在 MCS-51 系统中的用法。

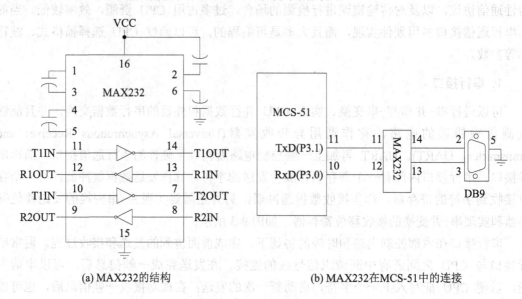

(a) MAX232的结构　　　　　　　(b) MAX232在MCS-51中的连接

图9-4　MAX232 及其用法

MAX232 具有两组线路驱动器，可用于两对发送/接收数据线。用于 TxD 的称为 T1 和 T2，用于 RxD 的称为 R1 和 R2。在图 9-4(b)中，只使用了 T1 和 R1 一组。如果与 PC 机的 COM 口连接，T1IN 和 R1OUT 分别连接 MCS-51 的串行口数据发送 TxD 和数据接收 RxD，为 TTL 电平逻辑，而 T1OUT 和 R1IN 分别连接 COM 口 9 针连接器 DB9 的 2 和 3 针，为 RS-232C 电平。这是最简单的连接方式，MCS-51 与 PC 机的 COM 口之间除了数据信号线连接外，没有使用任何联络信号。

9.2 MCS-51 串行口的结构

9.2.1 MCS-51 串行口的结构

MCS-51 单片机串行口主要由两个数据缓冲寄存器 SBUF 和一个输入移位寄存器组成，作为 UART 的实现。其内部还有一个串行口控制寄存器 SCON 和一个波特率发生器，如图 9-5 所示。

1. 数据缓冲寄存器 SBUF

MCS-51 串行口内部有一个数据发送缓冲器 SBUF 和一个数据接收缓冲器 SBUF，以便能够以全双工方式通信。二者在物理上是独立的，但是由于发送缓冲器是只写的，接收缓冲器是只读的，所以它们共用一个特殊功能寄存器地址 99H，名称也都记作 SBUF。

CPU 对 SBUF 的写操作，一方面将数据写入 SBUF，另一方面也启动了发送过程；对 SBUF 的读操作，就是将接收到的字符数据读入 CPU。

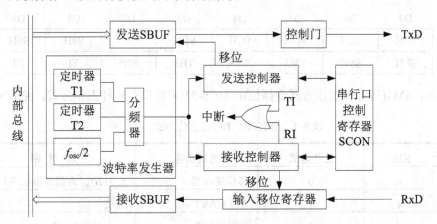

图 9-5 MCS-51 串行口的结构

2. 接收和发送控制

串行口的工作方式、状态由串行口控制寄存器 SCON 控制和记录。

接收数据时，外部的串行数据通过 RxD 引脚(P3.0)输入。输入的数据由接收控制器根据接收时钟的变化，逐位进入输入移位寄存器，接收完毕后送入接收 SBUF。此处采用了双缓冲结构，目的是为了避免在接收到第二帧数据之前，CPU 未及时将前一帧的数据读走,而造成两帧数据重叠错误。

发送数据时,串行数据通过 TxD 引脚(P3.1)输出。发送数据时 CPU 是主动的,不会产生写数据重叠问题,所以一般不需要双缓冲器结构,以保持最大的传输效率。

图中接收和发送控制还可以使 RI 和 TI 两个标志位置位。二者分别为接收中断标志和发送中断标志,用以指示成功接收到或发送出一帧数据,通知 CPU 及时接收或继续发送。若 MCS-51 的串行口中断是允许的,RI 和 TI 无论哪个为 1,都会引起中断。

3. 波特率发生器

波特率发生器主要由定时器/计数器 T1、T2 及内部的一些控制开关和分频器组成。根据串行口的不同工作方式,波特率发生器的时钟源有两种。一是来自系统时钟分频后的信号,由于系统时钟信号是固定的,所以这时的波特率也是固定的;另一种则来自定时器/计数器 T1 或 T2,由它们提供接收时钟 RXCLOCK 和发送时钟 TXCLOCK,这时的波特率由 T1 或 T2 的溢出率控制,而其溢出率是通过编程确定的,因此这是可变波特率方式。串行口的工作方式中,方式 0 和方式 2 采用固定波特率,方式 1 和方式 3 采用可变波特率。

9.2.2 MCS-51 串行口的控制

1. 串行口控制寄存器 SCON

串行口控制寄存器 SCON 用来控制串行口的工作方式选择、允许接收起始位检测、保存发送和接收的第 9 位数据、指示接收和发送中断。SCON 既可字节寻址(98H),也可位寻址(98H~9FH),格式如下。

	D7	D6	D5	D4	D3	D2	D1	D0
位地址	9FH	9EH	9DH	9CH	9BH	9AH	99H	98H
位功能	SM1	SM0	SM2	REN	TB8	RB8	TI	RI

● SM0、SM1(串行口工作方式选择位):MCS-51 串行口有 4 种工作方式,见表 9-1。

表 9-1 MCS-51 串行口工作方式

SM0	SM1	工作方式	方式描述	波 特 率
0	0	0	移位寄存器	$f_{osc}/12$(f_{osc} 为振荡器频率)
0	1	1	8 位 UART	可变
1	0	2	9 位 UART	$f_{osc}/64$ 或 $f_{osc}/32$
1	1	3	9 位 UART	可变

● SM2:工作方式 2 和 3 中的多机通信允许位。

在方式 2 或 3 中,若 SM2 为 1,则当接收到的第 9 位数据(RB8)为 0 时,RI 不会被硬件置位,将收到的一帧数据丢弃。只有第 9 位数据(RB8)为 1 才会置位 RI,通知 CPU 读取 SBUF 中内容。若 SM2 为 0,则只要接收到一帧数据 RI 都会置位。

在方式 1 中，若 SM2 为 1，只有收到有效的停止位，RI 才会置位。

在方式 0 中，SM2 应写入 0。

- REN(允许串行接收位)：若此位为 1，则允许串行接收，即接收控制电路检测 RxD 引脚上 1 到 0 的跳变；此位为 0，则禁止串行接收。通过对 REN 的置位或清零，用软件可以开启或关闭串行数据接收功能。
- TB8：方式 2 和 3 中，要发送的第 9 位数据。在多机通信中，可用于区分地址和数据；点对点通信中，可用作 8 个数据位时的奇偶校验位。
- RB8：方式 2 和 3 中，接收到的第 9 位数据。

  方式 1 中，若 SM2=0，则 RB8 中存放接收到的停止位(可能为 0)。

  方式 0 中，不使用 RB8。
- TI(发送中断标志位)：在方式 0 中，第 8 位数据发送结束时置位；其他方式中，停止位开始发送时置位。

  TI 由硬件置位，必须用软件清零。
- RI(接收中断标志位)：在方式 0 中，第 8 位数据接收结束时置位；其他方式中，停止位接收中间置位(SM2 为 1 时例外)。

  RI 由硬件置位，必须用软件清零。

系统复位后 SCON 内容为 00H，即初始设置为工作方式 0、禁止接收状态。若使用串行口，必须向 SCON 写入适当的值。

2. 电源控制寄存器 PCON

PCON 称作电源控制寄存器，字节地址为 87H，其格式如下。

SMOD	—	—	—	GF1	GF0	PD	IDL

SMOD：波特率加倍位。用于控制单片机串行口的波特率。若该位为 1，则串行口在方式 1、2、3 时的波特率加倍；为 0 则不加倍。

系统复位后 PCON 中所有有定义的位为 0。若串行口波特率需要加倍，应置位 SMOD；之后若取消加倍，应清零 SMOD。由于 SMOD 不可位寻址，可使用以下指令实现。

```
ORL        PCON, #80H        ;置位 SMOD
ANL        PCON, #7FH        ;清零 SMOD
```

3. 串行数据寄存器 SBUF

串行数据寄存器 SBUF 对应物理上独立的两个 8 位寄存器：发送数据寄存器和接收数据寄存器，它们在特殊功能寄存器空间的地址为 99H。通常使用以下指令对它们操作。

```
MOV        A, SBUF           ;将收到的数据存入 A
MOV        @R0, SBUF         ;将收到的数据存入内部 RAM 单元
MOV        SBUF, A           ;启动发送过程，要发送的数据来自累加器
MOV        SBUF, #data       ;启动发送过程，要发送的数据为一立即数
```

但是，下列指令应避免使用，而且一般达不到预期效果。因为串行口的发送和接收是

各自独立控制的，连续的读取和写入 SBUF 很可能造成数据重叠错误。

```
INC      SBUF              ;欲将接收的内容增1后发送出去
ANL      SBUF, #data       ;欲将接收的内容与立即数运算后再发送出去
XCH      A, SBUF           ;欲读取接收内容到A,同时将A原有内容发送出去
```

4. 中断控制相关寄存器

使用串行口时，通常还要设置中断系统中与之相关的特殊功能寄存器中的以下各位。它们是：

- 中断允许寄存器 IE 中的 EA：中断允许总控制。置位则 CPU 开中断，否则禁止所有中断。
- 中断允许寄存器 IE 中的 ES：串行口中断允许控制。置位则允许串行口中断，否则为禁止。
- 中断优先级寄存器 IP 中的 PS：中断优先级控制。置位则串行口中断为高优先级，否则为低优先级。

若使用中断，则需编写中断服务程序。串行口的中断向量为 0023H。

9.3　MCS-51 串行口的工作方式

根据 SCON 中 SM0、SM1 的设置，MCS-51 单片机的串行口可以工作在 4 种方式下。

9.3.1　方式 0——同步移位寄存器

当 SM0、SM1 为 00B 时，串行口选择方式 0。这时，串行口作同步移位寄存器用，串行数据通过 RxD 引脚输入或输出，而 TxD 输出移位时钟；发送和接收不可同时进行，可以看作是半双工通信；发送或接收的均为 8 位数据，最低有效位在前；波特率固定为单片机振荡频率的 1/12，即 $f_{osc}/12$。

图 9-6 所示为串行口方式 0 原理图，图 9-7 所示为方式 0 发送和接收过程时序。

1. 发送过程

执行任何一条把 SBUF 作为目的操作数的指令，都会启动串行口的数据发送过程。当这条指令的最后一个机器周期 S6P2 出现"写 SBUF"信号时，8 位数据从内部总线通过被选通的三态缓冲器写入 SBUF，同时，此写信号还选通另一个三态缓冲器，使 D 触发器的 S(置位)端为 1，D 触发器置为 1，而该触发器构成发送移位寄存器的第 9 位(最后并没有发送出去)。写信号还连接到发送控制器的启动端，通知启动本次数据发送过程。内部定时保证写 SBUF 信号与发送信号有效之间有一个完整的机器周期。

第 9 章 串行接口与串行通信

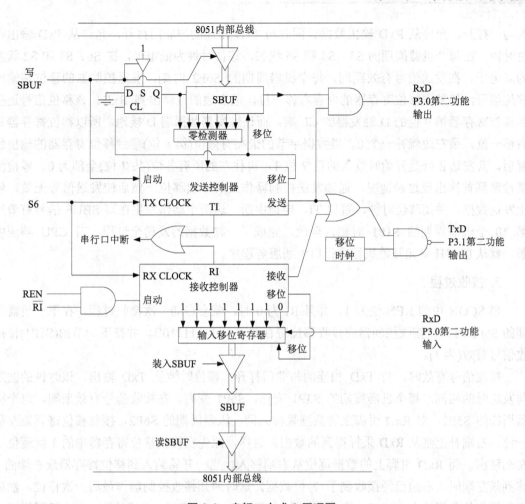

图 9-6 串行口方式 0 原理图

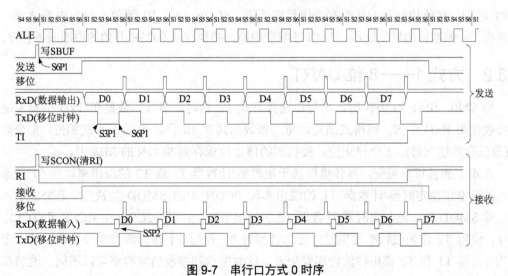

图 9-7 串行口方式 0 时序

写信号有效后经过一个机器周期，发送控制器的发送信号有效(为 1)，使与 RxD 相连的与门打开，允许从 RxD 输出数据。同时与 TxD 相连的与非门打开，允许从 TxD 输出移位时钟。在每个机器周期的 S3、S4 和 S5 状态，移位时钟为低电平，在 S6、S1 和 S2 状态为高电平。在发送信号有效期间，每个机器周期的 S6P2 时刻，发送控制器的移位端输出移位信号，使发送移位寄存器的内容右移一位，最右边的位移出到 RxD。该移位信号还接到移位寄存器第 9 位的 D 触发器的 CL 端，而该触发器数据端 D 接地，所以移位寄存器每右移一位，最左边就补一个 0。当数据字节的最高有效位(第 8 位)移到移位寄存器的输出位置后，其左边正好是开始时置入的第 9 位 1，再往左的所有各位(共 7 位)全部为 0。零检测器检测到首次出现这种情况，通知发送控制器作最后一次移位，然后使发送信号无效，停止发送数据，关闭移位时钟，置位 TI，申请中断。这两个动作发生在写 SBUF 信号有效后第 10 个机器周期的 S1P1 时刻。至此，完成了一帧数据的发送全过程。若 CPU 响应中断，就从 0023H 单元开始执行串行口中断服务程序。

2. 接收过程

当 SCON 中的 REN 位为 1，并且 RI 为 0 时，就会启动一次接收过程。在下一机器周期的 S6P2 时刻，接收控制器向接收移位寄存器写入 11111110B，并在下一节拍(S1P1)使接收信号有效(为 1)。

接收信号有效时，与 TxD 相连的与非门打开，移位时钟从 TxD 输出。该时钟的波形与发送时的相同，每个机器周期的 S3P1 变低，S6P1 变高。在接收信号有效期间，每个机器周期的 S5P2，对 RxD 引脚上的数据采样。同一机器周期的 S6P2，接收移位寄存器左移一位，右端补上刚从 RxD 采样得到的数据。这样，原先在接收移位寄存器中的 1 就逐位从左端移出，而 RxD 引脚上的数据逐位从右端移入。当一开始装入到移位寄存器最右端的 0 移到最左端时，右边已经接收到了 7 位数据，这时通知接收控制器作最后一次移位，然后把所接收的数据装入 SBUF。在启动接收过程(写 SCON 清零 RI)后的第 10 个机器周期的 S1P1 时刻，接收控制器的接收有效信号被清除，SCON 中的 RI 置位，发出中断请求。至此完成了一帧数据的接收过程。若 CPU 响应中断，将执行从 0023H 开始的中断服务程序。

9.3.2 方式 1——8 位 UART

当 SM0、SM1 为 01B 时，串行口选择方式 1。这时，串行口数据在 TxD 引脚发送，而接收使用 RxD 引脚。帧格式固定，每一帧数据共有 10 位，包括 1 个起始位、8 个数据位(最低有效位在前)、1 个停止位。接收到的停止位保存到 SCON 的 RB8 中。

方式 1 的波特率可变，具体值取决于定时器/计数器 T1 或 T2 的溢出率。在 51 子系列中，波特率仅由定时器/计数器 T1 的溢出率和 PCON 中的 SMOD 位决定。在 52 子系列中，除 SMOD 外，还与定时器/计数器 T2 的溢出率有关：若 T2CON 中 RCLK 和 TCLK 都为 1，使用 T2 作为波特率发生器；若二者都为 0，使用 T1 作为波特率发生器；若二者不全为 1，则 T1 和 T2 都用作波特率发生器，这时发送和接收的波特率可以不同。波特率因子为 16，发送和接收模块内部各有一个 16 分频计数器。

图 9-8 所示为串行口方式 1 原理图，图 9-9 所示为方式 1 发送和接收过程时序。

第 9 章 串行接口与串行通信

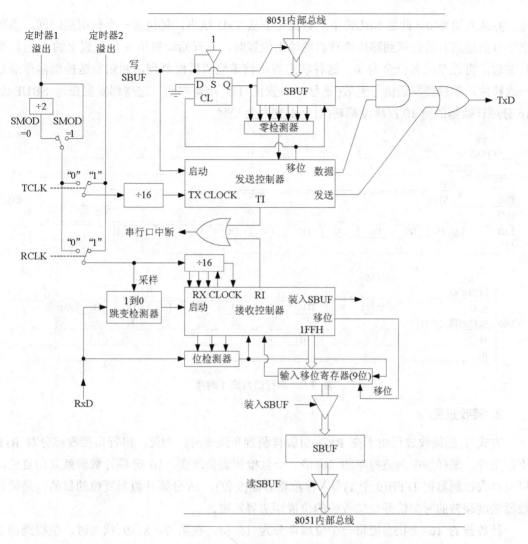

图 9-8 串行口方式 1 原理图

1. 发送过程

类似于方式 0,发送过程是由执行任何一条把 SBUF 作为目的操作数的指令启动的。当这条指令的最后一个机器周期 S6P2 出现"写 SBUF"信号时,8 位数据从内部总线通过被选通的三态缓冲器写入 SBUF,同时,在执行写 SBUF 的指令时,也将 1 写入发送移位寄存器(由 SBUF 和一个独立的 D 触发器构成)的第 9 位,同时通知发送控制器进行发送。发送过程实际始于 16 分频计数器下次满度翻转(由全 1 变为全 0)后的那个机器周期的 S1P1 时刻。所以,每位的发送过程与 16 分频计数器同步,而不是与写 SBUF 信号同步。

发送过程一开始,发送控制器的发送信号变为有效(为 0),而这时数据信号无效(为 0),所以与 TxD 连接的或门的两个输入都为 0,从而 TxD 输出为 0,作为本次信息帧的起始位。一个位周期时间后,数据信号有效,使连接 TxD 或门前的与门打开,SBUF 中的数据可以输出到 TxD。再过一个位周期,产生第一个移位脉冲,使 SBUF 中的数据右移一位，并从左端补 0。此后 SBUF 中的数据逐位从 TxD 送出，每位占一个位周期时间。当数据字节的最高有效位移到移位寄存器的输出位置时，一开始装到第 9 位位置上的 1 恰好在其左边，再往左的各位全为 0。这种状态首次被零检测器检测到，通知发送控制器作最后一次移位，然后使发送信号无效(变为 1)，置位 TI，申请中断。这些都发生在写 SBUF 后 16 分频计数器的第 10 次满度翻转(由全 1 变为全 0)时。

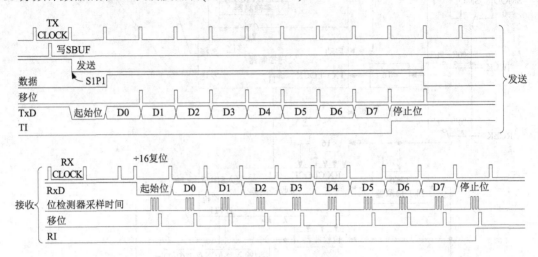

图 9-9　串行口方式 1 时序

2. 接收过程

方式 1 的接收过程始于在 RxD 引脚检测到负跳变时。为此，串行口接收部分对 RxD 不断采样，采样频率为波特率的 16 倍。一旦检测到负跳变，16 分频计数器就立即复位，同时接收控制器把 1FFH(9 个 1)写入移位寄存器(9 位)。16 分频计数器复位的目的，是使计数器满度翻转的时刻恰好与接收位的位周期边界对准。

计数器的 16 个状态把每一个位周期分为 16 份。在第 7、8、9 状态时，位检测器对 RxD 引脚的值采样，这 3 个状态理论上对应于每一位的中间位置，若发送端与接收端的波特率有误差，就会发生偏移，但只要误差在允许范围内，就不至于产生帧信息位的错位或漏检。在上述 3 个状态下，取得 3 个采样值，其中至少两个值是一致的，一致的值作为采样的结果，即采用 3 中取 2 的表决方法，以抑制噪声。如果接收的第一位不是 0，说明它不是一帧信息的起始位，则丢弃该位，同时复位接收电路，等待下一个负跳变的到来。若起始位有效，即首次采样的 3 个值中有两个以上的 0，则结果被移入输入移位寄存器，并开始接收这一帧信息中的其他后续各位。之后总是在位周期的第 7、8、9 三个状态采样输入信号，并逐位移入输入移位寄存器。信息位逐一从右边移入，同时原先装入移位寄存器中的 9 个 1 逐位从左边移出。当起始位 0 移到最左边时，通知接收控制器进行最后一次移位，然后把移位寄存器的内容(9 位)分别装入 SBUF(8 位)和 RB8，置位 RI。

在最后一个移位脉冲产生时，将接收数据装入 SBUF 和 TB8，并且置位 RI，当且仅当以下条件同时满足时：

(1) RI=0，即上一帧信息接收完成时发出的中断请求已被响应，SBUF 中的上一帧接收数据已被取走；

(2) SM2=0 或接收到的停止位为 1。

上述两个条件中有一个不满足，所接收的信息帧就会丢失，不可恢复。两者都满足时，停止位进入 RB8，8 位数据进入 SBUF，RI 置位。之后，不论上述条件是否继续满足，串行口将重新检测 RxD 引脚上出现的负跳变，准备接收下一帧信息。

9.3.3 方式 2 和 3——9 位 UART

当 SM0、SM1 为 10B 和 11B 时，串行口分别选择方式 2 和方式 3。

选择方式 2 与方式 3 时，串行口数据在 TxD 引脚发送，而接收使用 RxD 引脚。帧格式固定，每一帧数据共有 11 位，包括 1 个起始位、8 个数据位(最低有效位在前)、1 个可编程的第 9 位数据、1 个停止位。第 9 位数据在发送时通过 TB8 赋值为 0 或 1；接收时将第 9 位数据存入 RB8 中。

方式 2 与方式 3 只是波特率的产生方式不同。方式 2 的波特率是半固定的，只能设置为振荡器频率的 1/32 或 1/64；方式 3 的波特率可变，取决于定时器/计数器 T1 或 T2 的溢出率以及 RCLK 和 TCLK 的状态，与方式 1 时相同。

图 9-10 所示为串行口方式 2 的原理图，图 9-11 所示为串行口方式 3 的原理图，图 9-12 所示为方式 2、3 的发送和接收过程时序。

从原理图中可以看出，方式 2、3 的接收部分与方式 1 相同，而发送部分仅在发送移位寄存器的第 9 位上与方式 1 略有差别：方式 1 的发送移位寄存器的第 9 位(独立的 D 触发器)的数据端 D 接地，而方式 2 和 3 中，D 端由发送控制器中的停止位产生器电路控制。

1. 发送过程

发送过程是由执行任何一条把 SBUF 作为目的操作数的指令启动的。当这条指令的最后一个机器周期 S6P2 出现"写 SBUF"信号时，8 位数据从内部总线通过被选通的三态缓冲器写入 SBUF。在执行写 SBUF 的指令时，也将 TB8 写入发送移位寄存器(由 SBUF 和 1 个独立的 D 触发器构成)的第 9 位，同时通知发送控制器进行发送。发送过程实际始于 16 分频计数器下次满度翻转(由全 1 变为全 0)后的那个机器周期的 S1P1 时刻。所以，每位的发送过程与 16 分频计数器同步，而不是与写 SBUF 信号同步。

发送过程一开始，发送控制器的发送信号变为有效(为 0)，而这时数据信号无效(为 0)，所以与 TxD 连接的或门的两个输入都为 0，TxD 输出为 0，作为本次信息帧的起始位。一个位周期时间后，数据信号有效，使连接 TxD 或门前的与门打开，SBUF 中的数据可以输出到 TxD。再过一个位周期，产生第一个移位脉冲，SBUF 中的 9 位数据各右移一位，停止位产生器电路产生的停止位 1 进入移位寄存器的最左边。此后每次移位，左端只补 0。之后 SBUF 中的数据逐位从 TxD 送出，每位占一个位周期时间。当 TB8 的内容移到移位寄存器的输出位置时，其左边一位是停止位，再往左的各位全为 0。这种状态首次被零检测器检测到，通知发送控制器作最后一次移位，然后使发送信号无效(变为 1)，置位 TI，申请中断。这些都发生在写 SBUF 后 16 分频计数器的第 11 次满度翻转时(在方式 1

中，发生于第 10 次翻转时)。

2. 接收过程

与方式 1 类似，方式 2 和 3 的接收过程也是始于在 RxD 引脚检测到负跳变时。为此，串行口接收部分对 RxD 不断采样，采样频率为波特率的 16 倍。一旦检测到负跳变，16 分频计数器就立即复位，同时接收控制器把 1FFH(9 个 1)写入移位寄存器(9 位)。

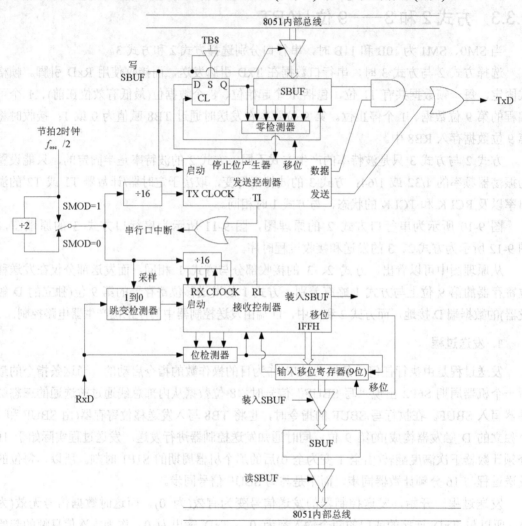

图 9-10 串行口方式 2 的原理图

每一个位周期的第 7、8、9 状态时，位检测器对 RxD 引脚的值采样，对 3 个采样值采用 3 中取 2 的表决方法，以抑制噪声。如果接收的第一位不是 0，复位接收电路，等待下一个负跳变的到来。若起始位有效，则结果被移入输入移位寄存器，并开始接收这一帧信息中的其他后续各位。之后总是在位周期的第 7、8、9 三个状态采样输入信号，并逐位移入输入移位寄存器。信息位逐一从右边移入，同时原先装入移位寄存器中的 9 个 1 逐位从左边移出。当起始位 0 移到最左边时，通知接收控制器进行最后一次移位，然后把移位寄存器的内容(9位)分别装入 SBUF(8位)和 RB8，置位 RI。

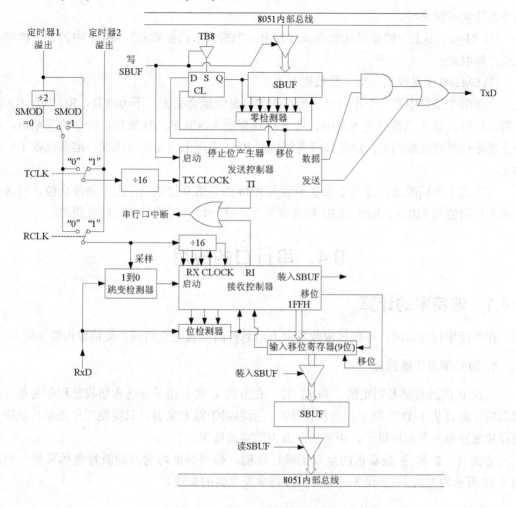

图 9-11　串行口方式 3 的原理图

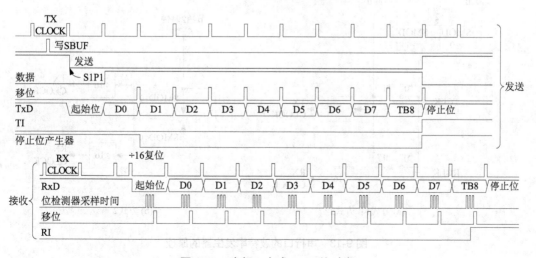

图 9-12　串行口方式 2、3 的时序

在最后一个移位脉冲产生时,将接收数据装入 SBUF 和 TB8、并且置位 RI,当且仅当以下条件同时满足时。

(1) RI=0,即上一帧信息接收完成时发出的中断请求已被响应,SBUF 中的上一帧接收数据已被取走;

(2) SM2=0 或接收到的第 9 位数据为 1。

上述两个条件中有一个不满足,所接收的信息帧就会丢失,不可恢复,RI 仍为 0。两者都满足时,第 9 位数据进入 RB8,前 8 位数据进入 SBUF,RI 置位。一个位周期后,不论上述条件是否继续满足,串行口将重新检测 RxD 引脚上出现的负跳变,准备接收下一帧信息。

与方式 1 不同的是,方式 2 和 3 中装入 RB8 的是第 9 位数据,而不是停止位。所接收的停止位的值与 SBUF、RB8 或 RI 都没有关系。这一特点可用于多处理机通信。

9.4 串行口的应用

9.4.1 波特率的计算

在进行串行通信时,不仅要求收发双方信息帧的格式完全相同,波特率也要相同。

1. 波特率发生器原理

方式 0 的波特率是固定的,为 $f_{osc}/12$。在方式 0 时,由于发送和接收过程都是单片机启动的,而且从 TxD 引脚上输出移位脉冲,所以对于对方来说,只要能工作在单片机提供的移位脉冲频率下就可以了,不需要双方再约定波特率。

方式 1、2 和 3 是真正的全双工串行传输,必须保证与对方的波特率尽可能一致。图 9-13 所示为方式 1、2 和 3 时串行口波特率发生器的原理。

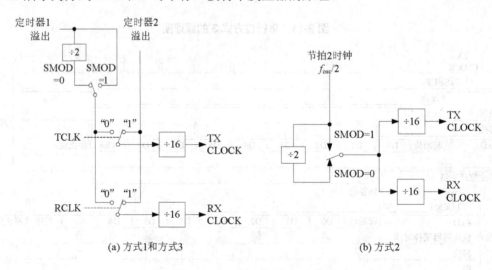

图 9-13 串行口的波特率发生器的原理

方式 2 的波特率是 $f_{osc}/32$ 或 $f_{osc}/64$，取决于 PCON 中 SMOD 位的值。若 SMOD=0，波特率为 $f_{osc}/64$；若 SMOD=1，波特率为 $f_{osc}/32$。

方式 1 和 3 的波特率还取决于定时器/计数器 T1 或 T2 的溢出率。由于 T1 与 T2 的溢出率可以由程序控制，变化范围较大，所以方式 1 或 3 是串行口最常用的工作方式。

2. 使用定时器/计数器 T1 作为波特率发生器

使用定时器/计数器 T1 作为波特率发生器时，一般使 TMOD 中 $C/\overline{T}=1$，以腾出 T1 引脚(P3.5)作通用 I/O 口线，这时的波特率为 T1 的溢出率的 16 或 32 分频。若 SMOD=0，则为 32 分频；若 SMOD=1，则为 16 分频。T1 可以工作在任一种方式，其溢出率为机器周期频率的分频，分频因子即为从计数初值到溢出时的机器周期个数。若以 TC 表示计数初值，则

T1 工作在方式 0 时，溢出率为 $f_{osc}/12/(2^{13}-TC)$；

T1 工作在方式 1 时，溢出率为 $f_{osc}/12/(2^{16}-TC)$；

T1 工作在方式 2 时，溢出率为 $f_{osc}/12/(2^{8}-TC)$。

由于 T1 在方式 0 和方式 1 时无法自动重装初值，需在中断服务程序中完成此操作，引入了与波特率无关的时间开销，所以在以 T1 作波特率发生器时，通常不使用这两种工作方式。

方式 2 是最方便的用法。无需使用中断，TL1 溢出后自动重新装入 TH1 中的初值，溢出频率稳定，周期准确。

例 9.2 假设使用 T1 作为串行口的波特率发生器。T1 工作在方式 2，SMOD 位为 1，波特率要求为 1200bps，振荡器频率为 12MHz。需要对 T1 如何初始化？这时产生的波特率与所要求的有多大误差？波特率要求为 9600bps 时呢？

根据波特率=$f_{osc}/12/(256-TC)/16$，得 TC=$256-f_{osc}$/波特率/12/16=203.92，取整为 204。对 T1 的初始化部分可如下编写。

```
MOV     TMOD, #20H          ;方式 2——自动重装初值的 8 位定时器
MOV     TH1, #204           ;计数初值
MOV     TL1, #204
SETB    TR1                 ;启动 T1
```

这时的实际波特率为 $f_{osc}/12/(256-204)/16=1201.92$，误差还是很小的。

若要求波特率为 9600bps 时，TC=249.49，若取整为 250，实际的波特率为 $f_{osc}/12/(256-250)/16=10416.67$，相对误差率为(10416.67-9600)/9600=8.51%。

若将 249.49 取整为 249，则实际的波特率为 $f_{osc}/12/(256-249)/16=8928.57$，相对误差为(8928.57-9600)/9600=6.99%。误差减小的原因是就近取整了。

由此可见，由于计算结果出现了小数，不得不四舍五入、就近取整，但是仍然会有误差。虽然异步串行通信允许有比较大的相对误差，但是波特率误差在计算机系统本身就开始产生了，若再考虑到通信线路以及环境的影响，应将该误差控制在比较小的范围内，比如 5%。

例 9.3 仍然是上一例的要求，但是振荡频率改为 11.0592MHz，重新计算获得 1200bps 和 9600bps 时 T1 的计数初值，并估计误差。

还是使用同样的方法计算，波特率为 1200 时，TC=256-11D59200/1200/12/16=208，没有小数，实际产生的波特率为1200，误差为 0。

要求波特率为 9600bps 时，TC=250，没有产生舍入误差。波特率也是准确的。

通过比较，在使用串行口作 UART 用时，采用 11.0592MHz 的振荡频率，比采用 12MHz 的系统，波特率更精确。但是在以秒为单位的定时上后者要准确些。

例 9.4 振荡频率为 11.0592MHz 时，使用 T1 作为波特率发生器，能够提供的波特率最大是多少？最小呢？由此估计该系统异步串行通信速率范围。

波特率最大时，需要 T1 溢出率最高。计数初值应为 255(方式 2 时)，即-1。要求 SMOD 应为 1，使波特率为 T1 溢出率的 16 分频。这时的波特率为 11059200/12/(256-255)/16=57600bps。

波特率最小时，需要 T1 溢出率最低。可选工作方式 1，计数初值为 0，PCON 中 SMOD 为 0。这时的波特率为 11059200/12/(65536-0)/32=0.44bps。若 T1 工作于方式 2，最低的波特率为 11059200/12/(256-0)/32=112.5bps。

可见，使用定时器/计数器 T1，可以提供比较大的波特率范围。表 9-2 是当 T1 工作于方式 2 时，一些常用波特率与计数初值的对照关系表，其中的小数都已就近取整。

表 9-2 波特率与 T1 初值对照简表

波特率(bps)	振荡频率(MHz)	SMOD	TH1	实际波特率
1200	12	0	E6H(-26)	1201.92
2400	12	0	F3H(-13)	2403.85
4800	12	0	F9H(-7)	4464.29
9600	12	0	FDH(-3)	10416.67
19200	12	0	FEH(-2)	15625
1200	11.0592	1	D0H(-48)	1200
2400	11.0592	1	E8H(-24)	2400
4800	11.0592	1	F4H(-12)	4800
9600	11.0592	1	FAH(-6)	9600
19200	11.0592	1	FDH(-3)	19200

3. 使用定时器/计数器 T2 作为波特率发生器

使用定时器/计数器 T2 作为波特率发生器时，应使 T2CON 中 RCLK 或 TCLK 为 1，且一般使 C/$\overline{T}$2=0，以节省出 T2 引脚(P1.0)作通用 I/O 口线。这时的波特率为 T2 溢出率的 16 分频。而 T2 溢出率为状态周期频率的分频，分频因子即为从计数初值到溢出时的状态周期个数。所以，溢出率为 $f_{osc}/2/(2^{16}-TC)$，波特率为 $f_{osc}/2/(2^{16}-TC)/16$，其中 TC 表示计数初值，应预先装入 RCAP2H 和 RCAP2L 寄存器中。

例 9.5 振荡频率为 11.0592MHz 时，欲使用 T2 获得 9600bps 的波特率，应怎样初始化？

根据波特率=f_{osc}/2/(65536-TC)/16，得 TC=65536-f_{osc}/波特率/2/16=65500。对 T2 的初始化部分可如下编写。

```
MOV         T2CON, #3CH          ;RCLK、TCLK、TR2 为 1，EXEN2 也为 1，其余位为 0
MOV         RCAP2H, #HIGH(-36)   ;计数初值
MOV         RCAP2L, #LOW(-36)
```

使用 T2 作为波特率发生器时，若振荡频率为 11.0592MHz，能够提供的波特率最大是 345600bps，最小为 5.27bps。若振荡频率为 12MHz，能够提供的波特率最大是 375000bps，最小为 5.72bps。

使用 T2 作为波特率发生器，能够提供比 T1 更大的波特率范围。

9.4.2 方式 0 的应用

MCS-51 串行口的方式 0 是同步移位寄存器方式，主要用于 I/O 扩展。外接串行输入、并行输出的移位寄存器芯片(如 CD4094、74LS164 等)，每一片扩展一个 8 位的并行输出口；多片串联起来，可以实现多个 8 位并行输出口的扩展。可用作多位静态显示 LED 的段选控制。图 9-14 是使用 CD4094 扩展两个 8 位输出口的原理图，实现的是将串行数据转变为并行输出。

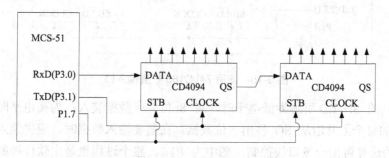

图 9-14 使用 CD4094 扩展输出口

MCS-51 的串行口工作在方式 0，串行数据由 RxD 输出，移位时钟由 TxD 输出。CD4094 是 CMOS 的串行输入、8 位并行输出移位寄存器，两个 CD4094 构成 16 位并行输出移位寄存器。单片机串行口连续发送两帧数据后，使用 P1.7 送出 CD4094 的选通信号(STB)，16 位数据可同时由 CD4094 输出。实现这个过程的程序如下。

```
STB     BIT         P1.7
        ......
        MOV         SCON, #00H      ;串行口初始化为方式 0
        ......
        MOV         A, #56H         ;右边 CD4094 需要输出的数据
        MOV         B, #23H         ;左边 CD4094 需要输出的数据
        ACALL       OUT_16B         ;调用输出子程序
        ......
```

```
OUT_16B:
        SETB    STB             ;使选通信号无效,数据的变化过程不能影响输出
        MOV     SBUF, A         ;输出 8 位
        JNB     TI, $           ;等待输出结束
        CLR     TI              ;清除 TI 标志
        MOV     SBUF, B         ;输出 8 位,原 8 位右移
        JNB     TI, $           ;等待输出结束
        CLR     TI
        CLR     STB             ;使选通信号有效
        RET
```

理论上讲,通过串联的方式可以扩展任意多个 8 位的输出口。但是输出位数多了,输出速度会变慢。方式 0 的移位时钟频率为 $f_{osc}/12$,若振荡频率为 12MHz,每一位输出需要 1μs。

外接并行输入、串行输出的移位寄存器芯片(如 CD4014、74LS165 等),每一片可以扩展一个 8 位的并行输入口;多片串联起来,可以实现多个 8 位并行输入口的扩展。图 9-15 所示为使用 74LS165 扩展两个 8 位输入口的电路。

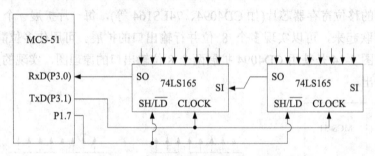

图 9-15 使用 74LS165 扩展输入口

74LS165 的 SH/$\overline{\text{LD}}$ 引脚为低电平时,将 8 位并行数据装入;为高电平时,在移位时钟 CLOCK 的每个上升沿从 SO 移出一位数据。在需要输入数据时,应先装入,再移位。装入和移位的选择可由一条口线控制,图中为 P1.7。整个过程也是由软件控制的,代码段如下:

```
LOAD    BIT     P1.7
        ......
        MOV     SCON, #00H      ;串行口初始化为方式 0
        CLR     LOAD            ;74LS165 置为装入模式
        ......
        CALL    IN_16B          ;输入,A 中为左边 74LS165 输入值
        ......                  ;B 中为右边 74LS165 输入值
IN_16B:                         ;16 位输入子程序
        SETB    LOAD            ;74LS165 置为移位模式
        SETB    REN             ;启动接收
        JNB     RI, $           ;等待成功接收 8 位信息
        MOV     A, SBUF         ;收到的 8 位数据存入 A
        CLR     RI              ;清除 RI 标志,立即启动下一次接收过程
```

```
        JNB     RI, $           ;等待成功接收8位信息
        MOV     B, SBUF         ;收到的8位数据存入B
        CLR     REN             ;收到,停止接收
        CLR     RI              ;清除RI
        CLR     LOAD            ;74LS165恢复为装入模式
        RET
```

同样,这种方法可以用于扩展多个8位输入口,但仍然受到速度上的限制。以上两个例子中使用查询方式,CPU在输入/输出期间不能执行其他任务。若要提高效率,可采用中断方式。

9.4.3 方式1的应用

方式1通常用于标准的串行通信。这时的数据有8位,可以传输8位编码的字符,或者传输7位编码字符,最高位作校验位用。

例 9.6 使用MCS-51的串行口进行8位数据、无校验的异步传输。波特率为4800bps,振荡器频率为11.0592MHz。定时器/计数器T2另有他用,以T1作为波特率发生器。发送使用查询方式,而接收过程用中断处理。请写出该串行口的初始化程序。

串行口的初始化程序可以如下编写。

```
        MOV     TMOD, #20H      ;T1工作在方式2
        MOV     TH1, #-12       ;计数初值
        MOV     TL1, #-12
        MOV     PCON, #80H      ;SMOD=1
        MOV     SCON, #50H      ;SM0、SM1=01B, REN=1
        SETB    TR1             ;启动T1
        SETB    ES              ;允许串行口中断
        SETB    EA              ;开中断
```

虽然只是接收过程使用中断,也必须设置与串行口中断有关的寄存器。

例 9.7 编写使用查询方式发送和接收一个7位字符的子程序。欲发送和接收到的字符在累加器A中,低7位为其ASCII码,最高位固定为0。发送、接收数据使用8位,最高位为奇校验位。对于发送子程序,要求不能修改A的内容;对于接收子程序,要求以CY标志作为校验正确与否的标志,CY为0表示正确,1表示出错。

两个子程序可如下编写。

```
OUT_CHAR:
        MOV     C, P            ;A中1的个数为奇数,P为1
        CPL     C               ;要保证有奇数个1,A最高位应与P相反
        MOV     ACC.7, C        ;奇校验
        MOV     SBUF, A         ;启动发送
        JNB     TI, $           ;等待发送结束
        CLR     TI              ;清除发送结束标志
        CLR     ACC.7           ;恢复A最高位
        RET
```

```
IN_CHAR:
        JNB     RI, $           ;等待成功接收一帧信息
        CLR     RI              ;清除接收标志
        MOV     A, SBUF         ;读取 8 位数据
        MOV     C, P            ;P 表示 8 位数据中 1 的个数,为 0 表示有偶数个
        CPL     C               ;CY 为 1 代表奇校验错
        CLR     ACC.7           ;最高位为 0
        RET
```

例 9.8 某单片机系统使用中断方式与远端进行串行通信。8 位数据,无校验。波特率为 4800bps,以 T1 作为波特率发生器,振荡器频率为 11.0592MHz。发送由本机启动,需要发送的字符串预先存储于内部 RAM 从 40H 开始的单元中,最多 16 个 8 位数据,以 EOF 字符(-1)结束,字符个数(包括 EOF)也已预先存储于内部 RAM 单元 30H 中。一串字符发送完成后,建立发送结束标志,使位地址 20H.0 为 1,以备 CPU 查询。接收到的字符串存储于内部 RAM 从 50H 开始的单元中,最多 16 个 8 位数据。接收到 EOF 字符表示串的结束。接收结束后,串的长度(不包括 EOF)保存在内部 RAM 单元 31H 中,建立接收结束标志,使位地址 20H.1 为 1,以备 CPU 查询。CPU 查询到后会使标志清零,同时串长度也置为 0,为下次接收做准备。请编写软件框架和中断服务程序。

软件框架和中断服务程序可参照如下代码。

```
T_BUF   DATA    40H             ;发送缓冲区起始地址
R_BUF   DATA    50H             ;接收缓冲区起始地址
T_LEN   DATA    30H             ;待发送数据串长度
R_LEN   DATA    31H             ;接收到的数据串长度
T_POS   DATA    32H             ;发送数据指针
R_POS   DATA    33H             ;接收数据指针
T_FLAG  BIT     20H.0           ;发送结束标志
R_FLAG  BIT     20H.1           ;接收结束标志
        ORG     0000H           ;复位后 PC 值
        LJMP    MAIN
        ORG     0023H           ;串行口中断向量
        LJMP    SIO_ISR         ;放不下,转移到后面
        ORG     0030H
MAIN:
        MOV     SP, #5FH        ;设定堆栈大小
        MOV     TMOD, #20H      ;T1 工作于方式 2
        MOV     TH1, #-12       ;计数初值,4800bps@11.0592MHz,SMOD=1
        MOV     TL1, #-12
        MOV     PCON, #80H      ;SMOD=1
        MOV     SCON, #50H      ;SM0、SM1=01B,REN=1,其余全清零
        SETB    TR1             ;启动 T1
        SETB    ES              ;允许串行口中断
        SETB    EA              ;CPU 开中断
        MOV     R_LEN, #0       ;接收缓冲区初始化
        MOV     R_POS, #R_BUF   ;接收指针指向起始位置
```

```
            MOV     T_LEN, #13              ;这一段代码为测试用，准备发送的数据
            MOV     R0, #12                 ;共发送 13 个字符
            MOV     A, #41H                 ;前 12 个依次为 41H～4CH
            MOV     R1, #T_BUF              ;存入 T_BUF 开始的位置
SSS:        MOV     @R1, A                  ;即发送缓冲区
            INC     R1
            INC     A
            DJNZ    R0, SSS
            MOV     @R1, #-1                ;最后一个为 EOF
            CALL    SEND                    ;每次数据串发送，由调用 SEND 启动
            ……                              ;其他处理
SEND:                                       ;数据串发送启动子程序
            MOV     T_POS, #T_BUF           ;发送指针指向缓冲区首地址
            MOV     A, T_LEN                ;取发送字符数
            JZ      SEND_RET                ;若为 0，不用发送
            MOV     SBUF, T_BUF             ;不为 0，发送第一个字符
            INC     T_POS                   ;指针后移
SEND_RET:
            RET
SIO_ISR:                                    ;串行口中断服务程序
            PUSH    PSW                     ;保护现场数据
            PUSH    ACC
            MOV     R0, A                   ;要使用@R0 间接寻址
            PUSH    ACC
            JBC     RI, RX                  ;RI 为 1，有接收中断
            SJMP    CHK_TI                  ;RI 为 0，去检查有无发送中断
RX:                                         ;处理接收中断
            MOV     A, SBUF                 ;接收到的字符
            CJNE    A, #-1, STORE_IT        ;判断是否 EOF
            MOV     A, R_POS                ;是 EOF，一串字符接收结束
            CLR     C                       ;计算字符个数
            SUBB    A, #R_BUF               ;接收指针减去接收缓冲区首址即是
            MOV     R_LEN, A                ;存入
            SETB    R_FLAG                  ;置位接收标志
            SJMP    CHK_TI                  ;检查是否有发送中断
STORE_IT:
            MOV     R0, R_POS               ;不是 EOF，将接收到的字符保存起来
            MOV     @R0, A                  ;通过接收指针找到保存位置
            INC     R_POS                   ;接收指针后移
CHK_TI:
            JBC     TI, TX                  ;检查 TI
            SJMP    SIO_RET                 ;TI 为 0，准备中断返回
TX:                                         ;处理发送中断
            MOV     A, #T_BUF               ;检查是否发送结束
            ADD     A, T_LEN                ;发送指针是否移到所有数据之后
            CJNE    A, T_POS, TX_IT         ;不是，继续发送
            SETB    T_FLAG                  ;是，置位发送标志
```

```
            SJMP      SIO_RET              ;准备中断返回
TX_IT:                                     ;发送字符
            MOV       R0, T_POS            ;通过发送指针找到字符位置
            MOV       SBUF, @R0            ;发送
            INC       T_POS                ;发送指针后移
SIO_RET:
            POP       ACC                  ;恢复现场数据
            MOV       R0, A
            POP       ACC
            POP       PSW
            RETI                           ;中断返回
            END
```

这个例子中用到的发送、接收缓冲区结构，以及使用指针、长度来定位字符地址、检测收发进度等技术，是实际应用中经常采用的通信处理方法。

例 9.9 现有一个双单片机系统，两片 MCS-51 单片机除完成各自的任务外，还需周期性联络，通过二者的串行口发送特定联络字符串。甲机每一秒钟向乙机发送一问候语，并带有序号，序号用 8 位无符号数表示。乙机收到问候语后，立即应答，并且发回所收到问候语的序号。甲机可以检查收到信息是否正确，判断乙机工作是否正常。在二者距离很近的情况下，可以直接将 RxD 与 TxD 交叉相连，如图 9-16 所示。

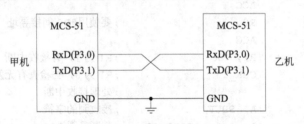

图 9-16 双单片机串行口的连接

根据要求，甲机需要 1s 的定时，用定时器/计数器实现即可。若二者的串行口只用于二者之间通信，则只要求波特率设置相同，不必使用标准的波特率值。为了更通用一些，这里仍使用 1200bps 的传输率，双方的振荡频率都是 12MHz。

甲机主动发送，然后准备接收，发送、接收都可使用查询方式。其软件框架如下。

```c
#include        <reg51.h>              /*引入特殊功能寄存器的定义*/
#include        <stdio.h>              /*引入 sprintf 的函数原型*/
#include        <intrins.h>            /*引入_testbit_的函数原型*/
#define    TIM0    -10000              /*10ms 定时时间*/
#define    TIM1    0xe6                /*1200bps 的波特率*/
volatile   bit     query = 0;          /*为 1 表示 1 秒时间到，应该发起问候*/
void    send( unsigned char * buf );   /*函数原型*/
void    t0_isr(void);                  /*函数原型*/
void main(void)
{
    unsigned char i=0;                 /*存放序号值*/
```

```c
    unsigned char s[24];                    /*存放要发送的字符串*/
    TMOD = 0x21; TH1 = TL1 = TIM1;          /*T0 工作在方式 1, T1 方式 2*/
    TH0 = TIM0/256; TL0 = TIM0%256;         /*计数初值*/
    TR1 = TR0 = 1; ET0 = EA = 1; SCON = 0x40;   /*定时器、串行口初始化*/
    while ( 1 )                             /*主循环*/
    {
       if ( _testbit_( query ) )            /*1 秒时间到*/
       {
           sprintf( s, "#%03bu: How are you?\r\n", i++ );
           send( s );                       /*发出问候字符串*/
       }
       ……                                   /*其他处理**/;
    }
}
void send( unsigned char * buf )            /*发送字符串函数*/
{
    while ( *buf )                          /*未到字符串结束,循环*/
    {
        SBUF = *buf++;                      /*发出一个字符,指针后移*/
        while (! _testbit_(TI) ) ;          /*等待发送成功并清除发送成功标志*/
    }
}
void t0_isr(void) interrupt 1               /*定时器 0 的中断服务程序*/
{
    static unsigned char one_second = 0;    /*软件单元 1 秒钟计数*/
    TH0 = TIM0/256; TL0 = TIM0%256;         /*重装计数初值*/
    if( ++one_second == 100 )               /*软件计数够 100 次? */
    {
        one_second = 0; query = 1;          /*1 秒时间到,软件计数器复位*/
    }
}
```

而乙机的接收是被动的,不能使用查询,只能使用中断,不妨乙机的发送也用中断方式。这样,乙机的串行通信处理与例 9.8 相似,其软件框架见下面代码段。

```c
……
void sio_isr( void );                       /*与甲机类似*/
unsigned char   r_buf[24];                  /*接收缓冲区*/
unsigned char   r_pos = 0;                  /*接收缓冲区内单元位置*/
unsigned char   t_buf[24];                  /*发送缓冲区*/
unsigned char   t_pos = 0;                  /*发送缓冲区内单元位置*/
volatile bit    query = 0;                  /*被询问时为 1,应答后清零*/
void main(void)
{
    unsigned char s[10];                    /*存放欲发送字符串*/
    TMOD = 0x20; TH1 = TL1 = TIM1; TR1 = 1; /*定时器初始化*/
    ES = EA = 1; SCON = 0x50;               /*串行口初始化*/
```

```c
    while ( 1 )                              /*主循环*/
    {
        if( _testbit_( query ) )             /*如果被询问*/
        {
            r_pos = 0;                       /*为下一次接收字符串准备*/
            strncpy(s, r_buf, 5); s[5] = '\0';  /*收到的序号*/
            strcat(s, "OK!\r\n");            /*后面补上OK和回车换行字符*/
            send(s);                         /*发送回去*/
        }
    }
}
void send( unsigned char * buf )             /*发送字符串函数*/
{
    strcpy( t_buf, buf );                    /*其实只是启动发送*/
    t_pos = 1; SBUF = *t_buf;                /*对全局变量的操作*/
}
void sio_isr( void ) interrupt 4             /*串行口中断服务程序*/
{
    unsigned char c;                         /*保存接收到的字符*/
    if ( _testbit_( RI ) )                   /*接收中断*/
    {
        if ( (c = SBUF) == '\n' )            /*如果是回车换行字符*/
            query = 1;                       /*到了字符串的末尾*/
        r_buf[r_pos++] = c;                  /*存入接收缓冲区*/
    }
    if ( _testbit_( TI ) )                   /*发送中断*/
    {
        if ( t_buf[ t_pos ] != 0 )           /*未到字符串结束*/
            SBUF = t_buf[ t_pos++ ];         /*继续发送下一个字符*/
    }
}
```

9.4.4 方式 2 和 3 的应用

方式 2 和 3 是 9 位 UART 方式，用于双机通信时，有 8 位数据，第 9 位可以用作校验位。这时，校验需要用软件编程实现。发送时，要先计算出校验位，存入 TB8，然后再写 SBUF，启动发送过程。接收时，要根据接收到的 8 位数据计算出校验位，然后与 RB8 中收到的第 9 位比较是否相同。如果相同，将 8 位数据保存在接收缓冲区中，否则可以向主程序报告接收错误，或者干脆直接将数据丢弃。

例 9.10 将例 9.8 中的双机通信协议改为 8 位数据，偶校验，其余不变。

校验位的产生可以借助于 PSW 中的 P 标志。如果将欲发送的数据存入累加器 A，则 P 指示 A 中 1 的个数的奇偶性。若为偶数，则 P 为 0；为奇数，则 P 为 1。所以 P 就是 A 中数据的偶校验位，发送前直接将 P 的值装入 TB8 即可。接收到数据后，将 8 位数据存入 A，然后检验 P 与 RB8 的值是否相同。

这时的串行口应工作在方式 3，波特率设置与前面相同。可以将发送、接收部分的代码段修改如下。

```
            MOV         SCON, #0D0H         ;选择方式 3
            ……
    SEND:
            MOV         T_POS, #T_BUF
            MOV         A, T_LEN
            JZ          SEND_RET
            MOV         A, T_BUF            ;欲发送的第一个数据
            MOV         C, P                ;取 P 的值
            MOV         TB8, C              ;装入 TB8
            MOV         SBUF, A             ;启动发送
            INC         T_POS
    SEND_RET:
            RET
    SIO_ISR:
            ……
    RX:
            MOV         A, SBUF             ;收到的数据
            MOV         C, P                ;P 与 RB8 进行异或运算
            JNB         RB8, XOR_RB8P
            CPL         C
    XOR_RB8P:
            JNC         RX_OK               ;异或结果为 0, 校验正确
            SJMP        CHK_TI              ;校验错, 不需保存数据
    RX_OK:
            CJNE        A, #-1, STORE_IT    ;检查收到的数据是否为 EOF
            ……
    TX:
            ……
    TX_IT:
            MOV         R0, T_POS
            MOV         A, @R0              ;欲发送的数据
            MOV         C, P                ;取 P 的值
            MOV         TB8, C              ;装入 TB8
            MOV         SBUF, A             ;启动发送
            INC         T_POS
            ……
            RETI
```

方式 2 和 3 除了波特率发生器不同，发送接收部分的结构、过程完全相同。如果双机的基本配置相同，都是 MCS-51 单片机，而且振荡频率相同，选择方式 2 比较合适，可以将定时器/计数器 T1 或 T2 节省下来。若与其他系统通信，使用特定的波特率，就只能选择方式 3 了。

9.5 多机通信方式

MCS-51 串行口控制寄存器 SCON 中的 SM2 位可以作为多处理机通信位，使单片机方便地应用于集散式分布系统中。

集散式分布系统，或者称为分布式控制系统(DCS)，是相对于集中式控制系统而言的一种新型计算机控制系统，它是在集中式控制系统的基础上发展、演变而来的。这种系统中，有一台主机和多台从机。主机负责全局运行情况的监视、统计、控制等，各从机负责本地信号的采集处理、本地资源的控制。主机和从机通过通信线路相联系。

9.5.1 多机通信原理

图 9-17 所示为 MCS-51 组成的主从式多机通信连接方式之一。其中主机发送的信息可被各从机接收，而各从机发送的信息只能由主机接收，从机与从机之间不能互相直接通信，但可以通过主机转发。

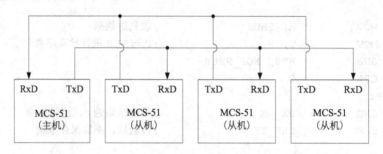

图 9-17 MCS-51 组成的多机通信连接方式

在多机通信中，最方便的通信控制可使用 SM2 位实现。

当串行口工作在方式 2 或 3 时，若 SM2=1，则只有接收到的第 9 位数据(RB8)为 1 时，才将数据送入接收缓冲器 SBUF，并置位 RI，申请中断，否则丢弃接收到的数据。若 SM2=0，则无论第 9 位数据(RB8)是 1 还是 0，都将数据装入 SBUF，置位 RI，申请中断。多机通信就是利用了串行口的这一特性。

在主从式结构中，给每台从机一个地址(编号)，并且要保证每台从机的地址是唯一的。

系统中的通信总是由主机发起，从机不会主动向主机发送信息。

主机向从机发送的信息分为地址字节和数据字节两种。地址字节用于寻址从机，数据字节为发给从机的实际数据，二者可以使用第 9 位来区分。地址字节帧的第 9 位为 1，数据字节帧的第 9 位为 0。

系统初始化时，将所有从机的 SM2 位置为 1，并允许串行口接收中断。这样，只有主机送来的地址帧才会被接收。

以下是主机与某一从机通信的过程。

(1) 主机发送一个地址帧，其中包含 8 位的地址，第 9 位为 1。

(2) 从机接收到地址帧后，各自中断 CPU，读取地址，并与自身地址相比较。

(3) 被寻址的从机地址匹配成功后，清除其 SM2，以接收主机发来的后续数据帧，开始与主机之间的会话。未被寻址的从机地址匹配不成功，仍保持其 SM2 为 1 不变，对主机发来的后续数据帧不予理睬，直到发来新的地址帧。

(4) 主机发送数据帧(第 9 位为 0)给被寻址的从机。

(5) 主机与被寻址的从机之间进行点对点的通信。根据对主机发送来的数据帧的解释，从机也可以向主机发送信息。

(6) 主机与该从机的一轮会话结束时，主机发送一个特殊的数据帧。从机接收到后，将自身的 SM2 置为 1，恢复到会话之前的状态。

(7) 所有从机等待新一轮会话的开始。

在这种结构中，主机和从机的地位不是对等的，所执行的任务也是不同的，正是集中分散控制的含义。

假如不使用 MCS-51 的这种特性，能否实现多机通信呢？只要定义好通信协议，各从机对主机送来的地址、数据信息都接收下来，然后自行判断是不是发给自己的，照样可以，但是这样会加重从机的通信负担。比如对于有 255 台从机的场合，使用 SM2 时，每台从机只接收发给自己的数据；不使用 SM2，需要将发给其他从机的数据也全部接收下来，检查后再丢弃。接收处理的开销增大到原来的 255 倍。若从机更多，使用 SM2 能使各从机节省的时间更明显。

9.5.2 通信协议的设计

实际的多机通信系统中，必须制定比较完善的通信协议。下面就是一个具体协议设计。

(1) 系统中允许有 255 台从机，地址分别为 00H～FEH。

(2) 地址 FFH 是对所有从机都起作用的一条控制命令，命令各从机恢复 SM2=1 的状态。可以称作通信复位命令。

(3) 主机向从机发送的数据帧中，需要有一些作为命令字节。比如，主机需要与从机进行数据传送，则可定义命令 00H 为要求从机接收数据块，01H 为要求从机发送数据块。另外，还要有结束会话命令，可定义为 02H。若主机需要询问从机的状态，还应定义询问命令 03H。命令字节的其他取值为非法命令，从机收到后意味着通信出错，应报告差错或通信复位。

(4) 发送数据块时，可以规定块为固定大小。也可以规定数据块的第一字节表示长度，之后才是块中数据，这时块的长度限制在 255 个字节以内。

(5) 若从机向主机发送自身状态，还要对状态数据中的每一位作具体定义。

通信协议中，除规定命令、数据的格式，还有以下一些方面需要特别考虑。

(1) 命令的顺序。收到的命令或数据是否要按照一定时序？后续的命令是否可以中止对未完成的先前命令的执行？

(2) 差错处理。收到错误的数据是直接丢弃，还是报告错误？错误报告到哪一级？是否要求重新发送?

(3) 超时处理。不能无限期等待对方发送数据,自身每次动作时都启动一个定时器,定时器超时后没有得到回应,应采取相应的措施,等等。

这些已经超出了单片机串行通信的范围,但是设计规范完善的协议可以使系统更稳定。

9.6 SPI 总线接口

SPI(Serial Peripheral Interface)总线系统是 Motorola 公司提出的一种同步串行外设接口,允许单片机与各种外围设备以同步串行通信方式交换信息。使用 SPI 的外围设备,从最简单的 TTL 移位寄存器到复杂的 LCD 显示驱动器、网络控制器等,种类繁多,应用广泛。

9.6.1 SPI 总线结构

SPI 总线系统由一个主设备和一个或多个从设备构成。主设备一般是单片机,可以向从设备提供串行通信时钟,从设备接收该时钟信号,并依据约定接收或发送与时钟同步的串行数据。图 9-18 所示为一个 SPI 总线系统的连接电路,其中一个主设备,n 个从设备。

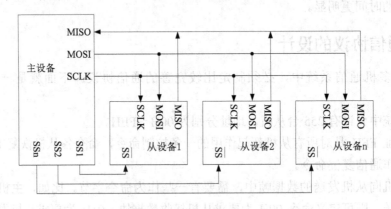

图 9-18 SPI 总线系统的连接

SPI 主设备与从设备间一般用 4 条信号线进行联络和传送信息。

两条串行数据线 MISO(主设备输入、从设备输出)和 MOSI(主设备输出、从设备输入),用于串行数据的发送和接收。数据发送时,先传送高位,后传送低位,即从 MSB 依次到 LSB。

串行时钟线 SCLK 用于同步从 MISO 或 MOSI 引脚输入与输出数据的传送。主设备每启动一次数据传送,自动在 SCLK 引脚产生 8 个时钟脉冲。主设备和从设备在 SCLK 信号的一个跳变时将发送数据移位输出,数据稳定后在另一个跳变时对接收数据采样。

当主设备与多个从设备连接时,主设备使用从设备选择线 $\overline{SS}$ 选择指定的从设备。只有被选中的从设备才能使用 SPI 与主设备进行数据传送,$\overline{SS}$ 相当于片选信号。若系统中只有一个从设备，其 $\overline{SS}$ 可一直有效，而主设备可以省略该信号。

SPI 的串行数据和串行时钟之间有 4 种极性和相位关系，如图 9-19 所示，以适应不同的外围器件的特性。主设备和从设备之间的传送时序必须完全相同。

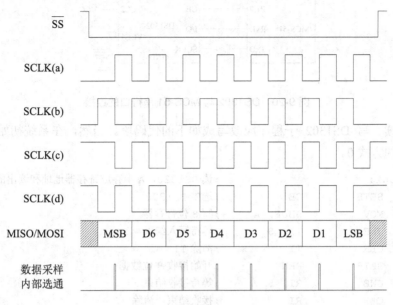

图 9-19 SPI 时序

9.6.2 SPI 总线应用

MCS-51 单片机的串行口方式 0 为同步移位寄存器方式，实际上就是一种简化的 SPI 总线接口。其中 SCLK 信号由 TxD 输出，MOSI/MISO 信号由 RxD 输出或输入。

MCS-51 的 SPI 接口与标准的 SPI 还是有区别的：

(1) 串行数据与串行时钟之间的极性和相位的关系是固定的，相当于图 9-19(c)。串行时钟频率也是固定的，为振荡频率的 12 分频。

(2) MCS-51 只工作在主设备方式，即只能由单片机启动数据传送过程。

(3) MOSI/MISO 信号使用同一个引脚。

(4) 串行数据线上数据位的传输次序与标准 SPI 相反，是从 LSB 到 MSB 依次传送。

在实际应用中，要根据具体从设备器件 SPI 接口的需要，合理使用串行口。若串行口无法满足要求，可以使用并行口线模拟 SPI 时序(如例 9.11)。

例 9.11 日历时钟芯片 DS1302 可否使用 SPI 总线接口？MCS-51 中的串行口能否胜任？如何连接与编程？

通过分析 DS1302 的读写时序，发现其 SCLK 和 I/O 引脚的极性和相位关系与图 9-19(a)相同，但数据位的传输是 LSB 在前，MSB 在后。所以它与标准 SPI 的时序不同，与 MCS-51 的相似，但时钟极性相反。若使用 MCS-51 的串行口方式 0，应当将 TxD 输出的移位时钟信号反相，才能与 DS1302 正常联络；RxD 直接连接 DS1302 的 I/O 引脚，DS1302 的 CE 类似于 SPI 总线结构中的 $\overline{SS}$，也是极性相反，可以连接 MCS-51 的一条口线,使用软件控制。这时 DS1302 与 MCS-51 的连接如图 9-20 所示。

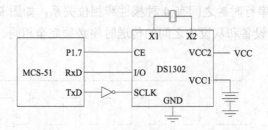

图 9-20　DS1302 与 MCS-51 串行口的连接

相应的读、写 DS1302 子程序应改写成如下的代码段。当然,在系统初始化时,还应选择串行口的方式 0。

```
READ_1302:                          ;读 DS1320,A 中存放寄存器地址和读出的数据
        SETB    CE                  ;选中 DS1302
        MOV     SBUF, A             ;写 8 位寄存器
        JNB     TI, $               ;等待写入结束
        CLR     TI                  ;清除 TI
        SETB    REN                 ;开始接收 8 位数据
        JNB     RI, $               ;等待接收结束
        CLR     RI                  ;接收结束,清除 RI
        CLR     REN                 ;停止接收
        MOV     A, SBUF             ;将收到的数据装入 A
        CLR     CE                  ;结束操作
        RET
WRITE_1302:                         ;写 DS1320,A 中存放寄存器地址,B 存放要写入的数据
        SETB    CE                  ;选中 DS1302
        MOV     SBUF, A             ;写 8 位寄存器
        JNB     TI, $               ;等待写入结束
        CLR     TI                  ;清除 TI
        MOV     SBUF, B             ;写 8 位数据
        JNB     TI, $               ;等待写入结束
        CLR     TI                  ;清除 TI
        CLR     CE                  ;结束操作
        RET
```

使用单片机自带的 SPI 接口,不仅代码简洁,而且速度也提高了。

9.7　I^2C 总线接口

I^2C(Inter-IC)总线由 Philips 在 20 世纪 80 年代提出并获得了专利,最初目的是为了在电视机之类产品中方便地连接 CPU 和外围的集成电路。现在,大多数主要半导体厂商生产支持 I^2C 总线的 IC 芯片。大量的器件、设备,像微处理器、EEPROM、温度传感器、ADC、DAC、视频处理器件、实时钟、显示器件等都有支持 I^2C 总线的版本。

9.7.1 I²C 总线简介

I²C 总线使用两条信号线(串行时钟线 SCL 和串行数据线 SDA)就能实现总线上各器件的双工同步数据传送,可以极其方便地扩展外围器件或构成多机系统。I²C 总线系统结构如图 9-21(a)所示。

I²C 总线上各器件的 SCL 和 SDA 引脚都是开漏结构,如图 9-21(b)所示,使用时需加上拉电阻。I²C 总线系统中所有器件的 SCL 和 SDA 引脚同名端连接在一起,总线上所有节点由器件本身和引脚状态确定地址,无需使用片选。每个被寻址的器件都有唯一的地址,该地址由 I²C 委员会分配。常见的 I²C 接口器件及其地址如表 9-3 所示。

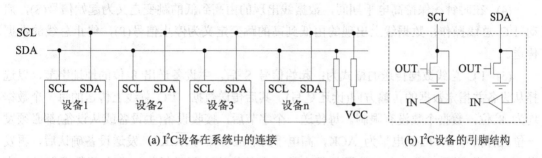

(a) I²C设备在系统中的连接　　　　　(b) I²C设备的引脚结构

图 9-21　I²C 系统连接与引脚结构

表 9-3　常用 I²C 接口器件地址

器　件	类　型	地　址
PCF8570	256B RAM	$1\ 0\ 1\ 0\ A_2\ A_1\ A_0\ R/\overline{W}$
PCF8582	156B EEPROM	$1\ 0\ 1\ 0\ A_2\ A_1\ A_0\ R/\overline{W}$
PCF8574	8 位 I/O	$0\ 1\ 0\ 0\ A_2\ A_1\ A_0\ R/\overline{W}$
PCF8591	8 位 ADC/DAC	$1\ 0\ 0\ 1\ A_2\ A_1\ A_0\ R/\overline{W}$
PCF8583	日历时钟	$1\ 0\ 1\ 0\ A_2\ A_1\ A_0\ R/\overline{W}$
SAA1064	4 位 LED 驱动器	$0\ 1\ 1\ 1\ A_2\ A_1\ A_0\ R/\overline{W}$

连接到 I²C 总线上的器件,根据数据传送的控制方式分为主设备和从设备两种。

主设备能控制总线访问,提供串行时钟信号(SCL),并产生启动和结束信号。总线上至少要有一个主设备。

在总线上被寻址的器件称为从设备,根据主设备的命令接收或发送数据。

在由若干器件组成的 I²C 总线系统中,可能存在多个主设备。对于系统中的某一器件,有 4 种可能的工作状态:主发送、主接收、从发送和从接收状态。

目前不少单片机内部集成了 I²C 总线接口,如 Philips 的产品等,低价位的单片机内部虽然没有 I²C 接口,但也可以通过软件实现 I²C 总线数据收发协议。

9.7.2　I²C 总线协议

I²C 总线的数据传送协议可简述如下。

(1) 总线必须由主设备控制。主设备提供串行时钟，控制数据传送方向，并产生起始和结束信号。无论是主设备还是从设备，接收一个字节后必须发出一个确认信号 ACK。

(2) I²C 的时钟线 SCL 和数据线 SDA 都是双向的。总线空闲时，SCL 和 SDA 都必须保持高电平状态。

(3) I²C 总线传送数据时，在时钟线 SCL 高电平期间，数据线 SDA 必须保持稳定的逻辑电平状态。只有在时钟线为低时，才允许数据线上的信号发生变化。

(4) 在时钟线保持高电平期间，数据线出现的由高到低的跳变定义为起始信号(S)，启动 I²C 总线操作；数据线上出现的由低到高的跳变定义为停止信号(P)，终止总线的数据传送。

(5) I²C 总线数据传送的格式为：起始信号 S 后，主设备送出 8 位的地址字节，以选择从设备并指定数据的传输方向(读还是写)，其后传送数据。I²C 总线上传送的每一个数据均为 8 位，数据个数没有限制。每传送一个字节后，接收设备(主设备或从设备)都必须发一位应答信号 ACK(低电平为 ACK，高电平为非应答信号 $\overline{ACK}$)，发送设备确认后，再发送下一字节数据。每一字节数据都是由最高有效位依次到最低位。在全部数据发送结束后，主设备发送终止信号 P。

协议规定的总线状态如图 9-22 所示。

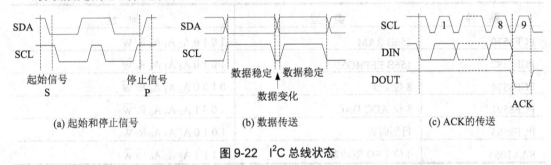

图 9-22　I²C 总线状态

9.7.3　I²C 串行 EEPROM 及其应用

1. I²C 串行 EEPROM

EEPROM 是可用工作电压擦除和改写内容的只读存储器。系统工作时可以改写，无电源供电时数据仍然保存。使用 EEPROM 可以解决掉电数据存储问题，通常情况下，所存储的数据可以保存 10～100 年，擦写次数达 1～10 万次。EEPROM 有并行方式和串行方式两种接口，并行方式 EEPROM 的使用与普通并行存储器的扩展类似，在此不再重复。本节介绍串行 EEPROM，即常用的 I²C 总线接口 EEPROM 的用法。

常见的 EEPROM 有 AT24C01/02/04/08/16 等型号，其内部存储容量分别是 1K、2K、4K、8K 和 16Kbit，内部结构如图 9-23 所示。

第 9 章 串行接口与串行通信

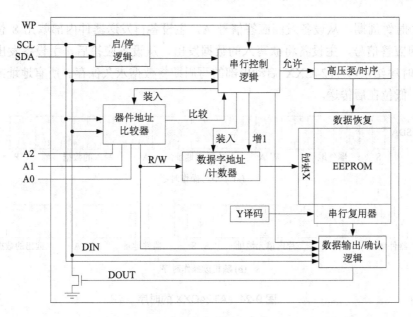

图 9-23 AT24CXX 内部结构

AT24CXX 的引脚除了 I^2C 总线所需的 SCL 和 SDA 外，还有以下几条信号线。

- WP(写保护)：提供硬件数据保护。当 WP 为低电平时，允许正常的读写；当 WP 为高电平时，禁止对其写操作。
- A2、A1、A0(器件地址)：当总线上有多片 AT24CXX 时，地址信号用于器件的选择。主设备发出的地址字节必须与地址信号的硬件连接匹配。AT24CXX 的内部寻址范围与器件地址格式如表 9-4 所示。其中，P2、P1、P0 表示片内页选择，每页 256 字节。

表 9-4 AT24CXX 地址格式

器 件	容 量		地址格式	$A_2\ A_1\ A_0$ 引脚连接
	位	字节		
AT24C01	1K	128	$1\ 0\ 1\ 0\ A_2\ A_1\ A_0\ R/\overline{W}$	接高或低电平
AT24C02	2K	256	$1\ 0\ 1\ 0\ A_2\ A_1\ A_0\ R/\overline{W}$	接高或低电平
AT24C04	4K	512	$0\ 1\ 0\ 0\ A_2\ A_1\ P_0\ R/\overline{W}$	$A_2\ A_1$ 接高或低电平
AT24C08	8K	1024	$1\ 0\ 0\ 1\ A_2\ P_1\ P_0\ R/\overline{W}$	A_2 接高或低电平
AT24C16	16K	2048	$1\ 0\ 1\ 0\ P_2\ P_1\ P_0\ R/\overline{W}$	无连接

2. I^2C 总线接口的软件实现

对 I^2C 总线接口器件的所有操作，都必须符合 I^2C 总线协议。对于没有 I^2C 控制器的 MCS-51 系列单片机，我们结合 AT24CXX 的读写时序，讨论如何用软件完成这项任务。

图 9-24(a)所示为 AT24CXX 的字节写操作时序。可以看出，主设备首先要启动 I^2C 操作，发出启动信号 S，随后是器件地址(AT24CXX 为 1010XXX)，然后是一个 0，表示写操

作。下一个时钟周期,从设备发回应答信号 A,主设备再发送器件内部单元 8 位地址,从设备又发回应答信号,主设备将欲写入的数据发出,从设备应答后,主设备发出停止信号 P,写操作时序结束,AT24CXX 启动内部的写周期将数据永久保存。所有地址或数据都是高位在前、低位在后传送。

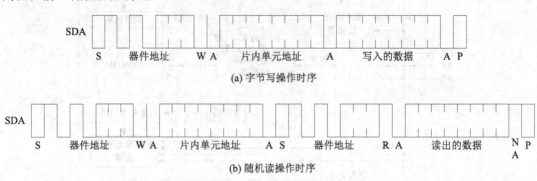

图 9-24 AT24CXX 的时序

图 9-24(b)所示为 AT24CXX 的随机读操作时序。前半部分与字节写相同,只是在从设备第二次发回应答信号后,主设备再次发出启动信号 S,然后是从设备器件地址,随后是一个 1,表示读操作。从设备发回应答信号,后续字节是从设备发出的存储单元内容。最后,主设备发送一个非应答信号 NA(1)和一个停止信号 P,从而完成了读操作。

根据对时序的解读,可以编写产生 I^2C 协议时序的子程序如下。

```
SCL      BIT      P1.0              ;I2C 信号引脚
SDA      BIT      P1.1
I2C_INI:                            ;总线状态初始化
         SETB     SCL               ;SCL 和 SDA 都是高电平
         SETB     SDA
         CALL     I2C_DELAY         ;延时
         RET
I2C_START:                          ;发送起始信号 S
         SETB     SDA               ;SCL 和 SDA 都是高电平
         SETB     SCL
         CALL     I2C_DELAY
         CLR      SDA               ;SDA 变低
         CALL     I2C_DELAY
         RET
I2C_SEND_8B:                        ;在 I²C 总线上发送 8 位的数据或地址字节
         PUSH     B                 ;欲发送的字节在 A 中
         MOV      B, #8             ;共 8 位,循环 8 次
I2C_SNEXT_B:                        ;循环体
         CLR      SCL               ;SCL 变低,SDA 上数据可以变化
         RLC      A                 ;最高位移入 C
         MOV      SDA, C            ;送 SDA 线
         CALL     I2C_DELAY         ;等待稳定
         SETB     SCL               ;SCL 变高,从设备可以取走数据
```

```
                CALL        I2C_DELAY           ;等待从设备取走
                DJNZ        B, I2C_SNEXT_B      ;循环
                POP         B                   ;恢复B
                RET
I2C_REC_8B:                                     ;接收I²C总线上的8位数据
                SETB        SDA                 ;置SDA为输入
                PUSH        B                   ;要用到B寄存器
                MOV         B, #8               ;共8位，循环8次
I2C_RNEXT_B:                                    ;循环体
                CLR         SCL                 ;SCL变低，SDA上数据可以变化
                CALL        I2C_DELAY           ;等待从设备将数据送出
                SETB        SCL                 ;通知从设备，数据不可变化
                CALL        I2C_DELAY           ;等待数据稳定
                MOV         C, SDA              ;接收
                RLC         A                   ;移入A
                DJNZ        B, I2C_RNEXT_B      ;循环
                POP         B                   ;恢复B
                RET
I2C_WAIT_ACK:                                   ;接收应答信号A
                CLR         SCL                 ;SCL变低，SDA上数据可以变化
                SETB        SDA                 ;置SDA为输入
                CALL        I2C_DELAY           ;等待从设备将A送出
                SETB        SCL                 ;通知从设备，数据不可变化
                MOV         C, SDA              ;接收
                CLR         SCL                 ;SDA上数据可以变化
                RET
I2C_NACK:                                       ;发送非应答信号NA
                CLR         SCL                 ;SCL变低，SDA上数据可以变化
                SETB        SDA                 ;送出1
                CALL        I2C_DELAY           ;等待数据稳定
                SETB        SCL                 ;SCL变高，从设备可以取走数据
                CALL        I2C_DELAY           ;等待从设备取走
                RET
I2C_STOP:                                       ;发送停止信号P
                CLR         SCL                 ;SCL变低
                CLR         SDA                 ;SDA变低
                CALL        I2C_DELAY           ;延时
                SETB        SCL                 ;SCL变高
                CALL        I2C_DELAY           ;延时
                SETB        SDA                 ;SDA变高，释放总线
                RET
I2C_DELAY:                                      ;延时子程序
                NOP
                NOP
                RET
```

使用以上子程序，可编写具体读写操作程序。根据习惯，可以使用 DPTR 存放

EEPROM 中单元地址，而用累加器 A 来存放读出或写入的数据。

```
I2C_WR_ADD:                              ;字节写
        PUSH        ACC                  ;DPH 中为器件地址，DPL 中为器件单元地址
        MOV         B, A                 ;A 中为欲写入数据
I2C_WADD_START:
        CALL        I2C_START            ;产生起始信号 S
        MOV         A, DPH               ;DPH 高 7 位为器件地址，最低位为 0，表示写
        CALL        I2C_SEND_8B          ;送出地址字节
        CALL        I2C_WAIT_ACK         ;读取应答信号 A
        JC          I2C_WADD_START       ;无应答，重新启动
        MOV         A, DPL               ;器件内单元地址
        CALL        I2C_SEND_8B          ;送出
        CALL        I2C_WAIT_ACK         ;读应答信号 A
        JC          I2C_WADD_START
        MOV         A, B                 ;欲写入的 8 位数据
        CALL        I2C_SEND_8B          ;送出
        CALL        I2C_WAIT_ACK         ;读应答信号 A
        JC          I2C_WADD_START
        CALL        I2C_STOP             ;产生停止信号 P
        POP         ACC
        RET
I2C_RD_ADD:                              ;随机读
        CALL        I2C_START            ;产生起始信号 S
        MOV         A, DPH               ;DPH 中为 7 位器件地址和 0
        CALL        I2C_SEND_8B          ;送出地址字节
        CALL        I2C_WAIT_ACK         ;读应答信号 A
        JC          I2C_RD_ADD
        MOV         A, DPL               ;片内单元地址
        CALL        I2C_SEND_8B          ;送出
        CALL        I2C_WAIT_ACK         ;读应答信号
        JC          I2C_RD_ADD
        CALL        I2C_START            ;再送起始信号
        MOV         A, DPH               ;器件地址
        SETB        ACC.0                ;最低位应为 1，表示读
        CALL        I2C_SEND_8B          ;送出地址字节
        CALL        I2C_WAIT_ACK         ;读应答信号
        JC          I2C_RD_ADD
        CALL        I2C_REC_8B           ;读 8 位数据
        CALL        I2C_NACK             ;产生非应答信号 NA
        CALL        i2c_STOP             ;产生停止信号 P
        RET
```

3. I^{2}C 串行 EEPROM 应用举例

图 9-25 所示为 3 片 AT24C01 在 MCS-51 系统中的连接电路。根据 A2、A1、A0 的硬

件连线,可知它们的器件地址分别是 1010000B、1010001B 和 1010010B。对于第 1 片 AT24C01,其字节写与随机读的地址字节分别是 10100000B 和 10100001B。

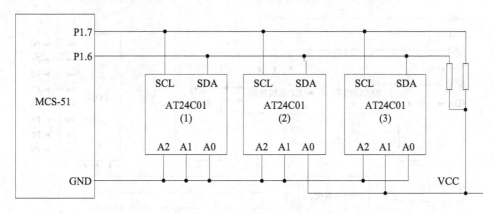

图 9-25 3 片 AT24C01 与 MCS-51 的连接

每片 AT24C01 内部字节地址范围为 00H~7FH。欲使用前面编写的子程序将第 2 片 AT24C01 中地址为 50H 单元的内容改写为 34H,可以使用下述指令。

```
MOV      DPH, #10100010B
MOV      DPL, #50H
MOV      A, #34H
CALL     I2C_WR_ADD
```

若需将第 3 片 AT24C01 中地址为 78H 单元内容读出,转存于第 1 片地址为 23H 的单元中,应使用以下代码。

```
MOV      DPH, #10100100B
MOV      DPL, #78H
CALL     I2C_RD_ADD
MOV      DPH, #10100000B
MOV      DPL, #23H
CALL     I2C_WR_ADD
```

9.7.4 I²C 并行扩展芯片 PCF8574

PCF8574 是 Philips 公司生产的 I²C 总线接口的 8 位并行扩展芯片。工作电压 2.5~6V,具有开漏结构的中断输出,并行输出可直接驱动 LED,同一系统中可以同时连接 8 片 PCF8574。若加上 PCF8574A,可以连接 16 个。二者的区别仅在于地址分配的不同。

1. PCF8574 的结构

PCF8574(包括 PCF8574A)的结构,如图 9-26 所示。

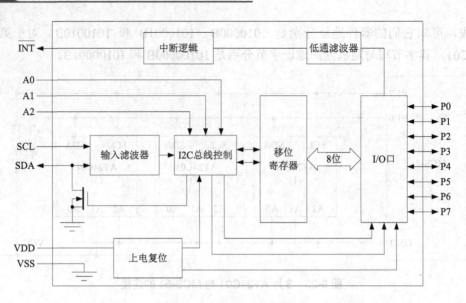

图 9-26　PCF8574 内部结构

PCF8574 的引脚功能如下。

- SCL：串行时钟输入。
- SDA：串行数据线。
- P0~P7：8 位准双向输入/输出口线，每一位可作为输入或者输出。在作为输入口线前，应先置为高电平。上电复位时，每一位都置为高电平。
- A2~A0：地址信号输入。
- $\overline{\text{INT}}$：中断请求信号输出。每一位输入口线的变化都会使 $\overline{\text{INT}}$ 有效。中断方式使得 PCF8574 可以申请启动 I^2C 总线操作。

2. PCF8574 操作时序

PCF8574 从地址的高 4 位为 0100B，PCF8574A 从地址的高 4 位为 0111B，低 3 位都是 A2、A1、A0。根据地址字节最后一位确定是写还是读操作。

图 9-27 所示为 PCF8574 写操作时序。当 PCF8574 送出应答信号 A 后，写入的数据出现在端口线上。

图 9-27　PCF8574 写操作时序

图 9-28 所示为 PCF8574 读操作时序。端口数据发生变化时，$\overline{\text{INT}}$ 信号有效。当主设备发出带读命令的地址字节、PCF8574 发回应答信号后，$\overline{\text{INT}}$ 信号消失。

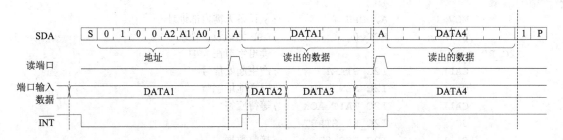

图 9-28 PCF8574 读操作时序

3. PCF8574 应用举例

图 9-29 所示为在 MCS-51 系统中使用两片 PCF8574 扩展输入/输出的电路。第 1 片扩展 8 位输入，地址为 01000000B；第 2 片扩展 8 位输出，地址为 0100001B。

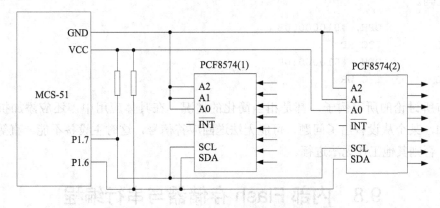

图 9-29 两片 8574 在 MCS-51 系统中的连接

根据 PCF8574 的 I^2C 时序，可以编写具体读写操作程序。不妨使用 DPH 存放 PCF8574 地址，而用累加器 A 存放读出或写入的数据。

```
    I2C_WR:                            ;写 I2C 设备子程序
            PUSH    ACC                ;从设备无需内部地址
            MOV     B, A               ;DPH 为该设备地址
            MOV     A, DPH             ;A 中为欲写入的数据
    I2C_WR_START:
            CALL    I2C_START          ;产生起始信号
            CALL    I2C_SEND_8B        ;发送地址字节
            CALL    I2C_WAIT_ACK       ;等待应答信号
            JC      I2C_WR_START
            MOV     A, B
            CALL    I2C_SEND_8B        ;发送数据
            CALL    I2C_WAIT_ACK
            JC      I2C_WR_START
            CALL    I2C_STOP           ;产生停止信号
            POP     ACC
            RET
    I2C_RD:                            ;读 I2C 设备子程序
```

```
             MOV       A, DPH              ;从设备无需内部地址
             SETB      ACC.0               ;DPH 为该设备地址
I2C_RD_START:                              ;读出字节在 A 中
             CALL      I2C_START           ;产生起始信号
             CALL      I2C_SEND_8B         ;发送地址字节
             CALL      I2C_WAIT_ACK        ;等待应答
             JC        I2C_RD_START
             CALL      I2C_REC_8B          ;接收数据
             CALL      I2C_NACK            ;发送非应答信号
             CALL      I2C_STOP            ;发送停止信号
             RET
```

对于以上电路,假如要读取第 1 片 PCF8574 的输入数据,然后从第 2 片输出,可以执行以下代码。

```
             MOV       DPH, #01000000B
             CALL      I2C_RD
             MOV       DPH, #01000010B
             CALL      I2C_WR
```

本节所讨论的所有例子,都是相当简化的情况。在具体应用中,还应添加抗干扰措施。比如,某个从设备出了问题,可能无法送回应答信号,这时主设备不能一直等待或反复重试,否则其他工作无法进行。

9.8　内部 Flash 存储器与串行编程

当前许多单片机产品的内部程序存储器使用了 Flash 存储器,不仅提供了并行编程接口,而且还有串行编程能力,简化了编程电路。下面以 AT89S51 为例介绍 Flash 存储器的串行编程。

AT89S51 单片机内部有 4KB 的 ISP Flash 存储器,存储器特性与 AT89C51 类似。

9.8.1　串行编程过程

将 AT89S51 的 RST 引脚拉至 VCC 后,程序存储器就可通过串行 ISP 接口进行编程,串行接口包括 SCK、MOSI(输入)和 MISO(输出)线。将 RST 拉高后,其他操作进行之前必须发出编程允许指令。编程前需将存储器擦除,即将内部存储单元阵列全写为 FFH。

外部时钟信号需接至 XTAL1,或在 XTAL1 与 XTAL2 引脚接晶体谐振器。串行时钟(SCK)最高不能超过振荡频率的 1/16。当晶体谐振器的振荡频率为 33MHz 时,最大 SCK 频率为 2MHz。

AT89S51 串行编程的连接电路和时序如图 9-30 所示。只需在设计单片机应用系统时将 P1.5、P1.6、P1.7 和 RST 引脚线作适当连接,就可以实现在系统中编程(ISP)。

AT89S51 的串行编程方法如下。

(1) 将电源加在 VCC 和 GND 引脚,RST 置为高电平。如果 XTAL1 和 XTAL2 未接晶

体谐振器，在 XTAL1 引脚接 3～33MHz 时钟，并等待至少 10ms。

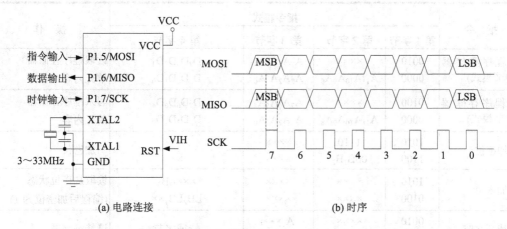

图 9-30　AT89S51 的串行编程

(2) 发送编程允许指令到 MOSI(P1.5)。移位时钟接 SCK(P1.7)，频率不高于振荡频率的 1/16。

(3) 存储单元阵列的编程可选字节模式或页模式。写周期是内部自定时的，+5V 条件下典型时间不超过 0.5ms。

(4) 任意单元内容均可通过读指令和相应的地址，在 MISO(P1.6)引脚读出进行校验。

(5) 编程结束，RST 引脚应置为低电平，芯片开始正常操作。

(6) 若需要断电，应将 XTAL1 置为低(假如使用外部时钟)，再置 RST 为低，关闭电源。

串行编程也支持数据查询，用以检测一个写周期是否结束。内部写周期期间，若读取最后写入的字节，从 MISO 上读回的最高位为其反码。

从图 9-30(b)中可以看出，串行编程方式使用的是 SPI 总线接口，不过这时的单片机充当的是从设备的角色，控制整个编程过程的计算机为主设备(通常是 PC 机)。目前也有使用 UART 方式对内部 Flash 存储器编程的单片机，在电路连接和时序上就更加方便。

9.8.2　串行编程指令

AT89S51 的串行编程使用一个 4 字节的通信协议，如表 9-5 所示。

使用 ISP 功能时，必须保证 SPI 主设备按表中所列指令格式收发数据。

表 9-5　AT89S51 编程指令

指　令	指令格式				操　作
	第 1 字节	第 2 字节	第 3 字节	第 4 字节	
编程允许	1010 1100	0101 0011	×××× ××××	×××××××× 0110 1001(MISO 输出)	RST 为高时 允许串行编程
芯片擦除	1010 1100	100× ××××	×××× ××××	×××× ××××	擦除 Flash 存储阵列

续表

指 令	指令格式				操 作
	第1字节	第2字节	第3字节	第4字节	
读程序存储器 (字节模式)	0010 0000	×××× $A_{11}A_{10}A_9A_8$	$A_7A_6A_5A_4$ $A_3A_2A_1A_0$	$D_7D_6D_5D_4$ $D_3D_2D_1D_0$	读取程序存储器 单元内容
写程序存储器 (字节模式)	0100 0000	×××× $A_{11}A_{10}A_9A_8$	$A_7A_6A_5A_4$ $A_3A_2A_1A_0$	$D_7D_6D_5D_4$ $D_3D_2D_1D_0$	写入程序存储器 单元内容
写加密位	1010 1100	1110 $00B_1B_2$	×××× ××××	×××× ××××	写加密位
读加密位	1010 0100	×××× ××××	×××× ××××	$×××LB_3$ $LB_2LB_1××$	读取加密位状态 (编程后加密位为1)
读特征字节	0010 1000	×××× $A_5A_4A_3A_2$	$A_1×××$ ××××	特征字节	读特征字节
读程序存储器 (页模式)	0011 0000	×××× $A_{11}A_{10}A_9A_8$	第0字节	第1~255字节	读取程序存储器 一页(256字节)
写程序存储器 (页模式)	0101 0000	×××× $A_{11}A_{10}A_9A_8$	第0字节	第1~255字节	写入程序存储器 一页(256字节)

9.9 案例实训——与PC机的通信

1. 案例说明

使用MCS-51单片机与PC机通信。单片机系统中有输入端口和输出端口,而输出数据由PC机控制;在PC机需要时,向其传送输入数据。异步帧格式为8位数据、无校验。波特率为4800,振荡器频率为11.0592MHz。

2. 电路设计

输入与输出可以使用单片机本身的并行端口,也可使用各种方式扩展。串行口用来与PC机通信。由于PC机的COM1或COM2都是RS-232C电平,电路中应用电平转换器件。图9-31所示为最简单的电路,P1口作为输入,P2口作为输出。

3. 软件设计

具体应用中首先要确定通信协议,可制定如下简单协议。

PC机送来的命令以回车(ASCII码0DH)结束。命令有两个:

一个是字符"A"后跟两个字符,两个字符被单片机解释为需要向P2口输出的数据(十六进制表示的8位数)。如"A23"表示要输出23H。

另一个是字符"B",解释为PC机要单片机发送P1口输入的数据。单片机需发送P1口输入数据的十六进制表示。如输入数据为5AH,单片机应回送"5A"。

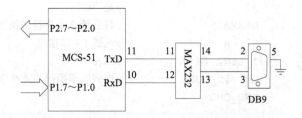

图 9-31 MCS-51 单片机与 PC 机通信的电路

对于 PC 机送来的其他字符,单片机也需发回响应信息。响应信息为字符串"OK",以回车换行结束。满足条件的程序可如下编制。

```
T_BUF     DATA    40H             ;发送缓冲区
R_BUF     DATA    50H             ;接收缓冲区
T_LEN     DATA    30H             ;发送数据长度
R_LEN     DATA    31H             ;接收数据长度
T_POS     DATA    32H             ;发送数据指针
R_POS     DATA    33H             ;接收数据指针
R_FLAG    BIT     20H.1           ;接收标志,成功接收一条命令后置位
          ORG     0000H
          LJMP    MAIN
          ORG     0023H
          LJMP    SIO_ISR
          ORG     0030H
MAIN:
          MOV     SP, #5FH
          MOV     TMOD, #20H      ;定时器 1
          MOV     TH1, #-12       ;波特率 4800
          MOV     TL1, #-12
          MOV     PCON, #80H
          MOV     SCON, #50H      ;串行口方式 1
          SETB    TR1
          SETB    ES
          SETB    EA
          MOV     R_LEN, #0       ;初始化接收缓冲区
          MOV     R_POS, #R_BUF
MAIN_LOOP:
          ……                      ;正常执行主循环
          JBC     R_FLAG, CMD     ;接收到命令,转去处理
          SJMP    MAIN_LOOP
CMD:
          MOV     A, R_LEN        ;检查是否空行
          JZ      MAIN_LOOP       ;是,无效命令
          MOV     R0, #R_BUF      ;否,取命令码
          MOV     R_POS, R0
          CJNE    @R0, #'A', NOT_A ;检查第一个字符
```

```
                INC     R0                              ;是"A"
                CALL    HEX2BIN                         ;将后续 2 个字符转换为二进制
                MOV     P2, A                           ;通过 P2 口输出
                MOV     T_LEN, #4                       ;回复"OK"
                MOV     R0, #T_BUF                      ;连同回车换行共 4 个字符
                SJMP    END_CMD
    NOT_A:
                CJNE    @R0, #'B', UNKOWN_CMD
                MOV     A, P1                           ;是"B",取 P1 口输入数据
                CALL    BIN2HEX                         ;转换为十六进制表示的 2 个字符
                MOV     T_LEN, #8                       ;回复
                MOV     R0, #T_BUF                      ;共 8 个字符
                MOV     @R0, A                          ;高 4 位表示
                INC     R0
                MOV     @R0, B                          ;低 4 位表示
                INC     R0
                MOV     @R0, #0DH                       ;回车
                INC     R0
                MOV     @R0, #0AH                       ;换行
                INC     R0
                SJMP    END_CMD
    UNKOWN_CMD:
                MOV     T_LEN, #4                       ;不识别的命令
                MOV     R0, #T_BUF                      ;也回复"OK"
    END_CMD:
                MOV     @R0, #'O'
                INC     R0
                MOV     @R0, #'K'
                INC     R0
                MOV     @R0, #0Dh
                INC     R0
                MOV     @R0, #0Ah
                CALL    SEND
                CLR     R_FLAG                          ;命令处理结束
                SJMP    MAIN_LOOP
    SEND:
                MOV     T_POS, #T_BUF                   ;发送子程序
                MOV     A, T_LEN
                JZ      SEND_RET
                MOV     SBUF, T_BUF
                INC     T_POS
    SEND_RET:
                RET
    SIO_ISR:                                            ;串行口中断服务程序
                PUSH    PSW
```

```
                PUSH        ACC
                MOV         R0, A
                PUSH        ACC
                JBC         RI, RX
                SJMP        CHK_TI
RX:             MOV         A, SBUF
                CJNE        A, #0DH, STORE_IT
                MOV         A, R_POS
                CLR         C
                SUBB        A, #R_BUF
                MOV         R_LEN, A
                SETB        R_FLAG
                SJMP        CHK_TI
STORE_IT:
                MOV         R0, R_POS
                MOV         @R0, A
                INC         R_POS
CHK_TI: JBC     TI, TX
                SJMP        SIO_RET
TX:             MOV         A, #T_BUF
                ADD         A, T_LEN
                CJNE        A, T_POS, TX_IT
                SJMP        SIO_RET
TX_IT:  MOV     R0, T_POS
                MOV         SBUF, @R0
                INC         T_POS
SIO_RET:POP     ACC
                MOV         R0, A
                POP         ACC
                POP         PSW
                RETI
HEX2BIN:                                ;十六进制表示转换为二进制
                MOV         A, @R0      ;欲转换的字符在内部 RAM 中，起始位置由 R0 指出
                CLR         C
                SUBB        A, #'A'     ;是否不小于"A"
                JNC         HIGH_IS_C   ;是，转移
                ADD         A, #'A'-'0'-10  ;否，是数字字符表示
HIGH_IS_C:                              ;"A"～"F"的字符表示
                ADD         A, #10      ;一个字符已经转换为二进制
                MOV         B, A        ;保存在 B 中，为高 4 位
                INC         R0          ;下面处理低 4 位
                MOV         A, @R0      ;同样过程
                CLR         C
                SUBB        A, #'A'
                JNC         LOW_IS_C
```

```
                ADD         A, #'A'-'0'-10
        LOW_IS_C:
                ADD         A, #10              ;低 4 位转换结束
                SWAP        A                   ;高低 4 位互换，这时低 4 位为 0
                ADD         A, B                ;与高 4 位拼接在一起
                SWAP        A                   ;高低位转入正常位置
                RET
        BIN2HEX:                                ;二进制转换为十六进制表示
                MOV         B, A                ;欲转换的数值在 A 中
                ANL         A, #0FH             ;只保留低 4 位
                CLR         C
                SUBB        A, #10              ;是否不小于 10
                JC          LOW_IS_DIGIT        ;否，转换为数字字符
                ADD         A, #'A'-'0'-10      ;是，转换为 "A" ～ "F"
        LOW_IS_DIGIT:
                ADD         A, #'0'+10          ;转换成功
                XCH         A, B                ;保存到 B 中
                SWAP        A                   ;转换高 4 位
                ANL         A, #0FH             ;同样的过程
                CLR         C
                SUBB        A, #10
                JC          HIGH_IS_DIGIT
                ADD         A, #'A'-'0'-10
        HIGH_IS_DIGIT:
                ADD         A, #'0'+10          ;高 4 位表示在 A 中
                RET
                END
```

本项目的软件实现中，仍有很多方面需要完善。比如，对于接收命令数据的长度没有限制，每收到一个字符，只要不是回车符，就直接存入接收缓冲区，这项工作是在串行口中断服务程序中完成的。成功接收到一个字符并存入接收缓冲区后，中断服务程序要返回，返回地址保存在堆栈中。接收缓冲区也是在内部 RAM 中开辟的一段区域，在不检查接收长度的情况下，接收缓冲区中可能会一直存入字符，接收数据指针也在不断后移。若长时间收不到回车字符，总有一次，接收缓冲区溢出，收到的字符存入堆栈区域，将中断返回地址改写，使中断服务程序无法正常返回。如果知道程序存储器从某个地址开始为一段特权代码，就可以通过 PC 发出特定字符组成的命令，使得中断服务程序"返回"到那段特权代码处执行，这就是"缓冲区溢出"攻击，是信息安全研究的对象。

小　　结

本章介绍了 MCS-51 的串行口，以及与串行通信、串行扩展相关的内容。

MCS-51 中的串行口有 4 种工作方式，方式 0 为同步移位寄存器方式，方式 1 为 8 位

UART 方式，方式 2 和 3 为 9 位 UART 方式。方式的选择由 SCON 中的 SM0、SM1 位控制。各种方式的波特率设置分别为：方式 0 固定为振荡频率的 1/12；方式 2 为振荡频率的 1/32 或 1/64，取决于 PCON 中 SMOD 位；方式 1 和方式 3 的波特率最灵活，由定时器/计数器 T1 或 T2 的溢出率与 PCON 中的 SMOD 共同控制，有较大的波特率选择范围。

串行口的方式 0 可以用来扩展并行 I/O 接口，只需外接移位寄存器即可。方式 1 主要用于双机通信，这时要与对方设置相同的帧格式和波特率。方式 2 和方式 3 可以用作多机通信，构成简单的集散控制系统。

SPI 总线是 Motorola 公司提出的三线结构，但是在某些器件的实现中做了简化。MCS-51 的串行口方式 0 也是一种变形的 SPI，只能工作在主设备方式，可以与用相同时序操作的器件连接。I^2C 总线是 Philips 公司的专利，当前有大量的 I^2C 接口的器件可用。MCS-51 基本型单片机中没有 I^2C 总线接口，如果需要，可以使用口线模拟其时序。SPI 与 I^2C 的使用方便了硬件电路连接，在单片机领域的应用日益广泛。

习　题

1. 什么是串行通信？串行通信的全双工、半双工、单工方式各是什么含义？
2. 异步串行通信和同步串行通信有什么区别？如果对通信速率要求很高，应使用哪种方式？如果通信硬件条件较低，应使用哪种方式？
3. 什么是波特率？波特率为 1200bps，一帧数据中有 1 个起始位、7 个数据位、奇校验、1 个停止位时，1 秒钟最快传送多少个 7 位字符？
4. MCS-51 单片机可否与 PC 机的串行口直接连接？为什么？
5. 串行口的发送 SBUF 和接收 SBUF 是同一个寄存器吗？如果不是，如何区分？
6. SCON 中哪些位控制 MCS-51 串行口的工作方式？
7. 在方式 0 和方式 1 中，RB8 与 TB8 还有用吗？
8. TI 和 RI 可以由硬件自动清零吗？为什么？
9. 为什么串行口的数据发送要与 16 分频计数器同步？
10. 串行口发送和接收的波特率是否必须相同？帧格式是否一定相同？
11. 为什么使用串行口时，常用 11.0592MHz 的振荡频率，而不是 12MHz？
12. 使用 CD4094 扩展输出与使用 74LS164 相比有什么优势？
13. 发送 7 位 ASCII 字符、偶校验时，使用串行口的哪种工作方式合适？发送 8 位 ASCII 字符、偶校验时呢？
14. MCS-51 的多机通信原理是什么？
15. SPI 总线中 MISO 和 MOSI 各是什么含义？二者可以是同一条线吗？
16. SPI 总线系统中，主设备是如何寻址从设备的？
17. 如果使用 AT24C02 作为永久存储设备，一个 I^2C 总线系统中最多可以存储多大容量的数据？如果使用 AT24C04 呢？

18. I^2C 总线系统中，主设备是如何寻址从设备的？

19. 若某单片机系统中要使用大量的 I^2C 接口器件，选择带有内置 I^2C 总线接口的单片机(价格高些)还是选择不带的合适？为什么？

20. 修改实训案例的软件部分，使其能避免缓冲区溢出攻击。

第10章 模拟量接口

本章要点

- D/A 转换的方法
- DAC0832 和 DAC1208 的结构与应用
- A/D 转换的方法
- ADC0809 和 ADC574A 的结构与应用

模拟量接口主要用于单片机控制和测量仪表中。

计算机进行工业控制和测量时，经常遇到有关参数连续变化的物理量，比如温度、湿度、压力、位移等。这些量在时间和幅值上都是连续变化的，称作模拟量。而计算机内部处理的数据在时间和幅值上都是离散而且有限的，无法直接输入或输出模拟量。模拟量接口就是为此而设计的。

用计算机处理模拟量时，一般先利用光电、压敏、热敏等元件把它们转换成模拟电流或模拟电压，然后再将模拟电流或模拟电压转换为数字量。对于被控对象，计算机系统还应将内部数字量形式的控制信息转换成模拟电流或模拟电压送出。这两个过程分别称作 A/D 转换和 D/A 转换。

能够处理模拟量的计算机测量控制系统如图 10-1 所示，图中箭头代表信号的传送方向。

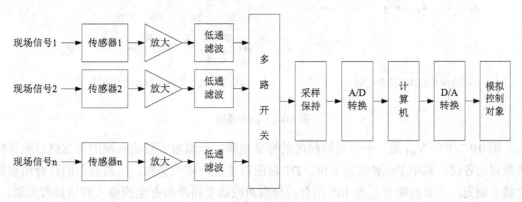

图 10-1 计算机测量控制系统简图

传感器的作用是把各种现场物理量测量出来，转换为电信号；量程放大器用于将传感器的微小信号放大到 A/D 转换所需的量程范围；低通滤波器将干扰脉冲信号剔除，提高信噪比。通常要监视和测量的现场信号很多，而且它们变化缓慢，没有必要为每一路现场信号设置一个 A/D 转换器和一条与计算机的通道，可以利用多路开关，用同一个通道来监视测量多路信号。现场信号总是在变化，而 A/D 转换又需要一定的时间，所以应将待转换的信号采样后保持一段时间,以免转换过程中发生变化导致结果不准,这是采样保持电路的作用。

上述计算机测量控制系统中,被测对象的信号输入部分称作前向通道,计算机进行内部运算处理后,对控制对象的输出部分称作后向通道。控制对象所需的控制信号可能是开关量、数字量,也可能是模拟量。对于模拟量,计算机系统中必须要有 D/A 转换电路。

10.1 D/A 转换器

D/A 转换器是把数字信号转换成模拟信号的器件。D/A 转换器的输出可以是电流,也可以是电压,但多数是电流信号。在大多数电路中,D/A 转换器输出的电流信号需要用运算放大器再转换成电压输出。

10.1.1 D/A 转换原理

计算机中的数字量是二进制的,每一位对应一定的权值。只要把每一位上的数字按照权值转换为相应的模拟量,它们的和就是该数字量对应的模拟量。最简单的 D/A 转换器就可以按照这种思路制作,如图 10-2(a)所示。

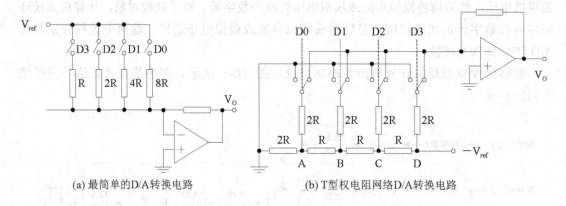

(a) 最简单的D/A转换电路　　　　(b) T型权电阻网络D/A转换电路

图 10-2　D/A 原理

图 10-2 中,V_{ref} 是一个有足够精度的标准电源,运算放大器输入端的各支路对应待转换数据的各位,其中 D0 对应第 0 位,D1 对应第 1 位,依此类推。支路开关的开合由该位的状态确定,为 0 时断开,为 1 时闭合,分别对应该支路是否有电流输入到运算放大器。

各输入支路中的电阻依次增大 2 倍,所产生的输入电流也依次相差 2 倍,正好对应二进制数各位的权值。这样,总的电流输入刚好对应输入的数字量,运算放大器的输出电压与输入数字量的大小成正比,实现了数字信号到模拟信号的转换。

但是图 10-2(a)所示的电路并不实用,因为不同电阻阻值的数量比较多(8 位 D/A 转换器就需要 8 种不同阻值的电阻),必须满足倍数关系,误差不能太大,制造比较困难。在集成电路中,常用 T 型电阻网络实现上述电阻支路的功能,这时所需的电阻阻值只有 R 和 2R 两种。采用 T 型电阻网络的 D/A 转换器如图 10-2(b)所示。

从图 10-2 中可以看出，一个支路中，只有开关打向右边，才会为运算放大器提供电流输入。开关状态由输入的二进制数字信号位控制，为 1 则打向右边，为 0 则打向左边。

T 型电阻网络中，节点 A 左边为两个 2R 的电阻并联，它们的等效电阻为 R；节点 B 左边也是两个 2R 的电阻并联，等效电阻也是 R，依次类推，最后在 D 点等效于一个阻值为 R 的电阻连接在参考电压 $-V_{ref}$ 上。而 C、B 和 A 点的电压分别为 $-V_{ref}/2$、$-V_{ref}/4$ 和 $-V_{ref}/8$。D3、D2、D1、D0 为 1 时，运算放大器从该支路得到的输入电流分别为 $-V_{ref}/2R$、$-V_{ref}/4R$、$-V_{ref}/8R$ 和 $-V_{ref}/16R$。

当输入二进制数各位分别是 D3、D2、D1、D0 时，运算放大器的输入电流为

$(-V_{ref}/2R*D3)+(-V_{ref}/4R*D2)+(-V_{ref}/8R*D1)+(-V_{ref}/16R*D0)$

$=-V_{ref}/16R*(D3*2^3+D2*2^2+D1*2^1+D0*2^0)$，

输出电压为 $-V_{ref}*R_o/16R \times (D3 \times 2^3+D2 \times 2^2+D1 \times 2^1+D0 \times 2^0)$。

输出电压正好与数字量的数值成正比，可以代表输入数字量的大小。

10.1.2 D/A 转换器的指标

选择 D/A 转换器芯片时，主要考察的性能指标有以下几个。

1. 分辨率

分辨率反映了 D/A 转换器的灵敏度，具体指 D/A 转换器能够分辨的最小电压差，通常用最低有效位对应的模拟量来表示。若满量程记做 V_{fs}，一个 n 位 D/A 转换器的分辨率为 $V_{fs}/2^n$。

比如，一个 8 位的 D/A 转换器，满量程为 10V，其分辨率为 10V/256=39mV。

显然，位数越多，分辨率越小，转换越精确，所以有时也用位数表示分辨率。

2. 转换精度

转换精度为输出电压接近理想值的程度，通常用数字量的最低有效位(LSB)的一半表示，即±1/2 LSB。在不考虑其他 D/A 转换误差时，转换精度可以用分辨率的大小表示。要获得高精度的 D/A 转换结果，首先要保证选择有足够分辨率的 D/A 转换器。

但是 D/A 转换精度还与外部电路的配置有关，当外部电路的器件或电源的误差较大时，会引起较大的 D/A 转换误差。若这些误差超过一定限度，D/A 转换器的位数无法准确反映转换精度。

3. 建立时间

数字量输入变化后，D/A 转换器的模拟量输出达到规定范围所需的时间称为建立时间，它反映了 D/A 转换的速度，通常的规定范围是指终值±1/2 LSB。

以电流形式输出的 D/A 转换器建立时间比较短，以电压形式输出的，其建立时间主要是运算放大器输出所需要的响应时间，一般比较长。

4. 线性度

D/A 转换输出模拟量应该与输入的数字量成线性关系，但实际上输出特性不是理想线

性的。线性度是指 D/A 转换器实际转换特性曲线和理想直线之间的最大偏差。通常,线性度不应超出±1/2 LSB。

5．温度系数

外界温度的变化对 D/A 转换器的正常工作也有影响。温度系数定义为在满量程输出的条件下,温度每升高 1℃,输出变化的百分数。

6．电源抑制比

对于高质量的 D/A 转换器,要求开关电路及运算放大器所用的电源电压发生变化时,对输出电压的影响极小。通常把满量程电压变化的百分数与电源电压变化的百分数之比称为电源抑制比。

7．输出电平

不同型号 D/A 转换器的输出电平相差较大,一般为 5～10V,高压输出型有的可达 24～30V。电流输出型 D/A 转换器的输出范围很广,从低的几毫安到几十毫安,高的可达 3A。

8．工作温度范围

温度会影响运算放大器和权电阻网络的工作特性。只有在一定的温度范围,才能保证额定精度指标。较好的 D/A 转换器的工作温度范围为-10℃～+85℃之间,普通的为 0℃～70℃。

10.1.3 D/A 转换器的选型

选择 D/A 转换器芯片时主要考虑芯片的性能、结构及应用特性。在性能上必须满足 D/A 转换的技术要求,在结构和应用特性上要力求接口方便、外围电路简单、价格低廉等。

前面介绍的 D/A 转换器的主要性能指标,在芯片手册中都会给出。选择时,要考虑用位数(8 位、10 位、12 位等)表示的转换精度是否能满足系统对误差的要求、转换时间是否合理。在结构和应用特性的选择上,应注意以下几个方面的问题。

1．输入特性

输入特性包括输入数据的码制、数据格式和逻辑电平等。目前常用的 D/A 转换器芯片都只能接收自然二进制数字代码,当输入数字量为移码、补码等双极性数码时,应外接适当的转换电路或软件处理。输入数据格式一般为并行数据,对于片内有移位寄存器的 D/A 转换器,可以接收串行数据。输入逻辑电平方面应考虑与 TTL 还是 CMOS 兼容问题。

2．输出特性

目前多数 D/A 转换器件为电流输出。手册上通常给出在规定的输入参考电压及参考电阻时的满量程输出电流 I_o,还有最大输出短路电流以及输出电压允许范围。对于输出特性具有电流源性质的 D/A 转换器,用输出电压允许范围来表示由输出电路造成输出端电压的可变动范围。对于输出特性为非电流源性质的 D/A 转换器，电流输出端应保持公共端电位或虚地。

3. 锁存特性及转换控制

D/A 转换器是否对输入数字量有锁存功能会直接影响与 CPU 的接口设计。如果 D/A 转换器没有输入锁存器，通过 CPU 数据总线传送数字量时，必须外加锁存器，否则只能通过具有输出锁存功能的 I/O 口向 D/A 转换器输出数字量。

有些 D/A 转换器并不是对锁存的数字量输入立即进行转换，而是只有在外部施加了转换控制信号后才开始转换和输出。具有这种输入锁存和转换控制功能的 D/A 转换器，在 CPU 控制多路 D/A 输出时，可以做到多路 D/A 转换的同步输出。

4. 参考电压源

在 D/A 转换中，参考电压源是唯一影响输出的模拟参数，对 D/A 接口的工作性能、电路的结构有很大影响。使用内部带有低漂移精密参考电压源的 D/A 转换器，不仅能保证较好的转换精度，还可以简化接口电路。

10.2 D/A 转换器的应用

经常使用的 D/A 转换器都是集成电路芯片。其中，既有分辨率较低、较通用、价格较低的 8 位、10 位芯片，也有速度和分辨率较高、价格也较高的 12 位、16 位芯片；既有电流输出的芯片，也有电压输出的芯片。本节以典型的 8 位 D/A 转换器 DAC0830 系列为例，介绍 D/A 转换芯片的内部结构和用法。

10.2.1 DAC0832 的结构

DAC0830 系列产品包括 DAC0830、DAC0831 和 DAC0832，它们可以完全相互代换。DAC0832 的输入数字量为 8 位，具有双缓冲、单缓冲和直通三种数据输入方式；CMOS 工艺，低功耗(20mW)，逻辑电平与 TTL 兼容；参考电压范围为±10V；电流建立时间为 1μs，温度系数为 0.0002%。

1. DAC0832 的内部结构

DAC0832 的内部结构如图 10-3 所示。

其中，8 位的输入寄存器用于存放 CPU 送来的数字量，使数字量得到缓冲和锁存，由 $\overline{LE1}$ 控制；8 位 DAC 寄存器用于存放待转换的数字量，由 $\overline{LE2}$ 控制；8 位 D/A 转换电路由 8 位 T 型电阻网络和电子开关组成，电子开关受 8 位 DAC 寄存器输出控制，T 型电阻网络输出与数字量成正比的模拟电流。因此，DAC0832 需外接运算放大器才能得到模拟电压输出。

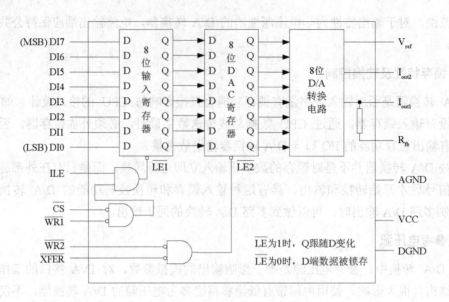

图 10-3　DAC0832 的内部结构

2. DAC0832 的引脚功能

DAC0832 共有 20 个引脚，DIP 或 SOP 封装。引脚名参见图 10-3，功能如下。

- DI7～DI0：8 位数字量输入，其中 DI7 为最高位，DI0 为最低位。
- $\overline{CS}$：片选线。$\overline{CS}$ 与 ILE 信号结合，用以控制 $\overline{WR1}$。
- ILE：输入锁存允许信号，用以控制 $\overline{WR1}$。
- $\overline{WR1}$：写信号 1 输入，用于将 CPU 数据总线送来的 8 位数据装入输入寄存器，输入寄存器中的数据在 $\overline{WR1}$ 变为 1 时被锁存。要更新输入寄存器中的内容，$\overline{WR1}$、$\overline{CS}$ 和 ILE 必须同时有效。
- $\overline{WR2}$：写信号 2 输入。与 $\overline{XFER}$ 配合，将输入寄存器中的有效数据传送到 DAC 寄存器。
- $\overline{XFER}$：传送控制信号输入。与 $\overline{WR2}$ 配合，用以选通 DAC 寄存器。
- R_{fb}：反馈电阻，一般与外接运算放大器的输出端相连。DAC0832 片内提供了反馈电阻，需要输出电压时，可用作外接运算放大器的并联反馈电阻。
- V_{ref}：参考电压输入。通过 V_{ref} 将外部高精度电压源与内部的电阻网络相连接，V_{ref} 可在-10～+10V 范围内选择。
- I_{out1}：DAC 电流输出 1。当 DAC 寄存器内容为全 1 时，I_{out1} 输出电流最大；为全 0 时，输出电流为 0。
- I_{out2}：DAC 电流输出 2。I_{out1} 与 I_{out2} 的和为常数(对于固定的参考电压，为满量程电流)。为了保证额定负载下输出电流的线性度，I_{out1} 和 I_{out2} 引脚上的电压必须尽量接近地电平。为此，I_{out1} 和 I_{out2} 通常接运算放大器输入端。
- VCC：芯片供电电源，范围为+5～+15V，+15V 最佳。
- DGND：数字地。

- AGND：模拟地。

10.2.2 DAC0832 的应用

在 MCS-51 系统中，DAC0832 可以有三种连接方式：直通方式、单缓冲方式和双缓冲方式。

1. 直通方式

当 DAC0832 内部的两个起数据缓冲作用的寄存器——输入寄存器和 DAC 寄存器不起锁存作用，即令 $\overline{LE1}$ 和 $\overline{LE2}$ 始终为高电平时，DI7～DI0 引脚上的数字量输入就可直达 D/A 转换电路，只要输入有变化，立即进行 D/A 转换，随后相应模拟信号输出。这时的控制信号减到最少，一般用于无计算机控制的系统。直通方式要求 ILE 信号接高电平，而 $\overline{CS}$、$\overline{WR1}$、$\overline{WR2}$ 和 $\overline{XFER}$ 接低电平。

2. 单缓冲方式

单缓冲方式是指 DAC0832 内部的两个寄存器仅有一个受选通信号的控制。图 10-4 所示为工作于单缓冲方式的 DAC0832 在 MCS-51 系统中的连接。

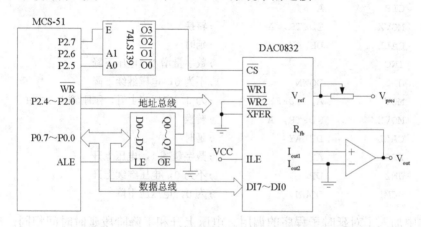

图 10-4 MCS-51 系统中的单缓冲方式 DAC0832

DAC0832 的 ILE 信号接高电平，$\overline{WR2}$ 和 $\overline{XFER}$ 接低电平，而 $\overline{CS}$ 和 $\overline{WR1}$ 分别由系统地址译码器输出和系统写信号控制。这时，8 位的 DAC 寄存器处于直通状态，而输入寄存器在 $\overline{CS}$ 和 $\overline{WR1}$ 全为低电平时才能锁存数据。锁存数据需要一个写信号，同时，地址译码器 74LS139 的 $\overline{O3}$ 应输出为 0，才能选通 DAC0832 的输入寄存器。这样，DAC0832 输入寄存器的地址高 3 位就确定为 011B，其他位无关，若无地址冲突，16 位地址不妨用 6000H。

对外部端口 6000H 的一次写操作，就将累加器 A 中的数据存入 DAC0832 的输入寄存器，随即进行转换输出。只要不再次写该端口，DAC0832 的模拟量输出就不会变化。模拟量的变化只受一次软件写操作的控制，这就是单缓冲的含义。

图 10-4 中 DAC0832 的模拟输出产生的是单极性电压输出，输出电压与数字量之间的

关系为 $V_{out}=-B\times V_{ref}/256$，其中 B 为 8 位二进制数字量的值。B 为 0 时，V_{out} 为 0V；B 为 255 时，V_{out} 为负的最大值，输出电压为负的单极性。

例 10.1 使用图 10-4 所示的电路，编写产生锯齿波的子程序。

将输出数据依次增大，就会产生锯齿波，可编写如下的子程序。

```
        MOV     DPTR, #6000H    ;输入寄存器地址
AGAIN:  INC     A               ;数字量增 1
        MOVX    @DPTR, A        ;转换
        SJMP    AGAIN           ;反复
```

产生的锯齿波如图 10-5(a)所示。锯齿波波形是负向的，从 0V 下降到负的最大值。实际上，这条"斜线"不是直线，而是分成了 255 个小台阶，每个小台阶的持续时间为一次循环所消耗的时间。在循环体中插入延时子程序或延时指令，就可以改变锯齿波的斜率和周期。

例 10.2 使用图 10-4 所示的电路，编写产生三角波和方波的子程序。

假设三角波要求的最高电压是 0V，最低电压是 $-V_{ref}$，则子程序可如下编写。

```
        MOV     DPTR, #6000H    ;输入寄存器地址
        CLR     A
DOWN:   MOVX    @DPTR, A        ;转换
        CALL    DELAY           ;延时
        INC     A               ;数字量增 1，电压下降
        JNZ     DOWN            ;不为 0，电压继续下降
        MOV     A, #0FEH        ;为 0，电压应上升，刚刚输出 0FFH
UP:     MOVX    @DPTR, A        ;转换
        CALL    DELAY           ;延时
        DEC     A               ;数字量减 1，电压上升
        JNZ     UP              ;不为 0，电压继续上升
        SJMP    DOWN            ;为 0，电压应下降
```

循环体中加入了对延时子程序的调用。电压上升和下降阶段延时时间相同，产生的是对称的三角波，如图 10-5(b)所示。

对于方波，假设高电压所对应的数字量为 V_{high}，低电压对应的数字量为 V_{low}，波形如图 10-5(c)所示，则子程序可如下编写。

```
        MOV     DPTR, #6000H    ;输入寄存器地址
AGAIN:  MOV     A, #VHIGH       ;高电压
        MOVX    @DPTR, A        ;转换
        CALL    DELAY           ;延时
        MOV     A, #VLOW        ;低电压
        MOVX    @DPTR, A        ;转换
        CALL    DELAY           ;延时
        SJMP    AGAIN           ;反复输出
```

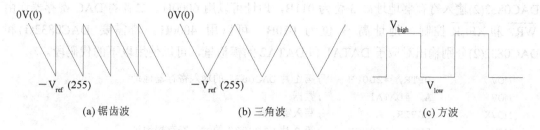

图 10-5 电压波形输出

例 10.3 使用图 10-4 所示的电路,怎样产生正弦波输出?

欲产生正弦波,每一时刻所对应的数字量可以使用三角函数计算得出。但是 MCS-51 没有浮点运算单元,使用泰勒级数编写子程序计算太费时间。通常将标准的正弦函数值(一个周期、半个周期或 1/4 周期)事先计算出来,保存到程序存储器中。需要输出时,使用时间、频率和相位计算得到的值作为索引去查表,然后再乘以振幅,得到最终的数字量,输出到 DAC0832。表格中不可能存放连续的数值,应根据系统对精度的要求,采用精细或粗略的采样频率,将结果编制成表格。

3. 双缓冲方式

双缓冲方式是指 DAC0832 的输入寄存器和 DAC 寄存器都由外部信号控制。这时,CPU 必须用 $\overline{LE1}$ 来锁存欲转换的数字量,用 $\overline{LE2}$ 启动 D/A 转换。这两个动作可以通过 CPU 对 DAC0832 的两次写操作完成,当然第二次写的数据是没有意义的,但也需要一个端口地址。

双缓冲方式通常用在多个 DAC0832 同步输出模拟信号的场合。首先将各个 DAC0832 欲转换的数据准备好,依次写入其输入寄存器,然后用一个统一的写操作启动所有的 D/A 转换,使得所需模拟信号能同时出现。图 10-6 给出了两片 DAC0832 在 MCS-51 系统中的连接,假如它们要控制同一对象,则二者的模拟输出应该同步,要采用双缓冲方式。

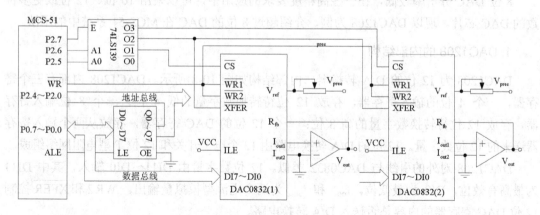

图 10-6 MCS-51 系统中的双缓冲方式的两片 DAC0832

图中的 DAC0832(1)输入寄存器的选通信号由其 $\overline{CS}$ 与 $\overline{WR1}$ 控制,高 3 位地址为 001B,其余地址信号无关,不妨全取 0,则该寄存器在系统中的 16 位地址为 2000H;

DAC0832(2)输入寄存器地址高 3 位为 011B，地址可以用 6000H。二者的 DAC 寄存器均由 $\overline{WR2}$ 和 $\overline{XFER}$ 控制，地址高 3 位为 010B，可以用 4000H。若需要 DAC0832(1) 和 DAC0832(2) 分别输出对应于 DATA1 和 DATA2 的模拟量，可以使用以下的代码段。

```
MOV      DPTR, #2000H     ;第 1 片 DAC0832 的输入寄存器地址
MOV      A, #DATA1        ;数据
MOVX     @DPTR, A         ;写入寄存器
MOV      DPTR, #6000H     ;第 2 片 DAC0832 的输入寄存器地址
MOV      A, #DATA2
MOVX     @DPTR, A
MOV      DPTR, #4000H     ;两片 DAC0832 的 DAC 寄存器地址
MOVX     @DPTR, A         ;启动 D/A 转换
```

其中，最后一次的 MOVX 指令执行时，数据总线上的数据是没有意义的，只是为了产生一个写信号。若不使用写操作，用系统中空闲的口线控制也是可以的。

前面实现的模拟量输出都是单极性的，如果需要双极性输出，可参考图 10-7 所示的电路。对于 DAC0832，$V_o=(B-128)*V_{ref}/128$。

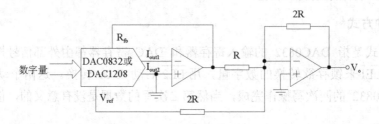

图 10-7 双极性模拟量输出

10.2.3 DAC1208 的结构与应用

8 位 DAC 分辨率较低，在一些高精度要求的应用中，可以采用 10 位、12 位或更多位数的 DAC 芯片。现以 DAC1208 为例，介绍超过 8 位的 DAC 在 MCS-51 系统中的用法。

1. DAC1208 的内部结构

DAC1208 为 12 位的 D/A 转换器，内部结构如图 10-8 所示。DAC1208 内部有三个寄存器，一个 4 位的输入寄存器，存放 12 位待转换数字量的低 4 位；一个 8 位输入寄存器，存放 12 位待转换数字量的高 8 位；一个 12 位的 DAC 寄存器，存放从两个输入寄存器送来的 12 位数字量。12 位的 D/A 转换电路由 12 个电子开关和 12 位 T 型电阻网络组成。

DAC1208 对外的引线与 DAC0832 类似。12 位数字量由 DI11～DI0 输入，其中 DI11 为最高有效位，DI0 为最低位。I_{out1} 和 I_{out2} 为两个电流型模拟量输出。$\overline{WR2}$ 和 $\overline{XFER}$ 控制 12 位 DAC 寄存器的内容是否送入 D/A 转换电路。

$\overline{CS}$、$\overline{WR1}$ 和 BYTE1/$\overline{BYTE2}$ 共同控制 12 位数字量的输入。当 $\overline{CS}$、$\overline{WR1}$ 和 BYTE1/$\overline{BYTE2}$ 都为低电平时，$\overline{LE2}$ 有效，DI3～DI0 上的低 4 位数字量进入 4 位输入寄存器；当 $\overline{CS}$ 和 $\overline{WR1}$ 为低电平而 BYTE1/$\overline{BYTE2}$ 为高电平时，$\overline{LE1}$ 和 $\overline{LE2}$ 都有效，DI11～

DI4 上的高 8 位数字量进入 8 位输入寄存器，如果这时 DI3～DI0 引脚上信号也有变化，那么 4 位输入寄存器内容也将发生改变。为了避免错误，在向 DAC1208 送 12 位数字量时，应先送高 8 位，再送低 4 位。然后使 $\overline{LE3}$ 有效，12 位值同时进入 DAC 寄存器。

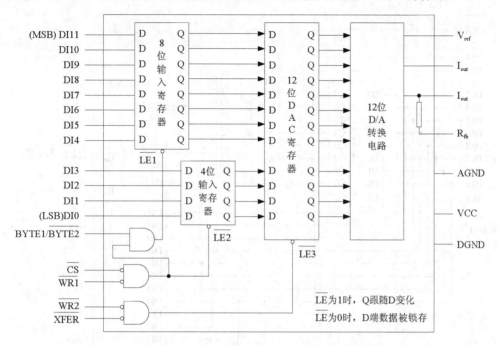

图 10-8　DAC1208 的内部结构

实际电路中，一片 DAC1208 至少要占用 3 个 I/O 端口地址，分别是 4 位输入寄存器、8 位输入寄存器和 12 位 DAC 寄存器。也就是说，DAC1208 必须工作在双缓冲方式，否则，在向输入寄存器送数字量时，由于需两次写入，假如 12 位 DAC 寄存器是直通的，两次写操作之间，DAC 寄存器中的数据是不一致的，或者说是没有意义的。这时 D/A 转换电路的输出电流也与待转换的数字量无关，不应输出。所以，转换一个 12 位数字量的过程应该是先分两次写入数字量数据，然后写 DAC 寄存器，以启动转换。

2. DAC1208 的应用

尽管 DAC1208 有 12 条数据线，但 MCS-51 的数据总线是 8 位的，一次只能传送 8 位数据。DAC1208 中 12 位数字量输入的高 8 位是一个整体，可以直接与数据总线相连；低 4 位可以连接到数据总线的低 4 位，也可以连接到数据总线的高 4 位。

图 10-9 所示为 DAC1208 在 MCS-51 系统中的一种连接方式。$\overline{CS}$ 接 3-8 译码器的 $\overline{Y1}$ 输出，有效时要求地址信号为 100××××××001××B。选通高 8 位输入寄存器需要 BYTE1/$\overline{BYTE2}$ 为 1，而 BYTE1/$\overline{BYTE2}$ 为 1 连接地址总线最低位，所以高 8 位输入寄存器在系统中的地址可以使用 1000000000000101B，即 8005H。同样，低 4 位输入寄存器的地址为 8004H。选通 DAC 寄存器的地址信号应为 100××××××000××B，不妨使用 8000H。

例 10.4 为图 10-9 的电路编写程序,将内部 RAM 地址为 40H 和 41H 中的 12 位数字量送 DAC1208 转换输出。其中 40H 中存放待转换数字量的高 8 位数据,41H 的高 4 位中存放待转换数字量的低 4 位数据。

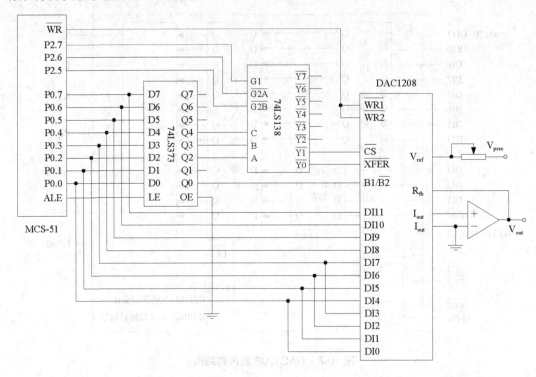

图 10-9　DAC1208 在 MCS-51 系统中的连接

在图 10-9 中,DI3~DI0 连接到系统数据总线的低 4 位,所以在写入待转换数字量低 4 位时,需要将内部 RAM 中存储的数据变成合适的格式。可用如下代码段完成该任务。

```
        MOV     R0, #40H        ;数字量存放地址
        MOV     A, @R0          ;高 8 位
        MOV     DPTR, #8005H    ;高 8 位输入寄存器地址
        MOVX    @DPTR, A        ;锁存
        INC     R0              ;取低 4 位
        MOV     A, @R0          ;4 位数据在累加器高 4 位存放
        SWAP    A               ;换到累加器低 4 位
        MOV     DPTR, #8004H    ;低 4 位输入寄存器地址
        MOVX    @DPTR, A        ;锁存
        MOV     DPTR, #8000H    ;DAC 寄存器地址
        MOVX    @DPTR, A        ;启动转换
```

代码中遵循了先送高 8 位后送低 4 位的原则,而且 DAC1208 工作在双缓冲方式。同 DAC0832 的用法类似,最后一次的写操作,DAC1208 并不接收数据,只是选通 DAC 寄存器,启动 D/A 转换。如果使用 8255A 作为输出口的扩展,DAC1208 可以与 8255A 的 A 口或 B 口的 8 位以及 C 口的 4 位直接相连,但是两个端口的数据仍然需要两次送出,也须先

高 8 位后低 4 位。

10.3 A/D 转换器

A/D 转换是指通过电路将模拟量转换成数字量的过程。通常输入电压信号，输出二进制数字量，是数据采集处理设备的重要工作环节。

10.3.1 A/D 转换原理

A/D 转换主要有计数式、双积分式、逐次逼近式、Σ-Δ 式等方法。实现方法不同，电路的复杂程度不同，转换的速度、精度也不同。

1. 计数式 A/D 转换

计数式 A/D 转换由计数器和运算放大器配合 D/A 转换器实现，图 10-10 所示为 8 位计数式 A/D 转换器原理。V_i 是模拟电压输入，D7～D0 是数字量输出。数字量输出驱动一个 8 位 D/A 转换器，转换电压输出为 V_o。C=1 时，计数器从 0 开始计数，C=0 时计数停止。

转换是由信号 S 启动的。首先使计数器清零，准备计数。一开始 D/A 转换器输出为 0，运算放大器在同相端输入电压作用下，输出高电平，使计数信号 C 为 1，开始计数。D/A 转换器的数字量输入不断增加，输出电压 V_o 不断上升。V_o 小于 V_i 时，运算放大器输出总是高电平，计数器继续增 1 计数。

当 V_o 上升到某个值时，首次出现 V_o 大于 V_i 的情况，这时运算放大器输出变低，C 为 0，发出转换结束信号，计数器停止计数，计数值就是与 V_i 相对应的数字量。

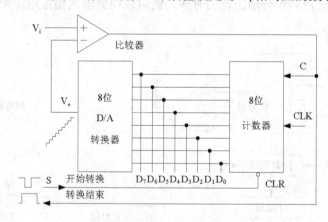

图 10-10 计数式 A/D 转换原理图

2. 逐次逼近式 A/D 转换

N 位逐次逼近式 A/D 转换的基本思想是：输入模拟量 V_i 和 D/A 转换器产生的反馈电压 V_o 只进行 N 次比较，使送到 D/A 转换器的数字量逼近于模拟量 V_i。其原理如图 10-11 所示。

逐次逼近式 A/D 转换的工作过程是：转换一开始，在逐次逼近寄存器中先设定一个数值，该数据经 DAC 转换后的输出电压 V_o 恰好是输入电压满量程的一半。输入模拟电压 V_i 和 DAC 输出 V_o 相比较，若 $V_i > V_o$，则控制器使寄存器数值增大，若 $V_i < V_o$，则控制器使寄存器数值减小，从而使 V_o 随之变化。逐次逼近寄存器中数值的变化量，总是已确定的 V_i 范围的一半。改变后的 V_o 再与 V_i 比较，不断进行下去，每次都把 V_i 范围缩小一半，直到 V_o 与 V_i 相同或相近到无法分辨时才停止比较。此时寄存器中的数值就是 A/D 转换的结果。

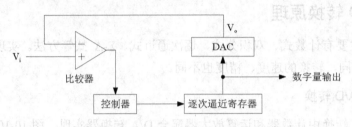

图 10-11 逐次逼近式 A/D 转换原理图

3. 双积分式 A/D 转换

双积分式 A/D 转换器的电路原理如图 10-12(a)所示，电路包括积分器、比较器、计数器和标准电压源。

转换一开始，电路对输入模拟电压进行固定时间的积分，然后再对标准电压进行反向积分。反向积分到一定时刻，便返回起始值。从图 10-12(b)中可以看出，对标准电压的反向积分时间 T 正比于输入模拟电压。输入模拟电压越大，反向积分所需时间越长。因此，只要用时钟脉冲测定反向积分所消耗的时间，就可以得到输入模拟电压所对应的数字量，即实现了 A/D 转换。

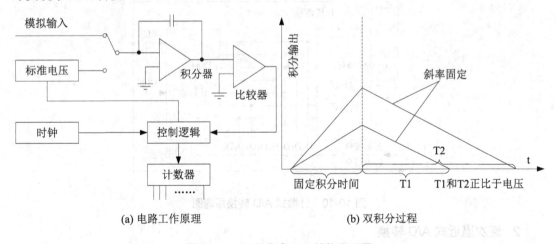

图 10-12 双积分式 A/D 转换原理图

4. Σ-Δ 式 A/D 转换

Σ-Δ 式 A/D 转换不是根据信号的幅度进行量化编码，而是根据前一采样值与后一采样值之差，即所谓的增量进行量化编码。采用极少位的编码器，避免了普通 A/D 转换器中需要制造高精度电阻网络的困难，而且编码结果不会对采样幅值变化太过敏感。由于编码位数少，采样和编码可以同时完成，因此不需要采样保持电路，大大简化了系统的结构。Σ-Δ 式 A/D 转换中的 Δ 表示增量，Σ 表示求和。

10.3.2 A/D 转换器的指标

A/D 转换器最主要的指标是分辨率、转换精度和转换率。

1. 分辨率和量化误差

A/D 转换器的分辨率是指能够分辨最小信号的能力，习惯上以输出二进制位数表示。比如 A/D 转换器 AD574A 的分辨率为 12 位，表示该转换器对模拟量输入可以用 2^{12} 个二进制数进行量化，其分辨率为 1LSB。如果用百分数表示，为 $1/2^{12} \times 100\% = 0.0244\%$。

量化误差和分辨率是统一的。量化误差是因为使用有限位数字对模拟量进行离散取值(量化)而引起的误差，理论上，量化误差为一个单位分辨能力，即 $\pm 1/2$ LSB。提高分辨率可减少量化误差。

2. 转换精度

由于模拟量是连续的而数字量是离散的，所以某个范围内的模拟量对应于同一个数字量。转换精度反映了实际 A/D 转换器与理想 A/D 转换器的差别，通常用数字量的最低有效位表示。理想 A/D 转换器存在着量化误差，实际 A/D 转换器当然也存在量化误差，转换精度所对应的误差指标是不包括量化误差的。比如转换精度指标为 $\pm 1/4$ LSB 的某 A/D 转换器，其实际误差范围为 $\pm 3/4$ LSB。

3. 转换时间与转换速率

A/D 转换器完成转换所需要的时间称为 A/D 转换时间，转换速率是转换时间的倒数。

实际应用中要根据需要、价格以及转换器的工作特点综合考虑这一指标。比如有的器件虽然转换时间较长，但是能锁存控制信号，所以在转换过程中不再需要外部硬件支持它的工作，CPU 和其他硬件可以在完成转换之前先去处理别的事务而不必等待；有的器件虽然转换时间不算长，但是在转换过程中必须由外部硬件提供持续的控制信号，可能要求 CPU 处于等待状态。

4. 电源灵敏度

当电源电压变化时，A/D 转换器的输出会发生变化。这种变化的实际作用相当于 A/D 转换器输入量的变化，从而产生误差。通常 A/D 转换器对电源变化的灵敏度用相当于同样变化的模拟输入值的百分数来表示。

5. 失调(零点)温度系数和增益温度系数

这两项指标都表示 A/D 转换器受环境温度影响的程度。一般用每摄氏度温度变化所产生的相对误差计量，单位为 ppm/℃。

10.3.3 A/D 转换器的选择

A/D 转换是前向通道中的一个环节,并不是所有前向通道中都必须配备 A/D 转换器。有模拟量输入并且计算机所需要的是数字式数值时,才用到 A/D 转换器。当确定使用 A/D 转换器后,可按下列原则选择 A/D 转换器芯片。

(1) 根据前向通道的总误差,选择 A/D 转换器精度及分辨率。用户提出的数据采集精度要求是综合精度要求,包括传感器精度、信号放大精度和 A/D 转换精度。应将综合精度在各个环节上进行分配,以确定对 A/D 转换器的精度要求和 A/D 转换器的位数。

(2) 根据信号对象的变化率及转换精度要求,确定 A/D 转换速度,以保证系统的实时性要求。使用中低速 A/D 转换器时,对于快速信号必须考虑采样/保持电路。

(3) 根据环境条件选择 A/D 转换芯片的环境参数要求,如工作温度、功耗、可靠性等级等性能。

(4) 根据计算机接口特征,考虑如何选择 A/D 转换器的输入/输出特征,比如,是并行输出还是串行输出,二进制输出还是 BCD 输出,双极性输入还是单极性输入,单端输入还是差分输入,使用内部时钟、外部时钟还是不用时钟,有无转换结束状态信号等。

10.4 A/D 转换器的应用

本节以 ADC0809 和 AD574A 为例介绍 8 位和 12 位 A/D 转换器的结构与应用。

10.4.1 ADC0809 的结构

ADC0809 是典型的 8 位逐次逼近式 A/D 转换器,可对 8 路模拟信号分时进行 A/D 转换。单一电源供电,模拟电压输入范围为 0~5V,无需调零和满量程调整。分辨率为 8 位,转换时间为 100μs。

1. ADC0809 的内部结构

ADC0809 由 8 路模拟开关、地址锁存与译码器、比较器、256R 电阻阶梯、树状开关、逐次逼近寄存器 SAR、控制电路和三态输出锁存器等组成,如图 10-13 所示。

8 路模拟开关用于从 8 路模拟信号输入中选择某一路进行转换,选择时受地址锁存与译码器控制,保证有且只有一路信号送入逐次逼近 A/D 转换电路。256R 电阻阶梯和树状开关用来产生与逐次逼近寄存器 SAR 内容相对应的模拟电压输出,以便与选中的模拟输入电压进行比较。SAR 在 A/D 转换过程中存放临时数字量,转换结束后存放数字量,并可送到三态输出缓冲器。从宏观上看,ADC0809 的 A/D 转换就是从 SAR 最高位开始,依次确定某位应为 0 还是为 1 的过程。三态输出缓冲器用于锁存 A/D 转换完成后的数字量,OE 若有效,则将其内容送到 8 条数字量输出信号线上。控制电路控制 ADC0809 的操作,比如转换过程的启动、逐位赋值的节拍、结束信号的产生等。

第 10 章 模拟量接口

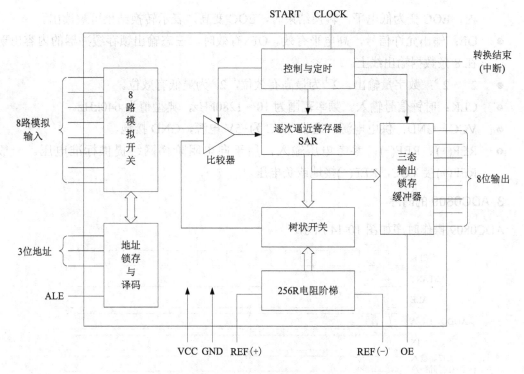

图 10-13 ADC0809 的内部结构

2. ADC0809 的引脚功能

ADC0809 采用 DIP 28 引脚封装形式，各引脚功能如下。

- IN0～IN7：8 路模拟电压输入，用于输入待转换的模拟电压。
- ADDA、ADDB、ADDC：地址信号，用于选择 IN0～IN7 中的某一路模拟量。其中 ADDC 为最高位，ADDA 为最低位，三条地址线的编码与 8 路输入相对应，见表 10-1。

表 10-1 地址信号与模拟输入的关系

ADDC	ADDB	ADDA	输入	ADDC	ADDB	ADDA	输入
0	0	0	IN0	1	0	0	IN4
0	0	1	IN1	1	0	1	IN5
0	1	0	IN2	1	1	0	IN6
0	1	1	IN3	1	1	1	IN7

- ALE：地址锁存允许信号，高电平有效。当 ALE 有效时，ADDA、ADDB、ADDC 三条地址线上的信号得以锁存，经译码后确定 8 路模拟开关的输出。
- START：启动转换信号，高电平有效。START 的上升沿清零 SAR，下降沿启动 ADC 工作。
- EOC：转换结束信号，高电平有效。在 START 信号上升沿后 0～8 个时钟周期内，EOC 变为低电平。转换结束时，EOC 变高，表示转换结果可被读出。
- OE：输出允许信号，高电平有效。OE 有效时，三态输出锁存缓冲器的内容出现在 8 条数据输出线上。
- $2^{-1} \sim 2^{-8}$：数字量输出。2^{-1} 为最高有效位，2^{-8} 为最低有效位。
- CLK：时钟信号输入。频率范围为 10～1280kHz，典型值为 640kHz。
- VCC、GND：供电电源，通常 VCC 为+5V 电源，GND 接地。
- REF(+)、REF(−)：参考电压输入，用于向电阻阶梯网络提供标准电压。一般 REF(+)接 VCC，REF(−)接地或负电压。

3. ADC0809 的时序

ADC0809 操作时序如图 10-14 所示。

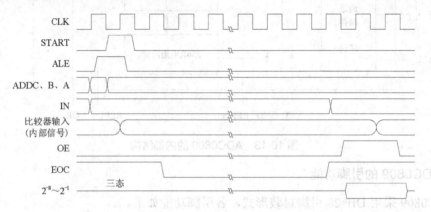

图 10-14　ADC0809 操作时序

从时序上看，当模拟输入电压信号准备好后，应向 ADC0809 送出地址选择、ALE 以及 START 脉冲，随后 ADC0809 启动转换过程。转换结束产生 EOC 信号输出后，CPU 可以使 OE 有效，从 $2^{-1} \sim 2^{-8}$ 读出转换结果。如果需要，再启动下一次(下一路)转换。

10.4.2　ADC0809 的应用

ADC0809 内部有一个 8 位的三态输出锁存缓冲器，所以它既可以看作是一种 A/D 转换器件，也可以看成是一个并行输入器件。因此，ADC0809 可以直接和 MCS-51 接口，也可以通过像 8255A 这样的并行接口芯片连接。在大多数情况下，MCS-51 单片机是和 ADC0809 直接相连的，如图 10-15 所示。这也是 ADC0809 在 MCS-51 系统中的典型连接方式。

图 10-15 中将 ADC0809 的 ALE 和 START 连在一起，使其在接收到模拟量地址后就启动转换。启动信号 START 由单片机的 $\overline{WR}$ 和译码器输出 $\overline{Y0}$ 同时控制，则欲启动 A/D 转换需向地址 100×××××××××000B 输出模拟量地址。而 ADDC、ADDB 和 ADDA 是连接到数据总线的 D2、D1 和 D0 的，当执行

```
        MOV     DPTR, #8000H
```

```
MOV      A, #05H
MOVX     @DPTR, A
```

指令时，ALE 上的正脉冲使 ADDC、ADDB 和 ADDA 引脚的信号 101B 得到锁存，多路开关选择 IN5 输入的模拟电压送比较器；START 上的正脉冲启动 ADC0809 的工作。

ADC0809 的 EOC 经反相器与 MCS-51 的 $\overline{INT0}$ 相连，说明该芯片是通过中断方式向单片机传送转换完成的数字量的。使用查询或延时等待方式也未尝不可，但是 ADC0809 转换一次典型时间为 100μs，对单片机来说还是太长了，不如中断方式效率高些。

单片机响应中断后，应该读取三态缓冲器中的数字量。对地址 8000H 的一次读操作可使 OE 引脚出现一个正脉冲，所以读取转换后的数据可用以下两条指令。

```
MOV      DPTR, #8000H
MOVX     A, @DPTR
```

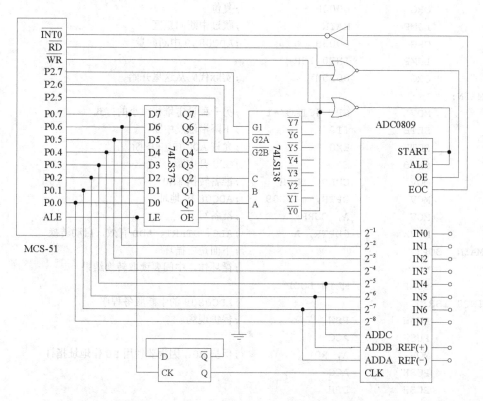

图 10-15   ADC0809 在 MCS-51 系统中的连接

ADC0809 所需时钟信号 CLK 由 D 触发器对 MCS-51 单片机的 ALE 信号二分频得到。若单片机振荡频率为 12MHz，则 ALE 频率为 2MHz，超出 ADC0809 额定参数。二分频后为 1MHz，可以使用。当然，ALE 信号会在执行 MOVX 指令的指令周期(两个机器周期)中丢失一次，但通常情况下影响不大。

例 10.5 某系统使用图 10-15 所示的电路连接，共有 8 路模拟电压输入。编写程序，将 8 路输入的实时转换结果存放于内部 RAM 的 40H～47H 单元中，程序主循环中将读取这些数值。

系统中有 8 路模拟量输入，而且需要实时转换结果，所以要使 ADC0809 始终工作在转换状态。即 IN0 的信号转换结束后将结果保存，然后马上启动对 IN1 信号的转换；IN1 信号转换结束后再启动对 IN2 信号的转换，这样一直循环下去，在 40H～47H 中存放的就总是最新的数据，能够满足实时性的要求。程序可如下编写。

```
        DSEG    AT      40H             ;转换结果存储位置
AIN:    DS      8                       ;共 8 个字节
CURR:   DS      1                       ;存放正在转换模拟量的地址
        DSEG    AT      60H             ;堆栈位置
STACK:  DS      20H                     ;32 个字节
ADC09   XDATA   8000H                   ;ADC0809 的地址
        CSEG    AT      0000H           ;上面是内部数据存储器，以下的代码区域
        ORG     0000H                   ;复位
        LJMP    MAIN                    ;跳过中断向量区
        ORG     0003H                   ;ADC0809 中断向量
        LJMP    INT0_ISR
        ORG     0030H                   ;实际代码从这里开始
MAIN:
        MOV     SP, #STACK-1            ;另一种设定堆栈大小的方式
        SETB    IT0                     ;下降沿触发中断
        SETB    EX0                     ;允许 ADC0809 中断
        SETB    EA                      ;CPU 开中断
        MOV     CURR, #00H              ;准备转换 IN0
        MOV     DPTR, #ADC09            ;ADC0809 地址
        MOV     A, CURR                 ;准备写
        MOVX    @DPTR, A                ;ALE、START、ADD 有效，启动转换
MAIN_LOOP:
                                        ;下面是主循环
        ……                              ;循环体，中间要读取转换结果
        SJMP    MAIN_LOOP
INT0_ISR:                               ;ADC0809 的中断服务程序
        PUSH    PSW                     ;保护现场
        PUSH    ACC
        MOV     A, R0                   ;保护 R0，因为要使用 R0 作地址指针
        PUSH    ACC
        PUSH    DPH
        PUSH    DPL
        MOV     A, CURR                 ;刚刚转换的模拟量地址
        ADD     A, #AIN                 ;计算应该存储的位置
        MOV     R0, A                   ;位置指针存入 R0
        MOV     DPTR, #ADC09            ;ADC0809 地址
        MOVX    A, @DPTR                ;OE 有效，读出转换结果
        MOV     @R0, A                  ;存入内部 RAM
        MOV     A, CURR                 ;还是刚转换结束的那一路
        INC     A                       ;准备下一路的地址
        ANL     A, #07H                 ;只保留 3 位，IN7 的下一路为 IN0
```

```
        MOV     CURR, A              ;保存
        MOV     DPTR, #ADC09         ;准备启动
        MOVX    @DPTR, A             ;ALE、START、ADD 有效,启动转换
        POP     DPL                  ;恢复现场
        POP     DPH
        POP     ACC
        MOV     R0, A
        POP     ACC
        POP     PSW
        RETI                         ;中断返回
        END
```

像这样功能、代码比较简单,而且对响应时间要求不是特别严格的中断服务程序,虽然使用了 R0 进行寄存器间接寻址,但也没有必要切换寄存器组,宁可多执行几条指令保护现场,将寄存器组留给使用寄存器较多的任务(其他中断服务程序或功能模块)。

例 10.6 某系统使用了如图 10-16 所示的连接方式,编写启动转换和读取转换结果的代码。

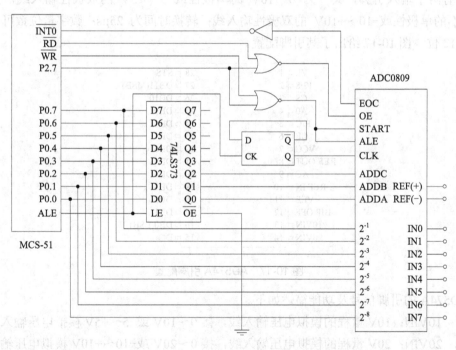

图 10-16 ADC0809 的另一种连接方式

图 10-16 的连接比较简洁,适用于系统中 I/O 扩展较少的场合。从图中可以看出,对 P2.7 为 0 的地址进行读操作,ADC0809 的 OE 为有效电平,可读出转换结果;对 P2.7 为 0 的地址进行写操作,ADC0809 的 ALE 和 START 为有效电平,可以选择某路模拟量输入并开始转换。注意到 ADC0809 的 ADDC、ADDB 和 ADDA 连到系统地址总线的最低 3 位,启动 ADC0809 对 IN6 转换的代码片段可如下编写。

```
        MOV     DPTR, #7F06H         ;P2.7 为 0,低 3 位为 110B
```

```
MOVX        @DPTR, A              ;START、ALE 有效,110B 送 ADDC、ADDB、ADDA
```

对 ADC0809 的写操作,系统数据总线上的信息没有意义,因为 ADC0809 锁存的是系统地址线的低 3 位数据。读取转换结果的代码段与前面类似,仅仅是地址不同。

```
MOV         DPTR, #7F00H         ;P2.7 为 0
MOVX        A, @DPTR             ;OE 有效,转换结果送数据总线
```

10.4.3 AD574A 的结构与应用

对精度要求较高时,需使用 8 位以上的 A/D 转换器。现以 12 位 A/D 转换器 AD574A 为例,介绍 8 位以上 A/D 转换器在 MCS-51 这样的 8 位单片机系统中的典型用法。

1. AD574A 的结构

AD574A 是 12 位逐次逼近式 A/D 转换器,内部结构与 ADC0809 类似。主要特点有:芯片内部有参考电压源和转换时钟;有三态输出数据锁存器;输入模拟电压的量程可灵活设置,有两个输入引脚,其一为 0～10V 的单极性或-5～+5V 的双极性输入线,其二为 0～20V 的单极性或-10～+10V 的双极性输入线;转换时间为 25μs;数字量位数可以选择 8 位或 12 位。图 10-17 给出了其引脚配置。

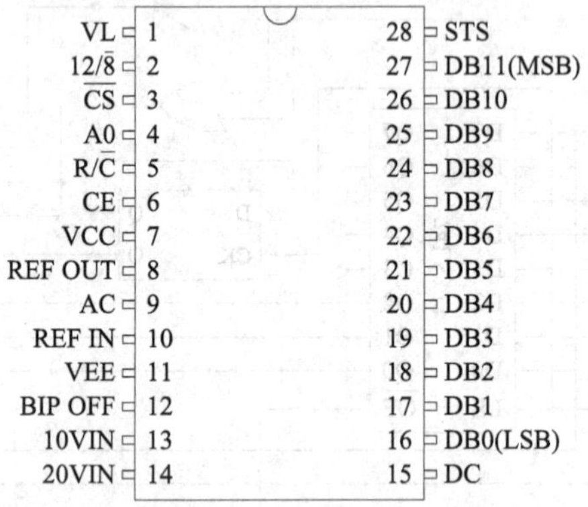

```
          VL   ┌─ 1      28 ─┐ STS
         12/8  ┌─ 2      27 ─┐ DB11(MSB)
          CS   ┌─ 3      26 ─┐ DB10
          A0   ┌─ 4      25 ─┐ DB9
          R/C  ┌─ 5      24 ─┐ DB8
          CE   ┌─ 6      23 ─┐ DB7
          VCC  ┌─ 7      22 ─┐ DB6
       REF OUT ┌─ 8      21 ─┐ DB5
          AC   ┌─ 9      20 ─┐ DB4
        REF IN ┌─ 10     19 ─┐ DB3
          VEE  ┌─ 11     18 ─┐ DB2
        BIP OFF┌─ 12     17 ─┐ DB1
         10VIN ┌─ 13     16 ─┐ DB0(LSB)
         20VIN ┌─ 14     15 ─┐ DC
```

图 10-17 AD574A 引脚配置

AD574A 的引脚信号及功能简述如下。

- 10VIN:10V 量程的模拟电压输入线,接 0～10V 或-5～+5V 模拟电压输入。
- 20VIN:20V 量程的模拟电压输入线,接 0～20V 或-10～+10V 模拟电压输入。
- AC:模拟电压公共地线输入。
- DB11～DB0:数字量输出线,DB11 为最高有效位,DB0 为最低位。
- VL:数字逻辑电源+5V。
- DC:数字量公共接地线,一般与 AC 连接后接地。
- VCC:+12～+15V 电源。
- VEE:-12～-15V 电源。
- $\overline{CS}$:片选线,低电平有效。

- CE：芯片允许线，高电平有效。与$\overline{CS}$共同控制对AD574A的读写操作。
- R/$\overline{C}$：读出/转换控制。在CE和$\overline{CS}$都有效时，若R/$\overline{C}$为0，则启动转换，为1则读出数据。
- A0：端口选择。当启动转换时，指定进行12位(0)还是8位(1)转换；读出数字量时，选择本次读出的是高8位(0)还是低4位(1)。
- 12/$\overline{8}$：在读取转换后的数字量时，选择12位还是8位数据输出。如果使用8位数据总线的单片机，该信号应为0。$\overline{CS}$、CE、R/$\overline{C}$、A0和12/$\overline{8}$的不同组合，用于对AD574A的不同操作，参见表10-2。
- STS：状态输出线。转换开始后STS变为高电平，转换结束时变低。STS作为AD574A与单片机之间的联络信号，可以等CPU查询，也可用作一个外部中断源。
- REF IN：内部参考电压输入。
- REF OUT：10V内部参考电压输出。
- BIP OFF：极性偏移调整。通常接至正负可调的分压网络，以调整ADC输出的零点。

表 10-2　AD574A 真值表

CE	$\overline{CS}$	R/$\overline{C}$	12/$\overline{8}$	A0	操　作
0	×	×	×	×	无操作
×	1	×	×	×	无操作
1	0	0	×	0	启动12位转换
1	0	0	×	1	启动8位转换
1	0	1	1	×	12位数据并行输出
1	0	1	0	0	输出高8位数据
1	0	1	0	1	输出低4位数据

从10VIN或20VIN引脚输入的模拟量，输入极性由REF IN、REF OUT和BIP OFF的连接确定，如图10-18所示。其中图10-18(a)为单极性输入时的连接方式，图10-18(b)为双极性连接。电位器R1用于零点调整，即在输入电压为最小值时，调节R1使转换结果在000H和001H之间；R2用于增益调整，即在输入电压为最大值时，调节R2使转换结果在FFEH和FFFH之间。

若输入是单极性的模拟量，则0V对应000H，最大电压值对应FFFH，转换结果可以看作一个12位的无符号数；若是双极性的模拟量，负的最大幅值对应000H，0V对应800H，正的最大幅值对应FFFH，从转换结果减去800H便得到补码表示的有符号的数字量。

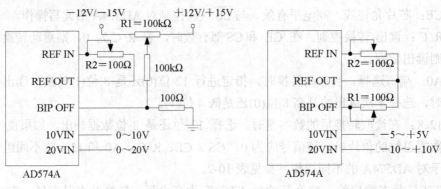

(a) 单极性位于转入　　　　　　　　　(b) 双极性位于输入

图 10-18　AD574A 输入极性选择的外部电路

2. AD574A 的应用

图 10-19 所示为 AD574A 在 MCS-51 系统中的一种连接方法。

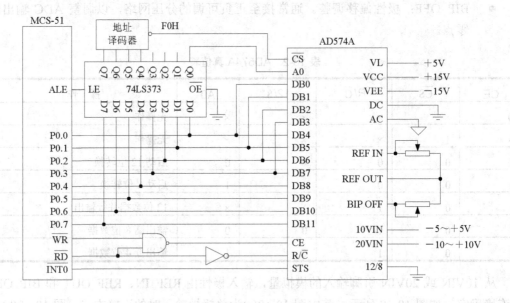

图 10-19　AD574A 在 MCS-51 中的连接

AD574A 的 $\overline{CS}$ 仅由系统低 8 位地址中的 A7、A6、A5 和 A4 译码产生，在外部没有扩展数据存储器且 I/O 器件很少的情况下，对外部 I/O 口的读写可以使用 8 位地址，程序代码简洁一些。图中启动 A/D 转换的端口地址为 F0H。当 $\overline{WR}$ 或 $\overline{RD}$ 有效时，CE 为高电平，配合 $\overline{CS}$ 对 AD574A 的操作。只要没有读操作，在 $\overline{CS}$ 和 CE 有效前 R/$\overline{C}$ 就已经为低电平，可以避免启动 A/D 转换前出现不必要的读操作。12/$\overline{8}$ 接地，采用 8 位数据传送。高 8 位数字量直接送 8 位数据总线；低 4 位送低 4 位数据总线，这时高 4 位数据无意义，单片机保存时要注意屏蔽。A0 接地址总线的 A0，所以高 8 位数据输出端口为 F0H，低 4 位数据输出端口地址为 F1H。STS 直接接到单片机的 $\overline{INT0}$，转换结束 STS 变低，正好作为一个下降沿触发的外部中断源。

例 10.7 针对图 10-19 所示的连接电路，编写程序，将 A/D 转换所得数字量存入内部 RAM 的 40H 和 41H 单元。其中，40H 中存放低 8 位，41H 中存放高 4 位。虽然 STS 连接到了 $\overline{INT0}$ 引脚，但是由于转换时间比较短，若使用中断方式，CPU 频繁响应中断，会降低系统性能。请使用查询方式实现。

使用查询方式，就要在启动转换之后等待 $\overline{INT0}$ 引脚变低。读出数字量的格式与要求格式不同，需要变换一下。可如下编写程序。

```
MOV     R0, #0F0H       ;启动转换端口地址
MOVX    @R0, A          ;启动转换，A中数据无意义
JB      INT0, $         ;等待 INT0 引脚变低
MOVX    A, @R0          ;读取高 8 位
MOV     R1, #41H        ;数字量高 4 位存放地址
MOV     @R1, A          ;存入，41H 中为数字量的高 8 位，记做 H4、M4
INC     R0              ;低 4 位端口地址
MOVX    A, @R0          ;读取低 4 位
ANL     A, #0FH         ;屏蔽掉无关的 4 位后，A 中低 4 位为数字量低 4 位
SWAP    A               ;高低 4 位交换，A 中为 L4、0
XCHD    A, @R1          ;与 41H 中交换低 4 位后，A 中为 L4、M4，41H 中为 H4、0
SWAP    A               ;A 中变为 M4、L4，为数字量低 8 位
DEC     R1              ;R1 为 40H
MOV     @R1, A          ;存入 40H
INC     R1              ;R1 为 41H
MOV     A, @R1          ;读出
SWAP    A               ;变为 0、H4
MOV     @R1, A          ;存入，41H 低 4 位为数字量高 4 位 H4
```

本例中没有要求数字量的编码形式，实际存储的是有符号数的移码(111111111111B 为最大的正数)表示。若需转换成二进制补码，还要减去 800H。

3. 模拟多路开关

AD574A 只能转换一路模拟输入，不像 ADC0809 内部有模拟多路开关，可以从 8 路模拟电压信号中选择其中一路进行转换。如果要使用 AD574A 对多路模拟量转换，可外接模拟多路开关，如 CD4051、CD4052、AD7501、MAX354、MAX355 等器件。

多路开关主要用于信号切换，在某一时刻只接通某一路而其他路断开。选用模拟开关时，通常要考虑以下参数。

- 通道数量：通道数量对传输被测信号的精度和切换速度有直接的影响。通道越多，寄生电容和泄漏电流通常也越大，尤其是在使用集成模拟开关时，尽管只有其中一路导通，其余路处于高阻状态，但仍存在漏电流对导通的那路产生影响的现象。通道越多，漏电流越大，通道间的干扰也越大。
- 泄漏电流：如果信号源内阻很大且传输的是电流量时，模拟开关泄漏电流的影响就更为显著。泄漏电流越小越好。
- 切换速度：对于需传输快速变化信号的场合，要求模拟开关有较高的切换速度。

切换速度并非越高越好，要与采样保持和 A/D 转换速度相互匹配。
- 开关电阻：理想状态的多路开关导通电阻为 0，断开电阻为无穷大。实际的模拟开关无法达到这个要求，需要考虑其开关电阻的大小。

下面以 CD4051 为例介绍模拟多路开关的基本用法。

CD4051 是 CMOS 的单端 8 通道模拟开关芯片，引脚配置如图 10-20 所示。

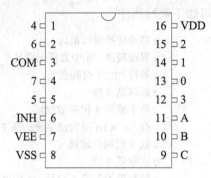

图 10-20 CD4051 引脚配置

其中，INH 为禁止端，当 INH 为高电平时，8 个通道全部禁止；当 INH 为低电平时，由 C、B、A 决定选通的通道，被选通的通道从 COM 输出。通道选择见表 10-3。

表 10-3 CD4051 通道选择

输入				接通通道
INH	C	B	A	
0	0	0	0	0
0	0	0	1	1
0	0	1	0	2
0	0	1	1	3
0	1	0	0	4
0	1	0	1	5
0	1	1	0	6
0	1	1	1	7
1	×	×	×	无

VDD 引脚为正电源，VEE 为负电源，VSS 为地。如果 VDD=+5V，VEE=−5V，则−5～+5V 之间的输入模拟信号，可以由 C、B、A 和 INH 输入的数字信号控制。

具体应用中，INH、C、B 和 A 引脚上的信号在 AD574A 进行 A/D 转换期间不能变化。这些引脚可以与单片机口线输出连接，也可以通过外加的锁存器，将单片机输出的数据锁存输出。如果单片机或锁存器的输出信号电平不匹配，可加 OC 门与上拉电阻解决。

10.5 案例实训——模拟信号的叠加

1. 案例说明

使用 ADC0809 将输入的两路模拟信号转换为数字量叠加，然后用 DAC0832 再转换为模拟量输出，在示波器上观察原始和叠加后的信号波形。

2. 电路设计

两路模拟电压可以分别从 ADC0809 的 IN0 和 IN1 输入，转换结果保存在 MCS-51 单片机内部 RAM 中。叠加就是将两个数字量相加，相加的结果送 DAC0832 进行转换。若两个输入量都是单极性的，输出也使用单极性。仅使用一片 DAC0832 即可，所以可用单缓冲方式。对于功能比较单一的系统，ADC0809 和 DAC0832 的片选都采用线选的方式，用 P2.7 选择 ADC0809，P2.6 选择 DAC0832，如图 10-21 所示。

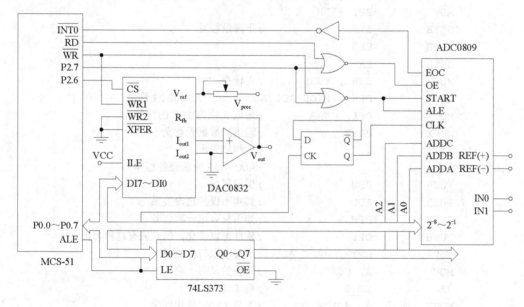

图 10-21 观察波形叠加的电路

使 DAC0832 输出特定电压，可以向 DFFFH 写入相应的数字量；启动 ADC0809 转换，应向 7FF×H 写入任何数据，其中×表示模拟量输入地址编号，在这里是 0 或者 1，代表 IN0 和 IN1。ADC0809 仍使用中断方式与单片机通信，获得转换结果可对 7FFFH 地址进行读操作。

3. 软件设计

主程序要对中断系统初始化，然后启动对 IN0 输入的转换，以后的工作完全在中断服务程序中完成。中断响应后，要读取转换结果，然后判断是对哪一路转换的。将结果存入相应的内部 RAM 单元后，启动另一路的转换过程。同时，将保存在内部 RAM 中的两个数字量相加，因为 DAC0832 是 8 位的，所以相加的和如果超出 8 位无法正常输出。为此，对输出的数字量进行归一化处理，将相加的结果转换为 0~255 间的值(除以 2 即可)，然后输出到 DAC0832。

完成要求功能的程序可参考以下代码。

```
        AIN0    DATA        30H             ;IN0 输入对应的数字量存储单元
        AIN1    DATA        31H             ;IN1 输入
        CURR    DATA        32H             ;存放正在转换的模拟量路数编号
        ADC_ADD XDATA       7FFFH           ;P2.7 为 0，其余为 1，选中 ADC0809
        DAC_ADD XDATA       0DFFFH          ;P2.6 为 0，其余为 1，选中 DAC0832
                ORG         0000H
                LJMP        MAIN
                ORG         0003H
                LJMP        INT0_ISR        ;外部中断 0
                ORG         0030H
MAIN:
                MOV         SP, #5FH
                SETB        IT0             ;下降沿触发
                SETB        EX0
                SETB        EA
                MOV         CURR, #00H      ;先转换 IN0
                MOV         DPH, #HIGH ADC_ADD   ;ADC0809 地址
                MOV         DPL, CURR       ;最低 3 位为 IN0 的编号
                MOVX        @DPTR, A        ;输出的数据无意义
                SJMP        $               ;主程序无事
INT0_ISR:                                   ;ADC0809 中断服务程序
                PUSH        PSW             ;保护现场
                PUSH        ACC             ;其实不保护也没关系
                PUSH        DPH             ;如果只有这一项任务
                PUSH        DPL             ;软件可以简化，但是应有这种习惯
                MOV         DPTR, #ADC_ADD  ;准备读取转换结果
                MOV         A, CURR         ;转换的是哪一路
                JZ          IS_0            ;是 IN0 吗
                MOVX        A, @DPTR        ;不是 IN0，读出结果
                MOV         AIN1, A         ;存入 IN1 所对应的单元
                DEC         CURR            ;准备转换 IN0
                SJMP        OUT             ;准备输出
IS_0:           MOVX        A, @DPTR        ;是 IN0
                MOV         AIN0, A         ;存入 IN0 所对应的单元
                INC         CURR            ;准备转换 IN1
OUT:            MOV         A, AIN0         ;准备求平均数
                ADD         A, AIN1         ;相加，结果为
                RRC         A               ;将最低位去掉，得到 8 位的平均数
                MOV         DPTR, #DAC_ADD  ;DAC0832 的地址
                MOVX        @DPTR, A        ;输出数字量
                MOV         DPH, #HIGH ADC_ADD   ;ADC0809 地址
```

```
            MOV     DPL, CURR        ;低 3 位为 IN0 或 IN1 的编号
            MOVX    @DPTR, A         ;启动转换
            POP     DPL              ;恢复现场
            POP     DPH
            POP     ACC
            POP     PSW
            RETI                     ;中断返回
            END
```

小　结

模拟量接口主要用于单片机测量和控制仪器仪表中。

对于需要由模拟电压或电流控制的设备，使用 D/A 转换器将单片机内部数字量转换成模拟量输出，常见的 D/A 转换器使用 T 型电阻网络。D/A 转换器件的性能指标主要有分辨率、转换精度、建立时间、线性度、温度系数、电源抑制比、输出电平、工作温度范围等，实际选择时还要考虑其输入特性、输出特性、锁存特性及转换控制、参考电压源等因素。

DAC0832 是最常见的 8 位 D/A 转换器之一，输入数字量为 8 位，输入方式有直通、单缓冲、双缓冲三种。直通方式适用于无计算机控制的系统，单缓冲方式用于单个 DAC0832 转换的系统，双缓冲通常用于多个 DAC0832 需同步输出模拟信号的系统。DAC0832 与单片机之间的数字量输出使用无条件传送方式。DAC1208 是 12 位的 D/A 转换器，向其输出数字量时应先送高 8 位，后送低 4 位。

A/D 转换用于模拟量数据采集系统中。A/D 转换方式常见的有计数式、逐次逼近式、双积分式、Σ-Δ 式等。A/D 转换器的性能指标有分辨率、量化误差、转换精度、转换时间、转换速率、电源灵敏度、失调(零点)温度系数和增益温度系数等。

ADC0809 是典型的 8 位逐次逼近式 A/D 转换器，可以对 8 路模拟信号分时进行 A/D 转换。具体应用中应先向其输出路数选择和启动脉冲，转换成功后 ADC0809 会产生转换结束信号，该信号可以用作单片机的一个中断源。对于转换时间比较长的 A/D 转换器，使用中断方式是比较合适的。AD574A 是 12 位逐次逼近式 A/D 转换器，用法上与 ADC0809 类似。如果需要使用一片 AD574A 对多路模拟量进行转换，需外加多路模拟开关。

习　题

1. D/A 转换为什么通常使用 T 型电阻网络？
2. 某个 12 位的 D/A 转换器，满量程为 10V，分辨率是多少？
3. 什么是 DAC0832 的直通方式、单缓冲方式、双缓冲方式？
4. 单片机系统中为什么不常使用 DAC0832 的直通方式？
5. DAC0832 的双缓冲方式一般用于什么场合？

6. 向 DAC1208 写入 12 位数字量，为什么先输出高 8 位，再输出低 4 位？
7. A/D 转换器有哪几种常见的转换方式？
8. 一个 10 位的 A/D 转换器，用百分数表示的分辨率是多少？
9. 使用 ADC0809 进行 A/D 转换，REF(+)接+5V，REF(−)接地。若转换结果为 30H，实际的输入电压是多少？
10. 为什么说使用 AD574A 进行 A/D 转换时，可以不用中断，而 ADC0809 最好用中断方式？
11. 使用 AD574A 进行 A/D 转换，模拟量为双极性输入，待转换的模拟电压接 10VIN 引脚。若转换结果为 300H，实际的输入电压是多少？

第 11 章 单片机应用系统设计

本章要点

- 单片机应用系统设计流程
- 硬件设计过程
- 软件设计过程
- 系统可靠性设计

前面讲述的是单片机各个功能部件的作用及用法。实际应用中，单片机是作为产品的核心控制单元出现的，其内部资源都要尽最大可能地发挥作用，外部也需要与现实世界相联系，最终呈现在人们面前的，是一个完整的应用系统。用户可能根本不了解产品的内部结构，而是关心其外在功能和质量。如何合理分析用户需求、设计出满足要求的产品，是本章讨论的重点。

11.1 单片机应用系统设计过程

单片机应用系统的设计涉及非常广泛的基础知识和专业知识，是一个综合性的劳动过程。既需要硬件系统的设计，也需要软件系统的开发，要求设计者有一定的综合素质。

11.1.1 单片机应用系统开发周期

单片机应用系统从概念到产品的全部开发过程称作开发周期，如图 11-1 所示。如果一直沿着向右的方向进行，是最理想的开发过程，但实际上总会遇到一些问题，需要对各个问题进行调试(找出并修正错误)，并对早期的设计做出相应的修改。问题的严重程度不同，修改的幅度也不同，最极端的情况是从头开始。图 11-1 中画出了最可能出现的反复。

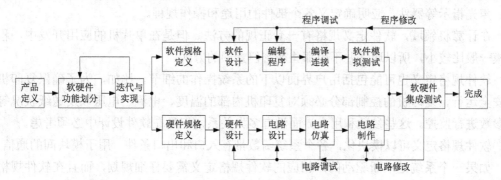

图 11-1 单片机系统开发周期

1. 产品定义

产品定义相当于一般软件工程中的需求分析阶段,即对产品需求加以分析、细化,并抽象出需要完成的功能列表,明确定义所要完成的任务。

2. 软件与硬件的划分

在考虑成本(包括开发成本和维护成本)、效率(包括开发效率和执行效率)、可靠性等因素的基础上,设计人员必须确定系统的哪些功能由硬件完成,哪些功能由软件完成。

3. 迭代与实现

软硬件初步划分后,设计人员(可能只是个人)分别要对软硬件进行建模。随着建模过程的深入,更多的约束被理解,可能要修改软硬件划分的界限,实现更为合理的划分。

4. 软件设计和硬件设计

这一阶段一般是可以独立完成的,即在合理划分了软硬件的界限后,软件和硬件的开发过程可以并行进行。本章后续内容中将详细讨论这个问题。

5. 软硬件集成测试

这是将软件开发和硬件开发最终结合起来的一个步骤。这个步骤很关键,也很复杂。前面几个步骤中任何不合理设计的后果都可能在这时完全体现出来。

当然,如果要做成面向最终用户的产品,还需要几个图中没有画出的步骤,如制造、测试、产品发布和市场等。

11.1.2 软件开发过程

图 11-1 中上半部分是软件开发的流程,又可划分为以下几个阶段。

1. 软件规格定义

软件规格定义就是要说明软件部分要做什么。在低层次上,可以先给出用户界面的定义,即用户如何与系统交互以及如何控制系统的行为。如果硬件原型用到了拨动开关、按钮、声光指示等器件,应明确定义各个部件的用途和操作规程。

在计算机领域,软件定义规格有一套正规的方法。但是在单片机的应用开发中,程序规模一般比较小,所以通常并不用那些严密但繁琐的方式。

软件规格定义也可能包括用户界面以下的系统操作的细节。比如,为了确保复印机正常安全运行,复印机的控制部分必须对复印机内部的温度、电流、电压以及送纸状况等各种参数进行监控。这些参数和用户界面没有多大关系,但是在软件设计中必须考虑。

软件规格定义可以模块化,各个系统函数带有入口和出口条件,用于模块间的通信。

如果一个系统是中断驱动的,相应的软件规格定义需要仔细规划,而且在软件规格定义阶段必须考虑一些特殊的细节。对实时性要求不是太高的任务可以放在后台循环中执行,或者放在由定时器中断处理的轮询序列中。若有实时性要求高的任务,要将其对应的中断设置为高优先级,当中断产生时,系统可及时处理。这样的系统,在软件规格定义时,必须强调对执行时间的要求。比如,每个子程序和中断服务程序(ISR)的执行时间是多少?每个 ISR 多长时间执行一次?处理异步任务(用于响应异步发生的事件)的 ISR 可能随时需要系统处理,因此,在某些进程中可能需要阻塞该任务,而在另一些进程中,应该让该任务(中断驱动)运行。对这样的系统,软件规格定义要考虑各个任务的优先级、查询的先后顺序,如果需要的话,还要考虑如何在 ISR 内部动态调整优先级,或者动态改变查询顺序。

2. 软件设计

软件设计是系统开发过程中一个重要的步骤,但开发人员往往不做太多规划,就直接进行下一阶段的编码工作。这一阶段,即在真正编码之前,应先确定系统中各个任务的实现算法、任务的调度方式、需要的各种数据结构、软件资源(RAM、寄存器组、定时器等)的分配、各种参数的定义等,并且用流程图或伪代码的形式将解决方案描述出来。不仅方便与其他人员的交流,也可以为自己下一阶段的顺利调试打下基础。

3. 编码

在软件开发过程中,编码,包括编辑、汇编、编译、连接等会重复进行很多次。即使是很紧凑的开发周期,至少在软件开发的开始阶段是这样的。如果汇编器(编译器)在汇编(编译)时发现了代码中的错误,就要重新修改源代码,之后再次进行汇编(编译)。而汇编器(编译器)不可能对程序的目的有所了解,因此只能检测出源代码语法方面的错误,这类错误称作语法错误。

4. 软件模拟测试

运行时错误,或者称作逻辑错误,是指由于算法错误、结构混乱、变量和子程序的混淆等引发的错误,只能在模拟器、仿真器或目标系统上才能发现。

模拟器是一种软件,模拟了目标处理器的功能和指令系统,但它只能模拟处理器,而在实际应用系统中可能有许多外部扩展的功能模块,所以模拟器只能对软件进行粗略的调试。仿真器是一种硬件设备,其中有真正的处理器,可以实时运行软件程序。甚至在硬件开发过程中,为了验证硬件模块是否正常工作,也可以在仿真器上运行专门为该模块编写的代码(通常称为驱动程序)。无论是模拟器还是仿真器,一般都有调试器接口,可供开发人员了解程序运行期间 CPU 以及单片机内部资源的状况。

11.1.3 硬件开发过程

图 11-1 中下半部分是硬件开发的流程,又可划分为以下几个阶段。

1. 硬件规格定义

硬件规格的定义,就是给出系统功能所需的定量数据。这里仍然是要说明系统具有哪方面的功能,做些什么、做到什么程度,而不考虑系统如何去做、怎样具体实现。通常会要求硬件设计人员提供一张类似产品说明书性能指标部分的规格清单。另外，硬件规格定义中还包括其他一些参数，如产品的尺寸和重量、CPU 的运算速度、存储器的类型和容量、内存映射和分配、I/O 端口以及其他需扩展功能的参数要求等。

2. 硬件设计

硬件设计阶段要解决如何实现规格定义中的那些功能，需要有一个系统整体的规划和描述。通常硬件设计又包括以下主要内容。

(1) 体系结构的确定。体系结构是指计算机或计算机系统中组件的组织和集成方式，单片机应用系统中各功能模块的组织也不例外。比如，是采用普林斯顿结构还是哈佛结构，是使用 RISC 还是 CISC，并行扩展还是串行扩展，数据集中处理还是分散处理等。

(2) 硬件平台的选择。一旦确定了体系结构，就需要选择合适的硬件资源实现。比如单片机芯片的选择、外围器件的选择、开发工具的选择等。不仅要考虑功能、结构的实现，还有一些如性能、功耗，甚至封装形式都要仔细考虑。

(3) 硬件功能模块的划分。主要是对系统硬件资源进行合理的布局。

(4) 硬件可靠性的考虑。产品的可靠性相当一部分体现在硬件设计的可靠性上。可以加入冗余的硬件保护电路、检测电路等来保障硬件可靠运行。

3. 电路设计

电路设计是指各器件之间的布局和连接。对于比较简单的硬件电路，可以手工完成，比较复杂的通常借助于 CAD(Computer-Aided Design)工具软件。最常用的 CAD 工具有两种，一种用于绘制电路原理图，另一种用于绘制印刷电路板(Printed Circuit Board，PCB)图。很多绘制原理图的工具能够产生数据文件，PCB 工具软件读取其内容后，可以自动完成印刷电路板的布局和布线工作。

4. 电路仿真

硬件的修改不如软件灵活，所以在硬件开发中，应尽早发现潜在的问题。已经有能够进行硬件电路仿真工作的工具软件，可帮助设计人员检查连接、电平、时序等信号方面的配合，在检查时通常需要运行简单的驱动程序。可见，在单片机系统开发领域，软件与硬件设计人员的分工一般不是特别明确的，要求开发人员兼有硬件和软件两方面的知识。

5. 电路制作与测试

电路设计完成后，可以在做好的 PCB 上或者直接在面包板上插接器件，并进行硬件系统的初始测试。对硬件的第一次测试不会运行任何软件，因为硬件测试必须逐步进行。首先检查连线是否正确，然后是上电检查直流电源，最后测试交流信号、时钟信号。这些检查通过之后，可以加载驱动程序或应用程序，验证硬件功能是否与设计的原型一致。

11.1.4 软、硬件集成测试

硬件、软件分别通过测试后，接下来要进行软、硬件联合调试。某些非常隐蔽的错

误，可能在仿真时没有检测出来，而在实时执行的时候才被发现。要发现这类错误，需要综合利用各种资源。硬件上要用到 PC 机开发系统或在线仿真器(In-Circuit Emulator, ICE)、目标系统、电源、电缆以及测试设备；软件方面，要用到监控程序、操作系统(如果有的话)、终端仿真程序(很多 ICE 是以这种方式通过 PC 机控制的)等。

使用 ICE，可以直接把开发系统与目标系统连接起来。ICE 中的处理器可以代替目标系统上的处理器，并且可以被开发系统直接控制。当软件在目标系统上运行时，开发系统能够对软件加以控制，设置断点、单步执行、观察系统资源状况。而且那些在时序严格情况下才可能出现的错误，很难在软件模拟时发现，但使用在线仿真器后，软件在目标系统上全速执行，有利于发现此类错误。

另一种方法是在 RAM 中运行程序。若目标系统中扩展有外部 RAM，可以使用本书第 6 章介绍的方法，将外部 RAM 在存储空间中与外部程序存储器空间重叠。用串行接口将程序代码传送到外部 RAM 中执行，减少了因软件修改频繁而给程序存储器编程造成的麻烦。

11.2 硬件设计中的问题

11.2.1 硬件设计的主要内容

一般说来，单片机硬件系统设计包括以下几个方面的内容。

1. 前向通道接口电路的设计

这是单片机应用系统与被检测、被控制对象相互联系的输入通道。通常应包括各种物理量的传感器、变送器输入，对于不同传感器输出的信号，需经过隔离、放大、整形、变换(电流/电压变换、A/D 转换、V/F 变换等)。对于多路巡回检测系统，还要增加多路开关等电路。

2. 后向通道接口电路的设计

这是单片机应用系统与被检测、被控制对象相互联系的输出通道。通常应包括满足伺服控制要求的 A/D 转换器、脉宽调制(Pulse Width Modulation，PWM)输出、功率驱动接口(继电器-接触器、固态继电器、晶闸管等)。

3. 人机对话接口电路的设计

单片机应用系统必须满足人机交互要求。系统工作时，能用实时显示(如 LED、LCD)、声音(如蜂鸣器、扬声器)等向用户反映系统工作状态；用户可以通过键盘、语音、远程通信等实现对应用系统的管理和控制。

4. 通信功能接口电路的设计

一个单片机应用系统中，可能有多个单片机，而系统也可能需要与上位机进行通信。根据单片机应用系统与上位机通信距离的不同，可分为近程通信和远程通信。通信信道可以是有线或无线的。有线通信可以使用近程的专用线(如 RS-232C 电缆)或远程的固定电话线(使用调制解调器)、光纤、电力线载波等；无线通信可以使用近程的红外线或远程的基于 GSM 或 GPRS 的移动通信。为了满足分布式系统、突出控制功能的要求，需要现场总线接口，如 CAN BUS 等。

5. 低功耗及可靠性设计

应用系统为了适应不同的环境，满足不同的要求，长期稳定地工作，必须要有很高的可靠性；某些产品由于便携要求或受使用场合的限制，必须尽可能地降低功耗。目前，国际国内都对电子产品的低功耗和可靠性规定了指标，并有相应的测试方法和仪器。在设计应用系统硬件时，必须同步设计可靠性电路，在选择系统使用的元件时，必须注意选择可靠性高、功耗低的元器件。

前向通道、后向通道、人机对话、通信功能接口电路的设计已经分别在第 10 章、第 6 章和第 9 章中讲述过了，本节继续讨论驱动与隔离以及低功耗与可靠性问题。

11.2.2 驱动与隔离技术

1. 总线驱动

在单片机应用系统中，单片机本身的驱动能力是很有限的，一般只能驱动几个 LS TTL 门电路，或十几个 MOS 门电路。当单片机应用系统稍大时，必须增加驱动。在使用标准系统总线时，除了要形成总线规定的标准信号外，还要对这些信号进行驱动。

采用总线驱动可以减少单片机的负担，不管驱动器后面有多少个 IC 芯片，对单片机来讲，驱动器的每条信号线相当于只增加了一个门电路负载，这就消除了驱动器后面的负载电路对单片机的影响。所以，总线驱动器除了起驱动作用外，还能对其后面负载的变化起隔离作用。

在单片机应用系统中，地址总线和控制总线的驱动器可使用单向驱动器，这种驱动器一般还具有三态输出功能。通常系统中除了单片机，不会有像 DMA 控制器之类的可以控制总线的器件，所以地址总线和控制总线可一直处于开通状态。

数据总线驱动器应为双向驱动、三态输出，应有确定数据传送方向的控制端。

在 MCS-51 单片机应用系统中，P0 口兼做数据总线和低 8 位地址总线，连接的外围芯片最多，所以最常见的是 P0 口的驱动扩展。图 11-2 所示为地址总线高 8 位和数据总线的总线驱动电路连接。74LS244 是单向的总线驱动器，74LS245 是双向总线驱动器。P0 口经 74LS373 锁存后的输出可以参图 11-2(a)的连接方式进行驱动。

在没有扩展外部存储器、也没有使用 MOVX 指令访问的外部扩展 I/O 时，无需考虑总线的驱动，但也要注意单片机引脚上输入/输出信号与多个器件的连接。

2. 外部驱动技术

单片机应用系统中，大量使用开关量去驱动、控制大功率 I/O 设备，有时还会控制各种各样的高压、大电流设备。它们与前面所讲的接口技术的不同之处在于，不但要求单片机输出一定的电平信号，而且要输出一定的电流，以带动执行装置的动作。在硬件上要解决的就是功率配合与信号匹配问题。

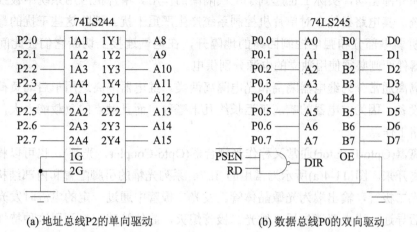

(a) 地址总线P2的单向驱动　　　　　　(b) 数据总线P0的双向驱动

图 11-2　MCS-51 系统中的总线驱动

单片机或简单的 I/O 扩展口的驱动能力有限，比如标准的 TTL 门电路在 0 电平时吸收电流的能力约 16mA，通常不足以驱动一些功率开关(如继电器、电机、电磁开关等)，因此需要大功率开关接口电路。对一些小型功率开关，增加 I/O 接口驱动能力即可，比如通用的四与非门电路，采用 OC 驱动器 DM7438(FairChild 公司)可吸收 48mA 电流，比标准的 TTL 电路 DM7400(8mA)要大得多。

但是单纯提高 I/O 口的驱动能力有限，因此在后向通道的一些大功率开关控制接口中，常采用如功率晶体管、达林顿管、晶闸管、机械继电器、功率场效应管等。下面以继电器为例介绍其用法。

图 11-3(a)为继电器内部结构图。当控制电流流经线圈时，产生磁场，将开关吸合。开关可以直接连接外部的交流、直流高压或大电流设备。继电器是感性负载，当电路突然关断时，会出现感性浪涌电压，所以通常在继电器两端并联一个阻尼二极管加以保护。

继电器的触点与线圈是隔离的，从而使外部被控的高电压或大电流设备与单片机的 I/O 口隔开。而继电器线圈需要一定的电流才能动作，所以也需要在单片机的输出口线接一个合适的驱动器。图 11-3(b)是使用 7406 增加驱动的电路。当 P1.0 输出 1 时，线圈上有电流流过，继电器开关闭合，24V 的灯泡就会点亮。当 P1.0 输出 0 时，灯泡熄灭。

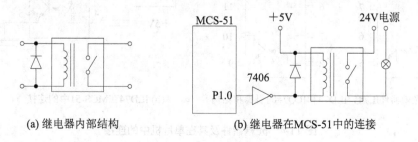

(a) 继电器内部结构　　　　　　(b) 继电器在MCS-51中的连接

图 11-3　继电器及其用法

3. 电气隔离技术

总线和外部驱动，实际上也起到了电气隔离的作用。单片机应用系统中被控对象如果是强电系统，其电路必然会对单片机控制系统产生严重干扰。消除这些干扰的最有效方法是使单片机弱电部分和强电控制回路的地隔开，在电气连接上切断它们彼此间的耦合通道。隔离器件两侧必须使用独立的电源分别供电。

电气隔离通常分为继电器隔离和光电隔离两类。继电器隔离适用于启动负荷大且响应速度低的设备，因为继电器的响应延迟长约几十毫秒，而且触点的负载能力大，能直接控制动力回路工作。

光隔离器(Opto-Isolator)通常又称作光耦合器(Opto-Coupler，光耦)，也可以将系统中的两部分隔离开来。图 11-4(a)所示为常用的 IL74 系列光耦的引脚配置和内部结构，其中输入端为发光二极管，输出端为光敏晶体管。发光二极管中通过一定的电流时发光，光敏晶体管接收后导通。当电流消失后，发光二极管熄灭，晶体管截止。利用这种特性即可达到控制开关的目的。

对那些启停操作响应时间要求较高的开关量输出控制系统，应使用光耦。光耦的响应延迟时间很短，像图 11-4(a)中给出的 IL74 的典型开关时间只有 3μs。光耦的驱动电流较小，只有 10～20mA，在设计系统硬件时，只需要一般的三态门就可以了。图 11-4(b)给出的是直接使用 P1 口线驱动光耦的例子，免去了图 11-3(b)中的 7406 驱动器。该电路可以通过 P1.0 控制输出频率较高的+12V 脉冲信号。但是如果后面有大功率负载，应该再加一级驱动。

光耦也可以用来隔离输入开关量。在单片机和输入/输出电路之间使用光耦，并且各自使用独立电源供电，就在电气上彻底隔断了它们的联系。

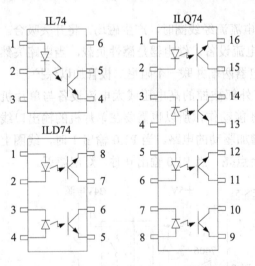

(a) 光耦器件IL74、ILD74和ILQ74的引脚和结构

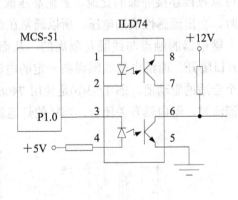

(b) ILD74在MCS-51中的连接

图 11-4　光耦器件及其在单片机中的连接

11.2.3 电源与低功耗系统

1. 电源分类

单片机应用系统中,包括单片机在内的绝大多数器件需要直流恒压电源。电源可以由电池供给,但最常用的是对 220V/50Hz 交流电进行变压、滤波、整流成直流电压,然后再使用稳压电路输出稳定的电压。

对于日历时钟芯片、需掉电保护的 RAM 芯片等,必须加后备电源。在无人值守、长期使用的场合,还要考虑对电池的充电。

另外,为给单片机应用系统提供稳定的直流供电电源,需采用集成稳压器;在进行 A/D 转换时,要给 A/D 转换器提供精密的基准电压源;在使用电气隔离技术时,要给被隔离的电路提供独立供电电源。

2. 三端集成稳压器

集成稳压器也称集成电压调节器,其功能是将不稳定的直流电压转换成稳定的直流电压。集成稳压器按外引线数目可分为三端集成稳压器和多端集成稳压器;按输出电压又可分为固定输出稳压器和可调输出稳压器。

三端集成稳压器仅有输入端、输出端和公共端三个引脚,芯片内部设有过流、过热保护以及调整管安全保护电路,所需外接元件少,使用方便、可靠,在单片机应用系统中广泛用作电源器件。按输出电压是否可调,三端集成稳压器可分为固定输出电压稳压器和可调输出电压稳压器。

常用的三端固定正电压稳压器有 LM7800 系列、LM78L00 系列和 LM78M00 系列,统称 7800 系列稳压器,它们的主要区别在于最大输出电流不同,而电路结构基本相同。常用的三端固定负电压稳压器有 LM7900 系列、LM79M00 系列、LM79L00 系列等,统称 7900 系列稳压器,它们之间的区别也主要是最大输出电流的不同。图 11-5(a)所示为 7800 系列的连接方法。在 MCS-51 系统中,最简单的情况就是使用一片 7805,将输入直流电压稳定到+5V,供给单片机以及其他器件使用,如图 11-5(b)所示。

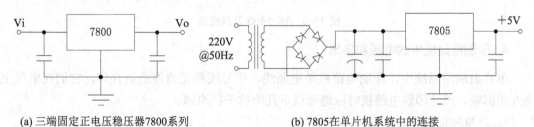

(a) 三端固定正电压稳压器7800系列　　　(b) 7805在单片机系统中的连接

图 11-5　三端固定输出稳压器的连接

大多数情况下,正稳压器用于稳定正电压,负稳压器用于稳定负电压,这主要取决于系统接地的需要。从根本上讲,稳压器的作用是保证输出端与公共端之间的电位差不变或变化很小。若将低电位端接地,则高电位端输出为正;若将高电位端接地,则低电位端输出为负,故正负稳压器可互换。正负稳压器的主要区别在于其内部电路的公共端是高电位还是低电位。

但如果要求输入/输出系统电压具有公共端,即选择一个统一的参考点,则正稳压器和负稳压器就不能互换。正负稳压器互换时还可能对系统的信噪比产生影响,特别是对高频信号及高频电路负载情况,所以除非必须,尽量不要互换。

3. 高精度电压基准

在进行 A/D、D/A 转换时,为了保证输出精度,经常用到高精度电压基准作为参考电压源。高精度电压基准集成电路具有输出精度高、温漂小、输出噪声小、动态内阻小等特点,但是其输出电流也很小,一般不能作为稳压器用。

图 11-6(a)中的 MC1403 是一种输出电压为 2.500V±25mV 的高精度电压基准集成电路。该芯片为 8 个引脚封装形式,但其中 5 个未用,图 11-6(b)所示为其典型连接方式。MC1403 可用于 8～12 位的 D/A 转换器,与它功能相同的还有 AD580,也是 2.5V 输出。AD581 可以提供 10.000V±5mV 的电压输出,输出电流为 10mA；AD584 可提供 2.500V、5.000V、7.500V、10.000V 的电压输出,输出电流为 10mA；其他的电压基准芯片还有±10V 输出、带输出短路保护的 AD2700/2701/2702 系列；10V 超高精度的 AD2710/2712 系列；2.500V±1.5mV、5.000V±2.0mV 和 10.000V±3.0mV 输出的 MAX873、MAX875、MAX876 等。

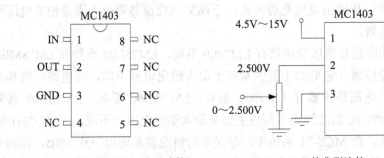

(a) MC1403引脚配置(NC为无连接)　　(b) MC1403的典型连接

图 11-6　MC1403 及其连接

4. 印刷电路板中的电源和接地

单片机应用系统中,印刷电路板是电源线、信号线和元器件的集合体,它们在电气上会互相影响。设计印刷电路板时应遵循以下几个抗干扰原则。

1) 电源线布置原则

在印刷电路板上,应根据电流大小,适当加宽导线；电源线与地线的走向应同数据线的方向一致；印刷电路板的电源输入端应接去耦电容；稳压电源最好单独做在一块电路板上。

2) 地线布置原则

通常印刷电路板上的地线有数字地和模拟地两类。数字地是高速数字电路的地线,模拟地是模拟电路的地线。数字地和模拟地要分开走线,并分别和各自的电源地线相连;地线要加粗;接地线应注意构成闭合回路,以减小地线上的电位差。

3) 信号线的分类走线

为了减少各类线间的相互干扰,功率线和交流线要同信号线分开布置;驱动线也要同信号线分开走线。

4) 去耦电容的配置

为了提高系统的综合抗干扰能力,印刷电路板上各关键部位都应配置去耦电容,包括电路板的电源进线端、每个集成电路芯片的电源引脚和地、单片机的复位和地之间。电容引线不能太长,特别是高频旁路电容不能带引线。

5. 低功耗考虑

当单片机应用于便携式智能仪器仪表或长期无人值守的自动检测监控仪器仪表时,除要求应用系统体积小、重量轻、便于携带外,一般用于不适宜交流供电的场合,各种电池为其主要供电手段,所以必须考虑系统的功耗问题。

这时应以低功耗作为主要技术指标,采用低功耗电路设计方法。不仅要选用各种低功耗的器件和芯片,还在满足(甚至牺牲一点)速度等指标的前提下,进行低功耗的硬件电路设计和软件设计,使系统的功耗能降到最低。

具体采用的措施有:大量采用 CMOS 电路,如 74HC 系列高速 CMOS 集成电路、4000 系列低速 CMOS 集成电路、HCMOS 型的单片机、存储器及外围电路芯片;启用芯片的休眠功能,在无操作时最小化功耗;单片机通常工作于待机状态,有外部事件(中断)时才进行处理,等等。

11.2.4 硬件可靠性设计

1. 可靠性的概念

可靠性是指产品(系统、硬件/软件、设备或元件)在规定条件、规定时间和规定功能的寿命周期内,无故障完成规定功能的能力,以及产品所需后勤保障等要求。

规定条件是指产品工作的自然环境和人为诱发环境(运输/存储、操作、维修、物理/化学及电磁干扰、工作频度、信号输入和电源等)。

规定时间是产品完成规定功能的时间,其单位和产品功能密切相关。

规定功能是指产品在规定条件下,正常完成若干功能集合后的定量或定性指标。总体指标要求越高,规定条件越苛刻,产品完成全部规定功能的概率就越小。

2. 硬件故障

故障是指在规定条件下,无法实现所规定的全部功能。硬件故障可分为不可修复故障和可修复故障。

不可修复故障表现为元器件的物理损坏,原因包括元件自身质量问题,以及硬件设计人员对元件特性了解不详,造成元件在超载、超压和超温等条件下所导致的元件不可修复的损坏。

可修复故障表现为系统工作不稳定，原因可能是元件的某些参数为元件的工作极限，电压、电流、温度、湿度变化造成这些参数漂移。也可能是元件长期工作，表面和周围污垢积累，使系统各单元间或元件间的寄生耦合加大，以至在数字系统中产生误码、模拟系统中产生自激，同时还使绝缘性降低。元件虚焊、阻抗不匹配所产生的反射、结构密度过高使元件或单元间通过对流和热辐射所产生的热耦合、瞬间强电磁干扰、人为的误操作等都会造成系统工作的不稳定。

3. 硬件可靠性设计

提高硬件可靠性，通常使用的措施有避错和容错技术，或二者的结合。

1) 避错技术

避错技术是指采用谨慎的设计和质量控制的方法来尽量减小故障发生的概率。通常是利用提高元件固有可靠性，将系统故障限制在一定的范围内。元件固有可靠性由元件生产过程中的质量保证，选择元件时应首先选用经实践证明质量稳定、可靠性高的标准品牌器件，并在可能范围内使所选用器件为同一生产厂家，保证各元件相互连接时电参数匹配良好；同时，再采用降额和容差技术，降额使元件工作在其额定值水平之下，容差放宽元件参数的变化范围，这样当各元件参数在一定范围内变化时，仍能保证系统正常可靠工作。

2) 容错技术

容错技术是指利用外加冗余资源来掩盖故障的影响，使得硬件或软件的故障不影响系统运行的正确性，这是从系统结构方面来提高系统的可靠性。承认系统中某些单元会出故障，并针对这些单元，利用冗余技术，当故障发生时，使故障单元自动与系统脱离，由冗余单元保证系统正常工作，延缓系统的寿命周期。冗余技术可以使用并联冗余、静态冗余(屏蔽冗余)、动态冗余(储备冗余)等实现。故障检测和诊断是冗余技术的基础，利用对模块参数或逻辑的测试得知系统是否发生故障，以及对系统发生故障的模块进行定位，用后备模块替换故障模块，实现系统的自修复。

11.3 软件设计中的问题

单片机应用系统离不开软件，所有的功能都是通过软件控制实现的。另外，为了发挥硬件电路的特性、提供友好的用户界面、保障系统的安全正常运行，必须有设计优良的软件系统的支持。

11.3.1 单片机应用系统软件特点

单片机最初是在工业设备、仪器仪表、智能控制等领域得到大规模应用的，机械和电子部件的功能设计在系统中占据主导地位，而软件的任务比较简单，代码量也不大，基本上是硬件的附属品。近年来，随着单片机应用领域的扩大，由软件配合实现的功能越来越多，软件的结构对产品质量的影响越来越大，软件在系统设计中的重要性日益明显。单片机应用系统中的软件,除了具有通用软件的一般特性外,还具有一些与单片机应用系统密切相关的特点。

1. 软件的规模较小

由于单片机系统软硬件资源一般比较有限,所以单片机应用系统软件必须尽可能精简,才能适应这种状况。像 MCS-51 系列单片机,其程序存储器最大容量只有 64KB,片内 ROM 空间更小,限制了软件的规模。

2. 开发难度大

与通用计算机上的软件不同,单片机应用系统软件的运行环境和开发环境比较复杂,加大了开发难度。首先,由于硬件资源有限,使得软件在时间和空间上都受到严格限制,要想开发出运行速度快、存储空间小、维护成本低的软件,不是一件容易的事情,需要开发人员对编程语言、汇编器、编译器有深刻的了解。其次,软件的开发都要涉及硬件资源的利用,要求开发人员具有扎实的软、硬件基础,能灵活运用不同的开发工具和手段。最后,软件的开发环境和运行环境不同,开发过程中最多使用模拟器或仿真器加载运行程序,与最终在真实系统中运行区别较大。

3. 实时性和可靠性要求高

许多单片机应用系统需要具有实时处理的能力,这种实时性主要是靠软件实现的。软件对外部事件的响应必须迅速,在某些情况下还要求是确定的、可重复的,不管系统当时的内部状态如何,都是可以预测的。同时,对于事件的处理一定要在限定的时间期限内完成。与实时性相对应的是可靠性,因为实时系统往往应用在一些比较重要的领域,如工业机器人、汽车电子、航天控制等,如果软件出了问题,将会带来严重的后果。

4. 要求固化存储

为了提高系统的启动速度、执行速度和可靠性,单片机应用系统的软件一般都固化在 ROM 芯片或单片机本身中,而不像通用的计算机系统那样,存储在磁盘等外部存储器中。

11.3.2 单片机应用系统软件结构

1. 循环轮转方式

循环轮转方式的基本思想是,把系统的功能分解为若干个不同的任务,然后把它们包含在一个无限循环中,按照顺序逐一执行。当执行完一轮循环后,又回到循环体的开头重复执行。

可用使用 C 语言描述这种结构。

```
void main(void)          /*主函数*/
{
    initialize();        /*对硬件软件资源的初始化*/
    while(1)             /*无限循环*/
    {
```

```
        task1();           /*任务1*/
        task2();           /*任务2*/
        ……
        taskn();           /*任务n*/
    }
}
```

循环轮转方式的优点是简单、直观、开销小、可预测。软件的开发就是一个典型的基于过程的程序设计问题,可以按照自顶向下、逐步求精的方式,将系统要完成的功能逐级划分为若干个小的功能模块,像搭积木一样搭起来。由于整个系统只有一条执行流程和一个地址空间,不需要任务之间的调度和切换,所以系统的管理开销很小。而且程序的代码执行顺序是固定的,函数(子程序)之间的调用关系也是明确的,所以整个系统的执行过程是可预测的,这对于一些控制系统来说非常重要。

循环轮转方式的缺点也很明显:程序结构过于简单,所有的代码都必须按部就班的顺序执行,无法处理异步事件,缺乏并行处理能力。任务之间的通信可以使用公共数据区,但是目的任务若已执行过,只能到下一轮循环才能再检查。而在实际环境中,事件都是并行发生的,而且有些事件比较紧急,一旦发生,必须能够马上进行处理,不应等到下一轮循环。另外,这种结构没有硬件上的事件控制机制,无法实现定时功能。

2. 前后台系统

前后台系统就是在循环轮转方式的基础上,增加了中断处理功能,如图11-7所示。

中断服务程序负责处理异步事件,这部分可以看成是前台程序(foreground)。而后台程序(background)一般是一个无限循环,负责整个系统软、硬件资源的分配、管理以及任务的调度,是一个系统管理调度程序。一般情形下,后台程序也叫任务级程序,前台程序也叫事件处理程序。在系统运行时,后台程序会检查每个任务是否具备运行条件,通过一定的调度算法来完成相应的操作。而对于实时性要求特别严格的操作,通常由中断来触发。为了提高系统的性能,大多数中断服务程序只做一些最基本的操作,例如,把来自外设的数据复制到缓冲区、标记中断事件的发生等,其余的事情会延迟到后台程序中去完成,这样就不会因为在中断服务程序中耽误太长的时间而影响到后续和其他的中断。

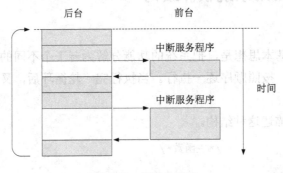

图11-7 前后台系统

实际上,前后台系统的实时性比预计的要差。这是因为前后台系统认为所有的任务具有相同的优先级别，而且任务的执行又是通过先进先出的队列排队，因而对那些实时性要求很高的任务不能立刻进行处理。但是由于这类系统结构比较简单，几乎不需要存储器的额外开销，因此在很多系统中被广泛使用。

3. 前后台系统的实现——消息队列

前后台系统的一种实现方法是消息队列模型。在这里，将后台软件分成一系列的模块，每一个模块处理一种类型的问题，该模块在后台循环中是否运行，取决于是否有其他模块或前台程序向它发送消息。

前台程序处理异步事件，通常就是将事件转换为消息，存入消息队列，消息队列可以组织成循环队列的形式。如图 11-8 所示，下一个需要处理的是键盘消息，因为用户刚刚按下 1 号键；随后的是定时器消息，2 号软件定时器到期；再后又是一个键盘消息，等等。之前还处理过一个通信消息，对方送来一个字符 0DH。消息队列的长度应在软件设计期间确定。

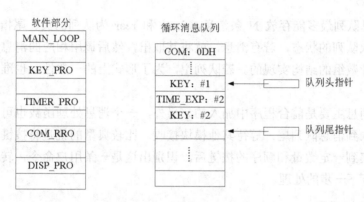

图 11-8　消息队列式前后台系统

后台程序是一个无限循环，其 C 语言版本可写成如下形式。

```
#define      N   16       /*消息队列容量*/
enum message_type {MSG_KEY=1, MSG_COM, MSG_TIMER, …… };
                          /*消息编码定义。从1开始，0留给队列空的情况*/
struct message { enum message_type type; unsigned char para; }
message[N],
                          /*消息队列。每个消息含两部分：消息码和参数。共N个消息*/
*front = message, *rear = message;              /*两个指针*/
void main( void )
{
    enum message_type     msg_type;
    unsigned char         msg_para;
    void ( *msg_handler [] ) ( unsigned char )   /*消息处理函数数组*/
        = { non_pro, key_pro, com_pro, timer_pro, …… };
    initialize();                                /*初始化*/
    while( 1 )                                   /*主循环*/
    {
```

```
            msg_type = get_msg( &msg_para );          /*取消息*/
            (*msg_handler[ msg_type ])(msg_para);     /*调用消息处理函数*/
        }
    }
    enum message_type get_msg( unsigned char * msg_para)
    {
        enum message_type    tmp;
        if( front == rear )                           /*队列是否空*/
            return 0;                                 /*空,返回0*/
        tmp = front->type;                            /*不空,取出头指针所指消息*/
        *msg_para = front->para;                      /*消息参数*/
        front++;                                      /*头指针后移*/
        if ( front == message+N )                     /*移到最后*/
            front = message;                          /*返回到最前,形成循环队列*/
        return tmp;                                   /*返回消息编码*/
    }
```

其中,消息队列最多能存放 N 条消息,front 和 rear 为队列的头、尾指针。后台程序只是简单地读取队列的状态,若有消息,就将其取出,然后调用相应的消息处理子程序,这是以函数指针数组的结构实现的。若队列空,为了形式上的一致性,也准备了一个空的消息处理函数。

队列中的消息主要是前台程序中加入的。另外,一个消息处理函数也可以再生成一条新的消息,加入到消息队列尾,等待其他模块接收。比较典型的就是将按键消息转化为命令处理,即收集到一定数量和顺序的按键后,识别出这是一条用户命令,转入统一的命令解释函数中进行下一步的处理。

4. 有限状态机模型

消息队列只是给出了前后台通信和后台模块通信的一种方法,所有的消息处理由后台程序实现。一般说来,同样的消息,在系统运行的不同阶段,不能做同样的解释。比如,在数字电话机中,用户按下的数字键是否发送到交换机?如果是摘机后、但没有回送对方振铃音期间,应该发送出去,这是拨号过程;如果交换机已经送来振铃音,这时的按键可能是启动电话机本身附加功能的信号;如果根本没有摘机,则按键应一律无效;也有某些产品将某个特定模式的数字串作为启动电话机本身设置的命令,处理又不相同。

解决这类问题一种比较简单的方法是使用有限状态机模型,把系统的不同运行阶段定义成系统的状态。不同的状态对同一消息产生不同的响应,响应之后又可能引起状态的改变。假设系统可以划分为 16 个状态,又有 24 种不同的消息,则可以构造一个 12×24 的状态转换矩阵,或者以状态转移图的形式来描述。矩阵中的每一个元素对应一个特定状态下对特定消息的处理函数。软件虽然描述起来繁琐,但是结构脉络清晰。另外,很多处理都是空的,因为设计者可以预见,某些状态下,很多消息根本不可能出现。若由于种种原因出现了这类非法的组合,空的处理函数还可以过滤掉这类消息,不致引起更大的损失。

有限状态机模型可以比较有效地处理稍大型的单片机系统软件,而且将软件的功能做了更加细致的模块划分。主程序(后台程序)相当于调度模块、消息分发模块，而其他模块之间是完全独立的，各个模块的改动不会影响其他模块；如果系统要添加新的功能，只需在状态、消息中添加新的定义、增加新的处理模块即可。缺点也很明显：状态需要比较精细的划分，消息需要统一的格式，占用资源较多。另外，队列中消息的顺序未必与状态的改变同步，若状态改变后不去消除已经无效的消息，可能会引起软件时序的混乱。

在小型的应用系统中，可以使用更简化的方式。例如不用消息队列，只是将某些前台事件的发生在变量或标志中体现出来，后台程序则要检查该变量或标志。本书第 9 章已经用过这种技术了。

5. 有操作系统支持的软件系统

随着单片机开发人员结构的多样化，计算机特别是软件设计者的加入，单片机应用系统的软件出现了新局面。其表现之一就是单片机操作系统的开发与使用。

简单的设计是没有必要使用操作系统的，甚至不需要专业软件人员参与，较大的系统可以使用有限状态机模型实现。不管哪种方式，软件设计(编写)者都是自行管理所有资源，在对 CPU、存储器、定时器、中断、端口等的分配中，处理用户功能的模块与系统调度模块是同等对待的，或者说在资源使用上是混为一体的，无法将注意力集中到产品外在功能的实现上。

采用操作系统，可以提高系统的可靠性、提高系统的开发效率、降低开发成本、缩短开发周期，有利于应用系统的扩展和移植。

但是单片机操作系统的开发却是一个比较复杂的任务。单片机内部资源极其有限，操作系统既要管理它们，其本身代码也要占用一些资源。另外，为了保证实时性，操作系统的任务调度、存储管理、设备管理、用户界面都需要高效地运行。通常在没有扩展外部 RAM 的系统中很难满足要求，所以当前使用操作系统的单片机应用系统还不多见。

11.3.3 软件缓冲区的使用

在单片机应用系统中，大量使用缓冲技术来实现用户、设备、程序间的通信。常用的缓冲区有人机接口缓冲区、通信缓冲区、事件缓冲区等。

人机接口缓冲区包括输入缓冲区和输出缓冲区。

输入缓冲区主要保存用户按键序列。如果应用系统中所有用户操作都是由单个按键完成，按键之间无联系，不需要缓冲区。而通常不是这样，比如在某仪器中要修改内部时间，应当在时分秒所有数据输入后，再按下"设定"或"确认"键才算结束，而且输入过程中还可能要修改已输入内容(如退格、删除等)，所以应将输入数据先保存到一个连续存储区域中。每次操作命令执行结束，再清空该缓冲区。

输出缓冲区保存需要输出的信息，比如要在 LED 数码管、LCD 显示模块上显示的内容。实际应用系统中，LED 数码管大多是动态显示，而 LCD 则显示速度不高。软件不能一直忙于显示，可在系统空闲或无紧急任务、定时器中断时显示一个字符，下次再显示下一个字符，如此循环。待显示的字符存储于一个缓冲区中，每次取出一个。使用输出缓冲区，不仅可以避免长时间等待，而且还可以实现显示内容的动态切换。

通信缓冲区用于存放接收或发送的数据。实际应用中，按照通信协议的约定，接收和发送的信息往往是以连续的多个字节为单位的，在将对方送来的数据完全接收之前，无法对其信息做出反应。而通信接口都是以单字节为单位接收和发送的，如果使用查询方式，在收齐数据前无法进行其他操作；同样，在发送结束前也只能等待，严重降低了系统的实时性。

对于发送和接收设立单独的缓冲区，硬件上采用中断方式，只有当全部数据发送或接收完成后才统一处理，中间过程由中断服务程序负责。而中断服务程序也非常简单，只是将缓冲区中的下一个字符发送出去，或将接收到的新字符送入缓冲区即可。通信缓冲区的使用，我们已经在第9章讨论过了。

事件缓冲区对应前面所说的消息队列。在一个接口较多的应用系统中，同时或连续发生的事件比较多。除非紧急事件，不必先进行相关操作，而将其存入一个缓冲区排队，由后台程序逐一处理，可以简化软件结构。

11.3.4 系统运行过程的监控

1. 初始化过程

单片机应用系统作为一个独立运行的计算机系统，一般是上电之后一直运行，直到电源关闭。这就要求在运行之初，系统必须保证所有硬件、软件资源、各种外设都处于完好的状态，而且工作方式也要按照具体要求配置好，这个过程就是初始化。

一般情况下，软件开始时需要执行一系列的初始化指令，包括对堆栈指针赋值以确定堆栈大小、寄存器工作区选择、定时器/计数器工作模式设定、定时时间的确定、并行端口、串行口的工作方式选择、中断允许以及优先级设定等。

对于外围器件，如扩展的数据存储区、非易失的大容量存储器、与单片机进行串行通信的外设等，也需要确定它们是否能够正常工作。如果正常，系统软件就继续运行；否则，通过声光告警手段，向操作人员(用户)告警，并指出哪个环节出了问题。这个过程可以称为系统的自检。

初始化芯片内部资源后，首先处理的应该是显示模块，因为它是向用户提供操作反馈信息的最直接的部件。之后如果发现故障，可以通过显示模块反映确切的位置。对显示模块初始化结束后，在整个系统初始化结束之前，应按照实际步骤，在显示器上显示正在对哪个部件进行什么样的初始化操作。

其次是扩展的数据存储器。如果数据存储器有问题，之后操作的数据就不可靠，所有其他操作结果都变得不可靠。可以将所有存储单元初始化为某种特定的模式(如 00H、55H、AAH 等)，然后再读回来，检查是否与写入的相同。

若系统中有通过串行接口连接的器件，初始化期间也要检查通信是否通畅。而像系统中扩展的非易失的大容量存储器，由于其中存放的数据通常还要汇总整理，也要求能够正确读写。若使用对扩展的数据存储器按存储单元逐一检查的方式，速度较慢，可以读取器件标识字节并比较,确定其是否与系统正确连接。

有 A/D、D/A 转换的系统,电路设计时可增加自检输入和输出通道,如电路板上添加一路固定模拟电压输入,系统初始化时检查转换结果是否在合理的误差范围内。其他外围电路,能够检查的都应当检查一遍。

2. 过程信息反馈

在有人机接口的单片机应用系统中,为了使用户在使用过程中能够比较清楚地了解自己操作的结果,系统应该有丰富的过程反馈信息,而且这些信息应遵循以下原则。

(1) 一致。所有的提示信息要有一个统一的风格,前后用词要一致,同一词的含义要一致,否则会引起用户理解上的混乱。

(2) 简洁。使用简洁的语言,避免繁琐的解释。因为单片机应用系统通常没有太大的显示空间,提示信息过多时必须分屏显示,增加了用户操作的复杂性。

(3) 明了。不晦涩,避免专业术语,避免将系统内部实现细节等属于开发人员了解的信息提供给普通用户。

(4) 方式多样。比如除了 LCD 显示外,再加上单个 LED 显示以及蜂鸣器声音提示。这样即使在比较昏暗的环境中,用户也可根据后两者了解操作结果。

(5) 命令接口。键盘功能比较单一,很多按键只负责专门的常用命令,而用户有时会有一些不常用的功能需求,这时可以考虑使用编码命令的方式输入。

11.3.5 软件可靠性设计

1. 软件可靠性

实践证明,在较昂贵的软件价格中,大约 75%的费用主要用于软件可靠性的提高和功能测试。美国宇航局(NASA)失效分析实验室在文章中指出,当前 NASA 系统软件故障率是硬件故障率的 20 倍。业界通行的标准要求,每千行源代码所包含的 BUG 数,CMM1 为 11.95 个,CMM5 为 0.32 个。而且系统越复杂,可靠性越低。通常硬件元器件越多,故障率越高,二者之间呈线性关系;而软件代码越长,缺陷率越高,二者呈指数关系。所以,认为程序调试通过就万事大吉的观点是错误的。

软件可靠性和硬件可靠性由于故障机理不同,存在许多差异。硬件故障主要是元件使用时间增长导致其逐渐老化、失效并最终出现故障。软件故障主要是设计者的逻辑失误,而在纠错和完善的过程中,又会由于改变程序执行的轨迹,产生新的潜伏性故障。硬件系统无故障是可以证明的,而无法在有限的程序执行过程中证明软件无故障。针对软件故障所具有的固有性、传染性和潜伏性等特点,人们对软件可靠性的认识越来越深刻,提出了一些软件可靠性设计的方法,如避错技术、容错技术和信息保护与测试技术等。

2. 软件可靠性设计

(1) 软件避错技术。软件避错是采用严格的数学和逻辑表达式对问题进行分解,在此基础上采用规范的模块化设计和正确的测试方法,将软件中的错误率降到最小。通常按任务功能的要求,自上而下按层次优化模块结构,将任务分解为在逻辑上互不相关的模块,并使某些模块在一定范围内具有通用性。各模块之间的联系只能通过模块的接口实现,这样可以使模块中的错误独立,有利于检查修正错误。

(2) 软件容错技术。软件容错技术是指因某缺陷导致故障发生时,仍然可按预定条件在规定的时间内保证程序执行结果正确,软件的功能不变。常用的方法有 N 版本容错和恢复模块容错。

(3) 信息保护。信息保护是指为防止程序中的数据被非法访问、篡改和数据的丢失而采取的措施。

(4) 测试技术。测试的目的是发现错误。测试方法有两类,人工测试和机器测试。人工测试又称代码审查,主要为检查代码同设计是否一致、代码逻辑表达是否正确和完整、结构是否合理等。机器测试是把设计好的测试用例作用于被测试程序,比较测试结果和预期结果是否一致。这种方法只能发现错误的症状,无法对问题进行定位。机器测试又可分为黑盒测试和白盒测试两种。

11.4 案例实训——自动打铃机电路

1. 案例说明

使用 8051 单片机构建一个自动打铃机,可安装在学校教学楼内,根据设定的作息时间表,到规定时间后自动接通电铃开关 10s。

根据前面描述的开发周期,首先是产品规格定义阶段。具体要求可列举如下。

- 时间准确。即使断电,也要保证走时不漏。
- 自动打铃。
- 作息时间表可以重新设置,设置后应长期保存,即使断电,待恢复供电后,无需人工干预仍能正常工作。
- 可以设置两套作息时间表——夏秋季和冬春季时间,无需人工干预,可以自动识别当前日期,选择合适表项。
- 提供 16 个按键键盘,包括数字键(0~9)、退格键、设置键、显示修改日期键、显示修改时间键、确认键、取消键。
- 键盘可以从设备取下,只有需要用键盘设置日期、时间、作息表等参数时才连接。
- 提供 6 位数字 LED 显示。可以显示当前日期、当前时间、作息时间表内容;修改参数时显示键盘输入数字。
- 提供 RS-232C 接口,参数设置可以在微机上进行,等等。

接下来是软硬件功能划分。该产品比较简单,硬件与软件分工比较明确,可用软件也可用硬件解决的问题,或者需要软硬件共同确定的问题不多,只有 LED 显示方式(静态显示还是动态显示)、自动打铃控制(软件比较时间还是日历时钟中断)、键盘配置方式(行扫描还是行翻转识别、扫描信号是通过并行口还是串行口输出)等。

2. 硬件设计

通过分析,初步进行软硬件分工之后,要确定选用的体系结构、芯片、芯片间的连接、外围接口芯片、外围设备驱动等。

日历时钟芯片选用 X1228。该芯片使用 I^2C 总线接口,内部包括时钟、日历、监视定时器、两路闹钟和 512 字节的 EEPROM。使用一个芯片,就可以实现日历时钟、定时中断打铃、信息长期存储、CPU 运行监控几个功能,电路十分简单。

LED 显示选用动态显示,6 位数字,为了保证显示效果,至少 1s 要显示 24 次。软件定时器/计数器可选 5ms 定时,每次时间到后显示 1 位,这样一轮下来需要 30ms,刷新频率为 33Hz,可以满足要求。

尽可能节约并行端口口线,所以键盘使用串行扫描。

图 11-9 所示为日历时钟芯片和键盘接口的电路连接。图中的标号 I2C_CLK、I2C_SDA、KB_DOUT、KB_DIN、KB_CLK 都连接到 P1 口。

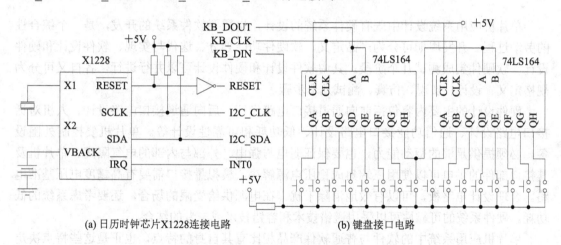

(a) 日历时钟芯片X1228连接电路　　　　(b) 键盘接口电路

图 11-9　日历时钟和键盘接口

另外,电源、显示驱动、外部驱动、串行接口电平转换电路等,有关章节中已经讨论过,在此不一一画出。

3. 软件设计

软件设计包括整体的结构和各部件的驱动控制两部分。

整体结构可使用带消息队列的前后台系统模型。后台程序的主要工作是任务调度,任务包括键盘命令处理、串行命令处理、打铃时间设置等。其余工作,像 LED 显示、键盘按键扫描、打铃时间控制、串行通信字符收发等,作为前台程序,由定时器/计数器中断、日历时钟中断、串行口中断的中断服务程序完成。

下面讨论时间的控制。系统上电后，读取 X1228 中的日期时间，保存在单片机内部 RAM 中。然后再读取 X1228 内部 EEPROM 中的数据，根据当前日期选择两个作息时间表中的一个，根据当前时间确定下次打铃时间，写入 X1228 的闹钟寄存器。到达指定时间后，X1228 发出中断请求，系统控制外部继电器开通电铃电源。同时将下一次打铃时间读出，准备下次打铃。电铃电源开通时间通过系统设置的软件计数器控制。LED 显示的时间，不必总是到 X1228 中读取，每次打铃相当于核对一次时间，时间流逝的计算使用定时器/计数器中断完成。

键盘扫描使用定时扫描方式。每次定时器/计数器中断后，通过 KB_DOUT 向两片 74LS164 依次输出从 FFFEH 到 7FFFH 的 16 个数，检查输出(KB_DIN)是否为 0。若为 0，则经过软件去抖动后继续检查是否保持，得到按键序号。这种方式速度慢一些，但是节省资源，仅用到 3 条口线。

软件具体设计不再详述。

小　结

单片机应用系统设计中既有硬件系统的设计，也需要软件系统的开发，是一个综合性的劳动过程。开发周期可分为产品定义、软硬件功能划分、迭代与实现、软件设计和硬件设计、软硬件集成测试几个阶段。其中软件设计和硬件设计可以并行进行，各自又可分为规格定义、设计、实现、仿真、测试几个步骤。

硬件设计的主要内容包括前向通道接口电路设计、后向通道接口电路设计、人机对话接口电路设计、通信功能接口电路设计、低功耗和可靠性设计等。单片机要控制外围设备，必须提供足够的驱动能力，也要保证弱电与强电、外部与内部的电气隔离。单片机及其接口部件的供电可以使用三端集成稳压电源解决，模拟量接口需要有高精度电压基准电路。合理设计电路板，可以有效地消除干扰。在电源供给受限的场合，还要考虑系统的低功耗。硬件系统的可靠性可以采用避错技术和容错技术或二者的结合。

单片机应用系统中的软件与普通软件产品相比有其自身的特点，也正是这些特点决定了其开发难度。软件结构通常有循环轮转方式、前后台系统等。使用消息队列是实现前后台通信的一种有效手段。对于稍复杂的系统，可以采用有限状态机模型。软件设计中大量使用缓冲区，包括输入缓冲区、输出缓冲区、通信缓冲区、事件缓冲区等。软件系统应随时提供系统运行状态指示，初始化过程、正常运行中或人机交互时应有必要且适当的提示。软件可靠性比硬件可靠性更难以保证，所以要求设计人员不仅要采用合适的结构，而且要掌握软件避错、容错技术、信息保护和软件测试技术。

习　题

1. 单片机系统开发周期并非有固定的模式。根据自己的理解，还要补充哪些步骤？哪些步骤还可以分解？

2. 产品定义是开发人员自身的任务吗？为什么？
3. 软件、硬件功能划分的依据有哪些？
4. 软件设计和硬件设计可以交叉吗？给出几个理由。
5. 软件中的语法错误应在哪个阶段全部消除？逻辑错误呢？
6. 硬件的电路设计有哪些内容？
7. 软硬件集成测试时，在 RAM 中运行程序有什么优势？它的硬件基础是什么？
8. 硬件设计包括哪些内容？
9. 光耦与继电器适用的场合有何不同？
10. 单片机应用系统中的电源有哪几类？
11. 实现低功耗有哪些措施？
12. 什么是可靠性？提高硬件可靠性通常使用哪些技术？
13. 单片机应用系统中的软件有什么特点？
14. 循环轮转方式有什么缺点？
15. 消息队列方式中为什么经常使用循环队列？
16. 系统的初始化包括哪些过程？
17. 提高软件可靠性的方法有哪些？

第 12 章 单片机应用系统设计实践

本章要点

- 单片机应用系统设计的模块划分过程
- 使用外部模块扩充单片机功能的方法
- 大容量存储器的数据缓冲区设计

本章以一个具体产品——考试用指纹验证系统为例,介绍单片机应用系统的设计过程。产品中用到的绝大部分功能器件已经在前面各章节中做了讨论。

12.1 系统总体设计

12.1.1 系统说明

为了防范考试中的替考现象,可以利用指纹信息对考生进行严格的身份核对识别。

指纹核对的过程是:在报名时将考生的指纹信息存储起来,考生进考场之前进行核对。若是其本人,则可以参加本场考试,否则不允许进入考场。当然,这要求报名时必须本人亲自参加。另一种流程是,在考生考试之前(或之后)将指纹信息存储起来,发布成绩(或者领取证书)时在人事部门的监督下核对本人信息。这样可以在一定程度上防止替考现象发生。

下面就如何实现这样一种用于考生身份核对的指纹验证系统展开讨论。首先介绍与指纹验证过程相关的几个概念。

1) 采集头

用于采集指纹图像的装置,如图 12-1 所示。一般要有一个长方形或者椭圆形的平面,以与手指接触,对指纹的脊、谷(对应于凸、凹)产生不同的电信号,A/D 转换后形成指纹的数字图像。具体采集方式有光电式(依据反射光的强弱)、压感式(依据接触面压力的不同)、电容式(依据接触距离不同造成电容值的变化)等。主要指标为所采集图像的分辨率,即图像大小。

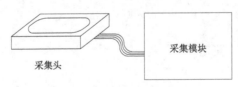

图 12-1 采集头和采集模块

2) 采集模块

负责控制采集头工作的电路。得到"采集"控制指令后,启动采集头工作(如产生光照、准备充电等)，然后将采集头得到的模拟信号进行 A/D 转换，再产生与图像处理模块同步的信号，准备把得到的数字图像(一般是灰度位图)传送给图像处理模块。

3) 图像处理模块(特征提取模块)

对数字图像进行处理，主要是去除外部噪声的影响，即通过滤波、增强、二值化，产生易于处理的二值(黑白)图像，在此基础上提取指纹特征数据(如指纹形状、各种特征点的个数及其位置等)。这组特征数据就代表了一枚指纹所携带的信息。

4) 特征比对模块

对新采集到的指纹经特征提取后，与原有(存储)指纹的特征进行比较(这个过程称为比对)，如果二者相符的程度超过事先给定的阈值，则认为是同一枚指纹；否则不予认可。

12.1.2 方案设计

在进行实际产品设计前，先制订几种可行的实现方案，然后根据工作量、时间、难度、资金等条件选择。

1. 方案一

将采集模块直接与微型计算机相连接，特征提取和比对完全由微机完成。

优点是：可以使用丰富的微机资源，如高速运算能力、大容量存储器、方便的显示操作、丰富的开发工具、友好的用户界面、强大的数据转换、接口、通信功能等。硬件比较简单，只需采集模块的设计。软件在微机上实现，编写、调试、测试所需仪器仪表降到最低限度。采集指纹时可以集中采集(只在一台微机上)，也可以分散采集(多台微机同时工作，当然也要有多个采集模块)，最后集中。

缺点是：指纹比对时仍然要使用微机完成。如果用于考生信息验证，若在考点比对，每个考场或几个考场使用一台微机，移动不便，还要考虑供电、数据安全(文件保护、防病毒)等问题。

2. 方案二

将指纹的采集、比对工作都在一台体积比较小的设备上进行。即将采集模块、图像处理模块都在空间上做成能够独立工作的实体，两者合在一起，构成了全脱机式(相对于联机而言——后者需要微机的支持)的验证系统。

虽然克服了方案一的弱点，但是又有了新的问题：存储容量会由于硬件的固定而受到限制，不像微机一样有海量存储能力；开发周期较长，软件上要实现高效的指纹特征提取和比对算法，硬件上要使用高速微处理器，而且要尽量减少运算量；独立工作也要考虑供电问题。对于常用的 MCS-51 系列单片机，无论从寻址能力还是计算速度上都不能满足以上要求。

3. 方案三

鉴于当前很多厂家提供可供用户二次开发的指纹采集、比对模块，将图像处理部分的软件固化到模块内的处理器上，对外则通过串行接口或 USB 接口，接收上位机传送过来的采集、比对命令，传回特征数据或比对结果，可以使用最简单的单片机控制其工作过程。

如果将指纹模块内部处理看作是一个黑匣子，只要保证通信的命令、数据可靠，大量的图像运算工作都交由该模块处理。再加上键盘、显示等用户接口，产品可以很快开发出来。当然，还要解决数据存储的问题：如果采用 IC 卡存储个人指纹信息，则每人需要一张卡，成本也是很可观的；如果采用硬件存储，仍有容量限制。

4．具体方案

在综合考虑开发周期和开发成本后，采用方案三的思路：图像的采集、比对使用现成的指纹模块；指纹数据的存储采用大容量非易失的 Flash 存储器。由于单台设备存储容量有限，所以添加 RS-232C 接口与微机通信，既可以将设备中信息上传到微机数据库中，也可以将微机中数据下载到设备中。设备内置蓄电池，充电后可以长时间(4~5 小时)独立工作。采用 16 键的小键盘以输入必要的号码以及其他控制命令，用 16×2 的液晶显示模块向操作人员显示结果，同时增加声(蜂鸣器)光(发光二极管)提示。具体控制由 MCS-51 系列单片机实现，实现的关键技术就是与指纹模块的通信和数据的存储格式(为了有效地查询到所需数据)了，这就形成了一个脱机指纹识别系统。

12.1.3 功能设计

首先，系统要有采集并存储指纹的功能。采集指纹时，需要输入指纹所有者的身份信息，以便检索。身份信息有几种选择：姓名、身份证号码、甚至采集时临时的一个编号(只要没有重复)也可以。为了方便，采用数字编号(如准考证号)作为身份标识。数字编号采取 16 位的十进制数字(ASCII 码形式)，实际输入时少于 16 位也可以。为此，在键盘上设计了 10 个数字键。

存储指纹时，除了存储指纹特征信息，也要存储上述的个人身份信息。为了简化设计，所有的个人身份信息集中存放在存储区的首部，作为整个系统存储信息的目录部分，也就是一个线性表的形式；后面的存储区则用于存储指纹特征数据，也是组织成线性表的形式，每一项和目录中的一条个人身份信息相对应。为了能存储更多的个人信息，可以把 16 位的十进制数字转换成 8 字节的压缩 BCD 码形式，这样个人信息容量就增大了一倍。在软件上，所增加的开销是：存储时需把 ASCII 码转换成 BCD 码，显示时反之；内部的查询操作全部使用 BCD 码形式。

核对个人身份时，要输入个人身份信息，亦即上述的最长 16 位的数字序列。软件负责在存储区中查找该身份信息所对应的指纹数据，找到后读出暂存到数据存储器 RAM 中；然后采集要验证的人的指纹，采集后提取特征，再与 RAM 中的数据进行比对。

为了提高灵活性，采集的指纹特征数据可以上传至微机数据库中，也可以从微机数据库中选取一些数据下载到设备中。这就要求设备有通信的功能。在使用串行通信时，还要区分数据通信是设备与微机之间还是设备内部(单片机与指纹模块之间)，也就是要区分是工作在脱机模式还是联机模式。

12.2 硬件系统设计

12.2.1 总体设计

系统硬件由 AT89C52 单片机、指纹模块、RAM 芯片、Flash 存储器、LCD、键盘、声光报警电路等部分组成，如图 12-2 所示。

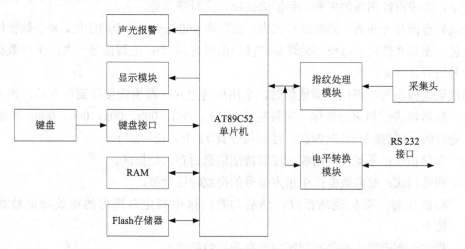

图 12-2 系统硬件框图

为了保证设备能够在没有市电供电的情况下正常使用，采用一块密闭酸性铅电池(额定电压 8V，额定容量 1.2Ah)作为后备电源。当有市电供电时，使用一小型直流电源向仪器供电，并且向后备电源充电。

用户接口中，显示部分采用常用的点阵液晶显示模块。它集成了点阵式 LCD 显示器、用于控制驱动点阵 LCD 的大规模专用集成电路以及 PCB 板，用户仅需直接送入数据和指令即可实现所需的显示。

键盘为 16 键的小键盘。为了节省硬件资源，采用串行方式与单片机接口：两片 74LS164(串行输入、并行输出的移位寄存器)用于将单片机输出的串行扫描信号转化成并行数据，与键盘公共线运算后再通过一条单片机口线送回。

数据存储器使用 6264 静态随机访问存储器(SRAM)芯片，它有 8KB 的存储容量，用于存储一些临时数据，如作为通信时发送、接收的数据缓冲区、存储目录的缓冲区、键盘输入缓冲区、显示缓冲区、读/写 Flash 存储器的页缓冲区以及系统管理所用到的消息队列等。

Flash 存储器用于存储指纹特征数据，以及身份信息目录。

单片机的串行接口需要和两种设备通信：指纹模块和上位微机。与指纹模块通信不需要电平转换，直接将接收、发送两条信号线交叉连接就可以了。要与微机通信，使用 MAX232 芯片作为 TTL 电平与 RS-232C 电平转换器，外接标准的 9 针插座。

12.2.2 指纹模块简介

指纹模块选用的是长春宏达光电子与生物统计识别技术有限公司生产的 M04 型指纹识别模块。它内置了标准 UART 串行通信接口，可以由外部控制器用内嵌的指令进行控制。该模块由指纹采集头和指纹处理板两部分组成：采集头部分使用 CMOS 图像传感芯片和光学技术制成，由指纹处理板控制采集指纹图像；指纹处理板中包含 DSP 芯片，能够在指令的控制下，完成指纹图像的采集、特征值提取、比对等功能。

指纹处理板与外部通信的数据格式为：波特率 9600bps，一个起始位，8 个数据位，一个停止位，无奇偶校验。与外部处理器的接口信号有 4 个：电源信号一对，串行数据接收发送信号一对。

指纹识别模块与外部控制器通信时，采用应答方式，即模块接收到命令后，先发送应答指令，然后再进行相应的操作。应答格式：00h，88h，00h，00h，00h，00h。控制命令格式：先导码+控制指令+控制参数，控制指令有 12 个，说明如下。

- 存储指纹：采集现场指纹，提取特征信息后存入数据区。
- 删除指纹：删除数据区中指定编号的指纹特征数据。
- 指纹比对：采集现场指纹，然后与数据区中指定范围内的指纹特征数据依次比对。
- 指纹全部删除：删除数据区中所有指纹特征数据。
- 查询存储指纹总数：查询数据区中存储的指纹特征数据总数。
- 分块删除：删除数据区中指定范围的指纹特征数据。
- 刷新：向用户确认先前的添加删除动作结果。
- 读特征数据：现场采集指纹，提取特征数据并且返回该特征数据。
- 写特征数据：现场采集指纹，然后与该命令中提供的特征数据进行比对。
- 传指纹图像：现场采集指纹，然后返回数字化了的指纹灰度图像数据。
- 存储指纹安全级别：指定以后比对时所采用的安全层次。
- 读取指纹安全级别：返回比对时所采用的安全层次。

模块内置有存储 10000 枚指纹数据的存储区，但是所存储的内容数据不能由外部控制器读出，亦不能外部写入，其所谓写特征数据乃是以外部控制器传送过去的特征数据与现场采集并处理过的指纹数据相比对。所以要存储数据，还必须外加存储芯片，本设计方案采用的是 Winbond 公司的 W29C040 Flash 存储器芯片(参见本书第 6 章内容)。与模块通信所用到的指令主要是读特征数据(采集输入新的指纹信息时)和写特征数据(核对指纹信息时)。

12.2.3 用户界面设计

用户界面的输入部分使用的是 16 键的小键盘，按键功能见表 12-1，接口电路如图 12-3 所示。16 个按键组织成独立式键盘，公共端接到单片机的一条口线上(用符号 KB_DIN 表示)。

第 12 章 单片机应用系统设计实践

表 12-1 按键定义

按 键	功 能
数字键（"0"～"9"）	输入数字编号
"退格"键	删除最后一个数字字符
"采集"键	准备采集指纹数据
"核对"键	准备核对指纹数据
"确认"键	确认输入，并开始动作
"取消"键	取消输入，返回空闲状态
"联机"键	进入联机状态，与微机通信

识别按键可以采用定时扫描法。首先使各按键非公共端都为低电平，若无键按下，则公共端为高电平。若公共端为低电平，再逐个检查是哪一个键被按下。对于 16 个按键的键盘，若有按键按下，检查按键最多要循环 16 次，而每次循环由于要使各非公共端呈现特定状态，需串行输出数据，也占用较长的时间。所以，这种方法适用于在键盘输入期间没有(或很少)其他操作(比如通信)的场合。

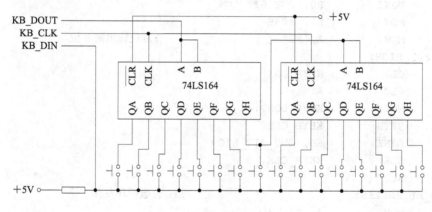

图 12-3 键盘接口电路

按键的定时扫描可在计数器/定时器中断服务程序中完成，以下是相应的代码段。

```
KEYB_SCAN:
        MOV     R2, #00H                ;初始化计数值
        MOV     R3, #00H
        CALL    KEYB_OUT_2BYTES
        JB      KEYB_DIN, NO_KEY_PRESSED
        MOV     R1, #10H                ;有键按下，最多检查16次
        MOV     R2, #0FEH               ;16 位数 FFFEH
        MOV     R3, #0FFH
CHECK_NEXT:
        CALL    KEYB_OUT_2BYTES         ;逐个检查
        JNB     KEYB_DIN, KEY_PRESSED
        CALL    KEYB_RL_2BYTES          ;准备检查下一个
```

```
                DJNZ        R1, CHECK_NEXT          ;直到全部检查一遍
NO_KEY_PRESSED:
                CLR         KEY_DOWN
                JMP         TIM0_ISR_RET
KEY_PRESSED:
                JB          KEY_DOWN, TIM0_ISR_RET
                SETB        KEY_DOWN
                DEC         R1                      ;R1 内容就是按键序号
                ......                              ;按键处理
KEY_LABEL:
                DB          '2580147cbav0369o'      ;按键定义
KEYB_OUT_2BYTES:                                    ;输出 16 位数
                MOV         R0, #08H
                MOV         A, R2                   ;逐位输出低 8 位
OUT_BIT_LOW:
                CLR         KEYB_CLK
                RLC         A
                MOV         KEYB_DOUT, C
                SETB        KEYB_CLK
                DJNZ        R0, OUT_BIT_LOW
                MOV         R0, #08H
                MOV         A, R3                   ;逐位输出高 8 位
OUT_BIT_HIGH:
                CLR         KEYB_CLK
                RLC         A
                MOV         KEYB_DOUT, C
                SETB        KEYB_CLK
                DJNZ        R0, OUT_BIT_HIGH
                CLR         KEYB_CLK
                RET
KEYB_RL_2BYTES:                                     ;16 位数循环左移
                MOV         A, R2
                RLC         A
                MOV         R2, A
                MOV         A, R3
                RLC         A
                MOV         R3, A
                MOV         A, R2
                MOV         ACC.0, C
                MOV         R2, A
                RET
```

用户界面的输出部分使用 LCD 液晶显示模块,在每一步操作中都有相应的提示,比如"请输入号码"、"采集成功"、"正在核对"、"核对失败"等,另外增加了一个发光二极管辅助输出,在仪器采集、核对指纹时,提示用户不要把手指移开;在与微机传送数据时,指示通信正常。蜂鸣器辅助提示各种操作结果,如指纹采集成功、出错、核对失

败时分别响一声、三声、五声等。

硬件系统中的外部数据存储器连接、Flash 存储器的接口、串行通信接口部分分别参见本书第 6 章、第 9 章内容。

12.3 软件系统设计

12.3.1 软件体系结构

软件采用模块化程序设计，使用有限状态机模型。把所有外部可能产生的事件定义成不同的消息，消息产生后，进入消息队列，由主循环(相当于调度模块)负责分发。另外，把系统的不同运行阶段定义成系统的状态，不同的状态，对不同的消息产生不同的响应，同时又有可能引起状态的改变。程序中除了主循环之外，其他模块相互独立，各个模块的改动不会影响其他模块；如果要添加新的功能模块，只需在状态、消息里面添加新的定义即可。

状态如果太少，则程序中需要的判断相应地要增多，违背了模块化的思想；如果太多，则程序又显琐碎，影响开发的效率。所定义的状态值见表 12-2。

表 12-2 系统状态定义

状态常数	含　义
S_IDLE	空闲
S_IDLE_WAIT	等待空闲(按任一键后返回空闲状态)
S_IDLE_NUM_REC	空闲时等待按键(键盘命令)
S_ACQ_NUM_REC	采集指纹前等待按键(身份信息)
S_ACQ_PROMPT	采集指纹前提示(号码重复等信息)
S_PRE_ACQUIRE	准备采集(身份信息准备好，等待模块应答)
S_ACQUIRING	正在采集
S_ACQUIRED	采集结束
S_VER_NUM_REC	指纹核对前等待按键(身份信息)
S_PRE_VERIFY	准备核对
S_VERIFYING	正在核对
S_VERIFIED	核对结束
S_INITILIZING	正在初始化
S_ONLINE	联机
S_LISTING	列表(显示目录信息)

消息的定义原则类似于状态，一些同类的可以合并到一起。所定义的消息见表 12-3。

表 12-3　消息定义

消息常数	含　义
NUM_RECEIVED	收到数字键(来自键盘)
OK_RECEIVED	收到"确认"键(来自键盘)
CANCEL_RECEIVED	收到"取消"键(来自键盘)
BSP_RECEIVED	收到"退格"键(来自键盘)
ACQ_RECEIVED	收到"采集"键(来自键盘)
ONLINE_RECEIVED	收到"联机"键(来自键盘)
VER_RECEIVED	收到"核对"键(来自键盘)
SIO_TRANS_END	串行口发送结束
BYTE_RECEIVED	串行口收到数据
ANSWER_RECEIVED	收到"应答"信息(来自指纹模块)
SUCC_RECEIVED	收到"成功"信息(来自指纹模块)
ERROR_RECEIVED	收到"出错"信息(来自指纹模块)
FAIL_RECEIVED	收到"失败"信息(来自指纹模块)
PCDATA_RECEIVED	收到微机数据

12.3.2　软件框架

由于采用了有限状态机模型,软件的框架比较简单。首先是一系列的硬件的自检和初始化,每一步自检成功后才能进行后续的操作。

```
    MAIN:
            MOV     SP, #STACKB-1      ;初始化堆栈
            CALL    INI_IRAM           ;初始化内部 RAM
            JNB     INI_OK, $          ;INI_OK 为初始化成功标志
            CALL    INI_IRAM80         ;内部 RAM 80H~FFH
            JNB     INI_OK, $          ;
            CALL    STOP_VOICE         ;停止声音报警
            CALL    INI_XRAM           ;外部 RAM
            JNB     INI_OK, $          ;
            MOV     TMOD, #21H         ;T1 作为波特率发生器
            MOV     TH0, #HIGH(TIMER_0)
            MOV     TL0, #LOW(TIMER_0)
            MOV     TH1, #TIMER_1
            MOV     TL1, #TIMER_1
            MOV     SCON, #50H         ;串行口
            ANL     PCON, #7FH         ;令 SMOD=0
            SETB    TR0
            SETB    TR1
            SETB    ET0
```

```
            SETB     PS                         ;串行口中断为高优先级
            SETB     EA

            CALL     INI_DISPLAY                ;初始化 LCD
            JNB      INI_OK, $
            MOV      STATUS, #S_INITIALIZING    ;系统状态为"正在初始化"
            MOV      DPTR, #INI_FLASH_MSG       ;LCD 显示该信息
            CALL     LCD_DISP_ROM
            CALL     INI_FLASH                  ;初始化 Flash 存储器
            JNB      INI_OK, $
            CALL     READ_DIR                   ;读取 Flash 中目录内容到外部 RAM
            MOV      A, #150
            CALL     DELAY                      ;延时,等待指纹模块初始化完成
            CALL     INI_FPMODULE               ;与指纹模块通信,确认连接无误
            JNB      INI_OK, $
            SETB     ES                         ;开串行口中断
            MOV      STATUS, #S_IDLE            ;系统状态为"空闲"
            MOV      DPTR, #IDLE_MSG
            CALL     LCD_DISP_ROM               ;显示
BEGIN:                                          ;主循环
            CLR      EA                         ;保证消息队列头尾读取正确
            MOV      A, MSG_QUEUE_W             ;队列尾指针
            SETB     EA
            CJNE     A, MSG_QUEUE_R, MSG_PRESENT ;与头指针比较
            JMP      BEGIN                      ;二者相等,队列空
MSG_PRESENT:                                    ;二者不等,头指针所指即为未处理的第一条消息
            MOV      DPH, #HIGH(AD_MQUEUE)
            MOV      DPL, MSG_QUEUE_R
            MOVX     A, @DPTR                   ;读取该消息的消息类型
            MOV      R7, A                      ;存入 R7
            INC      DPTR
            MOVX     A, @DPTR                   ;读取消息参数
            XCH      A, R7                      ;存入 R7
            MOV      DPTR, #JMP_TABLE
            DEC      A
            MOV      R0, A
            RL       A
            ADD      A, R0
            JMP      @A+DPTR                    ;转移到消息处理部分
JMP_TABLE:
            LJMP     NUM_KEY_PRO
            LJMP     OK_KEY_PRO
            LJMP     CANCEL_KEY_PRO
            ............
```

12.3.3 硬件自检和初始化部分

硬件的自检和初始化是系统开机后最早运行的代码。若某部分自检时没有通过，则会影响整个系统的可靠性。如对外部 RAM 的测试，是通过先对每个单元写入 00H、然后再读出对比实现的，代码如下。

```
INI_XRAM:
        CLR     INI_OK                          ;先清除初始化成功标志
        MOV     DPH, #HIGH(AD_RAM_B)            ;起始地址
        MOV     DPL, #00H
CLR_NEXT_XBLOCK:
        CLR     A                               ;写入 00H
        MOVX    @DPTR, A
        INC     DPTR
        MOV     A, DPH
        CJNE    A, #HIGH(AD_RAM_E), CLR_NEXT_XBLOCK
        MOV     DPH, #AD_RAM_B                  ;已经全部写入
        MOV     DPL, #00H                       ;准备读出
CHK_NEXT_XBLOCK:
        MOVX    A, @DPTR
        JNZ     INI_XRAM_FAIL                   ;读出值非 0，自检失败
        INC     DPTR
        MOV     A, DPH
        CJNE    A, #HIGH(AD_RAM_E), CHK_NEXT_XBLOCK
        SETB    INI_OK                          ;读出值全部为 0，自检通过
        RET
INI_XRAM_FAIL:
        RET
```

对 Flash 存储器的自检，则是应用了 W29C040 芯片的特性：从 00000H、00001H、00002H、7FFF2H 单元可以读出 4 个字节的标识码(依次为 DAH、46H、FFH/FEH、FFH/FEH)。若读出内容不符，可以肯定硬件出现了故障。相应代码如下。

```
INI_FLASH:
        CLR     INI_OK                          ;先清除初始化成功标志
        CALL    READ_ID_29040                   ;读取标识码到 R0~R3 中
        CJNE    R0, #0DAH, INI_FLASH_FAIL       ;依次比较
        CJNE    R1, #46H, INI_FLASH_FAIL
        CJNE    R2, #0FFH, INI_FLASH_FAIL
        CJNE    R3, #0FFH, INI_FLASH_FAIL
        CALL    DISABLE_PROTECT                 ;自检通过，打开 Flash 的写保护
        SETB    INI_OK                          ;置位初始化成功标志
        RET
INI_FLASH_FAIL:
        RET
```

对指纹模块的自检和初始化也是通过与其进行串行通信实现的。

12.3.4 消息处理

每条消息占两个字节,依次为消息类型和参数。如收到数字键消息的参数为数字编号,串口接收消息的参数为收到的字节数据等。

使用外部 RAM 中一页(高 8 位地址相同的 256 字节)数据作为消息队列,AD_MQUEUE 为高 8 位地址,MSG_QUEUE_W 和 MSG_QUEUE_R 分别为队列的尾指针(写)和头指针(读)。下面两个子程序中,GET_MBLOCK 为消息申请存储区域,在消息的产生时调用;FREE_MBLOCK 负责销毁消息,在消息处理完毕时调用。

```
GET_MBLOCK:                                 ;申请消息存储区域
        CLR     EA
        MOV     DPH, #HIGH(AD_MQUEUE)
        MOV     A, MSG_QUEUE_W
        MOV     DPL, A                      ;获得消息存储区域
        INC     MSG_QUEUE_W                 ;尾指针后移两个字节
        INC     MSG_QUEUE_W                 ;构成循环队列
        SETB    EA
        MOV     A, MSG_QUEUE_R
        CJNE    A, MSG_QUEUE_W, GET_MBLOCK_TEST
        JMP     $                           ;消息队列满,有差错。系统死锁
GET_MBLOCK_TEST:
        MOVX    A, @DPTR
        JZ      GET_MBLOCK_OK               ;读出的应为00H
        JMP     $                           ;非0,读写出错。系统死锁
GET_MBLOCK_OK:
        RET                                 ;没有差错,返回
FREE_MBLOCK:                                ;销毁消息
        CLR     EA
        MOV     DPH, #HIGH(AD_MQUEUE)
        MOV     DPL, MSG_QUEUE_R
        CLR     A                           ;清零
        MOVX    @DPTR, A
        SETB    EA
        INC     MSG_QUEUE_R                 ;头指针后移
        INC     MSG_QUEUE_R
        RET
```

例如在定时器中断服务程序中,若检测到有按键按下,产生键盘消息的代码如下。

```
KEY_PRESSED:
        JB      KEY_DOWN, TIM0_ISR_RET
        SETB    KEY_DOWN
        DEC     R1
        MOV     DPTR, #KEY_DEFINE_LABEL
        MOV     A, R1
```

```
            MOVC      A, @A+DPTR           ;取得按键消息编号
            MOV       R0, A                ;暂存于R0
            CALL      GET_MBLOCK           ;申请消息存储区域
            MOV       A, R0
            MOVX      @DPTR, A             ;存入消息队列
            INC       DPTR
            PUSH      DPH
            PUSH      DPL
            MOV       DPTR, #KEY_LABEL
            MOV       A, R1
            MOVC      A, @A+DPTR           ;取得按键编号
            POP       DPL
            POP       DPH
            MOVX      @DPTR, A             ;作为参数，存入消息队列
TIM0_ISR_RET:
            ……
            RETI
KEY_LABEL:
            DB        '2580147CBAV0369O'
KEY_DEFINE_LABEL:
            DB        NUM_RECEIVED, NUM_RECEIVED, NUM_RECEIVED, NUM_RECEIVED
            DB        NUM_RECEIVED, NUM_RECEIVED, NUM_RECEIVED, CANCEL_RECEIVED
            DB        BSP_RECEIVED, ACQ_RECEIVED, VER_RECEIVED, ONLINE_RECEIVED
            DB        NUM_RECEIVED, NUM_RECEIVED, NUM_RECEIVED, OK_RECEIVED
```

以数字按键消息为例，主循环中的消息处理函数可写成如下的形式。

```
NUM_KEY_PRO:
            MOV       A, STATUS            ;取系统状态
NKP_IDLE:
            CJNE      A, #S_IDLE, NKP_IDLE_WAIT    ;空闲状态？
            MOV       DPTR, #WAIT_NUM_MSG
            CALL      LCD_DISP_ROM
            MOV       DPTR, #AD_KEYIN_BUF          ;键盘缓冲区
            MOV       A, #01H                      ;这是第一个数字键
            MOVX      @DPTR, A                     ;缓冲区中按键个数
            INC       DPTR                         ;按键
            MOV       A, R7
            MOVX      @DPTR, A                     ;保存
            CALL      LCD_DISP_CHAR                ;显示字符
            MOV       STATUS, #S_IDLE_NUM_REC      ;修改状态为等待按键
            JMP       NUM_KEY_PRO_RET              ;处理完毕
NKP_IDLE_WAIT:                                     ;等待按任一键返回空闲状态？
            CJNE      A, #S_IDLE_WAIT, NKP_IDLE_NUM_REC
            MOV       STATUS, #S_IDLE              ;修改状态为空闲
            MOV       DPTR, #IDLE_MSG
            CALL      LCD_DISP_ROM                 ;修改显示信息
            JMP       NUM_KEY_PRO_RET              ;处理完毕
```

```
NKP_IDLE_NUM_REC:                                    ;等待按键？
        CJNE    A, #S_IDLE_NUM_REC, NKP_ACQ_NUM_REC
        JMP     NKP_RECEIVE_NUM                      ;保存按键字符到键盘缓冲区
NKP_ACQ_NUM_REC:                                     ;采集指纹前等待按键？
        CJNE    A, #S_ACQ_NUM_REC, NKP_VER_NUM_REC
        JMP     NKP_RECEIVE_NUM                      ;保存按键字符到键盘缓冲区
NKP_VER_NUM_REC:                                     ;核对指纹前等待按键？
        CJNE    A, #S_VER_NUM_REC, NUM_KEY_PRO_RET
NKP_RECEIVE_NUM:                                     ;保存按键字符到键盘缓冲区
        MOV     DPTR, #AD_KEYIN_BUF
        MOVX    A, @DPTR                             ;按键个数
        CJNE    A, #MAX_KEY, NKP_STORE_NUM           ;缓冲区已满？
        JMP     NUM_KEY_PRO_RET                      ;不做处理
NKP_STORE_NUM:                                       ;缓冲区未满
        INC     A
        MOVX    @DPTR, A                             ;按键个数增1
        ADD     A, DPL
        MOV     DPL, A
        MOV     A, R7
        MOVX    @DPTR, A                             ;保存按键字符
        CALL    LCD_DISP_CHAR                        ;显示字符
NUM_KEY_PRO_RET:                                     ;处理完毕
        CALL    FREE_MBLOCK                          ;销毁消息
        JMP     BEGIN                                ;转回主循环
```

12.3.5 数据缓冲区的设计

1. 数据缓冲区的设计思路

鉴于单片机访问 Flash 存储器时所耗费的时间比访问静态数据 RAM 要慢几倍(19 位的地址信息要通过 3 次写操作才能完全送出)，所以在速度较快的静态 RAM 中对其数据开辟一定容量的缓存可以提高系统的响应速度。根据需要，把 Flash 存储器存储区划分为 3 个逻辑上独立的部分：系统设置区、目录区、指纹数据区。其中系统设置区内容少，在 RAM 中可设置与其相对应的存储单元；个人指纹信息数据量大(200 字节/枚)，但是在输入或核对时经常改变，只缓存一人的信息就可以了；目录区是访问最频繁的数据区域，输入编号时要检查是否和已有的重复，访问指纹数据时要通过编号确定其存储位置。所以将目录区全缓冲，即在 RAM 中有一份完整的目录，所有的查找操作都转换为对静态 RAM 的访问。

为了简化设计、方便计算，目录区在 Flash 存储器中从绝对地址 00000H 开始存放，并缓冲到 RAM 中从 0000H 开始的区域。

在对 Flash 存储器编程时，一页中尾部未载入的字节被擦除成 FFH，另外，所有被擦除的页的内容也都为 FFH，所以，如果目录部分没有全部占用，未用的部分就用 FFH 填充，并以此作为整个目录数据的结束标志。在读取 Flash 存储器中目录数据缓冲到 RAM

中时，如果遇到 FFH，就可以认为目录内容已经全部读了出来。当然，要求在目录数据中不能出现 FFH，而以 BCD 码表示的个人身份信息中是不会出现这种编码的。

2. 数据缓冲区的实现

在从 Flash 存储器读取目录信息时，若 Flash 存储器中没有提供目录项个数，系统还要进行计数。下面是读取目录信息的代码。

```
READ_DIR:
        MOV     DPTR, #AD_DIR_BLOCK         ;目录缓冲区的起始地址
CLR_DIR:
        MOV     A, #0FFH
        MOVX    @DPTR, A
        INC     DPTR
        MOV     A, #HIGH(AD_DIR_BLOCK_E)    ;目录缓冲区的结束地址
        CJNE    A, DPH, CLR_DIR             ;先将目录缓冲区清除
        MOV     TOTAL_H, #00H               ;信息计数清零
        MOV     TOTAL_L, #00H
        MOV     TOTAL_1, #'0'               ;十进制表示的信息计数
        MOV     TOTAL_10, #'0'              ;显示时用
        MOV     TOTAL_100, #'0'
        MOV     FLASH_PTR_H, #DIR_BASE_H
        MOV     FLASH_PTR_M, #DIR_BASE_M
        MOV     FLASH_PTR_L, #DIR_BASE_L    ;Flash 存储器中目录的起始地址
        MOV     DPTR, #AD_DIR_BLOCK         ;RAM 中目录的起始地址
READ_DIR_ENTRY:
        MOV     B, #08H                     ;每个目录项 8 个字节
READ_DIR_BYTE:
        PUSH    DPH
        PUSH    DPL
        CALL    READ_29040                  ;读取 BCD 码
        CPL     A
        JZ      READ_DIR_OVER               ;若是 0FFH，目录已经缓冲结束
        CPL     A                           ;否则继续
        POP     DPL
        POP     DPH
        MOVX    @DPTR, A                    ;写入外部 RAM
        INC     DPTR                        ;外部 RAM 地址增 1
        CALL    INC_FLASH_PTR               ;Flash 地址增 1
        DJNZ    B, READ_DIR_BYTE            ;读下一 BCD 字节
        CALL    INC_TOTAL                   ;已缓冲一条目录项
        JMP     READ_DIR_ENTRY
READ_DIR_OVER:
        POP     ACC                         ;弹出多余数据
        POP     ACC
        RET
```

RAM 中存储了目录信息，当输入号码后，只需在 RAM 中查找是否存在此号码，以及

该号码在目录队列中的序号,以确定它所对应的指纹数据信息的存储位置。如果该序号用 NO 表示,则相应存储位置可以用下式计算:

特定指纹信息存储位置地址=指纹信息存储位置起始地址+(NO-1)×每项指纹数×每枚指纹所占字节数

这样,不管是采集指纹后存储,还是比对指纹时读取,查找工作只需在外部 RAM 中进行,如果目录区已满,查找时间小于 230ms(振荡频率 11.0592MHz),用户可以接受。

小 结

本章以一个具体产品——考试用指纹验证系统为例,介绍了单片机应用系统的设计过程。重点分析了产品定义、软硬件功能划分、总体设计、详细设计这几个阶段的任务及实现。

产品定义中,要给出功能、应用场合、使用方法以及系统开发过程中用到的概念术语的说明。软硬件功能划分也是候选方案的选择过程。通过对不同实现方案的对比,综合考虑开发周期、成本、可靠性等因素,确定系统总体框架,具体划分软硬件功能界限。硬件系统设计中需要考虑的有指纹处理模块、数据存储模块、通信模块和用户接口模块。软件系统设计中需要确定软件系统结构、实现硬件的驱动管理、大容量数据的管理、系统开机自检和通信软件的设计等,具体实现中还要保证系统的响应速度。

习 题

1. 针对指纹验证系统,若开发周期较宽裕而对成本要求严格,采用什么方案比较合适?
2. 采用 BCD 码存储个人身份信息有什么优缺点?
3. 简述采用串行键盘接口的优缺点。
4. 使用 C 语言,编写软件框架以及消息处理模块。
5. 为什么使用静态 RAM 缓冲 Flash 数据?
6. Flash 存储单元的擦写次数是有限的,但是通常不同存储单元的擦写频率不同。如何分摊擦写次数,尽可能延长 Flash 芯片寿命?

附录 A　各章习题提示与参考答案

第 1 章　绪论

2. CPU、程序存储器、数据存储器、定时器/计数器、可编程 I/O 接口、串行接口、中断系统等。

7. (1) 0、0、0；(2) 10、+10、无效；(3) 129、-127、81；(4) 255、-1、无效；(5) 176、-86、(6) 无效；85、+85、55；(7) 128、-128、无效；(8) 66、+66、42。

8. (1) 无进位，无溢出；(2) 有进位，无溢出；(3) 无进位，无溢出；(4) 有进位，无溢出；(5) 有借位，有溢出；(6) 无借位，有溢出；(7) 有借位，有溢出；(8) 无借位，无溢出。

9. (1) 00H；(2) FFH；(3) FFH；(4) 00H；(5) DFH；(6) EDH；(7) 65H；(8) 50H。

10. 指令中指定具体操作功能的编码称为操作码。操作的对象或参与运算的数据称为操作数。

第 2 章　MCS-51 单片机的结构

2. 8031 内部 RAM 为 128B、ROM 为 0B、中断源 5 个；8051 内部 RAM 为 128B、ROM 为 4KB、中断源 5 个；8052 内部 RAM 为 256B、ROM 为 8KB、中断源 6 个。

3. $\overline{PSEN}$ 为外部程序存储器的读选通信号；$\overline{RD}$ 为外部数据存储器的读选通信号。

6. 不一定。因为 P 标志随 A 内容而定。

7. 包括位指令系统、位累加器、可位寻址的数据存储区和 I/O 引脚。

8. 1/6μs，1/3μs，2μs，8μs。

9. 4 个机器周期，振荡频率与指令。

10. 物理上有 4 个存储器空间：内部程序存储器、外部程序存储器、内部数据存储器和外部数据存储器。逻辑上有 3 个存储器空间：程序存储器空间、内部数据存储器地址空间和外部数据存储器空间。

11. 决定是否使用片内的程序存储器。不一定。内部的程序存储器可以不用。

12. 不用考虑。单片机会自动切换。

13. 00H、04H、0AH、0DH。

14. 22H.2；24H.3；26H.0；28H.6；2AH.5；2BH.0；2CH.0；2FH.7。

15. 00H；1DH；4CH；7FH；D4H；E0H；F5H；D0H。

16. 128 字节。FFH。

17. 内部 RAM 的 50H~7FH，共 48 字节。

18. 64KB。0000H~FFFFH。外部 RAM 只能使用 MOVX 指令。

19. 软件上读取 ROM 时使用 MOVC 指令，读写外部 RAM 时使用 MOVX 指令，读写内部 RAM 时使用 MOV 以及其他内部操作指令。

20. 通过不同的寻址方式。高 128B 的 RAM 只能 R0、R1 间接寻址，SFR 只能直接寻址。

21. 使系统从一个确定的状态开始工作。0000H。08H。

22. 待机方式和掉电方式。将 PCON 寄存器中 IDL 和 PD 置位。

第 3 章　MCS-51 单片机的指令系统

1. 3 个字节。4 个机器周期。

2. 立即数寻址、直接寻址、寄存器寻址、寄存器间接寻址、变址寻址、相对寻址和位寻址。

3. 8 位或 16 位。

4. 8 位。指令操作码中指定了寻址方式。立即数前加符号"#"。

5. 根据当前 PSW 中 RS1、RS0 的值以及指令中给出的寄存器编号。

6. 功能相同。分别占用程序存储器 2、3、3、1 个字节。执行时间分别是 1、2、2、1 个机器周期。

7. R0、R1 或 DPTR。

8. 可以。

9. 直接寻址、寄存器间接寻址。

10. 寄存器间接寻址。

11. 立即数寻址、变址寻址。

12. 位寻址。

13. (1) 立即数寻址；(2) 直接寻址；(3) 寄存器寻址；(4) 寄存器间接寻址；(5) 位寻址；(6) 变址寻址；(7) 相对寻址；(8) 立即数寻址。

14. MOV 为单片机内部数据传送指令助记符。MOVX 为外部数据存储器传送，MOVC 为程序存储器数据传送。

15. (1) 立即数寻址；(2) 直接寻址；(3) 直接寻址；(4) 寄存器间接寻址；(5) 位寻址；(6) 寄存器间接寻址；(7) 变址寻址；(8) 寄存器寻址。

16. 12H。R0 即内部 RAM 的 00H 单元。

17. FEH。P 位由硬件决定。

18. (1) 不能使用 16 位立即数；(2) 必须使用累加器；(3) 不能在两个工作寄存器间直接传送数据；(4) 内部 RAM 的寄存器间接寻址只能使用 R0 或 R1；(5) 无此指令；(6) 变址寻址只能使用 PC 或 DPTR 作为基址寄存器；(7) 堆栈操作中的操作数只能使用 8 位直接寻址；(8) 无此指令。

19. (1) PSW 中各位之间无关，不宜将其内容当作数值处理；(2) 不宜修改 SP 值；(3) SBUF 其实代表两个寄存器，读写很难同步；(4) 00H 与 R0 冲突。

24. (1) 8 位立即数；(2) 位地址；(3) 内部 RAM 单元的 8 位地址；(4) 外部 RAM 单元的低 8 位地址；(5) 内部 RAM 单元 8 位地址；(6) 程序存储器地址 0030H；(7) 程序存

储器地址 0030H；(8) 程序存储器中表项的字节位移量。

26. 不用。
29. (1) 84H；(2) 7AH；(3) 7BH；(4) 19H；(5) 05H；(6) 7FH；(7) 7AH；(8) 05H。
30. (1) CY 变为 1；(2) AC 变为 1；(3) OV 变为 1；(4) P 不变；(5) PSW 无变化；(6) CY、AC、OV 皆变为 0，P 为 1。
31. CPL、XRL。
32. 256B。
33. 64KB、2KB、256B、256B。
34. LCALL 无限制，ACALL 要求在同一 2KB 块内。
35. 不能正常运行。堆栈被破坏。
36. 堆栈被破坏。
37. 将 NUM1 与 NUM2 中存储数据较大者存入 NUM3。
38. 提示：改写成助记符形式。

第 4 章 MCS-51 汇编语言程序设计

3. (1) 不是；(2) 是；(3) 不是；(4) 不是；(5) 是；(6) 是；(7) 不是；(8) 是。
4. (1) 9；(2) FF39H；(3) FFBEH；(4) 0；(5) 1200H；(6) 678H；(7) 6364H；(8) 234H。
7. 30H；40H；1000H；7。

第 5 章 MCS-51 C 语言程序设计

1. 参见 5.1.3 小节。
4. 提示：可使用指定绝对地址的数组。
6. 返回值无法正确传送。

第 6 章 并行接口及应用

7. (1) 读锁存器；(2) 写锁存器；(3) 读引脚；(4) 读锁存器；(5) 读锁存器；(6) 读锁存器；(7) 读锁存器；(8) 读引脚。
10. 3 种。基本输入输出方式、选通的输入输出方式、双向传输方式。
11. 两种。基本输入输出方式、选通的输入输出方式。
13. 与 $\overline{RD}$ 连接。使用外部数据存储器访问的信号。
15. 12 个、36 个。
17. 端口 C。高 4 位与低 4 位可以分别设置为不同方向数据传输。
18. 单个 LED。
19. 6 位七段 LED。最好是动态显示。
20. 字符型 LCD。
23. 无区别。

25. 分别是 6000H～7FFFH、A000H～BFFFH、C000H～DFFFH。
26. 分别是 8000H～9FFFH、A000H～BFFFH、C000H～DFFFH、E000H～FFFFH。
27. (1) 第 0 片 6264 中系统地址 1234H 单元写入 55H；(2) 读出第 3 片 6264 系统地址 789AH 单元内容；(3) 向 8255A 写控制字 06H；(4) 读取 8255A 端口 A 输入数据。

第 7 章　中断系统及应用

5. 中断源的允许与禁止针对单个中断源，CPU 对中断的允许与禁止针对整个系统。
6. 因为有两个可以触发中断的事件。
8. 定时器/计数器 0、外部中断 1、串行口 3 个中断源能够得到响应。定时器/计数器 0 和串行口中断为高优先级，外部中断 1 为低优先级。
9. 不可以。中断优先级触发器无法复位。

第 8 章　定时器/计数器及应用

6. TH0 定时器溢出。
8. 同时使用定时器/计数器 T1 和 T2 作为波特率发生器。
9. 提示：使用软件定时器。
14. 不能。因为没有定时溢出信号。

第 9 章　串行接口与串行通信

3. 120 个。
4. 不能。接口的逻辑不同。
5. 不是。依靠读、写操作区分。
8. 不能。必须等待软件检查后才能清零。
10. 波特率可以不同。帧格式一定相同。
11. 为了得到比较精确的波特率。
12. CD4094 有选通信号，移位过程中，输出信号不断变化，可以无输出，以减小对输出设备的影响。74LS164 无选通信号，若无附加措施，移位过程中会产生不必要的输出。
13. 方式 1；方式 2 或 3。
15. 可以。
16. 通过片选($\overline{SS}$)。
17. 8 个；4 个。
18. 通过从设备地址。

第 10 章　模拟量接口

4. 单片机必须提供锁存电路。

5. 通常用在多个DAC0832同步输出模拟信号的场合。
6. 提示：内部硬件决定。
9. 0.94V。
10. 提示：转换时间不同。
11. -6.25V。

第11章 单片机应用系统设计

2. 不是。
4. 可以。

第12章 单片机应用系统设计实践

2. 提示：考虑数据特点、空间和时间的占用。
3. 提示：响应速度、对系统硬件资源和软件资源的分配。

附录 B MCS-51 指令速查表

低位\高位	0	1	2	3	4	5	6	7	8	9	A	B	C	D	E	F
0	NOP	JBC bit,rel	JB bit,rel	JNB bit,rel	JC rel	JNC rel	JZ rel	JNZ rel	SJMP rel	MOV DPTR,#data16	ORL C,/bit	ANL C,/bit	PUSH dir	POP dir	MOVX A,@DPTR	MOVX @DPTR,A
1	AJMP addr11	ACALL addr11	AJMP addr11	ACALL addr11	AJMP addr11	ACALL addr11	AJMP addr11	ACALL addr11	AJMP addr11	ACALL addr11	AJMP addr11	ACALL addr11	AJMP addr11	ACALL addr11	AJMP addr11	ACALL addr11
2	LJMP addr16	LCALL addr16	RET	RETI	ORL dir,A	ANL dir,A	XRL dir,A	ORL C,bit	ANL C,bit	MOV bit,C	MOV C,bit	CPL bit	CLR bit	SETB bit	MOVX A,@R0	MOVX @R0,A
3	RR A	RRC A	RL A	RLC A	ORL dir,#data	ANL dir,#data	XRL dir,#data	JMP @A+DPTR	MOVC A,@A+PC	MOVC A,@A+DPTR	INC DPTR	CPL C	CLR C	SETB C	MOVX A,@R1	MOVX @R1,A
4	INC A	DEC A	ADD A,#data	ADDC A,#data	ORL A,#data	ANL A,#data	XRL A,#data	MOV A,#data	DIV AB	SUBB A,#data	MUL AB	CJNE A,#data,rel	SWAP A	DA A	CLR A	CPL A
5	INC dir	DEC dir	ADD A,dir	ADDC A,dir	ORL A,dir	ANL A,dir	XRL A,dir	MOV dir,#data	MOV dir,dir	SUBB A,dir		CJNE A,dir,rel	XCH A,dir	DJNZ dir,rel	MOV A,dir	MOV dir,A
6	INC @R0	DEC @R0	ADD A,@R0	ADDC A,@R0	ORL A,@R0	ANL A,@R0	XRL A,@R0	MOV @R0,#data	MOV dir,@R0	SUBB A,@R0	MOV @R0,dir	CJNE @R0,#data,rel	XCH A,@R0	XCHD A,@R0	MOV A,@R0	MOV @R0,A
7	INC @R1	DEC @R1	ADD A,@R1	ADDC A,@R1	ORL A,@R1	ANL A,@R1	XRL A,@R1	MOV @R1,#data	MOV dir,@R1	SUBB A,@R1	MOV @R1,dir	CJNE @R1,#data,rel	XCH A,@R1	XCHD A,@R1	MOV A,@R1	MOV @R1,A
8	INC R0	DEC R0	ADD A,R0	ADDC A,R0	ORL A,R0	ANL A,R0	XRL A,R0	MOV R0,#data	MOV dir,R0	SUBB A,R0	MOV R0,dir	CJNE R0,#data,rel	XCH A,R0	DJNZ R0,rel	MOV A,R0	MOV R0,A
9	INC R1	DEC R1	ADD A,R1	ADDC A,R1	ORL A,R1	ANL A,R1	XRL A,R1	MOV R1,#data	MOV dir,R1	SUBB A,R1	MOV R1,dir	CJNE R1,#data,rel	XCH A,R1	DJNZ R1,rel	MOV A,R1	MOV R1,A
A	INC R2	DEC R2	ADD A,R2	ADDC A,R2	ORL A,R2	ANL A,R2	XRL A,R2	MOV R2,#data	MOV dir,R2	SUBB A,R2	MOV R2,dir	CJNE R2,#data,rel	XCH A,R2	DJNZ R2,rel	MOV A,R2	MOV R2,A
B	INC R3	DEC R3	ADD A,R3	ADDC A,R3	ORL A,R3	ANL A,R3	XRL A,R3	MOV R3,#data	MOV dir,R3	SUBB A,R3	MOV R3,dir	CJNE R3,#data,rel	XCH A,R3	DJNZ R3,rel	MOV A,R3	MOV R3,A
C	INC R4	DEC R4	ADD A,R4	ADDC A,R4	ORL A,R4	ANL A,R4	XRL A,R4	MOV R4,#data	MOV dir,R4	SUBB A,R4	MOV R4,dir	CJNE R4,#data,rel	XCH A,R4	DJNZ R4,rel	MOV A,R4	MOV R4,A
D	INC R5	DEC R5	ADD A,R5	ADDC A,R5	ORL A,R5	ANL A,R5	XRL A,R5	MOV R5,#data	MOV dir,R5	SUBB A,R5	MOV R5,dir	CJNE R5,#data,rel	XCH A,R5	DJNZ R5,rel	MOV A,R5	MOV R5,A
E	INC R6	DEC R6	ADD A,R6	ADDC A,R6	ORL A,R6	ANL A,R6	XRL A,R6	MOV R6,#data	MOV dir,R6	SUBB A,R6	MOV R6,dir	CJNE R6,#data,rel	XCH A,R6	DJNZ R6,rel	MOV A,R6	MOV R6,A
F	INC R7	DEC R7	ADD A,R7	ADDC A,R7	ORL A,R7	ANL A,R7	XRL A,R7	MOV R7,#data	MOV dir,R7	SUBB A,R7	MOV R7,dir	CJNE R7,#data,rel	XCH A,R7	DJNZ R7,rel	MOV A,R7	MOV R7,A

图例：2字节 3字节 未作标记者对应单字节或单机器周期。
      2周期 4周期

附录 C MCS-51 指令(按功能顺序)

助记符及操作数	指令长度	指令代码	执行时间	助记符及操作数	指令长度	指令代码	执行时间
算术运算类指令				ANL A, #data	2	54 data	1
ADD A, Rn	1	28~2F	1	ANL direct, A	2	52 dir	1
ADD A, direct	2	25 dir	1	ANL direct, #data	3	53 dir data	2
ADD A, @Ri	1	26~27	1	ORL A, Rn	1	48~4F	1
ADD A, #data	2	24 data	1	ORL A, direct	2	45 dir	1
ADDC A, Rn	1	38~3F	1	ORL A, @Ri	1	46~47	1
ADDC A, direct	2	35 dir	1	ORL A, #data	2	44 data	1
ADDC A, @Ri	1	36~37	1	ORL direct, A	2	42 dir	1
ADDC A, #data	2	34 data	1	ORL direct, #data	3	43 dir data	2
SUBB A, Rn	1	98~9F	1	XRL A, Rn	1	68~6F	1
SUBB A, direct	2	95 dir	1	XRL A, direct	2	65 dir	1
SUBB A, @Ri	1	96~97	1	XRL A, @Ri	1	66~67	1
SUBB A, #data	2	94 data	1	XRL A, #data	2	64 data	1
INC A	1	04	1	XRL direct, A	2	62 dir	1
INC Rn	1	08~0F	1	XRL direct, #data	3	63 dir data	2
INC direct	2	05 dir	1	CLR A	1	E4	1
INC @Ri	1	06~07	1	CPL A	1	F4	1
DEC A	1	14	1	RL A	1	23	1
DEC Rn	1	18~1F	1	RLC A	1	33	1
DEC direct	2	15 dir	1	RR A	1	03	1
DEC @Ri	1	16~17	1	RRC A	1	13	1
INC DPTR	1	A3	2	SWAP A	1	C4	1
MUL AB	1	A4	4	数据传送类指令			
DIV AB	1	84	4	MOV A, Rn	1	E8~EF	1
DA A	1	D4	1	MOV A, direct	2	E5 dir	1
逻辑运算类指令				MOV A, @Ri	1	E6~E7	1
ANL A, Rn	1	58~5F	1	MOV A, #data	2	74 data	1
ANL A, direct	2	55 dir	1	MOV Rn, A	1	F8~FF	1
ANL A, @Ri	1	56~57	1	MOV Rn, direct	2	A8~AF dir	2

附录C MCS-51指令（按功能顺序）

续表

助记符及操作数	指令长度	指令代码	执行时间	助记符及操作数	指令长度	指令代码	执行时间
MOV Rn, #dtata	2	78~7F data	1	ANL C, bit	2	82 bit	2
MOV direct, A	2	F5 dir	1	ANL C, /bit	2	B0 bit	2
MOV direct, Rn	2	88~8F dir	2	ORL C, bit	2	72 bit	2
MOV direct, direct	3	85 dir dir	2	ORL C, /bit	2	A0 bit	2
MOV direct, @Ri	2	86~87 dir	2	MOV C, bit	2	A2 bit	1
MOV direct, #data	2	75 dir data	2	MOV bit, C	2	92 bit	2
MOV @Ri, A	1	F6~F7	1	JC rel	2	40 rel	2
MOV @Ri, direct	2	A6~A7 dir	2	JNC rel	2	50 rel	2
MOV @Ri, #data	2	76~77 data	1	JB bit, rel	3	20 bit rel	2
MOV DPTR, #data	3	90 daH daL	2	JNB bit, rel	3	30 bit rel	2
MOVC A, @A+DPTR	1	93	2	JBC bit, rel	3	10 bit rel	2
MOVC A, @A+PC	1	83	2	流程控制类指令			
MOVX A, @Ri	1	E2~E3	2	ACALL addr11	2	*1 adL	2
MOVX A, @DPTR	1	E0	2	LCALL addr16	3	12 adH adL	2
MOVX @Ri, A	1	F2~F3	2	RET	1	22	2
MOVX @DPTR, A	1	F0	2	RETI	1	32	2
PUSH direct	2	C0 dir	2	AJMP addr11	2	Δ1 adL	2
POP direct	2	D0 dir	2	LJMP addr16	3	02 adH adL	2
XCH A, Rn	1	C8~CF	1	SJMP rel	2	80 rel	2
XCH A, direct	2	C5 dir	1	JMP @A+DPTR	1	73	2
XCH A, @Ri	1	C6~C7	1	JZ rel	2	60 rel	2
XCHD A, @Ri	1	D6~D7	1	JNZ rel	2	70 rel	2
位操作指令				CJNE A, direct, rel	3	B5 dir rel	2
CLR C	1	C3	1	CJNE A, #data, rel	3	B4 data rel	2
CLR bit	2	C2 bit	1	CJNE Rn, #data, rel	3	B8~BF da rel	2
SETB C	1	D3	1	CJNE @Ri,#data,rel	3	B8~B7 da rel	2
SETB bit	2	D2 bit	1	DJNZ Rn, rel	2	D8~DF rel	2
CPL C	1	B3	1	DJNZ direct, rel	3	D5 dir rel	2
CPL bit	2	B2 bit	1	NOP	1	00	1

注：*1 = $a_{10} a_9 a_8$ 1(ACALL 指令)
　　Δ1 = $a_{10} a_9 a_8$ 0(AJMP 指令)
　　执行时间单位：机器周期
　　指令长度单位：字节

参 考 文 献

1. 胡汉才. 单片机原理及其接口技术. 第 2 版. 北京：清华大学出版社，2004
2. 宋浩，田丰. 单片机原理及应用. 北京：清华大学出版社，北京交通大学出版社，2005
3. 高锋. 单片微型计算机原理与接口技术. 第 2 版. 北京：科学出版社，2007
4. 李群芳，张士军，黄建. 单片微型计算机与接口技术. 第 2 版. 北京：电子工业出版社，2005
5. 魏洪兴. 嵌入式系统设计师教程. 北京：清华大学出版社，2006
6. 赵长德. MCS-51/98 单片机原理与应用. 北京：机械工业出版社，1997
7. 朱世鸿. 微机系统和接口应用技术. 北京：清华大学出版社，2006
8. (美)Muhammad Ali Mazidi，Janice Gillispie Mazidi，Rolin D. McKinlay 著；严隽永译. 8051 微控制器和嵌入式系统. 北京：机械工业出版社，2007
9. (加)I. Scott MacKenzie，(马来西亚)Raphael C. W. Phan 著；张瑞锋译. 8051 微控制器. 第 4 版. 北京：人民邮电出版社，2008
10. 张培仁. 基于 C 语言编程 MCS-51 单片机原理与应用. 北京：清华大学出版社，2003
11. Keil Elektronik GmbH and Keil Software, Inc. Cx51 Compiler: Optimizing C Compiler and Library Reference for Classic and Extended 8051 Microcontrollers. Keil Elektronik GmbH and Keil Software, Inc.，2000
12. Intel Corporation. MCS-51 Microcontroller Family User's Manual. Intel Corporation，1993
13. 周明德. 微型计算机硬件软件及其应用. 修订版. 北京：清华大学出版社，1988
14. 何立民. MCS-51 系列单片机应用系统设计：系统配置与接口技术. 北京：北京航空航天大学出版社，1990
15. 孙涵芳，徐爱卿. MCS-51/96 系列单片机原理及应用. 修订版. 北京：北京航空航天大学出版社，1996